国家出版基金项目

"十三五"国家重点图书出版规划项目

中国水电关键技术丛书

U0269751

抽水蓄能电站水库防渗技术

中国电建集团华东勘测设计研究院有限公司

吴关叶 黄维 王樱畯 等 著

中国水利水电出版社
www.waterpub.com.cn
·北京·

内 容 提 要

本书系国家出版基金项目《中国水电关键技术丛书》之一，依据大量国内外工程建设案例，全面阐述了抽水蓄能电站水库防渗的前沿技术，系统总结了库盆防渗设计、施工及管理经验，深入分析了水库渗漏问题的原因和教训，研究提出了抽水蓄能电站选用库盆防渗型式时应考虑的主要因素和选择方法；对表面防渗、垂直防渗等各种防渗型式的特点和适用条件，各种防渗型式的关键技术进行了深入研究，并对各种防渗方案的布置、结构型式、材料参数、连接方式和施工工艺等进行了系统阐述，提出了水库防渗计算分析方法，并对水库防渗技术发展趋势进行了预测和展望。

本书可供从事抽水蓄能电站工程规划、设计、施工、管理的工程技术人员和相关专业的高等院校师生使用和参考。

图书在版编目（ＣＩＰ）数据

抽水蓄能电站水库防渗技术 / 吴关叶等著. -- 北京：
中国水利水电出版社，2020.5
（中国水电关键技术丛书）
ISBN 978-7-5170-8271-2

Ⅰ．①抽… Ⅱ．①吴… Ⅲ．①抽水蓄能水电站－水库
－渗流控制 Ⅳ．①TV743

中国版本图书馆CIP数据核字(2019)第280735号

书　　名	中国水电关键技术丛书 **抽水蓄能电站水库防渗技术** CHOUSHUI XUNENG DIANZHAN SHUIKU FANGSHEN JISHU
作　　者	中国电建集团华东勘测设计研究院有限公司 吴关叶　黄维　王樱畯　等 著
出版发行	中国水利水电出版社 （北京市海淀区玉渊潭南路 1 号 D 座　　100038） 网址：www. waterpub. com. cn E-mail：sales@ waterpub. com. cn 电话：(010) 68367658（营销中心）
经　　售	北京科水图书销售中心（零售） 电话：(010) 88383994、63202643、68545874 全国各地新华书店和相关出版物销售网点
排　　版	中国水利水电出版社微机排版中心
印　　刷	北京印匠彩色印刷有限公司
规　　格	184mm×260mm　16 开本　22.25 印张　548 千字
版　　次	2020 年 5 月第 1 版　2020 年 5 月第 1 次印刷
定　　价	**198.00 元**

《中国水电关键技术丛书》编撰委员会

主　　　　任	汪恕诚　张基尧
常务副主任	周建平　郑声安
副　主　任	贾金生　营幼峰　陈生水　孙志禹　吴义航
委　　　　员	（以姓氏笔画为序）

王小毛	王仁坤	王继敏	艾永平	石清华
卢红伟	卢金友	白俊光	冯树荣	吕明治
许唯临	严　军	李　云	李文伟	杨启贵
肖　峰	吴关叶	余　挺	汪小刚	宋胜武
张国新	张宗亮	张春生	张燎军	陈云华
陈东明	陈国庆	范福平	和孙文	金　峰
周　伟	周厚贵	郑璀莹	宗敦峰	胡　斌
胡亚安	胡昌支	侯　靖	姚栓喜	顾洪宾
徐锦才	涂扬举	涂怀健	彭　程	温彦锋
温续余	潘江洋	潘继录		

主　　　　编	周建平　郑声安
副　主　编	贾金生　陈生水　孙志禹　陈东明　吴义航 钱钢粮

编 委 会 办 公 室

主　　　　任	刘　娟　彭烁君　黄会明
副　主　任	袁玉兰　王志媛　刘向杰
成　　　　员	杜　刚　宁传新　王照瑜

《中国水电关键技术丛书》组织单位

中国大坝工程学会
中国水力发电工程学会
水电水利规划设计总院
中国水利水电出版社

本书编委会

主　　编：吴关叶

副 主 编：黄　维　王樱畯

编写人员：黄　维　王樱畯　朱安龙　雷显阳　郎玲芳
　　　　　赵　琳　陈立强　刘斯宏

审 稿 人：郑春洲　肖　峰

历经 70 年发展，特别是改革开放 40 年，中国水电建设取得了举世瞩目的伟大成就，一批世界级的高坝大库在中国建成投产，水电工程技术取得新的突破和进展。在推动世界水电工程技术发展的历程中，世界各国都作出了自己的贡献，而中国，成为继欧美发达国家之后，21 世纪世界水电工程技术的主要推动者和引领者。

截至 2018 年年底，中国水库大坝总数达 9.8 万座，水库总库容约 9000 亿 m^3，水电装机容量达 350GW。中国是世界上大坝数量最多、也是高坝数量最多的国家：60m 以上的高坝近 1000 座，100m 以上的高坝 223 座，200m 以上的特高坝 23 座；千万千瓦级的特大型水电站 4 座，其中，三峡水电站装机容量 22500MW，为世界第一大水电站。中国水电开发始终以促进国民经济发展和满足社会需求为动力，以战略规划和科技创新为引领，以科技成果工程化促进工程建设，突破了工程建设与管理中的一系列难题，实现了安全发展和绿色发展。中国水电工程在大江大河治理、防洪减灾、兴利惠民、促进国家经济社会发展方面发挥了不可替代的重要作用。

总结中国水电发展的成功经验，我认为，最为重要也是特别值得借鉴的有以下几个方面：一是需求导向与目标导向相结合，始终服务国家和区域经济社会的发展；二是科学规划河流梯级格局，合理利用水资源和水能资源；三是建立健全水电投资开发和建设管理体制，加快水电开发进程；四是依托重大工程，持续开展科学技术攻关，破解工程建设难题，降低工程风险；五是在妥善安置移民和保护生态的前提下，统筹兼顾各方利益，实现共商共建共享。

在水利部原任领导汪恕诚、张基尧的关心支持下，2016 年，中国大坝工程学会、中国水力发电工程学会、水电水利规划设计总院、中国水利水电出版社联合发起编撰出版《中国水电关键技术丛书》，得到水电行业的积极响应，数百位工程实践经验丰富的学科带头人和专业技术负责人等水电科技工作者，基于自身专业研究成果和工程实践经验，精心选题，着手编撰水电工程技术成果总结。为高质量地完成编撰任务，参加丛书编撰的作者，投入极大热情，倾注大量心血，反复推敲打磨，精益求精，终使丛书各卷得以陆续出版，实属不易，难能可贵。

21 世纪初叶，中国的水电开发成为推动世界水电快速发展的重要力量，形成了中国特色的水电工程技术，这是编撰丛书的缘由。丛书回顾了中国水电工程建设近30年所取得的成就，总结了大量科学研究成果和工程实践经验，基本概括了当前水电工程建设的最新技术发展。丛书具有以下特点：一是技术总结系统，既有历史视角的比较，又有国际视野的检视，体现了科学知识体系化的特征；二是内容丰富、翔实、实用，涉及专业多，原理、方法、技术路径和工程措施一应俱全；三是富于创新引导，对同一重大关键技术难题，存在多种可能的解决方案，并非唯一，要依据具体工程情况和面临的条件进行技术路径选择，深入论证，择优取舍；四是工程案例丰富，结合中国大型水电工程设计建设，给出了详细的技术参数，具有很强的参考价值；五是中国特色突出，贯彻科学发展观和新发展理念，总结了中国水电工程技术的最新理论和工程实践成果。

与世界上大多数发展中国家一样，中国面临着人口持续增长、经济社会发展不平衡和人民追求美好生活的迫切要求，而受全球气候变化和极端天气的影响，水资源短缺、自然灾害频发和能源电力供需的矛盾还将加剧。面对这一严峻形势，无论是从中国的发展来看，还是从全球的发展来看，修坝筑库、开发水电都将不可或缺，这是实现经济社会可持续发展的必然选择。

中国水电工程技术既是中国的，也是世界的。我相信，丛书的出版，为中国水电工作者，也为世界上的专家同仁，开启了一扇深入了解中国水电工程技术发展的窗口；通过分享工程技术与管理的先进成果，后发国家借鉴和吸取先行国家的经验与教训，可避免少走弯路，加快水电开发进程，降低开发成本，实现战略赶超。从这个意义上讲，丛书的出版不仅能为当前和未来中国水电工程建设提供非常有价值的参考，也将为世界上发展中国家的河流开发建设提供重要启示和借鉴。

作为中国水电事业的建设者、奋斗者，见证了中国水电事业的蓬勃发展，我为中国水电工程的技术进步而骄傲，也为丛书的出版而高兴。希望丛书的出版还能够为加强工程技术国际交流与合作，推动"一带一路"沿线国家基础设施建设，促进水电工程技术取得新进展发挥积极作用。衷心感谢为此作出贡献的中国水电科技工作者，以及丛书的撰稿、审稿和编辑人员。

中国工程院院士

2019 年 10 月

　　水电是全球公认并为世界大多数国家大力开发利用的清洁能源。水库大坝和水电开发在防范洪涝干旱灾害、开发利用水资源和水能资源、保护生态环境、促进人类文明进步和经济社会发展等方面起到了无可替代的重要作用。在中国，发展水电是调整能源结构、优化资源配置、发展低碳经济、节能减排和保护生态的关键措施。新中国成立后，特别是改革开放以来，中国水电建设迅猛发展，技术日新月异，已从水电小国、弱国，发展成为世界水电大国和强国，中国水电已经完成从"融入"到"引领"的历史性转变。

　　迄今，中国水电事业走过了 70 年的艰辛和辉煌历程，水电工程建设从"独立自主、自力更生"到"改革开放、引进吸收"，从"计划经济、国家投资"到"市场经济、企业投资"，从"水电安置性移民"到"水电开发性移民"，一系列改革开放政策和科学技术创新，极大地促进了中国水电事业的发展。不仅在高坝大库建设、大型水电站开发，而且在水电站运行管理、流域梯级联合调度等方面都取得了突破性进展，这些进步使中国水电工程建设和运行管理技术水平达到了一个新的高度。有鉴于此，中国大坝工程学会、中国水力发电工程学会、水电水利规划设计总院和中国水利水电出版社联合组织策划出版了《中国水电关键技术丛书》，力图总结提炼中国水电建设的先进技术、原创成果，打造立足水电科技前沿、传播水电高端知识、反映水电科技实力的精品力作，为开发建设和谐水电、助力推进中国水电"走出去"提供支撑和保障。

　　为切实做好丛书的编撰工作，2015 年 9 月，四家组织策划单位成立了"丛书编撰工作启动筹备组"，经反复讨论与修改，征求行业各方面意见，草拟了丛书编撰工作大纲。2016 年 2 月，《中国水电关键技术丛书》编撰委员会成立，水利部原部长、时任中国大坝协会（现为中国大坝工程学会）理事长汪恕诚，国务院南水北调工程建设委员会办公室原主任、时任中国水力发电工程学会理事长张基尧担任编委会主任，中国电力建设集团有限公司总工程师周建平、水电水利规划设计总院院长郑声安担任丛书主编。各分册编撰工作实行分册主编负责制。来自水电行业 100 余家企业、科研院所及高等院校等单位的 500 多位专家学者参与了丛书的编撰和审阅工作，丛书作者队伍和校审专家聚集了国内水电及相关专业最强撰稿阵容。这是当今新时代赋予水电工作者的一项重要历史使命，功在当代、利惠千秋。

丛书紧扣大坝建设和水电开发实际，以全新角度总结了中国水电工程技术及其管理创新的最新研究和实践成果。工程技术方面的内容涵盖河流开发规划，水库泥沙治理，工程地质勘测，高心墙土石坝、高面板堆石坝、混凝土重力坝、碾压混凝土坝建设，高坝水力学及泄洪消能，滑坡及高边坡治理，地质灾害防治，水工隧洞及大型地下洞室施工，深厚覆盖层地基处理，水电工程安全高效绿色施工，大型水轮发电机组制造安装，岩土工程数值分析等内容；管理创新方面的内容涵盖水电发展战略、生态环境保护、水库移民安置、水电建设管理、水电站运行管理、水电站群联合优化调度、国际河流开发、大坝安全管理、流域梯级安全管理和风险防控等内容。

丛书遵循的编撰原则为：一是科学性原则，即系统、科学地总结中国水电关键技术和管理创新成果，体现中国当前水电工程技术水平；二是权威性原则，即结构严谨，数据翔实，发挥各编写单位技术优势，遵照国家和行业标准，内容反映中国水电建设领域最具先进性和代表性的新技术、新工艺、新理念和新方法等，做到理论与实践相结合。

丛书分别入选"十三五"国家重点图书出版规划项目和国家出版基金项目，首批包括50余种。丛书是个开放性平台，随着中国水电工程技术的进步，一些成熟的关键技术专著也将陆续纳入丛书的出版范围。丛书的出版必将为中国水电工程技术及其管理创新的继续发展和长足进步提供理论与技术借鉴，也将为进一步攻克水电工程建设技术难题、开发绿色和谐水电提供技术支撑和保障。同时，在"一带一路"倡议下，丛书也必将切实为提升中国水电的国际影响力和竞争力，加快中国水电技术、标准、装备的国际化发挥重要作用。

在丛书编写过程中，得到了水利水电行业规划、设计、施工、科研、教学及业主等有关单位的大力支持和帮助，各分册编写人员反复讨论书稿内容，仔细核对相关数据，字斟句酌，殚精竭虑，付出了极大的心血，克服了诸多困难。在此，谨向所有关心、支持和参与编撰工作的领导、专家、科研人员和编辑出版人员表示诚挚的感谢，并诚恳欢迎广大读者给予批评指正。

《中国水电关键技术丛书》编撰委员会

2019 年 10 月

抽水蓄能电站是利用电力负荷低谷时的电能抽水至上水库，在电力负荷高峰期再放水至下水库发电的水电站，既可在电网中承担调峰、填谷、调频、调相及紧急事故备用等任务，还可提高系统中火电站和核电站的效率。随着国家经济的高速发展，抽水蓄能电站在电网中的作用与地位日趋显著，已从早期的削（调）峰填谷改善电源品质逐步过渡为电力系统不可或缺的管理工具，得到了水电建设部门与运行管理机构的高度重视。

我国的抽水蓄能电站研发始于 20 世纪 60 年代，进入 90 年代后，广州、十三陵和天荒坪等抽水蓄能电站的建成投产，标志着我国抽水蓄能电站建设进入了高峰期。截至 2019 年，我国已建及在建的抽水蓄能电站均达 30 余座，投产总装机容量达 29990MW，在建装机容量约 4 万 MW。

中国电建集团华东勘测设计研究院有限公司是国内最早进行抽水蓄能电站研究的设计院之一，先后设计建成了天荒坪、泰安、桐柏、宜兴、宝泉、仙游、仙居、洪屏等抽水蓄能电站，目前在建的有绩溪、金寨、长龙山、句容、周宁、永泰、厦门、宁海、缙云、衢江等抽水蓄能电站。几十年的工程实践与研究，使该院在抽水蓄能电站勘察、设计技术发展方面取得了丰硕的成果。

《抽水蓄能电站水库防渗技术》一书详细介绍了抽水蓄能电站库盆防渗布置特点、控制标准、防渗方案选择等内容，并结合工程地质及水文地质条件，系统研究总结了国内外不同抽水蓄能电站垂直防渗、钢筋混凝土面板、沥青混凝土面板、土工膜、黏土铺盖及综合防渗的关键技术，为抽水蓄能电站库盆防渗型式选择和设计提供了借鉴和指导，具有重要的工程实际意义。

吴关叶总工程师带领的设计团队长期从事抽水蓄能电站关键技术的研究，其工作勤奋、学风严谨，在抽水蓄能电站水库防渗关键技术研究方面具有丰富的工程经验，相信本书的出版将进一步提升我国抽水蓄能电站的设计、施工及管理技术水平，为我国抽水蓄能电站技术可持续发展作出新的贡献。

全国工程勘察设计大师

2019 年 10 月

抽水蓄能电站运行具有两大特性：一是它既能调峰又能填谷，其填谷作用是其他任何类型的发电厂所不具备的；二是启动迅速，运行灵活、可靠，对负荷的急剧变化可以作出快速反应。此外，抽水蓄能电站还适合承担调频、调相、事故备用、黑启动等任务。与化学储能、压缩空气储能等相比，抽水蓄能电站是目前最经济的大型储能设施。同时，抽水蓄能电站是智能电网的重要组成部分，也是保障核电运行、缓解风电和光伏消纳问题、促进清洁能源发展的必要手段。

抽水蓄能电站水库渗漏问题直接影响电站的经济效益，库盆渗透或渗漏也影响坝基、库岸边坡、地下洞室围岩、水道系统的安全稳定性，还可能引起邻近水库的山体和已有建筑物的失稳和低凹地区的浸没，因而要求水库具有较好的防渗性能。抽水蓄能电站从规划选址开始，就应高度重视库区的渗漏问题；在整个勘察设计阶段，水库防渗方案应作为关键问题开展研究；在施工期，应通过严密的施工组织措施实现水库的防渗性能；在运行期，应通过合理的运行管理措施保证水库防渗性能的长久发挥。

20 世纪 60 年代以来，抽水蓄能电站建设进入了蓬勃发展时期。80 年代以来，我国的抽水蓄能电站设计、施工技术水平也有了较大的发展，十三陵、广州、天荒坪、泰安、宜兴、张河湾、呼和浩特、仙居、溧阳等大型抽水蓄能电站相继建成并投入运行。通过几十年大量的工程实践，我国积累了丰富的抽水蓄能电站水库库盆防渗工程建设经验。

为系统总结抽水蓄能电站库盆防渗设计、施工及管理经验，使抽水蓄能电站更符合工程安全、技术先进和经济合理的要求，在对大量国内外抽水蓄能电站的资料收集、整理和分析研究的基础上，完成了《抽水蓄能电站水库防渗技术》。

《抽水蓄能电站水库防渗技术》的出版，一是满足国家战略发展规划的需要。"十三五"期间，水电发展的目标为：全国新开工常规水电和抽水蓄能电站各 60000MW 左右，新增投产水电 60000MW，2020 年水电总装机容量达到 3.8 亿 kW，其中常规水电 3.4 亿 kW，抽水蓄能 40000MW，年发电量 1.25 万亿 kW·h。为满足国家发展战略的要求，抽水蓄能电站建设迎来了新的发展机遇，因此迫切需要对以往的建设经验加以总结，更好地将新理念、新工艺、新技术在工程建设中广泛推广和应用，以提高设计水平，保证工程质量，确保工程安全。

二是总结工程建设经验的需要。20世纪60年代以来，国内外建设了一大批抽水蓄能电站，在大量科学研究和工程实践的基础上，成功地解决了工程建设过程中遇到的许多关键性技术难题，这些设计和建设经验需要系统总结。

三是创新设计理念的需要。我国在水电工程建设起步和发展前期阶段，曾一度在较大程度上单一强调电站的功能性。当前，随着我国经济社会的发展和生产生活水平的不断提高，不仅注重抽水蓄能电站建设的功能性和经济性，也将生态环境和移民安置等相关问题提到了更高的高度，做到统筹兼顾，处理好发展与保护的关系，以实现水电项目的可持续发展。

随着水电"十三五"规划的出台，我国抽水蓄能电站建设正进入新的发展阶段，本书的出版必将在工程建设中发挥重要的作用，为我国经济社会可持续发展作出新的贡献。

在《抽水蓄能电站水库防渗技术》一书出版过程中，周建平、杨泽艳等同志提出了不少宝贵的意见；陈国良、郑晓红、罗书靖、谭建平、韩忠强等同志提供了丰富的素材；丁明明、孙檀坚、丁雯、徐小东等同志协助校阅整理书稿。在此，谨向所有关心、支持和参与编撰出版工作的人员表示诚挚的感谢，并祈望广大读者批评指正。

作者

2019年10月

目录

第 1 章

综述

1.1 防渗技术概况

抽水蓄能电站发展至今已有 100 多年的历史，1882 年瑞士建成了世界上最早的抽水蓄能电站——苏黎世内特拉（Zurich Netra）抽水蓄能电站，装机容量 515kW，水头 153m。20 世纪上半叶抽水蓄能电站发展缓慢，到 1950 年，全世界建成抽水蓄能电站 28 座，投产容量仅约 2000MW。20 世纪 60—80 年代是世界抽水蓄能电站的快速发展期：60 年代增加容量 13942MW，70 年代增加 40159MW，80 年代增加 34855MW，90 年代增加 27090MW。这个阶段是国外抽水蓄能电站发展的黄金时期，主要集中在欧美及日本等经济发达国家建设。

进入 20 世纪 90 年代后，除日本仍在较大规模建设抽水蓄能电站外，美国与西欧各国抽水蓄能电站建设速度明显减缓，亚洲的中国、韩国、印度等抽水蓄能电站建设速度明显加快，世界抽水蓄能电站建设重心转移至亚洲，尤其是中国。到 2010 年，全世界共有 40 多个国家和地区已经建成和正在建设抽水蓄能电站，投入运行的抽水蓄能电站超过 350 座。目前很多发达国家抽水蓄能电站的装机容量已占相当的比例。截至 2017 年年底，全球抽水蓄能电站总装机容量为 161000MW。

随着国际抽水蓄能电站的发展，水库防渗技术也取得了一定进步，如美国拉丁顿（Ludington）抽水蓄能电站库底黏土铺盖＋库周沥青混凝土面板相结合的全库盆防渗方案、日本冲绳（Okinawa）海水蓄能上水库土工膜防渗系统等，均是在传统水库防渗技术的基础上采用了较为先进的防渗型式。

拉丁顿抽水蓄能电站位于美国密歇根州密歇根湖东岸，距拉丁顿市约 9.4km，装机容量 1872MW，年发电量 25.47 亿 kW·h，年抽水用电量 35.6 亿 kW·h，电站效率 71.5%。工程于 1969 年 4 月开工，1973 年 1 月第一台机组发电。拉丁顿抽水蓄能电站上水库采用了库底黏土铺盖＋库周沥青混凝土面板相结合的全库盆防渗方案。上水库运行至今，库底黏土铺盖经过多次修复。上水库防渗工程是较早采用综合防渗的工程之一，虽然库底黏土铺盖经多次修复，但其工程建设为水库综合防渗的设计与施工积累了宝贵的经验。

冲绳海水蓄能电站位于日本冲绳岛北部，该工程由日本电源开发公司（EPDC）建设。上水库与海平面（下水库）的水位差为 136m，流量为 26m³/s，最大出力 3 万 kW，为首次利用海水进行水体循环的抽水蓄能电站。上水库位于海拔 150m 的山丘上，距离海岸线约 600m，库盆呈八角形，工作水深 20m，斜坡面防渗面积 41700m²，底面防渗面积 9400m²。为防止海水渗漏造成水量损失并影响上水库周边的自然生态环境，上水库底面及斜坡面选择具有较柔软和较强耐久性的 EPDM（乙烯-丙烯-二烯三聚物）作为上水库防渗层的防渗材料，EPDM 膜厚 2mm。该电站自建成后运行至今，土工膜的防渗效果良好。

海水蓄能电站水库防渗面临海水腐蚀、微生物附着、建筑物耐久性等一系列技术问题，冲绳蓄能电站的成功建设，为海水蓄能电站的水库防渗做了开拓性的探索工作。

我国研究开发抽水蓄能电站始于 20 世纪 60 年代。1968 年在冀南电网的岗南水电站安装了一台可逆式机组，建成我国第一座混合式抽水蓄能电站。进入 90 年代以后，国家陆续批准华南电网的广州、华北电网的十三陵、潘家口，华东电网的天荒坪及西藏的羊卓雍湖等大型抽水蓄能电站为上述地区第一期开发工程，并相继开工建设。截至 2017 年年底，我国已建、在建抽水蓄能电站已超过 60 座，已建抽水蓄能总装机容量达 28225MW。

我国抽水蓄能电站的发展历程大致上可分为三个阶段：起步阶段、学习引进阶段、借鉴与自主发展阶段。

20 世纪 60—70 年代为起步阶段，开始学习和引进国外现代抽水蓄能技术，在 1968 年和 1975 年分别建成河北岗南（11MW）和北京密云（2×11MW）两座小型抽水蓄能电站，之后进入一个停滞期。

20 世纪 80—90 年代为学习引进阶段，开始研究和建设大型抽水蓄能电站。在 20 世纪 90 年代的十年间，先后有 9 座抽水蓄能电站投入运行，包括河北潘家口（270MW）、广东广州（2400MW）、北京十三陵（800MW）和浙江天荒坪（1800MW）等，至 2000 年年底抽水蓄能电站总装机容量达到 5590MW。这一时期，工程设计、施工以学习借鉴国外技术为主。

1995 年 12 月，十三陵抽水蓄能电站第一台机组投产发电，1996 年 4 月、8 月、12 月另外三台机组陆续建成投产。该电站为大型日调节纯抽水蓄能电站，总装机容量 800MW，安装 4 台 200MW 机组，最大发电水头 477m，最大抽水扬程 490m。该电站是国内第一座上水库采用全库盆钢筋混凝土面板防渗的工程。工程区气候寒冷，蓄水前后，水库多次放空检查，发现面板出现多处裂缝及表层接缝止水材料在冬季结冰破坏的情况，经修补后目前运行正常。该工程的成功实施为北方寒冷地区采用钢筋混凝土面板防渗积累了有益的经验。近年来，北方寒冷地区混凝土面板耐久性问题得到了越来越多的重视，国内相继开展了较多课题研究，取得了一定的成果。

1998 年 9 月，华东电网第一座大型日调节纯抽水蓄能电站——天荒坪抽水蓄能电站第一台机组建成投产，电站总装机容量 1800MW，安装 6 台 300MW 水泵水轮发电电动机，最大发电水头 567m，最大抽水扬程 614m。2000 年年底，6 台机组全部并网发电。上水库采用全库盆沥青混凝土面板防渗，较好地适应了复杂的工程地质条件。工程所用的沥青材料从沙特阿拉伯进口，沥青混凝土防渗面板施工引进国外承包商。上水库设置了完善的排水观测系统保障工程安全运行。水库蓄水后沥青混凝土面板出现了几次裂缝，经修补后运行正常。目前上水库渗漏量仅为 1L/s 左右。天荒坪工程的成功实践，使之成为国内沥青混凝土防渗技术应用的标杆，促进了我国抽水蓄能电站水库防渗技术的发展。

2000 年之后为借鉴与自主发展阶段，从学习借鉴国外技术过渡到自主发展为主。工程设计、施工等技术日趋成熟并自主创新发展，沥青混凝土防渗面板施工由借鉴国外技术（张河湾、西龙池）发展到全面自主施工（宝泉、呼和浩特），并发展了改性沥青混凝土面板设计和施工技术（西龙池、呼和浩特）。

位于内蒙古自治区呼和浩特市东北部的呼和浩特抽水蓄能电站，上水库采用全库盆沥青混凝土面板防渗。2014 年 11 月，电站 1 号机组投产发电。2015 年 6 月，4 台机组全部并网发电。电站地处严寒地区，沥青混凝土面板的低温抗裂问题突出，经多次试验研究，防渗层采用改性沥青混凝土，抗冻断温度可达－45℃，达到世界先进水平。经过近 20 年的发展，我国的沥青材料品质飞速提高，从天荒坪工程的沥青材料由中东进口，到国产的沥青混凝土抗冻断温度达－45℃，我国的沥青混凝土面板防渗工程建设进入一个新的发展阶段。

2006 年 7 月，泰安抽水蓄能电站 1 号机组投入商业运行。该工程在上水库中大面积采用土工膜进行库底表面防渗，并充分利用土工膜适应变形能力强、施工方便、快捷，接缝少的特点，在保证工程安全的前提下，取得了良好的经济效益。这也是我国第一次在大型水电工程中成功使用土工膜防渗。随后，江苏溧阳（已建）、江西洪屏（已建）、江苏句容（在建）等大型抽水蓄能电站均在库底大规模采用土工膜防渗。

河南宝泉抽水蓄能电站上水库采用库岸沥青混凝土面板＋库底黏土铺盖的全库盆防渗型式。2008 年 9 月，经过初次蓄水发现，黏土铺盖遭受了一定破坏。国内外工程经验表明，使用黏土铺盖防渗，应非常慎重。该工程是国内第一个采用库底黏土铺盖防渗的抽水蓄能电站防渗工程。随后，江西洪屏（已建）、江苏句容（在建）等大型抽水蓄能电站均在部分库底采用黏土铺盖防渗。

于 2007 年 1 月投产的安徽琅琊山抽水蓄能电站是我国建于岩溶地区的电站。工程实施阶段，根据库区水文、地质条件，上水库采用以垂直防渗为主，结合库区、防渗线上溶洞掏挖回填混凝土或混凝土防渗墙，库区局部黏土铺盖为辅的综合处理方案。水库蓄水后运行良好。该工程对地质条件复杂地区的库盆防渗具有较好的借鉴意义。

在抽水蓄能电站建设过程中，各国均对水库渗漏问题非常重视。总体来说，根据工程地质及水文地质条件，采取了各种各样的防渗型式（表 1.1－1）。这些防渗型式主要包括：垂直防渗、表面防渗（钢筋混凝土面板、沥青混凝土面板、土工膜、黏土铺盖等）及综合防渗等。目前，这些防渗型式在多个工程中得到成功运用，积累了较为丰富的设计、施工及管理经验，技术上已较成熟。

表 1.1－1　　　　　　　　抽水蓄能电站上水库库盆防渗型式统计表

工　程	大坝（主坝）坝型	库盆防渗型式					完建年份
		钢筋混凝土面板	沥青混凝土面板	土工膜	黏土铺盖	垂直帷幕	
德国瑞本勒特（Rabenleite）抽水蓄能电站	混凝土面板堆石坝	√	玻璃纤维沥青油毡				1955
美国拉丁顿（Ludington）抽水蓄能电站	沥青混凝土面板土石坝		√		√		1969
美国巴斯康蒂（Bath County）抽水蓄能电站	土石混合坝					√	1986
法国大屋（Grand Maison）抽水蓄能电站	心墙堆石坝					√	1987
日本今市（Imaichi）抽水蓄能电站	黏土心墙坝	√	喷沥青橡胶	√			1990

工　程	大坝（主坝）坝型	库盆防渗型式					完建年份
		钢筋混凝土面板	沥青混凝土面板	土工膜	黏土铺盖	垂直帷幕	
十三陵抽水蓄能电站	混凝土面板堆石坝	√					1997
溪口抽水蓄能电站	混凝土面板堆石坝					√	1998
天荒坪抽水蓄能电站	沥青混凝土面板堆石坝		√				1998
日本冲绳（Okinawa）海水抽水蓄能电站	堆石坝（坝面土工膜）			√			1999
广州抽水蓄能电站	混凝土面板堆石坝					√	2000
沙河抽水蓄能电站	混凝土面板堆石板					√	2002
宜兴抽水蓄能电站	混凝土面板堆石坝	√					2003
泰安抽水蓄能电站	钢筋混凝土面板堆石坝	√		√		√	2005
桐柏抽水蓄能电站	均质土坝					√	2006
琅琊山抽水蓄能电站	混凝土面板堆石坝				√	帷幕、截水墙	2006
张河湾抽水蓄能电站	沥青混凝土面板堆石坝		√				2008
黑麋峰抽水蓄能电站	混凝土面板堆石坝					√	2010
白莲河抽水蓄能电站	沥青混凝土面板堆石坝					√	2010
惠州抽水蓄能电站	主坝碾压混凝土重力坝					√	2011
西龙池抽水蓄能电站	沥青混凝土面板堆石坝		√				2011
宝泉抽水蓄能电站	沥青混凝土面板堆石坝		√	√			2011
蒲石河抽水蓄能电站	混凝土面板堆石坝					√	2012
响水涧抽水蓄能电站	混凝土面板堆石坝					√	2012
呼和浩特抽水蓄能电站	沥青混凝土面板堆石坝		√				2015
仙游抽水蓄能电站	混凝土面板堆石坝					√	2013

续表

工程	大坝（主坝）坝型	库盆防渗型式					完建年份
		钢筋混凝土面板	沥青混凝土面板	土工膜	黏土铺盖	垂直帷幕	
清远抽水蓄能电站	黏土心墙堆石（渣）坝					√（包括防渗墙）	2016
仙居抽水蓄能电站	混凝土面板堆石坝					√	2016
洪屏抽水蓄能电站	主坝混凝土重力坝	√		√	√	√	2016
溧阳抽水蓄能电站	混凝土面板堆石坝	√		√			2017
深圳抽水蓄能电站	碾压混凝土重力坝					√	在建
绩溪抽水蓄能电站	混凝土面板堆石坝					√	在建
金寨抽水蓄能电站	混凝土面板堆石坝					√	在建
长龙山抽水蓄能电站	混凝土面板堆石坝					√	在建
周宁抽水蓄能电站	主坝混凝土面板堆石坝					√	在建
句容抽水蓄能电站	沥青混凝土面板堆石坝	√	√				在建
厦门抽水蓄能电站	混凝土面板堆石坝					√	在建
永泰抽水蓄能电站	分区土石坝					√（包括防渗墙）	在建
缙云抽水蓄能电站	混凝土面板堆石坝					√	在建
宁海抽水蓄能电站	混凝土面板堆石坝					√	在建

注 "√"表示采用该种防渗型式。

1.2 水库库址选择及防渗布置特点

1.2.1 水库库址选择

对于抽水蓄能电站多个可选库址而言，不同库址的建设条件可能相差很大，地形地质条件优良，天然防渗性能好的库址宜优先考虑。

1. 库址应具备的地形条件

（1）库岸地形平顺、封闭性好，库周垭口少，库底开阔、平顺，具有良好的库容条件。

（2）上、下水库之间的高差大小、水平距离远近，是判断抽水蓄能电站地形条件优劣的最主要标准之一，一般可以用落差和距高比进行判别。

上、下水库平均落差一般以 300～500m 为宜。实践经验表明，距高比在 4～6 之间是比较理想的。小距高比虽然可以缩短输水系统的长度，节省主体工程投资，有利于提高电站的长期运行效益，但是距高比小表明站址区地形较陡峻，对于地表建筑物布置存在不利影响，尤其对于上下库连接公路，高边坡问题会比较突出。上、下库落差越大，小距高比的不利影响越明显。因此距高比一般不建议小于 3。而大距高比主要带来输水系统及辅助洞室等投资的增加，以及水损带来的运行效益降低，一般建议不超过 10。

（3）主、副坝的筑坝条件。坝轴线处地形平顺、无陡坡、两岸地形基本对称、山体雄厚等，同时筑坝工程量不宜太大，以降低工程投资。

2. 优先选择地质条件优越、天然防渗性能好的库址

在进行库址比较时，应优先选择区域构造不发育，无大的构造断裂通过、上、下水库具备天然防渗条件的库址。近年来，随着抽水蓄能电站资源的全面开发，地质条件优越的库址越来越少，上、下水库半库盆防渗或全库盆防渗方案也逐渐得以规划和实施。

在进行抽水蓄能电站库址选择时，除地形、地质等工程技术条件外，需要考虑的建设条件还有地理位置、水源、水库淹没、环境影响、现有上下水库利用等。

1.2.2　水库防渗布置特点

1.2.2.1　抽水蓄能电站上、下水库布置

抽水蓄能电站可分为纯抽水蓄能电站和混合式抽水蓄能电站。一般来说，若进入上水库的径流较大，安装了抽水蓄能机组，同时也安装了部分常规水电机组（或直接用抽水蓄能机组）利用天然径流进行发电，则称为混合式抽水蓄能电站。因此抽水蓄能电站的上水库可以是仅满足纯抽水蓄能电站所需库容的水库，也可以是较大的水库，将部分库容作为抽水蓄能电站的上水库所用，其余作为常规水电机组发电使用。由于抽水蓄能电站特殊的运行条件，上、下库在布置上也具有明显的特点。

1. 库盆型式多样

抽水蓄能电站比较常见的库盆型式为利用高山冲沟或盆地筑坝形成上水库，利用山脚的河流、溪沟筑坝形成下水库，例如洪屏、金寨、绩溪等抽水蓄能电站均采用了这样的布置方式。除此之外，还有利用天然湖泊作为上、下水库的，例如我国台湾省的明湖（1985年建成）、明潭（1995 年建成）抽水蓄能电站，西藏自治区的羊卓雍湖抽水蓄能电站（1996 年建成）及意大利的昂特拉克（Entracque，1984 年建成）抽水蓄能电站就是利用天然湖泊作为上水库，而美国的拉丁顿、巴德溪（Bad Creek，1991 年建成）抽水蓄能电站则分别利用密歇根湖（Michigan Lake）和约卡西湖（Jocassee Lake）作为下水库。更为特殊的，美国霍普山（Mount Hope，1993 年建成）抽水蓄能电站利用地下采空区作为下水库，日本的冲绳海水蓄能电站利用大海作为下水库。抽水蓄能电站上、下水库库盆功

能为储水和储能，理论上只要具有一定高差和平距，结合当地的地形地质条件，能够进行工程布置的都可以作为抽水蓄能电站的上、下水库库盆。

因此，抽水蓄能电站的上、下水库布置型式非常多样。

2. 影响水库布置的因素多，挡水建筑物布置型式多样

影响抽水蓄能电站水库布置的因素较多，包括水库的库容、地形地质条件、土石方挖填平衡、环境保护等。为了满足库容要求，上水库库盆多采用挖填结合的方式，结合地形地质条件和土石方挖填平衡，以土石坝（堆石坝）坝型居多，坝轴线也不限于常规的直线型，如我国的天荒坪和西龙池抽水蓄能电站、英国的迪诺威克（Dinorwic，1984 年建成）抽水蓄能电站、德国的格兰姆斯（Grimes）抽水蓄能电站等，上水库坝轴线均采用弧线形，而琅琊山抽水蓄能电站上水库坝轴线则为折线形，均可以较小的工程代价取得较大的有效库容。为解决泥沙问题，避免泥沙淤积造成水库有效库容减小，呼和浩特抽水蓄能电站在河道的上、下游布置两座大坝而形成下水库，其中上游大坝功能为挡沙，下游大坝功能为蓄水。

3. 库盆渗漏问题突出

对于储能性质的抽水蓄能电站，在进行站址布置时，储能与调峰需求、受送电条件是主要影响因素，而与大型土建工程息息相关的地形地质条件则处于相对次要的地位。因此，对于大部分抽水蓄能电站，库盆选择或者坝址选择的余地非常小，甚至有些工程坝轴线布置范围都十分狭窄。由于库盆选择受到限制，天然条件下，很多抽水蓄能电站库盆都存在渗漏问题，尤其是抽水蓄能电站的上水库。纵观众多的抽水蓄能电站，除了泰安、洪屏、桐柏等电站上水库具有较大的流域面积，有少量天然径流可补给上水库外，大部分电站上水库均处于周围最高或较高的沟源或夷平面洼地，无径流补给。一般来说，这类工程上水库周围地下水水位均低于正常蓄水位，水库蓄水后与邻谷间不存在地下水分水岭，水库水可能外渗。鉴于上水库地形特点及径流条件，需要采取一定的工程措施进行防渗处理，甚至一些工程依赖其天然条件无法成库，需要进行全库盆防渗处理，如已建的天荒坪、溧阳工程及在建的句容工程上水库等。

1.2.2.2 抽水蓄能电站库盆防渗布置

1. 双重控制标准

即使对防渗结构提出高标准的控制要求，对施工过程严格管控，水库建成后渗漏也难以避免。对于一般常规水电站的水库，防渗标准主要是针对防渗结构而提出的，以使其满足相应的防渗功能要求，保证建筑物和水库正常、安全运行。在设计过程中也会针对防渗结构及其对应的标准进行一些防渗效果方面的研究，但对建成后渗漏量的控制并没有严格的要求。主要是因为这类水库天然径流较大，只要渗漏不影响建筑物安全，对水库正常运行的影响较小。抽水蓄能电站一般径流补给条件较差，渗漏不仅影响建筑物运行安全，当渗漏量超过一定标准后还将影响电站正常运行。此外，上水库的渗漏还涉及储能量的丧失，降低电站的运行效率，因此抽水蓄能电站水库对于渗漏的控制除了满足防渗结构的防渗功能要求外，对渗漏量一般也具有明确的控制标准，属于双标准控制。

2. 防渗型式多样、复杂

抽水蓄能电站站点布置主要受电网负荷分布影响，并且要综合考虑电站的送出条件和

外部建设条件，而具体的库址选择则主要受地形条件控制，地质条件往往并不是库址选择的控制因素，这导致了一些工程将水库选择在水文地质条件比较复杂、天然防渗条件相对差的地方。而且不同库盆的天然补水条件也是各不相同，因此相比于其他的水库工程，抽水蓄能电站的库盆防渗型式多样，针对不同地质条件的渗透特性和水库防渗要求甚至需要采用多种防渗型式，防渗结构复杂。

抽水蓄能电站水库防渗的型式可以大致分为以下几种：按照防渗范围可以分为全库盆防渗、半库盆防渗和局部防渗；根据防渗的结构型式可以分为表面防渗和垂直防渗；根据防渗型式和防渗材料的多样性又可以分为单一结构型式防渗和综合防渗。十三陵、天荒坪、张河湾抽水蓄能电站的上水库属于典型的全库盆、表面单一结构防渗，溧阳、宝泉、句容（在建）抽水蓄能电站的上水库属于典型的全库盆、表面复合结构防渗，泰安、琅琊山、洪屏抽水蓄能电站的上水库属于半库盆、综合防渗，桐柏、仙游、仙居抽水蓄能电站的上水库属于局部垂直防渗。

3. 防渗结构工作条件复杂

抽水蓄能电站由于其特殊的功能要求，水库运行工况较复杂。一般电站或者水库，除了特殊情况需要紧急泄水或者由于洪水导致水位快速上升外，正常运行条件下水位变动幅度较小，防渗体防渗功能以外的要求相对较少。抽水蓄能电站则不同，水位变动幅度大、速度快，比如天荒坪抽水蓄能电站下水库水位总变幅为 49.5m，其中日循环的水位变幅为 43.5m，抽水时最大水位变化速率为 8.85m/h。如此高、如此快的水位变化，对于表面防渗结构，往往要研究反向渗流问题，因此防渗结构不仅要满足防渗要求，还要考虑水位骤降条件下的防渗结构稳定问题。

此外，抽水蓄能电站由于库盆选择余地较小，库盆的结构型式多样，这也导致防渗体建基条件千差万别，比如同为土工膜防渗，洪屏工程上水库库底土工膜的基础为天然库底，而泰安和溧阳工程上水库库底则为回填石渣。一个工程同一种防渗结构在不同部位的基础条件差异有时也很大，例如宝泉抽水蓄能电站上水库库底黏土铺盖，一部分坐落在回填石渣上，一部分坐落在开挖后的岩石地基上。防渗结构工作条件复杂，也导致防渗结构设计难度加大。

1.3　渗漏特点

抽水蓄能电站以水为载体，利用上、下水库之间的高差，进行水体势能和电能之间的转换，从而实现储能与发电的功能。与位于天然江河的常规水电站水库相比，抽水蓄能电站水库库盆渗漏特性及其对工程的影响均有较大区别，且具有鲜明的特点。

1. 渗漏水头高

抽水蓄能电站站址地形高差大，上、下水库之间的落差一般大于 300m（其中水头大于 1000m 的抽水蓄能电站全世界已超过 10 座），且上水库一般位于沟源洼地或山顶平台内，地形陡峭，库周常有垭口或单薄山脊，库外常有高陡临空面。库周山体通常卸荷较严重且卸荷范围大，岩体风化较深，沟谷和单薄山脊垭口处常有较大断层、破碎带或裂隙密集带，透水性强，地下水位低。蓄水后，水库内外形成较大的水位差，地下水渗流速度和渗透坡降增大，使库盆、坝基、坝肩等部位产生不同的渗流场，甚至可能向邻谷渗漏。由于水头高，可能导致渗流量大，进而库水渗漏造成的能量损失也较大。

2. 库水位大幅度急剧变动

与常规水电站相比，大部分抽水蓄能电站的库容要小得多，水库的水位变幅及单位时间内的水位变幅均很大，而且这种变化通常每天都要重复进行，水库水位日变幅 10～30m 是经常发生的，日变幅超过 30m 甚至 40m 也不罕见。在机组满发或抽水时，水库水位变化速率经常在 5m/h 以上，甚至可达 8～10m/h。例如英国迪诺威克抽水蓄能电站上水库水位变幅为 34m，机组满发时最大水位变化速率为 9.5m/h。天荒坪抽水蓄能电站上水库水位变幅为 42.2m，其中正常运行时水位日变幅为 28.42m，抽水时最大水位变化速率约 7m/h。

水位的频繁升降带来至少两方面的不利影响：一是天然库岸在水位频繁变动的环境下物理力学性能不断恶化，同时库岸非稳定渗流产生的渗透压力进一步增大边坡滑动力，边坡的稳定性变差，易造成库岸滑坡或坍塌；二是当库岸采用面板等防渗结构时，若面板下部排水不畅，在水位降落期间容易出现反向水压顶托导致面板失稳或破坏。因此对于抽水蓄能电站，库盆防渗需要综合考虑渗漏对库岸、防渗结构稳定的不利影响。在进行防渗设计时，不仅要考虑防渗要求，还要论证排水设计的必要性或排水方案的可靠性。

3. 垂直渗漏问题突出，水文地质条件复杂

抽水蓄能电站站点布置主要受电网负荷分布影响，导致选定的库址往往位于水文地质条件较复杂、天然防渗条件相对较差的地方。

除了特殊的岩溶地区外，常规水电站水库主要的渗流为水平向渗漏问题，防渗处理相对简单。但是对于抽水蓄能电站，上、下水库之间布置有大量的地下洞室群，相对于上水库而言，地下洞室群基本全部位于库底高程以下，同时庞大的地下洞室群多数情况下布置了系统的排水设施，改变了上水库的渗流边界条件，极可能降低周边的地下水位，形成垂直渗漏问题，尤其是当地下厂房采用首部式布置或中部式布置时，由于地下厂房距离上水库的水平距离相对较近，存在渗透的风险更加突出，当渗漏量过大时，将会影响地下厂房的正常运行。

4. 库盆渗透条件存在变化的可能性

采用地下厂房布置方案的抽水蓄能电站，可能会在天然条件下额外增加渗透通道，改变渗流边界条件。而地下厂房基于前期各阶段一定深度的勘测设计成果建成并运行后，实际的渗流边界条件与勘测阶段相比可能存在较大的差异，按照勘测成果进行的防渗设计存在不能完全满足工程运行要求的可能性，因此对于抽水蓄能电站上水库水文地质条件的勘测应该考虑到今后工程开工以及建成后可能导致的水文地质条件变化，应在勘测方法和勘测周期上有较强针对性。

以洪屏抽水蓄能电站工程为例，在预可行性研究阶段上水库库岸的地质勘查表明，大部分库岸地下水位较高，防渗条件较好，采用帷幕灌浆等措施可解决水库防渗问题。在可行性研究阶段，由于地下厂房长探洞的开挖，上水库南库岸山体地下水位出现明显下降，形成渗透漏斗。根据示踪试验分析，南库岸地下水位大幅下降的直接因素是地下厂房长探洞开挖揭露出埋藏于岩体深部的透水断层，例如缓倾角的 F_{115}、f_{116} 等，这些断层与南库岸断层相互切割贯通。在天然情况下，由于山体雄厚，断层出露较远或者因为倾角较陡没有天然渗漏出口，地下长探洞的开挖使得这类的断层渗透通道的出口被打通，从而出现上水库库岸地下水水位下降的情况。探洞的开挖与整个电站的地下洞室群相比是微不足道的，而纵观整个上水库的断层发育情况，除了南库岸外，在南库底、西库底等均发育有较多的断层，且部分大断层延伸至库尾。电站建设后，大规模的地下洞室开挖必然会揭露更多的断层，南库岸地下水是否会进一步降落以及地下水漏斗是否会扩展至西库底、库尾或者其他库岸，仅仅根据可行性研究阶段的地质勘查是难以判断的。为此，可行性研究及招标设计阶段在库内布置 60 个地下水位观测孔，在施工期进行了 21 期共 60 余次观测，直到地下厂房洞室群主体施工完成才最终确定上水库的防渗范围。

1.4　水库勘测布置及特点

抽水蓄能电站主要建筑物主要由上水库、输水发电系统、下水库及其附属设施组成，其建筑物、运行方式与常规水电站不同，地质勘测工作也因设计阶段、枢纽布置、施工方案不同而具有较强的针对性，尤其是上、下水库（坝）因水库的防渗要求高、防渗型式不同、库水位变幅大、库盆开挖工程量大等特点，与一般常规水电站项目的库区、坝址勘测方案布置存在较大差异。

1.4.1　库区防渗型式选择勘测布置

1.4.1.1　主要勘测目的和工作内容

调查、收集站址的区域地质和地震等区域概况；初步查明上、下水库及各坝址的工程地质条件和主要工程地质问题，分析成库、建坝条件；初步查明水库周边低矮垭口、单薄分水岭、贯穿库岸分水岭的断层破碎带、岩溶等工程地质条件，分析水库渗漏的可能性，为确定水库防渗型式提供依据；初步分析库水位频繁变动对库岸稳定的影响。

1.4.1.2　勘测工作方法及布置原则

首先进行资料收集，并以地质测绘、钻探、物探、坑槽探等为主要手段，辅以一定的现场测试工作，同时根据坝型、库岸边坡条件布置必要的洞探工作。

1. 资料收集

资料收集一般在选点规划初期完成，重点收集工程区域地质资料，包括区域地质图、历史地震、矿产信息等。

通过对收集成果的分析，了解区域构造、地震对工程场地可能造成的影响。如在山东胶东抽水蓄能电站规划中，文登昆嵛山站址地震烈度为Ⅷ度，区域性晒字断裂在近场区内通过；福建永泰抽水蓄能电站站址，由于与台湾距离较近，受台湾地震的影响较大，需调查了解台湾花莲地震对工程区的影响程度；江苏句容工程收集的区域资料对了解工程区的构造稳定、地层、岩溶等地质条件，对站址的选择、枢纽布置方案、地质工作的开展方向起到非常重要的指导作用。

2. 工程地质测绘

需对工程区及上、下水库（坝）区、输水系统、天然建筑材料等部位进行地质测绘，对区域构造、地层岩性、地形低矮垭口、单薄分水岭、基岩露头范围及特征、泥石流和滑坡等不良的物理地质现象、固体径流发育程度等进行分析判断。

宜对上、下水库（坝）区地层岩性、地质构造、水文地质特征、岩溶发育程度及不良物理地质现象分布等基本地质条件开展测绘工作；重点是库（坝）地形尤其是低矮垭口的地貌特征、地层岩性的分布范围、界线、接触关系，主要断层、岩脉的出露位置、产状、地下水（泉水）的出露位置、流量，岩溶发育规模及滑坡、泥石流、固体径流等分布情况、规模等。

3. 钻探

对近期具备开发条件的站址，一般在初步选定的坝址沿大坝坝轴线左岸、右岸及沟底各布置一个钻孔，以了解坝址的主要工程地质、水文地质问题。如广西抽水蓄能电站选点规划、山东泰安二期规划，福建抽水蓄能电站选点规划等推荐坝址均在大坝坝轴线上布置3～4个钻孔。因此在坝址、坝型和防渗方案初步选定的情况下，结合开发站址选择时已有的钻孔进行钻孔布置，可大体上分为坝址区及库区两部分。

（1）坝址区。应以初步查明各比较方案坝址区的工程地质条件及主要工程地质问题，确定坝址的渗漏条件、渗漏型式及防渗措施，并以对各方案做出初步评价为目的。

坝址应有一条主要勘探剖面，对于高坝的代表性坝址，宜在主要勘探剖面线上、下游增加辅助勘探剖面。如江苏句容工程上水库主坝坝高183m，在主要勘察剖面的上、下游各布置了一条勘探剖面。

勘探孔的布置应满足相关规范的布置要求，同时根据坝型特点进行适当调整，如重力坝勘探孔主要布置在坝轴线剖面，并适当兼顾上、下游辅助剖面；拱坝勘探孔主要布置在坝轴线、两侧抗力体；面板堆石坝主要布置在坝轴线及趾板线上；黏土心墙堆石坝则重点布置在心墙部位等。

（2）库区。在对区域资料进行分析后，一般先以初步查明库周垭口、单薄分水岭、库周及库底可能渗漏地段的主要工程地质、水文地质条件为主要目地进行钻孔布置，以优先分析水库是否具备垂直防渗条件，因此钻孔主要布置在库周地形垭口上，并埋设地下水位长期观测孔，对地下水位进行长期观测。如江苏句容、福建永泰、山东泰安二期等工程均在垭口处布置钻孔、埋设长期观测孔（图1.4-1、图1.4-2），孔深应进入相对隔水层以下10～15m；岩溶区孔深宜达到库盆的沟底部位。

4. 物探

物探工作的重点是初查覆盖层的厚度、风化深度、构造带（低速带）的分布及岩土体的波速等，以指导地质测绘及钻孔的布置。物探布设的工作量较大，有的项目多达数千米。物探剖面主要布置在坝轴线、库盆、库岸山脊等部位，对构造、岩脉发育的库盆，往往沿库周山脊线布置长的物探剖面。如福建永泰、江苏句容工程沿上水库山脊线布置了环库周的长的物探剖面（图1.4-1），以初步查明库岸山脊密集发育的岩脉和断层分布情况。

5. 坑槽探

针对坝址、库盆的主要工程地质问题布置坑槽探，库岸通常布置在山脊垭口部位，坝址区沿坝轴线、趾板线布置，以重点核实坝址、库区覆盖层性状、厚度，揭露推测的断层、岩脉、地层岩性界线等为目的。

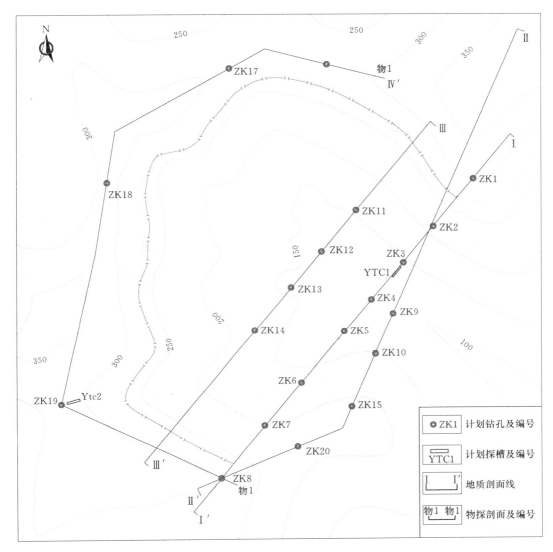

图 1.4-1　江苏句容抽水蓄能电站预可行性研究阶段上水库坝址区及库岸垭口钻孔布置图

6. 试验

水库（坝）区试验工作除了常规性的压水试验、注（抽）水试验、土工试验、岩石试验外，还需进行大量的岩石磨片以确定工程区的岩性；同时结合构造带、边坡的钻孔布设，开展适当的孔内摄像、声波测试等工作；岩溶区可布置一些电法测试、连通试验等，进行库周、坝址两岸钻孔的地下水长期观测工作，一般观测时间不少于一个水文年。

1.4.2　垂直防渗型式勘测布置

1.4.2.1　主要勘测目的和工作内容

在库（坝）区确定采用垂直防渗系统后，在预可行性研究阶段勘察的基础上，进一步查明上、下水库和各坝址的工程地质、水文地质条件，为选定的坝址、坝型及对应的水库

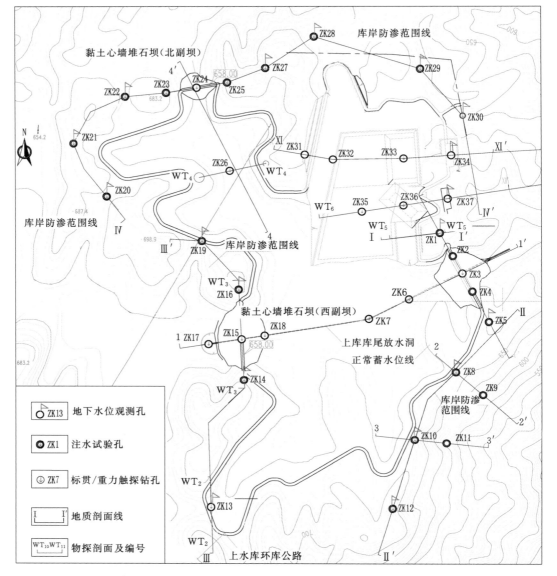

图 1.4-2　福建永泰抽水蓄能电站预可行性研究阶段上水库主副坝及库岸垭口钻孔布置图

区提供地质依据。查明、评价水库和坝址的渗漏条件及库岸稳定性，进一步论证水库的防渗型式，提供水库及各建筑物设计所需的工程地质资料。

水库区重点查明库周岩体渗透特征和地下水位埋深，查明水库垂向和侧向渗漏条件，主要漏水地段或渗漏通道的位置和规模；查明影响边坡尤其是水位变幅区边坡稳定的边界条件；查明库岸软弱结构面、岩体、库岸单薄分水岭内、外侧边坡的工程地质条件。

1.4.2.2　勘测工作方法及布置原则

主要采用地质测绘、钻探、试验、坑探等手段，辅以一定的物探测试工作，根据坝型、边坡开挖、库岸边坡及库内石料场等布置一定的洞探工作。

1. 地质测绘

地质测绘主要对上阶段发现、预测的工程区地质基本条件进行核实。查明库岸单薄分水岭内、外侧边坡和冲沟的地形条件，库（坝）地层岩性的分布范围、界线和接触关系，主要断层、岩脉的出露位置和产状，地下水（泉水）的出露位置、流量；查明不良地质现象，如滑坡、泥石流、固体径流等分布位置、规模、成分等；分析库岸渗漏的边界、防渗措施及库岸边坡稳定性为重点。

上、下水库（坝）区采用 1：1000 地形精度的地质测绘图，范围应包含单薄分水岭的外侧沟谷。

2. 钻探

库（坝）区的钻孔按枢纽分区大体上分为坝址区和库区两部分。

（1）坝址区。结合坝型，主要在大坝坝轴线、面板堆石坝趾板线及堆石区、重力坝两侧坝肩、拱坝的抗力体、心墙堆石坝的心墙及其开挖边坡等部位布置钻孔；结合拟定的建筑物布置，在溢洪道、导流洞、泄洪洞、消力池等部位布置钻孔。钻孔间距一般控制在 50m 左右。垂直防渗的重点是查明防渗体处岩土体的透水性，确定防渗线。对主要地质问题影响位置，如重要的岩性界线、蚀变的岩脉、断层带和风化凹槽等可能产生渗漏的地段以及高边坡等影响边坡稳定的重点位置，布置专门性的钻孔（包含斜孔），钻孔深度以坝高、相对隔水层界线、建筑物底板及揭穿地质界线以下 10~15m 为原则。高边坡的钻孔应布置在边坡开口线外、边坡中部及坡脚，孔深以深入底开挖面 5~10m 为原则。如福建永泰工程上水库主坝风化深槽，福建周宁工程、福建仙游工程、江西奉新工程等坝址的断层部位，均相应布置了铅直孔和斜孔。

（2）库区。在前期已有的水库边坡、库底和单薄分水岭垭口等钻孔成果基础上，采用垂直防渗方案时应重点对单薄分水岭、库岸风化带、卸荷带、断裂带和强透水岩层等可能产生渗漏的部位进一步布置钻探工作。

重点布置在可能存在库岸渗漏问题的单薄垭口上，勘探剖面宜垂直山脊垭口，一个剖面宜布置 2 个以上钻孔，勘探点间距宜为 50~100m，孔深应深入相对隔水层或库底 10m 以下。对于邻谷切割较深的地表分水岭钻孔，孔深应达到地下水位以下 20~50m。

对覆盖层和岩体风化深、稳定问题突出的库岸，应在库岸均匀布置勘探剖面，每个剖面一般 3 个钻孔，不宜少于 2 个钻孔；设计正常蓄水位上、下各一个孔，孔距在 50m 左右，孔深应深入开挖坡面、稳定岸坡或弱基岩面以下 10m。如福建永泰工程，在深厚覆盖层坝址和库岸布置了多个勘探剖面，每个剖面布置 2 个以上钻孔（图 1.4-3）。

3. 洞探

在库（坝）区，应根据需要在相应位置布置勘探平洞，如重力坝、拱坝的两侧坝基、土石坝坝基（趾板）开挖的高边坡、上下水库进/出水口、库内石料场等位置。福建厦门、江西奉新和洪屏等工程均在上水库进/出水口、库内石料厂布置勘探平洞。为查明多条发育、影响较大的断层带、岩脉等，在构造分布区布置垂直地质构造走向的勘探平洞。

4. 孔内摄像

结合枢纽布置、坝体建基面的选定、地质现象的揭露等信息，除常规的压水、注水试验、土工试验、岩石试验外，重点在揭露地质现象的钻孔内进行孔内摄像。为查明高边坡

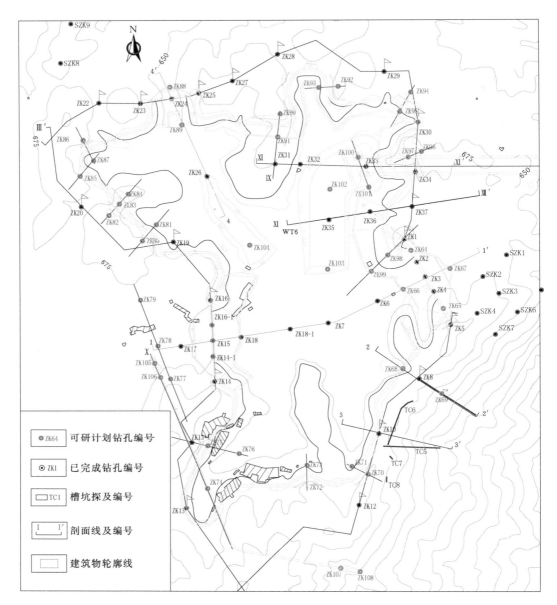

图 1.4-3　福建永泰抽水蓄能电站可行性研究阶段深厚覆盖层坝址和库岸钻孔布置图

的结构面特征、分析边坡的稳定性，在高边坡的钻孔往往也开展孔内摄像工作。坝基孔则布置孔内声波测试、孔内摄像，核实岩体的完整性、风化程度、对边坡稳定不利的结构面特征等。

1.4.3　表面（全库盆）防渗勘测布置

1.4.3.1　主要勘测内容

需在对选定防渗方案的勘测基础上，结合库盆的防渗结构型式，进一步整体查明库

（坝）区工程地质、水文地质条件。重点查明库周岩体渗透特征和地下水位埋深，查明水库垂向和侧向渗漏条件、主要漏水地段或渗漏通道的位置和规模。岩溶地区还应查明岩溶的发育规律、水文地质结构、地下水补、径、排条件及库内外的连通情况、相对隔水层分布等。查明开挖前后影响边坡尤其是水位变幅区边坡稳定的边界条件；查明防渗体范围内岩体的物理力学性质，评价不均匀沉降、塌陷等不良现象对防渗结构的影响。

1.4.3.2　勘测工作方法及布置原则

主要采用地质测绘、钻探、试验和坑探等手段，辅以一定的物探测试工作，根据坝型、边坡开挖和库内石料场等布置一定的洞探工作。

1. 地质测绘

地质测绘重点查明库（坝）区的地形条件和地层岩性特征：查明主要断层和岩脉的出露位置、产状和渗透性；查明地下水（泉水）的出露位置和流量；查明地表岩溶发育规模、发育程度、分布位置、连通情况；查明不良地质现象，如滑坡、泥石流、固体径流等分布位置、规模、成分等；库外边坡主要查明其稳定性。

宜采用 1∶1000 地形精度开展地质测绘，范围应包含影响库岸稳定的外侧边坡。

2. 钻探

库（坝）的钻孔按枢纽分区大体上分为坝址区、库区和库内石料场三个部分。

（1）坝址区。主要在大坝坝轴线，面板堆石坝趾板线及堆石区、重力坝两侧坝肩、拱坝的抗力体、心墙堆石坝的心墙及其开挖边坡，库坝防渗体结合部位等进行布置，同时结合拟定的建筑物如溢洪道、导流洞、泄洪洞、消力池等部位布置，钻孔间距一般控制在50m 左右，并在上阶段揭露、推测的主要地质问题如重要的岩性界线、蚀变的岩脉、断层带、风化凹槽、高边坡、岩溶发育带等对坝体填筑、防渗范围、对防渗体结构有影响的位置布置专门性的钻孔（包含斜孔），深度以坝高、建筑物底板及揭穿地质界线以下 10～15m 为原则。如江苏句容工程上水库的断层带、蚀变岩脉段，下水库的断裂带、溶洞段、地层分界线部位均相应布置了铅直孔、水平孔、斜孔等。

（2）库区。对覆盖层、岩体风化深及全库盆开挖的库盆，根据上阶段初步分析成果，结合库盆开挖方案、库内料场开采型式、库内填筑料分布范围等方案，在库岸垂直开挖线均匀布置勘探剖面，每个剖面一般 3～5 个钻孔，不宜少于 2 个钻孔，孔距在 50m 左右，孔深应深入开挖坡面、开挖底板或基岩面以下 10m。如江苏句容工程上水库半挖半填成库，覆盖层厚，岩溶发育，结合坝址、库岸开挖、全库盆防渗及库内石料场等，沿库岸、库底布置了多条勘探剖面、钻孔等（图 1.4-4）。

为查明库内构造带的分布、渗漏条件、渗漏量、不良岩性界线、岩溶发育情况等主要工程地质问题，针对性地在相应部位布置垂直孔、斜孔或水平孔。例如：江苏句容工程，为确定岩溶发育边界、岩溶渗漏通道，在下水库右侧库岸布置 100m 深的水平钻孔；江西洪屏工程，为进一步查明上水库内断层的性状、渗透性，库水向地下厂房的渗透量，沿断层带布置多个斜孔。

（3）库内石料场。抽水蓄能电站多在库内设置石料场，全库盆开挖方案（如江苏句容工程）钻孔布置除满足详查阶段的工作精度要求外，还应重点结合库岸开挖查明开挖边坡的稳定问题，钻孔多布置在边坡开口线以外、边坡中部及坡脚部位，孔深以深入边坡底板

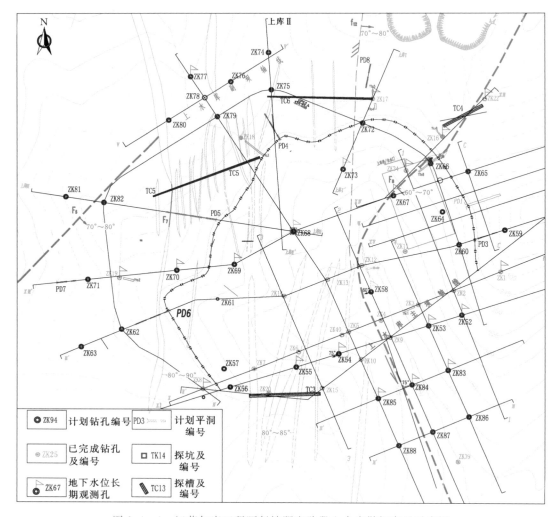

图 1.4-4　江苏句容工程可行性研究阶段上水库勘探布置示意图

5～10m 以下为原则。

3．洞探

上、下水库进/出水口，库内石料场等均宜进行相应的探洞布置。如江苏句容、江西洪屏等工程均在上水库进/出水口、库内石料厂布置勘探平洞。为查明发育多条、影响较大的断层带、岩脉等，评价开挖边坡的稳定性，也会在构造分布区布置垂直构造走向的勘探平洞。如江苏句容工程上水库，为查明岩脉发育特征，专门布置了两条勘探平洞，评价库内开挖料的可利用程度。

4．试验

结合枢纽布置、坝基持力层的选定、地质现象的揭露等信息，除常规的压水、注水试验，土工试验、岩石试验外，重点在揭露地质现象的钻孔内进行孔内摄像；在高边坡的钻孔往往也开展孔内摄像工作，用以评价开挖后边坡的结构面特征、分析开挖后边坡的稳定性。

岩溶区地层，则采用布置孔内摄像与跨孔 CT 相结合的手段，查明岩溶在孔内及剖面分布情况和特征。如江苏句容工程，沿下水库大坝坝轴线布置了单孔孔内摄像及跨孔 CT 测试工作，针对可能存在的岩溶管道，为查明岩溶补、径、排条件，进行工程区的电导率测试、连通试验等测试工作。

1.4.4 表面（半库盆）防渗勘测布置

1.4.4.1 主要勘测目的和工作内容

半库盆防渗是指一般在近坝段库区进行表面防渗，库尾部分为垂直防渗或不防渗的库区防渗，如江苏句容工程的下水库和江西洪屏工程的上水库均采用半库盆防渗方案。

半库盆防渗型式的勘测工作布置，除了具有全库盆防渗型式及垂直防渗型式的勘测布置特点外，重点应查明防渗界线一定范围内的工程地质、水文地质条件，分析评价搭接范围、防渗趾板区的防渗深度、开挖处理型式等。

1.4.4.2 勘测工作方法及布置原则

主要采用地质测绘、钻探、试验等手段开展工作。

1. 地质测绘

地质测绘重点查明表面防渗与垂直防渗界线地形条件和地层岩性特征，以及主要断层和岩溶发育规模等，宜结合库区测绘开展工作，范围应包含两种防渗方式可能的界线两边各 50m 范围。

2. 钻探

重点在两种防渗方式的界线位置布置剖面，界线两侧各布置 1~2 个钻孔，孔距宜控制在 30~50m 以内；垂直防渗区孔深应深入到相对抗水层 10m 以上，全库盆防渗区应满足防渗体等结构开挖的需要，且以不少于 20m 为原则。江苏句容工程下水库半库盆防渗的勘察布置即这种布置。

采用防渗墙、截水槽等型式进行分区的，勘探孔应沿枢纽线布置，孔深应深入开挖线以下并满足深入相对抗水层 10m 以上需求。

3. 试验

除常规的压水和注水试验外，宜重点在揭露地质现象的钻孔内进行孔内摄像。对于防渗界线范围内的岩溶地层，宜采用孔内摄像与跨孔 CT 相结合的手段，以查明岩溶区、非可溶盐在孔内及剖面分布特征。

1.5 监测措施

针对抽水蓄能电站不同的防渗型式，相应的监测措施主要包括防渗体结构本身的监测及防渗体后渗流监测。防渗体的监测虽然不是直接监测渗漏，但防渗体的运行状态与渗漏息息相关，只有进行相互验证对比并综合分析判断，才能对防渗效果做出全面客观的评价。

针对不同的防渗体系，主要的监测项目包括防渗体的变形及应力应变，防渗体后渗透压力，以及评价建筑物总体防渗效果的渗漏量。监测仪器设备主要包括固定式测斜仪、测缝计、混凝土应变计、钢筋计、温度计、渗压计、测压管、量水堰等，近些年也有采用分布式光纤监测渗漏区域及范围方面的尝试，积累了一定的经验。

常规土石坝监测成果的分析及总结已较多，但对抽水蓄能电站的相关监测及分析还相对较少，尤其是监测成果对防渗体防渗效果评价方面。渗漏量绕坝渗流监测在抽水蓄能电站中是非常重要的，是检验大坝防渗系统防渗效果是否满足要求的直观、重要指标，或者说是判断大坝安全的重要依据。

根据目前国内已建抽水蓄能电站的工程经验，每种防渗型式监测的要点及主要成果有以下方面内容。

1.5.1 不同防渗型式监测

1. 钢筋混凝土面板

在面板垂直缝及周边缝布置测缝计，监测缝的开合度，缝的适应变形能力。结合缝后渗压计的监测成果，综合判断该部位的渗漏情况。

周边缝开合度的变化一般与气温密切相关，相对沉降主要受坝体沉降的影响，剪切位移一般受两岸地形、坝体变形的影响。部分已建钢筋混凝土面板坝周边缝变形统计见表1.5-1。

表 1.5-1　　　　　　　　　部分已建钢筋混凝土面板坝周边缝变形统计

坝　名	坝高/m	堆石类型	位移量/mm		
			开合度	相对沉降	剪切
宜兴上水库大坝	75.2	砂岩	16.2	13.5	16.1
泰安上水库大坝	99.8	混合花岗岩	14.85	22.52	2.97
天荒坪下水库大坝	92	凝灰岩	8.5	9.8	3.7
十三陵上水库大坝	75	安山岩	13.4	4.4	9.7
黑麋峰上水库大坝	64.5	花岗岩	8.0	5.2	23.8
桐柏下水库大坝	68.25	凝灰岩	11.6	20.5	12.4

对于高面板堆石坝，由于堆石体的纵向变形带动面板向河床中部挤压，面板混凝土柔性差，面板和堆石体容易产生变形不协调问题，甚至可能出现面板脱空，局部产生负弯矩。因此，中高混凝土面板堆石坝需要考虑监测面板的挠度、脱空及应力应变关系。目前监测挠度常用的仪器为固定式测斜仪或电平器，但根据已建工程的经验，应用效果均不太理想。

琅琊山上水库主坝采用钢筋混凝土面板堆石坝，最大坝高64.5m，面板挠度采用固定式测斜仪进行监测，最大挠度为144.29mm，挠度随高程增大而增大；变形在前期速率较大，后期速率逐步减小，主要受温度影响。

混凝土面板应变总体呈明显的年周期性变化，受温度变幅影响，面板上部压应变大于面板下部，典型工程面板坝应变量值统计见表1.5-2。

表 1.5 - 2　　　　　　　　　　　　典型工程面板坝最大应变量值统计

坝　名	坝高/m	顺坡向应变/（×10⁻⁶）		水平向应变/（×10⁻⁶）	
		张拉	压缩	张拉	压缩
宜兴上水库大坝	75.2	66	216	186	105
泰安上水库大坝	99.8	324	208	376	249
桐柏下水库大坝	68.25	120	284	51	362
琅琊山上水库大坝	62.5	149	246	253	211
十三陵上水库大坝	75	156	400	0	614
广州上水库大坝	68	210	670	281	388

混凝土面板中顺坡向钢筋应力以拉、压交替状态为主，变化规律受气温影响明显，与温度呈负相关，受库水位影响甚微。典型工程面板坝顺坡向钢筋应力统计见表 1.5 - 3。

表 1.5 - 3　　　　　　　　　　　典型工程面板坝顺坡向钢筋应力统计

坝　名	坝高/m	堆石类型	面板钢筋应力/MPa	
			最大值（拉）	最小值（压）
宜兴上水库大坝	75.2	石英岩状砂岩，岩屑石英砂岩	72.8	−56.9
泰安上水库大坝	99.8	混合花岗岩	11.8	−64.2
天荒坪下水库大坝	92.0	凝灰岩	9	−59
十三陵上水库大坝	75	安山岩	60	−78
琅琊山上水库大坝	62.5	灰岩	35.88	−53.76

目前在面板下的垫层料及建基面上的垫层及排水料内布置渗压计监测堆石坝浸润线的工程较少，主要是堆石坝排水能力较好，浸润线不作为渗控安全的主要控制因素，但有些抽水蓄能电站上水库水位变幅大、变化快，面板下的水不能及时排走，对面板产生反向的顶托作用，可能会导致面板破坏，此时可以考虑在面板后垫层料中适当布置渗压计。

2. 沥青混凝土面板

由于沥青混凝土面板无接缝，主要的监测重点为面板的挠度及应力应变，监测仪器及电缆需要有耐高温的能力。此外，还需在太阳直射方向的面板中布设温度计，以指导喷淋系统，避免沥青在高温下发生软化、流淌。

3. 土工膜

库盆采用土工膜防渗时，主要考虑在土工膜与趾板连接部位布置渗压计，监测该部位的渗漏情况；土工膜下排水廊道内主要分区布置量水堰，监测库盆的渗漏情况，确定可能出现渗漏的部位。

4. 黏土铺盖

黏土经压实后，其渗透系数较低，监测其防渗效果主要是在铺盖底部布置渗压计，同时要结合库底断层、构造带及溶洞等出露情况布置，检验是否形成集中的渗漏通道。

5. 垂直防渗

采用黏土截水槽、高压喷射灌浆、帷幕灌浆等垂直防渗措施时，主要在防渗体后布置渗压计，监测防渗效果。当采用防渗墙时，还应考虑其挠度情况及防渗墙与坝体防渗体结合部位的变形情况。

在混凝土及沥青心墙与基础防渗墙结合处，宜在结合部位的上游、下游布置接缝开合度监测，若为不对称河谷坝址，还应设置接缝水平剪切和错动位移监测。

钢筋混凝土（沥青混凝土）心墙和防渗墙的应力应变监测项目包括混凝土应变、钢筋应力、侧向土压力和温度等。

黑麋峰抽水蓄能电站上水库主坝采用钢筋混凝土面板堆石坝，最大坝高64.50m，面板上游在高程375.00m以下设置黏土铺盖，趾板下设帷幕灌浆，帷幕后顺水流方向布置3支渗压计，最大渗压水位344.62m，低于同期库水位399.22m，从上游至下游依次降低，表明坝基趾板下帷幕防渗效果较好。

1.5.2 渗流监测

1. 渗漏量

常规的渗流监测方法是在下游坝脚或坝基排水洞设置量水堰进行渗流量监测；当尾水较低、下游河床较低时，采用单个量水堰是监测大坝渗漏总量常用和可靠的方法。此外，对于抽水蓄能电站库底设置排水廊道的，可分区布置量水堰，监测库底的渗漏情况。

对深覆盖层及高尾水位条件下的渗流量监测，目前均是一个难题，主要是投入大，效果差，要想测得渗漏总量已不现实，但作为大坝安全评价的重要指标渗流量是不可缺少的项目。目前已有部分工程实施渗流分区监测和分区计算，或从渗压状态或从钻孔水位定性分析的办法来尝试解决渗漏监测难题。

根据筑坝材料的特性，当面板或垂直缝出现渗漏水时，经垫层料后，绝大部分渗漏水渗入河床内；当周边缝或趾板基础出现渗漏水时，经垫层料后，渗漏水也会沿岸坡进入河床内。因此，根据渗漏水这一流动规律，坝体渗流量监测可采用多个量水堰进行渗流量分区监测，关键在于将沿坝基坡面流动的渗漏水路径截断，使其进入渗流汇集系统，并将渗漏水送出坝外。

宜兴抽水蓄能电站上水库库盆排水系统分库底排水廊道、库岸排水平洞、库岸通风交通廊道三个部分。其中库底总渗漏量在2013年后呈明显增大趋势，主要集中在库底进水口区域，并与库底渗压变化存在明显的相关性，水下检查发现主要为库岸进水口部分区域面板和结构缝存在明显渗水。2014年6月和2015年5月对主坝面板、进水口区域面板和结构缝渗水点进行封堵、处理后，库底廊道总渗漏量明显回落，处理效果明显，之后库底总渗漏量基本维持在6L/s左右，无明显趋势性变化（图1.5-1）。

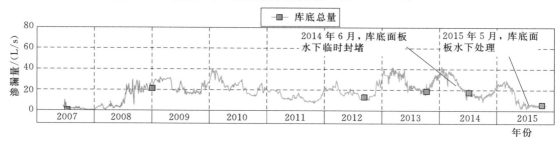

图1.5-1 宜兴抽水蓄能电站上水库库底总渗漏量

国内典型抽水蓄能电站上水库（大坝及库盆）总渗漏量统计见表 1.5-4。

表 1.5-4　　　国内典型抽水蓄能电站上水库（大坝及库盆）总渗漏量统计

坝　名	主要防渗型式	坝高/m	最大渗漏量/(L/s)	稳定（或多年平均）渗漏量/(L/s)
宜兴 *	钢筋混凝土面板	75.2	12.21	8.25
泰安	土工膜	99.8	43.31	28.74
十三陵上水库	钢筋混凝土面板	75.0	30.16	5.64
天荒坪	沥青混凝土防渗	72.0	40.69	2.49
黑麋峰上水库主坝 1	钢筋混凝土面板	64.5	46.97	21.77
广蓄 *	—	68.0	5.00	1.30

*　扣除降雨影响后的渗漏量，统计值为 2015 年 6 月防渗处理后的渗漏量测值。

2. 绕坝渗流

绕坝渗流的监测布置应根据地形地质条件、渗流控制措施、绕坝渗流区渗透特性及地下水情况而定，宜沿流线方向或渗流较集中的透水层（带）设 2～3 个监测断面，帷幕前可设置少量测点。对层状渗流，应分别将监测孔钻入各层透水带，至该层天然地下水位以下的一定深度（一般为 1m），埋设测压管或渗压计进行监测。必要时，可在一个孔内埋设多管式测压管，或安装多个渗压计，但必须做好上、下层测点间的隔水设施。

坝体与刚性建筑物接合部的绕坝渗流监测应在接触边界的控制处设置测点，并宜沿接触面不同高程布设测点。

第 2 章

渗流控制标准及防渗方案选择

2.1 渗流控制标准

2.1.1 影响渗流控制的因素

渗流控制的主要目的是控制渗流稳定和控制渗漏量，因此对应的渗漏控制标准分为两类：一类是防渗措施控制标准，如岩体帷幕灌浆的透水率要求，防渗结构的抗渗等级要求等，这类控制标准一般根据建筑物或结构的等级、防渗水头等参数进行确定，在各挡水建筑物的相关设计规范中均有明确要求；另一类是渗漏量控制标准，这类标准主要是满足水库正常运行和经济性要求。

常规水库或者水电站一般建造在江河之上，相比天然径流，正常情况下建筑物的渗漏量可以忽略不计，只要满足建筑物的渗透稳定，渗漏量一般不会对水库的正常运行造成不利影响，因此各挡水建筑物的相关设计规范中并没有渗漏量的相关要求。在工程实践中，一般也不做这方面的具体要求。

与常规水电站的水库有所不同，很多抽水蓄能电站水库存在径流补给不足的情况，尤其是一些采用全库盆防渗的工程，几乎没有径流补给，如天荒坪、张河湾、宝泉等抽水蓄水电站上水库，这类工程如果渗漏量超过一定量值将导致电站无法正常运行。另外，由于上水库的水主要是靠消耗电能抽上去的，上水库的渗漏还存在经济损失问题。因此抽水蓄能电站上水库以及存在径流补给不足的下水库防渗均采用双标准控制，即建筑物防渗措施控制标准和渗漏量控制标准。

目前防渗措施控制标准在对应的水工建筑物规范中均有明确要求，但对于渗流量的控制，由于其影响因素较多，并没有明确规定。

(1) 造成水工建筑物结构渗透破坏的直接原因是渗透坡降超过渗透部位的抗渗透变形能力，与渗漏量的大小并无直接关系。以混凝土面板堆石坝为例，根据目前的经验，100m 级以下中坝的渗漏量在 100L/s 量级范围内，200m 级以下高坝的渗漏量在 200L/s 量级范围内，只要不发生渗透破坏，都认为是可以接受的。对装机容量 1200MW、平均水头 400m 左右的抽水蓄能电站进行估算，总库容一般在 1000 万 m³ 左右，上述渗漏量对应的日渗漏量相当于总库容的 8‰～16‰。对于径流补给条件差的抽水蓄能电站而言，这个渗漏量显然是偏大而难以接受的。除此之外，影响水库渗漏量的因素除了施工质量外，还有水文地质条件、防渗结构类型、防渗措施控制标准等客观因素，因此不同工程实际渗漏量差异很大。

(2) 渗漏量对抽水蓄能电站运行的影响实质是水损量（包括蒸发损失、环保流量等）和径流补给量之间的平衡关系。对于径流补给条件差的工程，渗漏量偏大可能需要设置补水工程，或者需要设置较大的水损备用库容，这也将增加相应的建设投资、增加电站运行费用；而对于径流补给充分的电站，严格的防渗要求显得不太必要。因此，抽水蓄能电站渗漏量控制要求与径流补给条件密切相关。

（3）渗漏量控制的最终目的是保证电站正常运行，降低运行费用。但是渗漏量控制需要通过防渗措施及采用的控制标准予以解决，并最终反映到工程建设投资上。渗漏量控制标准高，对应的防渗部分投资将有所增加，带来的效益是电站正常运行的保证率提高和运行费用降低。因此，渗漏量控制标准的确定也是建设投资与运行费用之间的平衡。根据琅琊山抽水蓄能电站的分析成果，渗漏量对电站运行效益的影响并不明显，按调节库容计算，水库渗漏量占调节库容的比例每增加 0.1‰，电站综合效率降低 0.14‰ 左右。即使将琅琊山抽水蓄能电站上水库的渗漏量控制在 1‰ 左右，每年需增加的抽水电量费用也不超过 55 万元，对电站效益的影响很小。因此对于渗漏问题相对突出、防渗工程投资较高的工程，在保证安全的前提下，适当降低防渗标准或许会得到更高的综合经济效益。

2.1.2　渗流控制标准的选择

抽水蓄能电站对水库有严格的防渗要求，但是由于渗漏量的影响因素众多，对工程运行的影响差异也很大，因此对于抽水蓄能电站，渗漏量控制是一个复杂的问题，难以确定一个相对明确的控制标准，应根据工程具体特点选用合适的设计标准。确定渗流控制标准时考虑的主要因素有如下方面：

（1）上水库库容大小及有无径流补给。一般来说上水库库容大、有一定的径流补给的，对库盆渗漏要求可适当降低一些。

（2）渗透稳定要求。抽水蓄能电站上水库建设的关键技术问题之一是渗流控制。渗流应不恶化原始水文地质条件，且不影响库岸、坝基、水道系统、地下洞室围岩稳定性。渗漏对周边环境和建筑物影响大的，其标准应从严，反之可适当降低一些。

（3）防渗型式。一般来说，采用帷幕等垂直防渗型式时，其防渗设计标准可适当降低；采用沥青混凝土面板等表面防渗型式时，由于防渗结构较为可靠，且防渗体渗透系数较小，其标准可适当提高。

对于全库盆防渗方案，由于采取了钢筋混凝土、沥青混凝土、土工膜等材料进行全面覆盖，消除了地质等因素对渗漏的影响，渗漏量的大小主要取决于采用的防渗结构型式和施工质量。对国内外已建成的抽水蓄能电站工程的调研表明，对于没有径流补给、防渗系统施工质量控制好的全库盆防渗工程，基本可控制在日渗漏量不大于 0.2‰～0.5‰ 的总库容。根据电站多年运行的情况，该渗漏量对电站的运行和效益产生的不利影响是可以接受的。目前"日渗漏量不大于 0.2‰～0.5‰ 的总库容"基本作为全库盆防渗方案指导性的控制标准。

采用局部防渗的工程，应结合工程自身的特点，在保证渗透稳定安全的前提下，进行经济技术综合比选，选择的范围可不受上述"日渗漏量不大于 0.2‰～0.5‰ 的总库容"要求的限制。目前抽水蓄能电站中主要采用的坝型以混凝土面板堆石坝和混凝土重力坝为主，根据对国内外已建混凝土重力坝和面板堆石坝渗漏情况的统计分析，重力坝渗漏量普遍小于面板堆石坝，但同种坝型、不同工程的渗漏量差异非常明显。从统计资料可以看出，在满足渗流稳定的条件下，渗漏量的分布范围很大。因此，在确定渗控标准时需要综合考虑多个因素。

日本、德国等国家的渗流控制标准见表 2.1-1。一些工程实际达到的渗流控制标准统计情况见表 2.1-2 和表 2.1-3。

表 2.1-1　　　　　　　　　国外沥青混凝土全面防渗的渗流控制标准

序号	名　　称	控制标准	备　注
1	日本水利沥青工程设计基准	日渗量不大于 0.5‰的总库容	
2	德国沥青防渗控制	日渗量不大于 0.2‰的总库容	习惯控制标准

表 2.1-2　　　　　　　国内外部分沥青混凝土全面防渗实际达到的渗流控制值

序号	国别	工程名称	完建年份	总库容/万 m³	实际渗流量/(L/s)	日渗漏量所占总库容的比例/‰	备注
1	中国	天荒坪	2001	885	5.01	0.05	上水库多年平均值
2	日本	沼原(Numahara)	1974	433.6	无滴水	<0.2	
3	德国	瑞本勒特(Rabenleite)	1994	150	无滴水	<0.2	上水库改造为沥青混凝土面板防渗
4	爱尔兰	特洛夫山(Trove Hill)	1973	230(有效库容)	6	0.23	

表 2.1-3　　　　　　　国内外部分混凝土面板防渗实际达到的渗流控制值

序号	国别	工程名称	完建年份	总库容/万 m³	实际渗流量/(L/s)	日渗漏量占总库容的比例/‰	备注
1	德国	瑞本勒特(Rabenleite)	1955	150	37	2.13	未改建前
2	法国	拉古施(La Coche)	1975	220	100	4.32	
3	中国	十三陵	1995	445	14.16	0.28	冬季曾出现的最大值
4	中国	宜兴	2007	531	30.05	0.49	2000 年

抽水蓄能电站库盆防渗问题研究的重点一般是针对上水库，但是对于一些整个电站控制流域面积非常小的工程而言，仅考虑上水库是不够的。以目前正在进行可行性研究的衢江抽水蓄能电站为例，该工程上下水库位于同一流域，总流域面积仅 6.7km²，在特枯年份存在径流补给不足的问题，因此需要设置水损备用库容。由于上、下水库之间无生产、生活用水，上、下水库之间天然河道距离仅 1.2km 左右，因此上水库主要的渗漏水最终回到下水库，并不影响整个电站的水体总量。但是下水库的渗漏水对整个电站来说属于全流失，因此在进行水损备用库容分析时发现，下水库的渗漏控制标准对水损备用库容的影响非常大，日渗漏量分别按总库容的 0.2‰和 0.3‰控制，水损备用库容相差 24 万 m³。因此对于抽水蓄能电站库盆防渗标准的研究应该分两种情形分开考虑：如果整个电站控制流域面积较大，总水量补给充分，研究重点在上水库，以减少电量损失为主；如果整个电站

控制流域面积较小，总补给水量存在欠缺或无径流补给（如正在研究的埃及某抽水蓄能项目），则上下水库均是研究重点。

此外，对于一些对水和渗漏量有严苛要求的地区，如中东地区，抽水蓄能电站水库的渗流控制要求往往会远远高于上述标准，应结合业主要求和实际工程条件开展专门研究。

2.2　防渗方案选择

根据国内工程建设费用的统计，抽水蓄能电站上、下水库工程费用约占电站静态总投资的 15%～24%，其下限为上、下水库地形地质条件优越，只需做一般防渗处理，上限是上、下水库均需做全面防渗处理。从投资占比可以看出，上、下水库防渗方案的选择是抽水蓄能电站设计中十分关键的内容，库盆防渗方案的选择对保证电站正常运行、降低工程投资等方面具有重要意义。抽水蓄能电站库盆防渗方案，应根据水文气象、地形地质、枢纽布置、防渗材料料源和施工等条件，通过技术经济比选，因地制宜的选用。

2.2.1　影响防渗方案选择的因素

影响防渗方案选择的因素较多，主要有以下几个方面。

1. 上、下水库水源条件、水库渗漏和蒸发

抽水蓄能电站以水为介质，通过水在上、下水库间运移而工作。水库渗漏和蒸发导致水介质的损耗，需予以补充，故对于水源缺乏的工程，其防渗要求更严格一些。

2. 水库地形、地质条件

水库库盆的地形、地质条件与库盆防渗方案有着最直接的关系。一些地质条件好的水库站址基本可不做专门的防渗处理，仅在大坝、部分库岸处设局部垂直帷幕防渗；当站址地质条件较差，存在库水外渗，且库盆控制流域面积大，少量渗水不会影响电站运行时，可采用沿库岸周边垂直帷幕防渗的方案；当站址地质条件较差，存在库水外渗，而库盆体积较小、形状较规则时，采用全库盆表面防渗较合适；根据站址的具体地形地质条件也可采取半库盆防渗方案。

3. 挡水建筑物型式

抽水蓄能电站挡水建筑物一般建在上、下水库的沟口、垭口，与常规水电站挡水建筑物一样有坝体和坝基防渗系统。抽水蓄能电站水库防渗体系是由库盆防渗系统与挡水建筑物防渗系统连成的一个封闭防渗体系，各个工程挡水建筑物型式和具体布置条件不同，防渗系统间相互影响的程度也不一样。一般情况下，当大坝防渗系统位于上游面时，库盆一般采用表面防渗；当大坝防渗系统位于坝轴线时，库盆则采用垂直防渗。这样的布置也正是考虑了库盆与坝体的防渗系统易于连接的特点。

4. 地下厂房位置

地下厂房有防渗和排水要求，如地下厂房离上水库较近，对上水库的防渗要求更严格，以便有效控制库水可能产生的渗流对厂房运行产生的不利影响。通常除了厂房本身需做好防渗排水设施外，上水库常需布置库底水平防渗，并与库岸防渗相连，以减小对厂房运行的影响。

5. 水库库岸稳定

通常情况下，抽水蓄能电站水库水位的日变幅远大于常规电站。短时间内水位大幅变动会引起岸坡土体内孔隙水压力的急剧变化，水位骤降工况在渗透水压力作用下可能会导致土质边坡失稳。对于土质或强风化的岩质边坡，为满足库岸稳定要求，布置表面防渗是较好的选择，通常在表面防渗体下部还布置了完善的排水系统，尽可能使原来土质边坡内的孔隙水压力不受急剧库水位变动的影响，从而维持边坡的稳定。

6. 当地建筑材料

防渗方案选择时考虑就地取材，尽量使用当地材料，可以达到节省投资、经济合理的目的，同时也要考虑对环境等方面的影响。

2.2.2　防渗方案选择

通常情况下，大部分抽水蓄能电站的上水库总会存在一些库盆渗漏问题，需要采取一定的工程措施，也就形成了各种防渗方案。从国内外的工程实践来看，除利用已建项目作为水库外，新建水库的防渗型式不外乎垂直防渗型式或表面防渗型式，或者两种防渗型式的组合。

1. 垂直防渗

在抽水蓄能电站的建设中，垂直防渗是一种较为常用的库盆防渗型式。一般来说，当工程区地质条件相对优良，水库仅存在局部渗漏问题，渗漏问题不太突出，断层及构造带不太发育且无严重的库岸稳定问题时，尽可能采用垂直防渗方案，以节省造价。

美国巴斯康蒂、法国大屋上水库，我国琅琊山、桐柏、深圳、洪屏等抽水蓄能电站上水库均采用垂直防渗。

2. 表面防渗

表面防渗适用于水库库盆地质条件较差，库岸地下水位低于水库正常蓄水位，断层、构造带发育，全库盆存在较严重渗漏问题的水库，其防渗型式多种多样。表面防渗型式主要包括钢筋混凝土面板、沥青混凝土面板、土工膜和黏土铺盖防渗等。

采用沥青混凝土面板防渗的有德国金谷（Golden Valley）、日本小丸川（Omaru - ga - wa）、意大利普列森扎诺（Presenzana）等抽水蓄能电站上水库和我国的天荒坪、西龙池、张河湾工程上水库等。

采用钢筋混凝土面板防渗有德国瑞本勒特、法国拉古施抽水蓄能电站上水库和我国的十三陵、宜兴工程上水库、泰安工程上水库大坝与部分库岸等。

采用土工膜防渗的有日本今市、冲绳抽水蓄能电站上水库和我国的泰安、溧阳、洪屏工程上水库库底等。

采用黏土铺盖防渗的有美国拉丁顿、落基山（Rocky Mountains）抽水蓄能电站上水库库底和我国的宝泉、琅琊山工程上水库库底等。

3. 综合防渗

抽水蓄能电站库盆采取两种或两种以上防渗型式的组合，称为综合防渗。在选择综合防渗方案时应进行较全面的对比分析，比如防渗方案是否可靠，施工设备、施工工序的不同，施工干扰对施工工期的影响，防渗体系中不同材料接合部位的防渗可靠性，工程投资合理性等。通过分析对比，合理选择防渗方案。

国内外采用综合防渗的工程实例有很多，目前主要组合型式有：库岸混凝土（沥青混凝土）面板＋帷幕防渗体系，库岸混凝土面板＋库底土工膜防渗体系，库岸混凝土（沥青混凝土）面板＋库底黏土铺盖防渗体系等。

日本蛇尾川（Sabi-gawa）抽水蓄能电站上水库大坝为坝高 90.5m 的堆石坝，上游面采用沥青混凝土面板，坝趾廊道内进行岩石地基帷幕灌浆防渗，在库岸渗漏段加设局部帷幕灌浆，形成防渗体系。德国瑞本勒特抽水蓄能电站上水库，库岸和坝坡采用混凝土面板防渗，库底采用沥青混凝土面板防渗。泰安抽水蓄能电站上水库库盆的防渗型式为：右岸横岭库岸采用混凝土面板防渗，库底采用土工膜防渗，左岸坝肩及右岸库尾采用帷幕防渗。美国拉丁顿、我国河南宝泉抽水蓄能电站上水库库岸均采用沥青混凝土面板防渗，库底采用黏土铺盖防渗。江西洪屏抽水蓄能电站上水库南库岸采取钢筋混凝土面板防渗，主坝至西南副坝之间的库盆底部采用黏土＋土工膜铺盖防渗，其余库岸采用帷幕灌浆防渗。

2.3　防渗标准、防渗方案选择的典型案例

2.3.1　琅琊山抽水蓄能电站防渗标准选择

琅琊山抽水蓄能电站位于安徽省滁州市西南郊，距离滁州市约 3km。电站装机容量 600MW，枢纽工程主要建筑物有上水库、输水系统、地下厂房和开关站等。下水库利用已建的滁州城西水库。上水库利用小狼洼、大狼洼和龙华寺洼地沟口筑坝而成，正常蓄水位 171.80m，死水位 150.00m，总库容 1804 万 m³，是我国第一座建于岩溶地区并采取局部防渗处理的抽水蓄能电站水库。

工程区完整岩体属于微弱透水岩体，库水外渗主要以喀斯特和裂隙（包括溶蚀裂隙）渗漏为主。根据枢纽渗流场计算分析成果，在不设防渗帷幕措施的情况下，库区总渗漏量约为 13925m³/d，约占总库容的 0.8‰。由于水文地质条件复杂，不同的防渗结构型式、防渗标准对电站的效益、工程运行安全均存在不同程度的影响，在可行性研究阶段对不同防渗标准的影响进行了深入的研究。

2.3.1.1　上水库渗漏对电站效益影响分析

为了分析上水库渗漏对电站效益的影响，拟定了日渗漏量占总库容的 0.3‰（方案一）、0.7‰（方案二）、1.1‰（方案三）以及 1.5‰（方案四），共 4 个方案，渗漏量分别为 5232m³/d、12208m³/d、24416m³/d、26160m³/d，对电站综合效率进行分析见表 2.3-1。

表 2.3-1　　　　　　　　　水库渗漏对电站年效益影响分析表

分析项目	相对于无渗漏的电站综合效率降低比例/%	保持发电量不变所增加的抽水电量/（万 kW·h）	保持发电量不变所增加的抽水电费/万元	保持抽水电量不变所损失的发电量/（万 kW·h）	保持抽水电量不变所损失的发电量费用/万元
方案一	0.06	96.46	23.15	70.32	59.98
方案二	0.14	225.31	54.08	164.08	139.96

分析项目	相对于无渗漏的电站综合效率降低比例/%	保持发电量不变所增加的抽水电量/(万 kW·h)	保持发电量不变所增加的抽水电费/万元	保持抽水电量不变所损失的发电量/(万 kW·h)	保持抽水电量不变所损失的发电量费用/万元
方案三	0.22	354.46	85.07	257.84	219.84
方案四	0.32	516.28	123.91	375.91	319.91

分析成果表明：电站综合效率与水库无任何渗漏情况相比分别降低 0.06%、0.14%、0.22% 和 0.32%，水库渗漏量每增加 0.1‰，电站综合效率降低 0.2‰ 左右（如按调节库容计算，水库渗漏量占调节库容的比例每增加 0.1‰，电站综合效率降低 0.14‰ 左右）。

通过上述分析可知，与水库不发生任何渗漏相比，上水库少量的渗漏对电站综合效益系数以及整个电站的效益影响不大。上水库渗漏水量损失可以通过增加抽水量的措施进行补充，耗电的费用较小，电站经济损失较少。即使将上水库的渗漏量控制在 0.7‰ 左右，每年需增加的抽水电量费用也不超过 55 万元。

2.3.1.2　上水库渗漏对库岸及地下建筑物安全的影响

上水库工程区地形平缓，库岸内、外侧边坡坡度为 20°～30°。库区岩性主要为上寒武统琅琊山组薄层灰岩及车水桶组厚层灰岩，其次为下奥陶统上欧冲组灰岩，岩石坚硬，抗压强度高。库区岩体基本裸露，覆盖层薄，库区断层主要为北西向发育，断层倾角均在 40° 以上。上水库库岸边坡稳定条件好，水库渗漏对边坡稳定的影响不大。上水库与地下厂房间山体内存在地下分水岭，且地下分水岭的水位高于上水库正常蓄水位，属地下水补给水库型，通常情况下上水库库水不会向地下厂房渗漏，但发育于上水库地表的 F_{15} 断层延伸到地下厂房上游，与上游边墙距离较近，可能存在与上水库的渗水连通。为避免和减少上水库渗水对地下厂房的影响，上水库进/出水口岸边采取垂直灌浆帷幕防渗，两端分别与主坝趾板帷幕和副坝坝基帷幕连接封闭，幕底穿过 F_{15} 断层。因此，上水库渗漏不会影响地下厂房的安全。

2.3.1.3　水库防渗标准选择

对于琅琊山抽水蓄能电站而言，以上因素对上水库渗控标准的确定不起控制作用，上水库的渗控标准主要根据渗漏分析计算成果确定。参考国内外抽水蓄能电站水库渗漏控制的经验，将上水库日渗漏量占总库容的比例控制在 0.5‰ 以下，不会危及库周边坡的稳定，对地下厂房洞室的影响不大，对电站综合效率的影响也较小，在技术和经济上都是可行的，也是比较合适的渗控标准。

2.3.2　洪屏抽水蓄能电站防渗方案选择

2.3.2.1　工程概况及上水库水文地质条件

江西洪屏抽水蓄能电站位于江西省靖安县境内，总装机容量 2400MW，其中一期工程装机容量 1200MW，电站工程等别为一等大（1）型工程。上水库位于洪屏自然村，为四面环山的天然高山盆地。根据周边地形地质条件，分别在狮子口冲沟、西北垭口和库盆西侧冲沟布置一座重力坝主坝和两座面板堆石坝副坝。水库集雨面积 6.67km²，多年平均径流流量 0.213m³/s。上水库正常蓄水位 733.00m，死水位 716.00m，总库容 2960 万 m³，有效库容 2031 万 m³。

上水库盆底高程为 690～710m，库周山体较雄厚，山顶高程一般为 900～1119m，属中低山区。盆地内分布彼此相连的山包，山顶高程一般为 750～780m，正常蓄水位时水库水面面积约 1.6km²。库内冲沟发育，以走向北西、北北西和北东东向为主。库区大致可分为西侧库岸、西北库岸、北侧库岸、东南库岸、南侧库岸及西库底、北库底、南库底等，上水库库底分为南库底和西库底，主坝至西南副坝上游库底为南库底，西副坝坝前为西库底。上水库地貌分区及断层分布平面图如图 2.3 - 1 所示。

上水库主要岩性为变质含砾中粗砂岩（主要分布于东侧库岸至库尾、主坝和南侧库岸）、变质长石石英中细砂岩（主要分布于西南副坝）、变质泥质粉砂岩（主要分布于北侧库岸到西副坝一带）。除主坝及南侧库岸风化较浅局部弱风化基岩出露外，库盆其他区域风化较强烈且分布不均，全风化厚度一般为 2～10m，强风化厚度多为 10～25m。

地质勘探共揭露库区内断层 31 条（图 2.3 - 1），其中以北东～北东东向压扭性断层最为发育，次为北西向张扭性，多为中陡倾角；除 F_{43}、F_{44}、F_{49} 等 9 条（占 29%）断层宽度为 1～2m，属 Ⅱ 级结构面且延伸较长外，其余 22 条均为 0.1～0.5m 宽的小断层（71%），属于 Ⅲ 级结构面。断层带岩石多呈碎块状、鳞片状和角砾岩，多见有石英脉侵入及泥质充填。

2.3.2.2　水文地质条件研究

上水库存在渗透的区域主要为西北垭口库岸段、西副坝与西南副坝之间库岸段，南库岸段、主坝至西南副坝附近库盆底部。上水库水文地质条件的复杂性主要在于南库岸和库底断层渗透特性复杂、影响范围不确定。可行性研究阶段，因地下厂房长探洞开挖导致南库岸山体地下水位下降，形成渗透漏斗（图 2.3 - 2）。根据示踪试验分析，南库岸地下水位大幅下降的直接因素是长探洞开挖揭露出埋藏于岩体深部的透水断层，这些断层与南库岸断层相互切割贯通。电站建设后大规模的地下洞室开挖必然会揭露更多的断层，因此在可行性研究阶段采用示踪试验结合地下水位观测初步确定渗透通道范围的基础上，结合地下厂房洞室群开挖施工期间地下水位变动规律分析，对渗透通道的范围进行确认或修正，为最终合理确定防渗范围、选择防渗方案提供可靠的依据。

1. 地下水观测孔布置

为了合理确定防渗范围，根据上水库地形地质条件，可行性研究及招标设计阶段在库内布置 60 个地下水位观测孔，主要分布于东南库岸—南侧库岸—西侧库岸—西北库岸沿线的库岸和坝基以及库底。根据地下洞室开挖后地下水位的变化情况，分析上水库库盆与地下厂房洞室群之间的水力联系。南库底中部布置一条水位观测断面，通过交叉斜孔（ZKS106～ZKS109，4 孔）查明断层的产状，并用水泥砂浆封闭断层上盘岩体中钻孔，隔绝断层与地表之间的水力通道，达到观测断层内水位变化的目的。地下水位观测孔的布置如图 2.3 - 3 所示。

2. 示踪试验研究

为了分析上水库地表水及地下水与地下厂房长探洞之间的水力联系，可行性研究阶段对上水库可能存在渗透通道的区域进行示踪试验。示踪试验共三次投源，第一次投源点选在

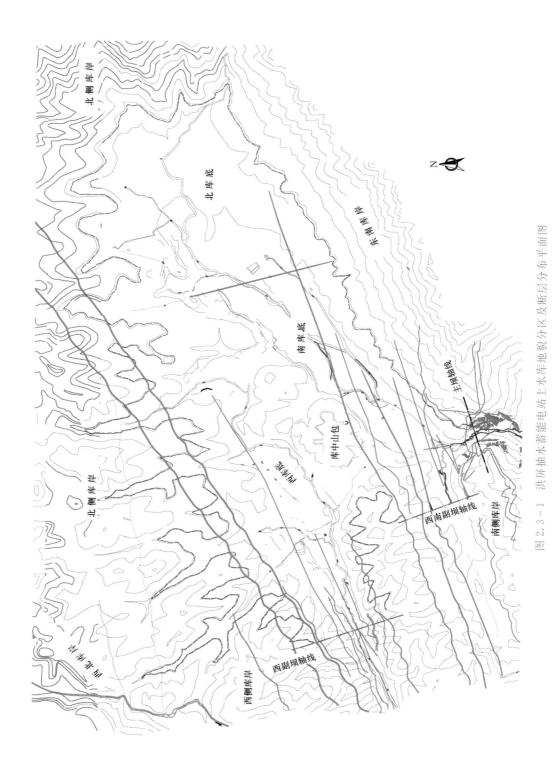

图 2.3-1 洪屏抽水蓄能电站上水库地貌分区及断层分布平面图

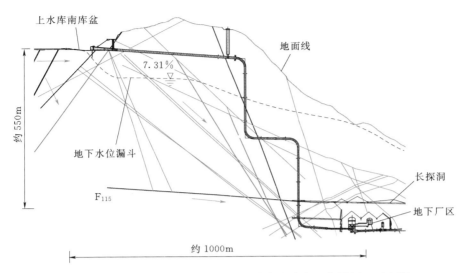

图 2.3-2　洪屏抽水蓄能电站上水库南库岸渗漏网络纵剖面示意图

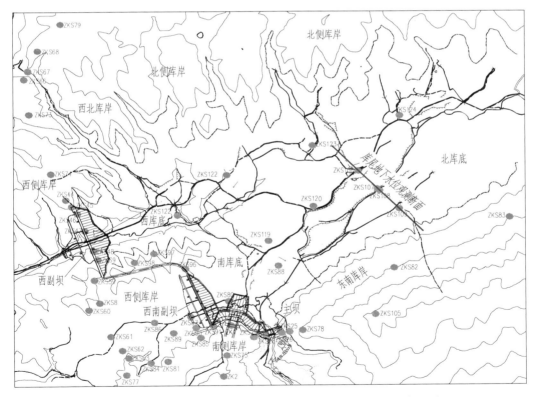

图 2.3-3　洪屏抽水蓄能电站上水库地下水位观测孔平面布置图

ZK1′号钻孔，第二次投源点选在 ZKS28 号钻孔，第三次投源点选在主坝冲沟沟头的地表水中。在长探洞内设置 S1～S12 共 12 个接收点，投源点、接收点布置如图 2.3-4 所示。

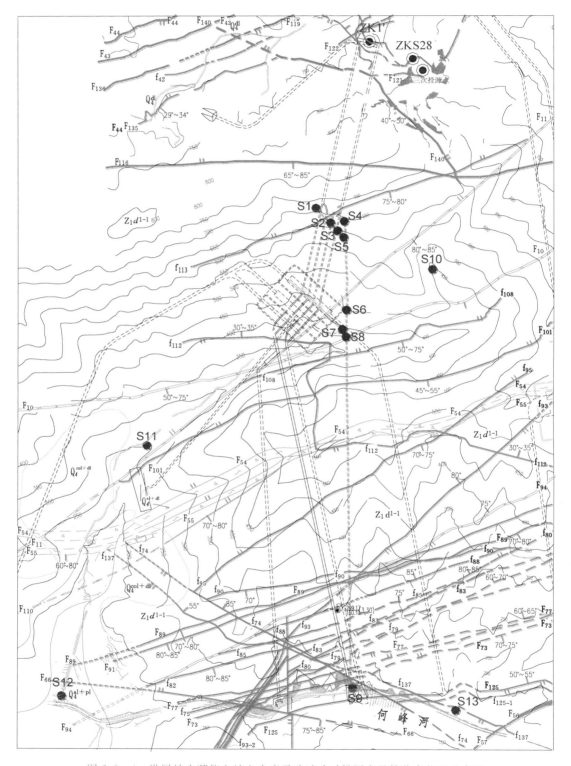

图 2.3 - 4　洪屏抽水蓄能电站上水库示踪试验时投源点及接收点位置示意图

通过三次示踪试验发现，南库岸山体及主坝冲沟地表水与地下厂房长探洞之间存在水力联系，根据接受部位与投源点之间的相对位置关系和投源与接受的时差等采用达西定律进行计算，每条断裂渗漏路径的当量渗透性数量级在 $10^{-3} \sim 10^{-4}$ cm/s。

3．水文地质分区及复核

（1）水文地质分区。根据上水库地下水位变化和示踪试验揭露的情况，主要的渗透问题在于断层集中渗漏及上水库与地下厂房洞室群之间通过断层的水力联系通道，因此水文地质分区主要依据断层分布情况，并结合地下水位、库底天然土层防渗能力及与地下厂房之间的水力联系等因素确定。库区水文地质总体分区为 A 区、B 区和 C 区，并在此基础上根据渗透特性进一步细分。A 区为存在渗漏问题相对较大区，B 区为相对弱渗漏问题区，C 区为相对微弱或基本无渗漏问题区。洪屏抽水蓄能电站上水库水文地质分区见表 2.3－2。

表 2.3－2　　　　　　　　　　洪屏抽水蓄能电站上水库水文地质分区表

分区	范围	主要地质条件	渗透特性	估算渗漏量/(m³/d)
A1 区	主坝～西南副坝库岸及坝前 500m	断层 18 条，占断层总数的 58%	断层形成的渗漏网络，并与地下厂区连通，包括垂直渗漏和水平渗漏	垂直：6271 水平：4064
A2 区	西副坝坝前 500m 范围的库底及两侧库岸	受洪屏向斜影响断层发育，共 12 条，占断层总数的 39%	断层和岩体的水平渗透问题；通过北东向断层与厂房连通的垂直渗透风险	水平：987 垂直：7201
A3 区	西北库岸	断层 2 条，垭口山脊单薄	岩体水平渗漏问题，对库岸稳定不利	水平：1092
B 区	近坝区 1km 库盆中除 A 区以外部分	主要为 A 区断层的延伸	通过表层强风化透水层以及断层与 A1 区连通	垂直：5604
C 区	库尾部分库底、北库岸和东南库岸	山体雄厚，地下水位和相对隔水层高于正常蓄水位	无渗透问题	0

（2）分区合理性复核。自 2011 年 9 月至 2015 年 7 月对上水库地下水位观测孔进行了 421 期共 60 次观测，每次观测间隔 20 天左右，水位观测同时对工程区天气情况进行记录。施工阶段观测成果主要目的是进一步查明随着地下洞室群的开挖，上水库地下水与地下厂房洞室群之间存在水力联系的范围和连通性。地下洞室群开挖自 2011 年 12 月开始至 2013 年 10 月结束，观测期贯穿整个地下洞室群开挖。根据观测成果并对比相应时段的施工情况、天气情况，施工期地下水位变化情况见表 2.3－3。

表 2.3－3　　　　　　　　　　　　施工期地下水位变化情况

部　位	地下水位变化情况
东南库岸	基本不受施工开挖影响，地下水位主要受天气因素影响，且变化较小
西侧库岸	前 9 期水位观测中水位变化幅度基本在 2m 以内，2013 年 3 月至 2014 年 5 月受西北垭口灌浆平洞施工影响水位异常，主要表现为钻孔水位波动突然变大，短时间内水位持续快速下降等，最大下降幅度 21.81m（ZKS66），灌浆完成后水位变化又恢复正常

续表

部 位	地下水位变化情况
南侧库岸	UPZKS75 水位平均高程在 717.26m，受引水系统开挖影响，钻孔水位变化较不稳定；UP-ZK2 及输水系统西南侧山体 4 个钻孔 ZKS77、ZKS81、ZKS84、ZKS76 距离工程开挖区较远，水位无明显异常，属于正常变化
主坝坝址	变化主要受降雨影响
西副坝与西南副坝之间库岸	该区域水位在 2013 年上半年西南副坝坝基开挖和趾板灌浆施工期间出现短期异常，最大降深达 12m（ZKS59），其他时间段钻孔水位变化在 1m 左右，属于正常变化
库底	库底钻孔水位整体变化较小，变化幅度普遍在 1m 以内，水位无异常变化，部分钻孔受齿槽开挖影响短时间出现较大的水位变化，属于正常情况

通过长期水位观测发现，影响上水库地下水位变化的主要因素为降雨和施工，而且施工影响因素均为周边建筑物开挖或者钻孔等施工，未发现受地下厂房洞室群开挖影响的情况。因此综合考虑，根据可行性研究阶段勘测成果进行的水文地质分区基本合理，但原预测的 A2 区、B 区与地下厂房洞室群之间存在水力联系的可能性基本被排除。

4. 防渗功能分区

（1）A1 区渗漏危害性评估。该工程各区水平渗透均直接影响上水库的主要建筑物或影响库岸稳定，存在的风险较为明确，主要问题在于 A1 区垂直渗漏对厂房以及断层自身存在的危害需要进行科学的评价。综合渗透坡降和渗透出口断层性状以及建库前后水文地质条件变化情况分析，发生断层渗透破坏的风险较小：①根据地下厂房的位置，上水库库底与地下厂房垂直高差约 550m，上水库建成后最大水头增加仅为 30m 左右，建库后断层内平均水力梯度增幅仅约 5%；②根据断层的走向及断层之间的相互连通关系，沿断层的渗径在 1200m 以上，蓄水后断层内平均水力梯度小于 0.5，小于断层允许渗透坡降；③根据钻孔揭露，越往岩体深部断层的性状越完整，而整个渗透通道的出口位于岩体完整性好的地下厂房洞室群。

对于地下厂房的安全性而言，该工程设置有 5 层排水洞，因此只要抽排能力设计合理，库盆渗透不会对地下厂房安全构成实质性的威胁。但是根据估算，处理前库盆垂直渗透总量达到 12000～19000m³/d，对地下厂房的正常运行具有较大的不利影响，且排水费用较大。

（2）防渗功能分区。一般而言，防渗具备两方面功能：防止渗透破坏、控制渗漏量，根据各区的渗透特性以及与建筑物之间的相对关系和危害性评估，确定库盆各水文分区防渗功能设计，见表 2.3-4。

表 2.3-4　　　　　　　洪屏抽水蓄能电站库盆水文分区防渗功能设计表

分 区		渗透特性	影响对象	防渗功能要求
A1 区	库岸	岩体与断层垂直、水平渗透	进出水口	防止渗透破坏、控制渗漏量
	库底	断层垂直渗透	地下厂房	控制渗漏量
A2 区		岩体与断层水平渗透	西副坝	防止渗透破坏、控制渗漏量
A3 区		岩体与断层水平渗透	垭口库岸	防止渗透破坏、控制渗漏量

5. 库盆防渗方案研究

该工程整个库盆除局部库岸和库底外，大部分库岸天然防渗条件较好，而且根据防渗功能分区划分情况来看，各区的防渗要求也不尽相同，因此没有进行全库盆表面防渗的必要性。

（1）防渗方案初拟。根据水文地质分区及施工期地下水位观测成果分析，需要进行防渗处理的主要为 A1 区、A2 区、A3 区。对于防渗功能统一且仅存在水平渗漏问题的 A2 区、A3 区，通过帷幕灌浆进行处理是目前较为常规的处理方案，该方案技术成熟、技术难度低、投资少，满足建筑物永久运行的要求。对于同时存在水平渗漏和垂直渗漏的 A1 区，防渗是本工程防渗处理的难点。

（2）A1 区防渗方案选择。

1）防渗方案。从图 2.3-2 可以看出，南库岸通过库岸断层网形成渗漏网络，垂直向下渗漏至岩体深部的水平断层，最终流向地下厂房区域；南库底通过库底断层垂直向下渗漏至岩体深部的水平断层，或者水平渗漏至南库岸断层网后渗漏至深部水平断层，最终流向地下厂区。由于断层以陡倾角为主，库岸帷幕灌浆处理效果难以保证，应采用以表面防渗为主的方案。根据地形条件、周边建筑物的相对关系及上水库的料源条件，确定南库岸表面防渗采用库岸混凝土面板，南库底水平防渗采用土工膜，两者之间通过南库岸趾板连接，土工膜周边设置混凝土齿墙。根据 A1 区库岸和库底的防渗功能定位以及相对位置关系，水平防渗周边的帷幕灌浆存在两种布置方案：方案一，帷幕灌浆沿南库岸防渗面板底部的趾板布置，库底土工膜作为辅助防渗体系；方案二，帷幕灌浆沿土工膜周边的齿墙布置，库岸库底均为主防渗体。两个方案的帷幕灌浆平面布置如图 2.3-5 所示。

方案一（仅叙述差异部分）：根据《水电工程土工膜防渗技术规范》（NB/T 35027—2014）的要求，当土工膜作为辅助铺盖时，底部可不设置排水系统；作为主要防渗体时，土工膜底部需设置排水系统，形成传统的"前堵后排"式全封闭的防渗体系。方案一库底土工膜防渗部位为辅助防渗部分，不设置底部排水系统。该方案主要结构包括南库岸面板、南库岸廊道、南库岸帷幕灌浆、库底土工膜防渗层、土工膜周边锚固等部分。灌浆帷幕沿库岸趾板布置，分别与主坝、西南副坝的帷幕衔接。灌浆深度根据主要断层分布情况设计为 50m，单排，孔距 2.0m。帷幕灌浆线长约 400m。考虑到土工膜周边齿墙基础开挖爆破扰动以及截断 B 区与 A1 区主要连通通道，对齿墙基础进行固结灌浆处理。

方案二（仅叙述差异部分）：由于方案二库底土工膜防渗与防渗帷幕封闭，为主要防渗体，根据规范要求底部需设置排水系统。该方案主要结构包括南库岸面板、南库岸廊道、库底土工膜防渗层、排水层、土工膜周边锚固与帷幕灌浆等部分。库底铺盖周边仅南库岸部分设置有廊道系统可供利用，若参考泰安等工程在土工膜周边设置完整的廊道系统，仅廊道开挖和钢筋混凝土工程相比，混凝土齿墙需要增加投资约 1000 万元。因此为了控制投资，考虑利用南库岸廊道设置简易的排水系统：土工膜周边设置混凝土齿墙，在土工膜防渗区域的中部设置主排水盲沟，距离齿墙 5m 的周边和主排水两侧每间隔 25m 设置副排水盲沟网。主排水靠近南库岸部分，采用不锈钢钢管经过南库岸趾板基础引至南库岸排水廊道。灌浆帷幕沿土工膜齿墙布置，分别与主坝坝基帷幕、西南副坝趾板帷幕衔接。灌浆深度根据岩体风化和透水性设计为 25m，单排，孔距 2.0m。帷幕灌浆线长约 1050m。南库岸趾板及西南副坝水平段趾板基础仅进行固结灌浆处理。

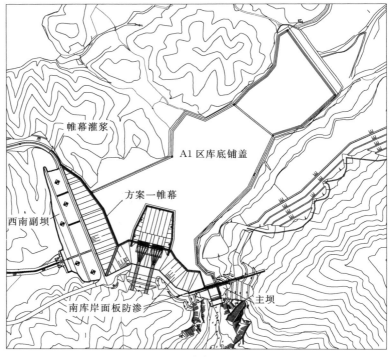

（a）方案一

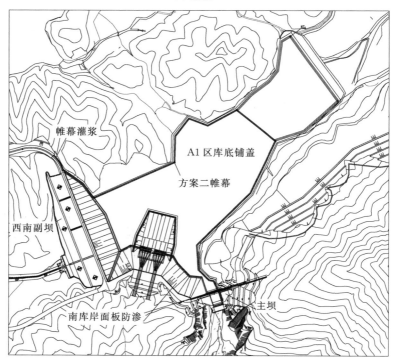

（b）方案二

图 2.3－5　A1 区防渗方案对比图

2）主要技术经济比较。根据对天然径流条件和防渗目标的定位，确定该工程的渗漏量控制标准为日渗漏量不超过总库容的 5‰，即 14800m³/d。根据计算成果分析，两个方案在防渗效果以及投资方面没有显著的差异，均满足上述渗控目标要求，技术经济对比详见表 2.3 - 5。

表 2.3 - 5　　　　　　　　方案一和方案二的技术经济对比表

项　　目	方案一	方案二	对比结论
防渗效果（正常蓄水位）	A1 区渗漏量为 2587m³/d，相比处理前减小 59%	A1 区渗漏量为 1878m³/d，相比处理前减小 70%	方案二优
总渗控目标	全库盆渗漏总量为 5682m³/d，占总库容的 0.19‰	全库盆渗漏总量为 4973m³/d，占总库容的 0.17‰	防渗效果显著，均满足渗控要求
灌浆、排水部分投资/万元	582.14	683.14	方案一优

3）方案选择。方案一和方案二防渗效果及投资基本相当，均满足渗控要求，但是方案二库底铺盖作为整个封闭防渗体系的主体部分，提高了库底部分防渗要求，此方案存在一定的施工和运行风险：第一，土工膜对外界破坏抵抗力较差，接缝多，对施工质量及施工管理要求高；第二，方案二帷幕灌浆线比方案一更长，根据目前已建工程帷幕灌浆运行情况来看，帷幕灌浆运行期补强的情况也较常见；第三，方案二虽然设有膜下排水系统，但是受投资控制排水系统较为简易，可靠性较差。因此在防渗功能均满足渗控要求、投资差异不大的前提下选择运行可靠和维护方便的方案一更为合适。

6. 上水库库盆选择防渗方案

根据选定的 A1 区防渗方案，上水库形成主辅结合的防渗体系，其中主坝—南侧库岸—西南副坝—西侧库岸—西南副坝及西北库岸的面板、帷幕组成的封闭体系为主防渗体，A1 区、A2 区库底铺盖为辅助防渗体，防渗系统平面布置如图 2.3 - 6 所示，分区防渗方案如下：

（1）A1 区。该区主要存在断层的垂直渗透和岩体的水平渗透，采用表面和垂直相结合的防渗方案。A1 区表面防渗分库岸防渗面板和库底铺盖两个部分，库岸防渗面板两侧分别于左侧主坝重力坝和右侧副坝面板堆石坝大坝防渗体衔接封闭，底部与库底铺盖结构衔接封闭。

（2）A2 区和 A3 区。该区主要为岩体和断层的水平渗透。该区采用垂直防渗方案。由于 A2 区库底断层发育较为密集，该区库底铺设库盆开挖的土石混合料作为辅助防渗，其作用主要是通过渗流作用将回填料中细颗粒充填进入断层内，提高断层的抗渗性能。

（3）B 区。该区主要是间接性的垂直渗漏问题。从施工期间揭露的地质条件来看并不存在北东向渗透性好的断层，通过 A1 区库底齿墙固结灌浆处理后截断了主要的透水性岩体，因此渗漏风险较小，主要采取维持目前库底现状，尽量避免在该区取土的辅助方案。

2.3.3　天荒坪抽水蓄能电站防渗方案选择

天荒坪抽水蓄能电站上水库位于浙江省安吉县大溪左岸支沟龙潭坑的沟源洼地，其东南侧分别为搁天岭（顶高程 973.48m）和天荒坪（顶高程 930.19m）。主要岩层为侏罗系

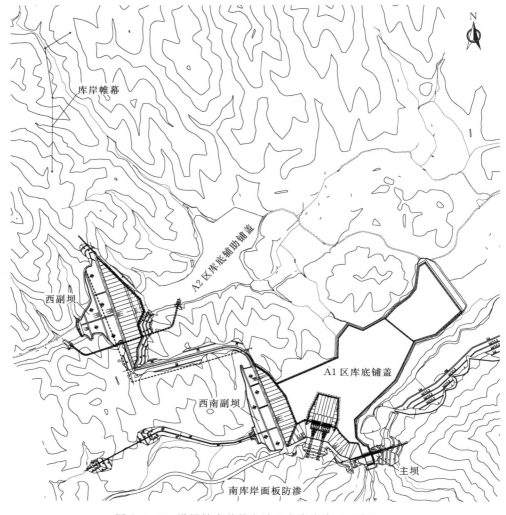

图 2.3-6　洪屏抽水蓄能电站上水库防渗平面布置图

流纹质熔凝灰岩、辉石安山岩、层凝灰岩、第四系全风化岩土（残积层）、坡-洪积层及坡积层等。西库岸全风化岩土深厚，属土质边坡；搁天岭附近基岩风化带和覆盖层较薄。上水库利用天然洼地挖填而成，根据地形地质条件，上水库共布置1座主坝和4座副坝，均采用土石坝坝型。

水库设计最高蓄水位在大部分库岸范围高于库岸天然地下水位，水库有向库外渗水的可能性，因此结合大坝的布置，上水库采用全库盆防渗方案，同时库岸防渗结构兼有护岸的作用，以防在库水位频繁升降时造成塌岸。

可行性研究阶段上水库库岸及大坝选择沥青混凝土面板防渗，库底选择黏土铺盖防渗。为了使库底、库岸和坝面的防渗材料一致，消除不同防渗结构连接部位的薄弱环节，提高防渗效果和防渗可靠性，并回收渗漏水，初步设计阶段又比较了库底沥青混凝土面板防渗的方案。

黏土铺盖方案需要将库底挖填至规定高程并整平，铺设 300cm 厚的黏土（全风化土）防渗层，并在其上铺 20cm 砂砾料作为反滤层，而后再填筑 60cm 厚的碎石。

沥青混凝土防渗方案需要在整平的库底填筑 60cm 的砂砾石反滤层（内设无砂混凝土排水管），其上为沥青混凝土防渗结构，总厚 18.2cm。

分析表明，沥青混凝土方案比黏土铺盖方案要多投入 254 万元。

综合比较后认为：库底采用沥青混凝土防渗的优点在于库底与岸坡沥青混凝土连接成整体，无接头部位无漏水之虞；沥青混凝土下部设置排水层，可以有效隔断库内蓄水与地下水的水力联系，少量的渗水通过排水系统回收。沥青混凝土防渗方案尽管投资高一些，但防渗效果可靠。

黏土铺盖方案就地取材，经过碾压后渗透系数可以达到 3×10^{-6} cm/s，且可以与库盆全风化土地基共同防渗，故作为防渗方案也是可行的。在天荒坪电站具体条件下，其缺点是渗漏量比较大，库底渗水不易收集，造成渗漏损失。

为了使防渗结构安全可靠、简化施工、回收渗漏水，最终采用全库盆沥青混凝土面板防渗方案。

2.3.4　桐柏抽水蓄能电站防渗方案选择

2.3.4.1　工程地质条件

上水库大坝利用已建的原桐柏水库主、副坝，在原主、副坝的基础上进行加固改建。主坝下伏基岩为花岗岩，表层为弱风化。副坝下伏基岩为流纹质晶屑玻屑熔结凝灰岩，表层风化不一，从左坝头起，0～70m 段为弱风化；70～224m 为全风化，厚 1～3.5m，强风化厚 1～2m；224～294.4m 为弱风化花岗岩。花岗岩与熔结凝灰岩的接触界线为缓倾角结构面，略倾向河谷和库内，胶结紧密，无接触破碎现象；断层 F_{21} 从副坝左侧山体穿过，岩脉主要有 $\delta_{\mu2}$、$\delta_{\mu4}$、$\delta_{\mu6}$，出露于坝前。

上水库原主、副坝坝型为均质土坝，块石护面。主、副坝坝体土料来源于熔结凝灰岩全风化土，主、副坝过渡段填筑土没有区分，以粉质黏土为主，局部为黏土及含砾黏土。

上水库坝前淤积层分布较广，其分布厚度受坝前区原库底地形控制，在坝前 200m × 140m 范围内，近主坝库底低洼处，淤积层较厚，一般为 1.5～3.8m。淤积层上部为淤泥，呈流塑状，厚度约为 2m；下部为淤泥质土，呈软塑状，含少量碎石。其力学性质试验值为：直剪内摩擦角 3°，黏聚力 5kPa，压缩系数 a_{v1-2} 为 1.2MPa^{-1}，压缩模量 E_{S1-2} 为 2.3MPa，属高压缩性土层，淤积层下伏基岩为弱风化花岗岩，岩性坚硬，岩体较完整。

主、副坝坝基经开挖揭露，无大的和较大的结构面通向库外，所见结构面规模小，延伸不长。Ⅳ、Ⅴ级结构面较发育，多张开，充填次生黄泥及铁锰质等。基础面不存在较大的工程地质缺陷。

2.3.4.2　防渗方案选择及布置

根据库周地下水位观测资料，上水库东岸和北岸山体雄厚，地下水位高于 400m 高程，地下水长期向水库排泄，补给库水。水库西岸的琼台低垭口段也不会产生水库渗漏。在西库岸的其余库岸山体雄厚，地下水位高于库水位，无渗漏风险。根据原水库的运行情况及地质资料显示，上水库库岸渗漏区分布在溢洪道至副坝段，进/出水口附近。

（1）主、副坝均为均质土坝，原大坝建于1958年，1977年曾加高。均质土坝至今运行正常，防渗效果良好，可以继续使用。

（2）溢洪道部位及其与副坝之间的库岸，相对隔水层埋深高程为350.00～359.30m，低于正常蓄水位396.21m，处理前经计算分析渗漏量约169.71m³/d。结合溢洪道改建，在此段进行帷幕灌浆处理，溢洪道左右边墙、溢流堰部位帷幕设一排，孔距2m，灌浆至相对隔水层以下5m。固结灌浆2排，孔深6m，孔距3m。

（3）溢洪道帷幕线右侧延伸与副坝相接（至桩号坝0+400.00m）。桩号坝0+400.00m处以右为原状土坡，以左为强风化岩坡。由于水库防渗需要，在桩号坝0+400.00m处往左10m范围内的开挖边坡及底部铺设黏土层，黏土层在边坡上厚80cm（垂直坡面方向），底部厚100cm，碾压层厚40cm，静碾4遍。然后在其上铺筑反滤层及过渡层。这样，帷幕、副坝强风化岩坡范围内铺设的黏土层与原副坝的黏土心墙形成了封闭的防渗体系。

（4）上水库进/出水口部位地下水位高程为378.94～388.23m，低于正常蓄水位，发育Ⅱ级结构面F_{22}、F_{28}两条通向库外的压扭性断层，分别位于进/出水口的左、右两侧。岩脉有$\delta\mu_1$、$\delta\mu_3$，与围岩呈断层接触，出露于进/出水口左侧。另发育一组NEE向高倾角节理与引水洞走向近平行，且为张性结构面，导水性强，为主要的渗水通道，故在闸门井平台设置了一排帷幕灌浆孔，左侧沿闸门井平台至右坝头公路（桩号0+190m止），孔距2m，$\delta\mu_1$、$\delta\mu_3$、F_{22}及影响带10m范围内加密至1.0m，灌至相对隔水层（$q\leqslant1Lu$）为止。

第 3 章

垂直防渗

3.1 适用条件及工程应用

垂直防渗适合使用在工程地质条件相对优良、水库仅存在局部渗漏、无通向库外的地下通道、断层及构造带不太发育且无严重库岸稳定问题的工程，与表面防渗相比具有以下优点：

(1) 可以充分利用岩土体自身的防渗性能，防渗结构相对简单。

(2) 施工技术成熟，易操作，工期短。

(3) 施工占用场地小，可在廊道或隧洞中施工，与其他工序相互干扰小。

(4) 在实施过程中可以进一步摸清地质情况，便于及时调整方案，做到处理恰当。

(5) 防渗修补、加固不需要放空水库，施工不会对水库正常运行造成影响；对环境的危害也较小。

(6) 通常情况下较经济。

垂直防渗也存在一定的局限性：一方面，垂直防渗处理范围深度较大，施工质量不易控制；另一方面，无法隔绝内侧库岸与库水的接触，对库岸边坡稳定没有帮助。因此，水库防渗型式应以各建筑物部位的工程地质条件和水文地质条件为基础，分析其渗漏特征和渗透稳定性，并从防渗效果、施工工艺、投资费用、可靠性、易修复性等方面进行综合比较，选择经济合理的最佳防渗方案。

垂直防渗措施一般有黏土截水槽、高压喷射灌浆、帷幕灌浆、混凝土防渗墙或者多种型式的组合等。

黏土截水槽通常适用于深度小于20m的透水地基，具有造价低、施工简单、稳妥可靠的优点，适用于小型水库中的土坝、黏土心墙坝或者斜墙坝的坝基防渗处理。但当深度大于20m时，截水槽施工难度加大，投资增加，就需考虑采用其他防渗措施。目前国内采用截水槽的工程，覆盖层厚度均小于20m，只有官厅水库覆盖层厚约20m，采用明挖回填黏土型式。

高压喷射灌浆施工简单、速度快，但应用范围相对较小：对壤土、中密状态的砂土地层，只要灌浆参数合理，便能获得均匀连续的防渗体；但对于黏性土、密实的砂层，因喷射直径受到影响，特别是当地层中存在较多大粒径的卵石、漂石时，帷幕体的连续性不易保证，虽然可以通过加密孔距、增加排数的方法进行处理，但投资增大明显。

帷幕灌浆在垂直防渗中应用最为广泛，已有大量的工程实例说明这种措施行之有效，而且它具有施工方便、可以处理更大的深度及投资省等优点。然而在岩溶和断层等复杂地质地区，由于特殊的地质构造，帷幕灌浆成功率较低，防渗效果无法持久，为安全计，一般增设一些辅助防渗措施。安徽琅琊山抽水蓄能电站上水库坐落在石灰岩上，局部地段断层发育，存在向库外渗漏的岩溶管道，为此修建了1780m长的半环形防渗帷幕，其中对贯穿防渗帷幕轴线的较大规模岩溶洞穴采用浇筑混凝土截水墙处理；同时考虑长期高水头作用对溶洞充填物的溶蚀作用，在库盆内增设黏土铺盖作为辅助防渗。江西洪屏抽水蓄能电站上水库主坝与西南副坝及其坝前的南库岸库底区域断层较发育，存在向地下厂房渗漏的贯穿性断层网络，同时存在水库水平渗漏及沿断层的垂直集中渗漏问题。由于该区域距离地下厂房洞室群近，对地下厂房洞室群渗漏影响较大。防渗方案除了库岸的帷幕灌浆和防渗面板外，库底增设了土工膜表面防渗。另外，有些工程在帷幕灌浆不成功的情况下，采用了在基岩中建造混凝土防渗墙的措施。安徽绩溪抽水蓄能电站下水库坝基岩体主要为粗粒花岗岩，风化较深，强风化层较厚，岩体破碎，结构面发育，生产性灌浆试验成果表明，强风化花岗岩透水性弱～中等，需采取防渗处理，但水泥灌浆效果较差，施工期防渗方案调整为防渗墙＋防渗帷幕的防渗处理方案，防渗墙深度按贯穿强风化岩层控制。防渗墙方案可比投资与单排、孔距1m的帷幕灌浆投资相当，且防渗更为可靠。

　　当坝基坐落在深厚覆盖层或者全风化层上时，采用防渗墙可以较为彻底地截断渗漏通道，且采用机械化施工，施工进度较快。有些地质条件下，覆盖层下的基岩仍具有较强的渗透性，仅在覆盖层中设防渗墙还不能满足渗流控制要求，则应研究在防渗墙下设灌浆帷幕。一般情况下，防渗墙体伸入基岩0.5～1.0m，帷幕灌浆可通过在墙体钻孔或在墙中预埋管来完成。广东惠州、湖北白莲河、广东清远和海南琼中抽水蓄能电站上水库，库岸全风化层厚度较大，库盆防渗均采用了上墙下幕的垂直防渗型式。

　　国内部分完建抽水蓄能电站上水库库盆垂直防渗统计见表3.1-1。

表 3.1-1　　　　　　　国内部分完建抽水蓄能电站上水库库盆垂直防渗统计

序号	电站名称	阶段	坝	型	坝高/m	库盆防渗型式
1	浙江桐柏	完建	主坝	均质土坝	37.49	垂直防渗为主、水平黏土防渗为辅
			副坝	均质土坝	10.0	
2	浙江仙居	完建	主坝	混凝土面板堆石坝	86.7	垂直帷幕防渗
			副坝		59.7	
3	海南琼中	完建	主坝	沥青混凝土心墙土石坝	28	混凝土防渗墙＋垂直帷幕防渗
			副坝		22	
4	福建仙游	完建	主坝	混凝土面板堆石坝	72.6	垂直帷幕防渗
			虎歧隔副坝	分区土石坝	15.0	
			湾尾副坝	分区土石坝	3.0	
5	江苏宜兴	完建	大坝	混凝土面板堆石坝	75.2	垂直帷幕防渗
6	湖南黑麋峰	完建	主坝	混凝土面板堆石坝	64.5	垂直帷幕防渗
			副坝2		44.5	
7	广东惠州	完建	主坝	碾压混凝土重力坝	53.1	混凝土防渗墙＋垂直帷幕防渗
8			副坝	黏土心墙堆石坝	39.8	
9	广东广州	完建	大坝	混凝土面板堆石坝	68	垂直帷幕防渗
10	广东清远	完建	大坝	黏土心墙堆石坝	54	混凝土防渗墙＋垂直帷幕防渗
11	辽宁蒲石河	完建	大坝	混凝土面板堆石坝	76.5	垂直帷幕防渗

序号	电站名称	阶段	坝	型	坝高/m	库盆防渗型式
12	安徽响水涧	完建	大坝	混凝土面板堆石坝	87	垂直帷幕防渗
13	安徽琅琊山	完建	主坝	混凝土面板堆石坝	64.5	垂直灌浆帷幕为主+溶洞掏挖回填混凝土、水平黏土铺盖防渗为辅
14			副坝	混凝土重力坝	20	
15	江西洪屏	完建	主坝	混凝土重力坝	44.0	库岸垂直帷幕+库底土工膜、黏土铺盖防渗
			西副坝	混凝土面板堆石坝	57.7	
			西南副坝		37.4	

3.2 布置及结构设计

3.2.1 帷幕灌浆

3.2.1.1 帷幕布置

抽水蓄能工程上、下水库库盆通常沿库周布置环库公路，帷幕灌浆布置在环库公路靠山体侧，既方便施工，又能保护更多的库周岩体，有利于库岸稳定。

在岩溶发育及其他可能存在大型渗漏通道的地区，帷幕线路应尽量避开岩溶发育地带，如必须通过岩溶通道时，宜尽量与其垂直。对于帷幕线上的溶洞，应采用先回填高流态混凝土和水泥砂浆，再进行灌浆处理。

库周帷幕应与坝基帷幕相连，并沿环库公路延伸，与山体地下水位线或相对隔水层线相接，形成封闭的防渗体系。帷幕延伸长度根据规范按以下条件确定：①至正常蓄水位与相对不透水层标准范围线在两岸的相交处；②至正常蓄水位与水库蓄水前的地下水位线相交处。若相交点较远帷幕延伸太长，可根据防渗要求，由渗流计算成果暂定向两岸延伸一定的长度，待水库蓄水后，观测水库的渗漏情况，如有必要再行延伸。

3.2.1.2 帷幕深度

一般岩层的特性，通常是越向深部和两岸山体中延伸，岩石的透水性越小。帷幕按其形式有封闭式和悬挂式，封闭式即指帷幕与相对隔水层相衔接，悬挂式即指帷幕深入透水性相对较小的地层，而未能进入相对隔水层。悬挂式帷幕虽然留下了一部分透水岩体，但是通过该处的渗径已经很长，水力坡降很小，因而渗流量仍可满足要求。

帷幕深度设计一般按以下经验公式：

$$S = H/3 + C$$

式中：S 为帷幕进入基岩深度，m；H 为坝高，m；C 为长度，一般取 $8 \sim 25$m。

3.2.1.3 帷幕厚度

帷幕的厚度由上下游水头差及幕体的允许渗透坡降确定，一般按式（3.2-1）计算：

$$T = H/J \qquad (3.2-1)$$

式中：T 为帷幕厚度，m；H 为最大设计水头，m；J 为帷幕允许水力坡降，对于一般水泥黏土浆，可采用 $3 \sim 4$。

对深度较大的多排帷幕，可根据渗流计算和已有工程实例沿深度逐渐减薄，此时式
（3.2-1）估算值是帷幕顶部的最大厚度。

日本、美国等国家在帷幕设计时不考虑幕体允许水力坡降问题，主要根据坝基岩体的
状况，结合坝高因素确定。目前该做法已被国内规范接受并采纳，一般规定：帷幕排数在
考虑帷幕上游区的固结灌浆对加强基础浅层的防渗作用后，坝高 100m 以上的坝可采用 1～2
排，坝高 100m 以下的坝可采用 1 排；对风化破碎较重、性质特别软弱的、岩体裂隙特别
发育或可能发生渗透变形的地段，或经研究认为有必要加强防渗帷幕时，可适当增加帷幕
排数。

当采用 2 排或 3 排灌浆孔时，最好将上游排或中间排作为主孔，深度达到规定的幕
深，先施工；将下游排或两边排作为辅助孔，深度为主孔的 1/2～2/3，后施工。排与排
之间的距离，一般为孔距的 0.7～0.8 倍。平面位置应错开排列，以便尽量多地封堵住
裂隙。

由于各工程的实际情况不同，幕厚不仅取决于孔距和排距，还与裂隙大小、分布、裂
隙中是否有充填物与其透水性、灌浆压力及灌浆材料有密切关系。对水库的大断层、构造
带等部位，往往是水库的集中渗漏区。为了保证垂直帷幕防渗质量，一般在此部位采取加
密、加厚、加深帷幕等方式处理。

3.2.1.4　灌浆孔的孔距和方向

灌浆孔的孔距应根据经验判断和现场灌浆试验确定，孔距布置应合理，以使相邻孔的
有效充填范围彼此衔接，形成具有一定防渗标准的连续幕体。

设计初期可根据基岩状况及类似工程经验，初定孔间距为 1.5～3m，然后在施工中
予以验证，最终选择合理的孔距；若帷幕遇断层或处于喀斯特地层中的大溶穴、大溶隙地
段，可加密孔间距至 1m 或更小，或增加灌浆帷幕排数。

帷幕灌浆的钻孔一般工程采用铅垂孔布置，有利于施工操作，更易保证孔的方向，但
对陡倾角构造裂隙分布的岩体，铅垂孔遇裂隙的概率低，若采用斜孔，遇裂隙的概率为
100%，每条裂隙都能有效灌注，可以有效提高防渗质量。斜孔角度应本着便于施工、尽
量多地穿过裂隙和有利于帷幕与基岩的稳定三条原则来确定。

3.2.1.5　灌浆方法及压力

灌浆方法按工艺可分为循环式灌浆、纯压式灌浆两种。纯压式灌浆因流速太小，易出
现浆液沉淀过早的堵塞裂隙；循环式灌浆可以防止浆液沉淀，提高灌浆效果。

当灌浆段长度小于 6m 时，可采用纯压式全孔一次灌浆法，大于 6m 或包含有较大裂
隙及特殊要求时需分段进行，分段长度应结合地质条件、施工送浆能力等因素确定：一般
为地层透水性和吸浆率越大，则灌浆段的长度应越短；反之则可长些，但不超过 10m。
盖重混凝土和基岩接触部位的灌浆段应先行单独灌注并待凝，接触段在岩石中的长度不得
大于 2m，以下灌浆段长度可采用 5～6m。

分段灌浆采用循环式灌浆方法，主要分为自上而下分段阻塞孔内循环灌浆法、自上而
下分段孔口封闭孔内循环灌浆法和自下而上分段阻塞孔内循环灌浆法。

自上而下分段阻塞孔内循环灌浆法。灌浆塞置于已灌段底部，易于堵塞严密，不易发
生绕塞返浆；各段压水试验和水泥注入量成果准确，灌浆质量比较好，比较适合软弱、破

碎、竖向裂隙发育、容易窜冒浆的岩层中灌浆。它的缺点是钻孔、灌浆工序不连续，重复钻孔，增大了钻孔的工作量，因而进度较慢，多消耗一些灌浆材料，容易造成孔斜等。

自上而下分段孔口封闭孔内循环灌浆法。该法能可靠地进行高压灌浆，不存在绕塞返浆问题，事故率低；能够对已灌段进行多次复灌，对地层的适应性强，灌浆质量好，施工操作简便，工效较高，适宜于较高压力和较深钻孔的各种灌浆。其缺点是每段均为全孔灌浆，全孔受压，近地表岩体抬动危险大；孔内占浆量大，浆液损耗多，灌后扫孔工作量大，有时易发生灌浆管堵塞事故。该法在缓倾角软弱地层慎用。

自下而上分段阻塞孔内循环灌浆法。该法适合于岩石坚硬完整、不会发生掉块卡钻、绕塞返浆的岩层灌浆，它的特点是把钻孔与灌浆两道工序分开，减少了钻灌之间反复转换的工作量，段与段之间一般不需要待凝，大幅度提高了施工速度，但其对钻孔的技术要求较高，否则不能按预定位置卡塞，影响灌浆质量。

灌浆压力是影响灌浆效果的一个重要因素，压力越大，浆液在裂隙里运行的距离就会越远，可以达到减少钻孔数的目的。但高压力会使岩体产生的变形很难控制在弹性范围之内，易使完好的岩石产生破裂，或使原有的裂隙宽度加大，灌浆时在岩石中促成大量的吸浆量，使浆液流窜到不需要的地方，造成不必要的浪费。所以，灌浆要选择适宜的压力，以不抬动上覆岩石为原则，一般采用公式 $P = P_0 + mh$（P 为灌浆压力，P_0 为起始压力，m 为系数，h 为高差），或根据类似工程经验先行拟定，后通过灌浆试验、灌浆施工过程中调整确定。一般来说，浅部灌浆比深部地层灌浆压力要小，渗透系数大的比渗透系数小的地层灌浆压力要小。

3.2.1.6 灌浆浆液

浆材的选择和浆液的配比对灌浆工程的质量、经济性和施工都有重大影响。浆材或浆液一般要求对环境无污染，对人体无危害，能够满足工程要求；浆液的颗粒、流变性应能适合地层的特性，在设计压力下浆液能够达到设计的扩散范围。

水泥基浆液常用的有普通纯水泥浆液、细水泥浆液、水泥黏土浆液、水泥砂浆液、水泥-水玻璃双浆液、膏状浆液等。

1. 纯水泥浆液

纯水泥浆具有结石强度高、抗渗性能好、工艺简单、操作方便、材料来源丰富、价格较低等优点，是应用最广泛的一种灌浆材料。由于水泥浆是含有一种颗粒材料的悬浊液，其最大粒径约为 $80\mu m$，因此灌注纯水泥浆时应具备如下条件：

（1）受灌岩层的裂隙宽度应大于 0.2mm，或者透水率大于 1Lu。

（2）对于砂砾石地层，其可灌比应大于 15 或渗透系数大于 $1 \times 10^{-3} cm/s$。

（3）地层中地下水流速不大于 100m/d，大于此值时需考虑在浆液中掺加速凝剂。

（4）地下水的化学成分不妨碍水泥浆的凝结和硬化。

2. 细水泥浆液

细水泥浆指干磨细水泥浆、湿磨细水泥浆和超细水泥浆，主要用来灌注基岩微细裂隙。干磨细水泥浆或超细水泥浆是以普通硅酸盐水泥经特殊方法磨细的水泥与水混合搅拌制成。应予注意的是，在搅拌成浆时，必须采用转速大于 1400r/min 的高速搅拌机并掺入高效减水剂。湿磨细水泥浆则是将普通水泥浆通过湿磨机加工，使水泥颗粒细化而成。

一般来讲，干磨或湿磨细水泥浆中水泥最大粒径 D_{max} 在 $35\mu m$ 以下，平均粒径 D_{50} 为 $6\sim10\mu m$；超细水泥浆的 D_{max} 一般在 $12\mu m$ 以下，D_{50} 为 $3\sim6\mu m$，理论上能灌入宽度小于 0.2mm 甚至小于 0.1mm 的微细裂隙。

3. 水泥黏土浆液

水泥黏土浆是在水泥浆中加入黏土，其稳定性好，可灌性比纯水泥浆液要高，防渗能力强，而价格较低。水泥黏土浆主要应用于砂砾石防渗帷幕的灌浆，其渗透系数一般为 $10^{-7}\sim10^{-11}$ cm/s。

水泥黏土浆的配合比，通常可采用水泥占干料（水泥加黏土）的 $20\%\sim40\%$。临时性、低水头的防渗工程，黏土掺量不宜少于 20%。水固比一般为 $3:1\sim1:1$。当采用上述范围的配比时，水泥黏土浆的密度为 $1.20\sim1.48$g/cm³，黏度为 $18\sim37$s，稳定性小于 0.02，析水率小于 2%。

4. 水泥砂浆液

水泥砂浆是在水泥浆液中加入砂子而成，具有流动度小、灌浆范围易于控制、结石强度高，砂子为当地材料、造价低等优点。水泥砂浆通常应用在大溶洞、空腔、宽大裂缝的灌浆和隧洞回填灌浆中。由于单纯的水泥砂浆易于析水沉淀，因此在配制水泥砂浆时，通常都要掺加膨润土或黏土，膨润土用量可为水泥重量的 $3\%\sim5\%$。

5. 水泥-水玻璃浆液

水泥-水玻璃浆液是以水泥浆液和水玻璃溶液按一定比例混合配制成的浆液。这种浆液不仅具有水泥浆的优点，而且兼有化学浆液的一些特点，它的凝胶时间可以从几秒钟到几十分钟任意调节，灌后结石率可达 100%。它除在基岩裂隙的较大含水层中使用以外，还能在砂层中灌注，广泛应用于矿井、隧道、地下建筑的堵水注浆和地基加固工程中。水玻璃溶液的掺入量一般为水泥浆体积的 $25\%\sim60\%$。

6. 膏状浆液

膏状浆液主要由水泥、黏土或膨润土、粉煤灰以及外加剂等组成，具有较高的屈服强度、较大的塑性黏度及良好的触变性能，在大孔隙地层的扩散范围具有良好的可控性。膏状浆液应具备的特点有：屈服强度 $20\sim45$Pa，塑性黏度 $0.3\sim0.45$Pa·s，密度 $1.6\sim1.8$g/cm³，析水率小于 5%。

3.2.1.7　化学灌浆

当在岩石中水泥灌浆效果很小或无效时，常常采用化学灌浆。化学灌浆可灌入粒径 0.05mm 以下的粉细砂层或基岩微细裂隙，具有抗渗性能好、快速堵水与加固的功能，适用于地下基础的防渗止水灌浆，特别是坝基帷幕防渗、水下泥砂防渗、加固水泥灌浆后的补充灌浆、大坝混凝土接缝、裂缝防渗加固、土体加固等。国内采用的化学灌浆材料很多，经现场应用证明效果良好且常用的化学灌浆材料有环氧树脂类、水溶性聚氨酯类、丙凝类、丙烯酸盐类等，根据工程需要，以适应不同情况要求。

1. 环氧树脂类

环氧树脂类化学灌浆材料具有无收缩、流动性好、后期强度高、耐腐蚀、耐冲击等特点，可用于混凝土建筑物内部缺陷修复、混凝土施工缝处理。

2. 水溶性聚氨酯类

水溶性聚氨酯类化学灌浆材料是一种快速高效的防渗补强加固材料，对于工程中出现的突发性涌水、细微裂隙灌浆防渗等，具有独特的防渗效果，曾在许多工程中获得成功应用。水溶性聚氨酯材料的特点是遇水膨胀、可灌性好、胶凝时间短，主要用于细微裂隙、防渗要求高的区域及断层破碎带的止水和防渗灌浆。目前最常用的材料为 LW、HW 水溶性聚氨酯。

3. 丙凝类

丙凝类化学灌浆材料是一种经胶凝以后有较高强度的高分子材料，主要用于高压水泥帷幕灌浆时出现塌孔以及涌水现象的断裂带部位，可灌性较好。

我国长江三峡船闸 f_{1096} 断层宽 2~5m，充填风化构造岩、糜棱岩，变形模量仅 0.2~0.5GPa，采用改性水泥浆和 CW 改性环氧浆液进行复合灌浆，处理后断层变形模量达到了 8GPa、渗水率 $q \leqslant 0.08Lu$。江垭电站大坝 7 号、8 号坝基溶蚀带经多次灌浆处理后，透水率仍较大，最后采用水泥化学复合灌浆后达到设计要求（1Lu）。

龙羊峡水电站左坝肩 G4 伟晶岩劈理带宽 5~10m，劈理间距小，不连续夹有红泥和钙膜，局部呈囊状风化，平均静态变形模量仅 0.58GPa，采用水泥浆和"中化-798"环氧材料进行复合灌浆，处理后断裂平均静态变形模量达到了 6.5GPa，透水率 $q \leqslant 0.05Lu$，沿劈理面抗拉强度达 2.1MPa，抗剪强度达 3.8MPa。工程已运行 20 多年，大坝经历了多次高水位及地震，G4 伟晶岩劈理带的变形、扬压力、渗漏量均处于正常范围。

苗尾水电站初期蓄水时发现大坝渗漏量较大，在原有两排帷幕中间，增设一排补强帷幕，Ⅰ序孔、Ⅱ序孔使用普通水泥浆液灌注，Ⅲ序孔及Ⅰ序孔、Ⅱ序孔中吸水不吸浆孔段使用硅溶胶灌注，复灌后大坝的渗水量明显减少。

3.2.2　混凝土防渗墙

3.2.2.1　防渗墙布置

坝基防渗墙必须与大坝防渗体相连，根据选定坝型的不同，可布置在心墙之下、斜墙之下或者上游混凝土板之下。趾板坐落在覆盖层上的混凝土面板堆石坝防渗墙布置在趾板上游，通过连接板和趾板与面板相连，连接板与趾板、防渗墙连接处设沉降缝。心墙坝工程防渗墙沿坝轴线布置，通过廊道或者插入形式与心墙连接。对于斜墙坝或一些闸坝，防渗墙布置在斜墙或者上游混凝土铺盖之下，与大坝防渗体相连，防渗墙可选择比坝轴线更为有利的地形、地质条件布置，为必要时放空水库对防渗墙检查和补充处理创造便利条件。

防渗墙轴线在平面上可直线布置，有时防渗线上恰好遇到特大孤石，处理比较困难，为了避开，防渗线也可采用折线布置。还可以把防渗线布置成弧形且凸向上游，防渗墙受水压力作用后，使各单元墙间接缝压紧，对防渗有利；如弧形曲度大，还能起拱的作用，对改善防渗墙受力情况也有利。

上、下水库库盆防渗墙沿库周环库公路布置，两端与大坝基础防渗相接，形成封闭的防渗系统。

3.2.2.2　防渗墙深度

防渗墙深度需根据工程的渗流控制标准和具体地质条件确定。当基岩风化深度较浅或覆盖层厚度较小（≤80m）时，防渗墙宜做成全封闭式的，墙底一般嵌入基岩 0.5～1.0m，防渗墙下面的基岩除局部强透水带需做灌浆处理外，一般不需要再进行灌浆。当坝不很高而覆盖层又相当深（≥80m）的情况下，考虑防渗墙施工难度，可设悬挂式防渗墙。如果有某个层区的透水性很小（$q\leqslant1Lu$ 或 $K\leqslant10^{-5}cm/s$）且其连续分布和厚度足够大，也可以将防渗墙与此相衔接。最典型的工程为冶勒沥青混凝土心墙坝，坝高 125.5m，基础覆盖层最深达 420m，利用透水性较小夹层采用悬挂式防渗墙，至今运行情况良好。当坝较高而覆盖层规模较大时，可通过渗流计算，分析不同防渗墙深度情况下，大坝浸润线和地基的渗流等势线、渗流量以及水力坡降等渗流要素，从防渗墙控制效果的角度研究覆盖层地基中防渗墙的合理深度。当覆盖层渗透系数较大时，需防渗墙截断覆盖层插入基岩才能取得较好的防渗效果，当覆盖层无法被截断，防渗墙深度一般取覆盖层深度的 7/10 较为合理。

我国西北、西南地区在河床深厚覆盖层采用防渗墙的项目较多，防渗墙深度已达150m。如四川泸定水电站，坝基混凝土防渗墙最大深度为 154m；西藏旁多水利枢纽防渗墙最大深度达 158m，是我国现今最深的防渗墙。我国目前已建或在建的深度超过 80m 的防渗墙工程统计见表 3.2-1。

表 3.2-1　　　　　　　　　国内墙深大于 80m 的防渗墙工程

工程名称	施工时间	坝　型	坝高 /m	防渗墙		
				最大墙深 /m	墙厚 /m	截水面积 /m²
小浪底主坝工程	1993—1994 年	斜心墙堆石坝	154.0	81.9	1.2	10541
狮子坪坝基防渗墙	2005—2006 年	碎石心墙堆石坝	136	101.8	1.2	
泸定水电站坝基防渗墙	2008—2009 年	黏土心墙堆石坝	79.5	154	1.0	30000
窄口水库坝体加固	2008—2009 年	黏土宽心墙堆石坝	77	83.43	0.8	10932
下坂地水库坝基防渗墙	2007—2009 年	沥青混凝土心墙砂砾石坝	78	102	1.0	20100
旁多水利枢纽	2009—2009 年	沥青混凝土心墙坝	72.3	158.47	1.0	
长河坝上游围堰	2011 年	土工膜心墙堆石围堰	53	83.28	1.0	6486.42
黄金坪坝基防渗墙	2012 年	沥青混凝土心墙坝	82.5	129	1.2	23000
小石门水库病险加固	2012—2014 年	沥青心墙坝	81.5	121.5	1.0	21100
雅砻防渗墙	2015 年	沥青混凝土心墙砂砾石坝	73.5	124.05	1.0	19195
乌东德水电站上游围堰	2015 年	土石围堰	70	98	1.2	

3.2.2.3　防渗墙厚度

防渗墙厚度按式（3.2-2）进行估算：

$$B=H/J_{允} \tag{3.2-2}$$

$$J_{允}=J_{max}/K \tag{3.2-3}$$

式中：H 为防渗墙承受的最大水头；J_{max} 为防渗墙破坏时的最大水力比降；$J_{允}$ 为防渗墙

的允许水力比降，由试验确定，初估值，普通混凝土一般为 $80\sim100$，塑性混凝土可取 60，自凝灰浆和固化灰浆一般为 $10\sim30$；K 为安全系数，一般取 $K=5$。

防渗墙厚度并不完全由水头大小来决定，还应考虑墙的强度、耐久性及施工条件等，国内已建工程中防渗墙厚度多在 $0.8\sim1.2\mathrm{m}$ 之间，最大厚度为 $1.4\mathrm{m}$。当坝较高，一道墙的厚度不满足要求时，则应设置两道墙。瀑布沟水电站砾石土心墙堆石坝，坝高 $186\mathrm{m}$，覆盖层最大深度 $75.36\mathrm{m}$，覆盖层防渗采用两道厚 $1.2\mathrm{m}$ 防渗墙。

3.2.2.4 防渗墙的抗渗等级与强度

混凝土防渗墙必须具有足够的抗渗能力，抗渗等级和渗透系数是混凝土防渗墙的主要指标。

抗渗等级与抗压强度相关，若选用的抗渗等级偏高，则抗压强度必然也高，相对一些坝高偏低的工程，不仅增加了不必要的费用，而且还会给施工带来困难。因此，在确定混凝土的抗渗等级时要与抗压强度相一致。根据经验抗压强度为 C9～C15 普通混凝土，与之相匹配的混凝土抗渗等级为 W4～W8；塑性混凝土抗压强度为 C1～C5，与之相匹配的混凝土抗渗等级为 W2 左右。

渗透系数是防渗墙抗渗的另一个指标，它与混凝土的抗渗等级 W 的换算可通过式（3.2-4）进行估算：

$$k = \frac{\varepsilon L^2}{2\sum\limits_{i=1}^{W+1} H_i T_i} \qquad (3.2-4)$$

式中：k 为渗透系数；ε 为混凝土空隙率，与密度有关，一般取 $\varepsilon=0.03$；L 为渗径，一般取 15cm；H_i 为渗透试验中各级水压力，cm；T_i 为在相应水压力下经历的时间（8h）；W 为抗渗等级。

按以上近似公式，根据混凝土抗渗等级 W 可计算出混凝土渗透系数值。表 3.2-2 为混凝土抗渗等级与渗透系数互换关系表。

表 3.2-2 混凝土抗渗等级与渗透系数关系表

抗渗等级	W1	W2	W4	W6	W8	W10
渗透系数/(cm/s)	3.91×10^{-8}	1.96×10^{-8}	7.83×10^{-9}	4.19×10^{-9}	2.16×10^{-9}	1.77×10^{-9}

根据已建抽水蓄能工程，上水库防渗标准一般采用 1～3Lu，相当于渗透系数 $10^{-5}\mathrm{cm/s}$ 左右。从表 3.2-2 看，无论采用哪种抗渗等级，渗透系数均可满足要求。但是，混凝土防渗墙还需考虑耐久性、抗溶蚀能力以及墙段间接缝渗径、有效厚度、墙底与基岩接触带渗径、混凝土浇筑质量（是否均匀）等问题对抗渗性的影响。因此，从防渗墙整体平均渗透系数来看，抗渗等级不宜太小。惠州抽水蓄能电站上水库库盆防渗标准为 3Lu，库岸防渗墙等级为 C20W6；海南琼中抽水蓄能电站上水库防渗标准为 1Lu，大坝基础处理混凝土防渗墙强度等级为 C25W6。

3.2.3 黏土截水槽

黏土截水槽一般布置在距土坝上游坝脚（1/3～1/2）B（B 为坝底宽）处，并与坝身或斜墙、心墙可靠连接。截水槽开挖断面为梯形，底部伸入基岩或不透水层 $0.5\sim1.0\mathrm{m}$。截水槽底部宽度一般应按施工要求、回填土料的允许渗透坡降、土料与基岩接触面抗渗流冲刷的允许渗透坡降计算选取，采用大型机械施工时，最小宽度一般不宜小于 $3\mathrm{m}$。截水槽开挖边坡应等于或大于开挖土的稳定边坡，通常不陡于 $1:1$。

截水槽底部基岩若裂缝发育或存在岩溶等不良地质条件时，应先对基岩进行灌浆处理或先在基岩上浇筑混凝土，使其裂隙充填密实后再回填黏土。回填的黏土需与截水槽下游的坝基透水层满足反滤要求，否则必须设反滤层，以防渗透破坏。对小型工程，一般在槽底基岩接触面和截水槽下游与坝基透水层接触面铺设若干层土工布反滤。

3.2.4　高压喷射灌浆

高压喷射灌浆分旋喷、摆喷、定喷三种型式。每种型式可采用三管法、双管法和单管法。定喷和小角度摆喷适用于粉土和砂土地层；大角度摆喷和旋喷适用于各种地层，深度小于 $20\mathrm{m}$ 的卵（碎）砾石地层，可采用摆喷；深度 $20\sim30\mathrm{m}$ 时，可采用单排或双排旋喷；深度大于 $30\mathrm{m}$ 时，一般采用两排或三排旋喷。

根据工程需要，高压喷射灌浆墙体可以是封闭式或者是悬挂式，封闭式高喷墙的钻孔宜深入基岩或相对不透水层 $0.5\sim2.0\mathrm{m}$，排距、孔距根据地层情况、所采取的结构型式及施工参数，通过现场试验确定。

3.3　细部构造与其他建筑物连接

3.3.1　帷幕与帷幕连接

当帷幕深度较大时，为保证灌浆质量，帷幕需分层施工，上、下帷幕采用廊道进行连接。廊道布置在上帷幕底部，在两岸山体中开挖而成，兼作后期检修、交通等功能。帷幕施工时，上层帷幕延伸至廊道底部以下不少于 $5\mathrm{m}$，下层帷幕在廊道内施工，上、下帷幕之间布置搭接帷幕。搭接帷幕布置在廊道上游，排数与上帷幕一致，与上层帷幕连接形成封闭，防止渗漏。为防止上层帷幕造孔冲击荷载对廊道顶拱造成损伤或破坏，在廊道顶拱可设置放射状向上固结灌浆处理。

苗尾水电站帷幕最大深度约 $88\mathrm{m}$，在坝基两岸设置了三层灌浆廊道，廊道高差为 $48\mathrm{m}$、$40\mathrm{m}$，上层帷幕延伸至廊道以下 $8\mathrm{m}$，搭接帷幕孔深 $8\mathrm{m}$，下俯 $10°$，廊道拱顶固结灌浆孔深 $8\mathrm{m}$，间、排距 $1.5\mathrm{m}$，如图 3.3-1 所示。糯扎渡坝基帷幕最大深度超过 $100\mathrm{m}$，在两岸设置了三层灌浆廊道，廊道高差为 $60\mathrm{m}$、$50\mathrm{m}$，上层帷幕延伸至廊道底部以下约 $5\mathrm{m}$，搭接帷幕采用水平孔，孔深 $10\mathrm{m}$。

3.3.2　帷幕与地下洞室的连接

在水电站帷幕灌浆施工中，经常有帷幕与地下洞室相交的情况，这一部位如果防渗措施处理不当，必将成为防渗帷幕的薄弱环节。

某工程引水隧洞横穿大坝帷幕，如图 3.3-2 所示。施工时大坝帷幕与引水洞结合部

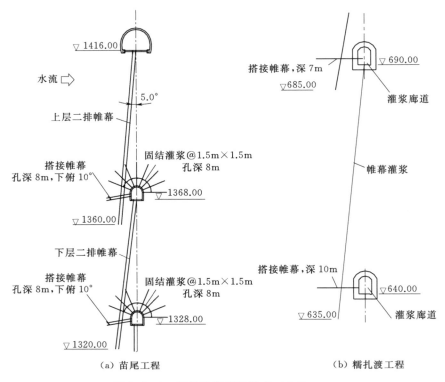

图 3.3-1 坝基帷幕连接型式（单位：m）

位采用上、下两层分开灌浆，先完成引水洞周围的帷幕体灌浆，然后在引水洞内底板上完成下层帷幕灌浆和顶拱的搭接灌浆。搭接帷幕与上层帷幕进行连接，确保了大坝帷幕的整体性。搭接帷幕孔伸入基岩 5m，灌浆采用"纯压式一次性灌注"。水灰比采用 0.8：1、0.5：1 两个比级，最大灌浆压力 2MPa。为确保搭接帷幕质量，在向上施工中必须埋设孔口管，采用孔口封闭方式，在灌浆结束后及时关闭，防止孔内浆液回流。结合部岩体透水率满足要求。

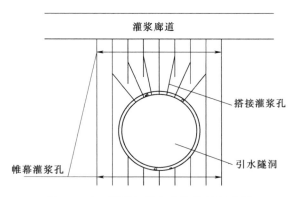

图 3.3-2 帷幕与洞室连接结构示意图

3.4 材料选择

3.4.1 灌浆材料

按材料性质灌浆材料一般分为水泥类浆材和化学类浆材两大类。水泥类浆材有水泥、水泥黏土等，其中水泥灌浆最为常用，具有强度高、耐久性好，无毒、无味，材料来源方便，价格低廉等优点，但普通水泥粒径较大，粗颗粒多，最大粒径可达 $90\sim100\mu m$，不能有效灌入细微裂隙；当水灰比较大时，浆液的稳定性差，易析水回浓，且硬化时伴有析水，使硬化结石与被灌基体的黏结强度降低，形成新的渗水通道。化学类浆材有环氧、甲凝、丙凝、水玻璃、聚氨酯等，具有浆液黏度低、凝结时间易精确控制、能注入细微裂隙中等优点，但是一般的化学浆材都具有一定毒性且价格昂贵，除环氧浆材外，强度均比水泥浆液的结石强度低。因此，化学浆材的应用范围受到限制。

针对水泥浆材和化学浆材的缺点，近年来超细水泥、低毒或无毒化学浆材等一批改善型灌浆材料应运而生。

3.4.1.1 超细水泥

超细水泥的生产原料与普通水泥相同，只是采用超细粉磨技术和设备使其颗粒细化。一般超细水泥的最大粒径小于 $20\mu m$，平均粒径小于 $5\mu m$，比表面积大于 $800m^2/kg$，抗折、抗压强度比普通水泥高。普通水泥与超细水泥的物理性能对比见表 3.4-1。

表 3.4-1　　　　　　　　　　普通水泥与超细水泥物理性质比较

类别	最大粒径 /μm	平均粒径 /μm	比表面积 /(m²/kg)	28d 抗折强度 /MPa	28d 抗压强度 /MPa	适灌缝宽 /mm
普通水泥	90～100	15～20	260～400	8.0	50.9	0.2
超细水泥	10～30	4～10	800～1600	8.9	68.2	0.05

超细水泥根据生产方法的不同分干磨和湿磨两种。干磨是指直接在水泥厂用超细粉磨设备生产的超细水泥；湿磨是指在施工现场将普通水泥浆通过湿磨机磨成的水泥，一般只在一些大型的灌浆工程中使用。目前国内研制开发的超细水泥，已在湖南五强溪坝基防渗处理、龙滩水电站大坝裂缝处理、江垭大坝坝基防渗处理、苗尾坝基防渗处理及三峡等水电工程应用中取得了良好效果。

超细水泥具有如下性能。

1. 可灌性

水泥浆液的可灌性主要取决于浆液的流动性和粒子的粒径。水泥粒径与可灌性 G 关系如下：

$$G=b/D_{95} \tag{3.4-1}$$

式中：b 为裂隙宽度，mm；D_{95} 为 95％水泥粒子的粒径小于该值，μm。

通常情况下，$G>5$ 时，可灌性较好，$G<2$ 时，较难灌入。

2. 流动性

超细水泥粒径小、比表面积大，因此吸附水量大，需水量增加，流动性降低，影响可灌性。解决办法通常是在超细水泥浆液中添加高效减水剂，降低粒子的吸附水量，增大浆液的流动性，从而弥补水泥颗粒超细化所带来的不足。

3. 稳定性

灌浆材料析水历时越长，析水率越低，浆液的稳定性越高，对灌浆越有利。普通水泥由于颗粒大，沉降快，稳定性较差。超细水泥由于颗粒细度高，析水历时长，析水率减少等，浆液稳定性有显著提高。

4. 抗压抗折强度

超细水泥比表面积增大，水化反应较普通水泥进行得更加彻底，抗压和抗渗强度均得到显著提高，表 3.4-2 为超细水泥灌浆料（MFC-GM）与普通硅酸盐水泥（P·O42.5）抗压、抗折强度对比。从表 3.4-2 中可以看出，超细水泥比普通水泥具有更高的强度性能。

表 3.4-2　　　　　　　MFC-GM 与 P·O42.5 抗压、抗折强度对比

品种	抗压强度/MPa			抗折强度/MPa		
	3d	7d	28d	3d	7d	28d
P·O42.5	36.0	41.5	50.9	5.0	6.5	8.0
MFC-GM	50.5	57.0	68.2	6.8	7.9	8.9

5. 膨胀性

超细水泥由于粒径很小，极容易发生收缩，一般需加入适量的膨胀剂以补偿这种收缩，有利于防渗补强，特别是细微裂缝的灌浆，可以取得较好的灌浆效果。

苗尾砂板岩坝基帷幕灌浆中采用的湿磨细水泥由 42.5 级普通硅酸盐水泥加入减水剂等经湿磨机加工而成，要求比表面积大于 $700 \text{m}^2/\text{kg}$，其 95% 以上的水泥颗粒最大粒径小于 $40 \mu \text{m}$，$D_{50} = 8 \sim 12 \mu \text{m}$，减水剂掺量为 0.7%。

3.4.1.2　环氧灌浆材料

环氧灌浆材料以环氧化合物为主材，用高分子多元改性胺为固化剂，具有强度高、稳定性好等优点。该浆材毒副作用主要来自所采用的固化剂和溶剂，采用降低毒性的固化剂后，环氧浆材的毒性减小。HK-G-2 低黏度环氧灌浆材料具有低黏度、长久的可灌性、良好的渗透力以及极佳的固结能力等特点，可以渗透到微细的裂缝和密实的含水土体中，提高需灌部位的力学性能和抗渗性，从而达到防渗补强加固的目的。HK-G-2 低黏度环氧灌浆材料主要性能见表 3.4-3。绩溪抽水蓄能电站下水库大坝河床段趾板帷幕灌浆补强采用 HK-G-2，灌后防渗满足设计要求。宝泉抽水蓄能电站引水隧洞、宜兴抽水蓄能电站地下厂房顶拱廊道及主变洞顶拱山体断层均采用 HK-G-2 进行了化学灌浆处理，有效地提高了引水隧洞和地下厂房的安全性。

表 3.4-3　　　　　　HK-G-2 低黏度环氧灌浆材料主要性能

序号	项　　目	指标
1	浆液密度/(g/cm³)	≥1.0
2	初始黏度/(mPa·s)	≤30
3	可操作时间/h（黏度达到 200mPa·s）	≥4

序号	项　目	指标
4	抗压强度（28d）/MPa	≥60
5	抗拉强度（28d）/MPa	≥15

3.4.1.3　聚氨酯灌浆材料

聚氨酯灌浆材料能够与水反应而固化，不会被水稀释而流失，适用于防渗堵漏。根据固结体状态，分为强度高的塑性体（如 HW）、延伸率大的橡胶体（如 LW）、水膨胀性的弹性体（如弹性聚氨酯）和含水的凝胶体（如 SK-1）等。

弹性聚氨酯灌浆材料具有良好的黏结性能，28d 拉断伸长率平均在 200% 以上，用其灌浆可减少漏水 98%；SK-1（油溶性聚氨酯）可用于坝基或围堰砂层的防渗帷幕灌浆；水溶性的 LW 特别适用于坝体混凝土变形缝的处理；HW 比较适用于有水裂缝的补强处理；LW 和 HW 可以互溶，调控其比例可用来做坝基灌浆处理与混凝土的防渗堵漏。

3.4.1.4　水玻璃灌浆材料

水玻璃灌浆材料是化学灌浆史上最早使用的化学灌浆材料，同时也是使用最广泛的化学灌浆浆材之一。其具有无毒、黏度小、可灌性好等优点，且价格较低。但该浆材凝胶强度低、凝胶稳定性较差，需加入一些活性物质进行改性，以提高强度和耐久性。

苗尾水电站坝基帷幕补强灌浆材料为改性水玻璃浆材——JK-S$_\mathrm{II}$硅溶胶，由中国水电基础局科研设计院研制开发，具有成本低、无毒、无味等优点。室内试验表明，浆液的初始黏度低，从开始反应到形成凝胶体，约有 80% 的时间处于牛顿体流态，时间上在几分钟至几十分钟，可随意调节，便于施工。浆液可灌入微细裂隙和粒径 0.05mm 以下的粉细砂中，且固结较好，强度较高，抗渗性能也较好；相较于普通水玻璃浆液、酸性水玻璃浆液，硅溶胶浆液的 SiO_2 几乎不溶出，凝胶体 300d 后的 SiO_2 溶脱率、体积膨胀率较小且随时间基本保持不变，稳定性优良；相较于酸性水玻璃，硅溶胶固砂体结构更加致密，抗渗性、耐久性更强。苗尾坝基帷幕采用 JK-S$_\mathrm{II}$硅溶胶处理后，防渗满足设计要求。硅溶胶浆液及固化物的物理性能见表 3.4-4。

表 3.4-4　　　　　　　JK-S$_\mathrm{II}$硅溶胶浆液及固化物的物理性能

项　目	条件或要求	技术指标
黏度/(MPa·s)	20℃（配浆毕）	1.0～4.5
pH 值	浆液	9～10
密度/(kg/L)		1.00～1.20
色泽	浆液	无色均匀透明
气味	浆液	无味
毒性		无毒
浆液操作时间/min		3～120
充分固化时间/h		2～24
固砂体渗透系数/(cm/s)		10^{-7}～10^{-10}

项　　目	条件或要求	技术指标
固砂体抗压强度/MPa		1.0
体积变化率/%	300d	1.2
SiO₂ 溶脱率/%	300d	≤1

3.4.2　防渗墙的材料

混凝土防渗墙按墙体材料分为普通混凝土、黏土混凝土、塑性混凝土、自凝灰浆和固化灰浆等。普通混凝土、黏土混凝土抗压强度一般大于 5MPa，弹性模量大于 1000MPa，属刚性材料；塑性混凝土、固化灰浆和自凝灰浆抗压强度一般小于 5MPa，弹性模量小于 1000MPa，属柔性材料。

1. 普通混凝土

普通混凝土包括纯混凝土和加筋混凝土，抗压强度一般在 10MPa 以上，胶凝材料除水泥外不掺加其他混合材料，主要用于高坝及地基覆盖层较深的工程，由于墙体受力大，对强度和抗渗性能要求较高。加拿大马尼克 3 号大坝，坝高 107m，防渗墙要求 28d 抗压强度达到 34MPa，不掺其他外加剂；大角坝坝高 91m，防渗墙混凝土 28d 抗压强度为 28MPa。

2. 黏土混凝土

在混凝土中掺入适量的黏土及外加剂，能适当降低弹性模量，减少墙身的刚度，也有利于施工和易性和减少水泥。黏土混凝土 28d 抗压强度一般在 7MPa 以下，比较适用于中等水头堤坝。根据工程实际情况，通过试验确定黏土、外加剂的掺量，掺黏土量大，能降低墙身刚度，增加其柔性，但相应的抗渗性和强度也明显降低。因此对墙身较薄、承受水力坡降较大的防渗墙，不宜掺大量黏土。

3. 塑性混凝土

以黏土、膨润土等混合材料取代普通混凝土中大部分水泥，与普通混凝土相比，其抗压强度、变形模量小很多。大量试验研究及工程实践表明，通过改变配合比，塑性混凝土的变形模量与周围土体相近，容易适应地基的变形，从而使墙体内的应力大大减少，避免了开裂。但由于塑性混凝土强度不高，国内一般用于临时工程或者是土坝加固。仙居抽水蓄能电站下水库进/出水口围堰塑性混凝土防渗墙深 26m，使用的混凝土 28d 抗压强度为 4～6MPa，弹性模量不大于 1000MPa，每立方米混凝土使用胶凝材料水泥不少于 80kg、膨润土不少于 40kg。白莲河抽水蓄能电站上水库三座副坝均为塑性混凝土心墙土石坝，防渗墙最大深度 16.5m，28d 抗压强度不小于 2.5MPa，变形模量 1040MPa，每立方米混凝土使用水泥 190kg、膨润土 65kg。

4. 自凝灰浆和固化灰浆

自凝灰浆是由水泥、膨润土、缓凝剂和水配置而成的一种浆液，在造孔过程中起固壁作用，造孔完成后自行凝固成墙。自凝灰浆防渗墙的特点是既可缩短工期降低造价，又可增大墙体塑性，使墙身不易开裂，并因取消墙体接缝减少墙的渗漏量。试验表明，自凝灰浆防渗墙渗透系数一般低于 10^{-5} cm/s，28d 抗压强度小于 1.0MPa，与土体相近。

固化灰浆是在造孔完成后，向槽孔内的泥浆中加入水泥等固化材料，砂、粉煤灰等掺合料，以及水玻璃等外加剂，经机械搅拌或空气搅拌后，凝固成墙体的。它具有施工简单、能提高墙体接缝质量等特点，但抗压强度、变形模量较小。自凝灰浆和固化灰浆防渗墙一般适用于围堰等临时工程。

国内已建抽水蓄能电站混凝土防渗墙材料见表 3.4-5。

表 3.4-5　　　　　　　　国内已建抽水蓄能电站混凝土防渗墙材料

工程名称	坝型	坝高/m	基岩性质	防渗墙					
				墙体材料	最大墙深/m	入岩深度/m	墙厚/m	抗压强度/MPa	渗透系数/(cm/s)或抗渗等级
湖北白莲河抽水蓄能电站上水库副坝	土石坝	12	全风化土	塑性混凝土	16.5	0.5	0.4	$R_{28} \geq 2.5$	$K \leq 1 \times 10^{-6}$
安徽佛子岭抽水蓄下水库	土工膜心墙砂砾石坝	15.6	覆盖层	塑性混凝土	13	1.0	0.6		
浙江仙居抽水蓄能电站下水库围堰	土石混合堰	41.3	覆盖层	塑性混凝土	26	1.0	0.8	$R_{28}=4\sim6$	$K \leq 1 \times 10^{-7}$
广东惠州抽水蓄能电站上水库	黏土心墙堆石坝	39.8	覆盖层	普通混凝土	32	0.5	0.8	$R_{28} \geq 20$	W6
广东惠州抽水蓄能电站下水库	黏土心墙堆石坝	27.86	全风化土	普通混凝土	20	0.5	0.6	$R_{28} \geq 20$	W6
广东清远抽水蓄能电站上水库	黏土心墙堆石坝	54	全风化土	混凝土	17	1.0	0.8	C25	$K \leq 1 \times 10^{-8}$，$\geq$ W6
安徽绩溪抽水蓄能电站下水库	面板堆石坝	59.1	强风化粗粒花岗岩	钢筋混凝土	穿过强风化	20	0.8	C25	W10

3.5　关键施工技术

3.5.1　岩溶地区灌浆技术

在岩溶地区修建水利水电工程，渗漏问题是岩溶地区水利水电工程建设中最为关键的问题。

岩溶地区防渗常遇的问题有地下河、溶蚀大厅、溶洞、溶槽、溶沟、溶蚀带、落水洞、溶隙的防渗处理。而较大溶蚀空腔或通道，有的有充填物，有的没有充填物或半充填；充填物有的类似泥石流，有的是比较纯的粉细砂。岩溶地区有的有高流速、大流量的动水，有的在地下水位（蓄水前）以上。凡此种种，在防渗处理时，均需具体问题具体分析，"对症下药"。

总结岩溶地区的防渗方法，可以概括地归纳成以下几种："堵"（堵塞漏水的洞穴、泉眼），"灌"（在岩石内进行防渗帷幕灌浆），"铺"（在渗漏地区做黏土或混凝土铺盖），"截"（修筑截水墙），"围"（将间歇泉、落水洞等围住，使与库水隔开），"导"（将建筑物下面的泉水导出坝外）。在实际工程中，多是以其中一或两项防渗措施为主，辅以其他项措施；通常，以"灌"为主，辅以其他措施（例如"堵"）是有效且经济的解决方案。

3.5.1.1 岩溶地区灌浆的特点

（1）工程量大。岩溶发育处地质条件复杂，灌注的材料一般根据灌注的实际情况及灌注效果而定，灌注材料种类多；岩溶地区防渗帷幕深度大、孔排数较多，灌注量大。

（2）施工技术较为复杂。岩溶地区的地质情况多变，应根据所遇到的实际情况，采取相应的施工方法，施工、勘探、试验三者并行的特点更突出，要求施工人员有丰富的经验。

（3）处理时间长、造价高。岩溶地区灌浆工程量大、材料多、施工复杂，因此处理时间长，造价高。

（4）具有隐蔽性。帷幕灌浆效果不仅要检查透水率，还需要综合应用扬压力观测、地球物理勘探检查、电视检查、大口径钻孔检查等。

3.5.1.2 帷幕结构型式及有关参数

根据地质条件和设计的要求，参考灌浆试验取得的成果，确定合理并有效的帷幕布置型式。

（1）帷幕灌浆孔的深度。帷幕深度以深入相对不透水层内 3m 或 5m 以上为宜。岩溶发育严重地区，帷幕深度应深至侵蚀基准面高程以下。

（2）帷幕灌浆孔的排数。经验认为，在岩溶发育、透水性强的地段，重要部位的防渗帷幕以采用双排、三排乃至多排为妥（图 3.5-1）。

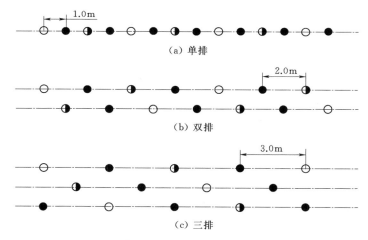

图 3.5-1 帷幕灌浆孔单排、双排、三排布置示意图

3.5.1.3 灌浆处理方法

溶洞的处理要根据溶洞的发育情况及防渗要求而定，一般为先封闭，再充填密实。其处理方法有以下几个：

（1）大渗漏通道的溶洞：先投入大粒径的卵砾石，充填满后进行水泥砂浆灌注；或者直接灌注混凝土进行溶洞封堵、待凝，再进行纯水泥浆的灌注。当溶洞埋藏较浅时，直接采用开挖、回填混凝土的方法处理。

（2）无充填（半充填）型溶洞：利用钻孔往孔内充填土、砂、砾石级配料，先由细逐级变粗，扫、搅充填密实，再灌注水泥砂浆或水泥浆。也可用碎石和混凝土交替回填，混凝土采用 C15 或 C20 细石混凝土。

（3）充填型溶洞：采用较大口径钻孔成孔，并利用高压水冲除充填物并回填混凝土，再进行补强灌浆。当充填物为砾、沙、淤泥等时，通过灌浆可以将这些松散软弱物质固结起来，在其间形成一道帷幕。根据充填物类型，可采用套阀管法、高压循环钻灌法、高压旋喷、化学灌浆等。若溶洞埋藏较深，充填物为砂卵（砾）石或易液化的砂同时有地下水时，以上方案不能解决的情况下可用"混凝土防渗墙"将溶洞截断，再进行墙下灌浆。构皮滩电站采用过该技术措施。

（4）有动水的大裂缝、小溶洞：创造条件先向溶洞或通道中填入级配料，根据地下水的流速所用级配料的粒径应尽量大一些，使用水力冲填，级配料大小宜分开，先填大料，后填小料。填料完成后，再进行浓浆灌注。如灌浆困难，可改为灌速凝浆液，包括双液浆液、改性水玻璃浆液和化学灌浆。

（5）埋深大、过水断面大、地下水流速高的溶洞：采用在溶洞断面较小部位设置钢管格栅桩并在上游回填灌浆膜袋，然后在钢管格栅桩和灌浆膜袋的上游回填级配料，辅助预固结灌浆、水泥砂浆灌注及帷幕灌浆形成帷幕的综合封堵处理方案。猫跳河四级窄巷口水电站渗漏稳定及渗漏处理工程被称为世界性堵漏难题，采用此技术封堵后，减渗 90% 以上，达到了预期的堵漏防渗效果。

3.5.2　防渗墙与基岩接触段沉渣处理

在水头不高、防渗墙深度不大的情况下，采用钻劈法施工防渗墙。防渗墙底沉渣厚的情况较为普遍，防渗墙与基岩接触段帷幕灌浆的质量较难保证，因此应严格控制防渗墙每道工序施工质量，同时结合工程实际情况制定相应处理措施。

海南琼中抽水蓄能电站上水库副坝 2 防渗墙最大深度为 25m 左右，防渗墙采用冲击钻成槽、下设导管浇筑混凝土施工方式。冲击钻成槽配套的清渣工艺很难将槽内石渣全部清理出槽外，同时，清孔过程中对槽壁产生振动影响，导致局部塌槽、掉泥的现象。防渗墙施工完成后，通过跨孔声波和孔内摄像检测，墙底沉渣最厚达 30cm。进行墙下帷幕灌浆时，经常出现无法起压且浆液都从槽壁两侧冒出的现象，接触段浆液充填不密实，灌浆质量不理想。针对接触段沉渣厚度，采取了如下措施：①防渗墙沉渣小于 30cm 的槽段：先检测墙底沉渣及经过混入水泥浆胶结物的强度和透水率。若胶结物强度满足防渗墙稳定要求，且透水率达到防渗要求，则按照帷幕灌浆要求进行灌浆；若胶结物强度不能满足防渗墙稳定要求，或透水率不能达到防渗要求，则对整个槽段帷幕孔进行风水联动冲洗，确保将沉渣清理干净，然后进行低压串灌、封堵。②防渗墙沉渣大于 30cm 的槽段：采用风水联动的方式对沉渣体进行清洗，待返水变清时保持 30min 后开始灌浆；灌浆压力墙身小于 20m 的以 0.2MPa 控制，墙身大于 20m 的以 0.3MPa 控制；采用砂浆泵灌入配制流动性好、性能佳的砂浆，可以对槽壁两侧空隙进行充填，保证灌浆时能起压；待砂浆凝固后扫孔复灌水泥浆，水泥浆比级，从 6 个比级增加到 10 个，确保此部位的防渗效果。海南琼中抽水蓄能电站通过以上措施处理后，满足工程防渗要求。

安徽绩溪工程下水库面板堆石坝强风化粗粒花岗岩基础采用防渗墙防渗，防渗墙最大深度 20m。防渗墙施工时，深度在 5m 以内的部位采用钻爆开挖，挖机进行出渣；深度大于 5m 部位，采用冲击式钻机槽挖。防渗墙施工完成后，孔内电视检查显示墙底有混浆约 50cm，钻孔取芯取不出芯样，墙底部残留沉渣约 20cm。帷幕灌浆生产性试验成果反映，在防渗墙底部与基岩顶部接触区存在贯通性的透水通道，且透水性较好，采取了如下措施：①帷幕灌浆孔距调整为 1m，帷幕灌浆施工前，墙底结合面需先逐孔进行压力冲洗，冲洗压力 1.0～1.5MPa，钻孔穿结合面入岩 50cm；②冲洗后采用浓浆回填密实并待凝 48h，再进行帷幕按序钻灌施工；③适当提高接触段灌浆压力为 0.28～0.35MPa；④常规水泥灌浆无法达到设计要求部位，采用化学补强灌浆处理。通过以上措施处理，绩溪抽水蓄能电站下水库满足工程防渗要求。

3.5.3 微细裂隙地层灌浆技术

在微细裂隙发育地层中灌浆，常常表现为冒浆、漏浆，吃水不吃浆，回浆变浓等现象，浆液水平扩散较弱，垂直走向浆液达不到有效扩散半径，严重影响灌浆质量。对该地层一般采取的主要措施有以下方面：

（1）缩小帷幕灌浆孔、排距，或采用超细水泥灌注。

（2）加厚盖重，适当加大灌浆压力。

（3）改变浆液性能，在水泥浆中掺适量减水剂，增强其流动性。

（4）对灌浆周边地层进行相对封闭，改善漏浆、冒浆现象。

（5）采取"孔口封闭灌浆法"，解决卡塞困难问题。

（6）接触段灌注完成需待凝不小于 24h，再进行下一段钻灌。

（7）采用复合灌浆方式，利用化学浆液进行补强、防渗。

安徽绩溪抽水蓄能电站下水库坝基强风化粗粒花岗岩岩体破碎、结构面发育、遇水软化，河床段防渗墙施工完成后，墙下可能仍存在一定厚度的强风化透水层。该层常规水泥灌浆方案无法达到设计要求，采用先水泥再化学补强灌浆处理，并适当提高灌浆压力后，满足设计要求。

黑麋峰抽水蓄能电站 F_{15} 断层横穿高压引水隧洞，同时该部位又处在引水支洞分岔部位，由于该部位处在高压水流区，为提高围岩的强度和抗渗性能，并为了减少开挖、缩短工期，对该部位采用先固结后化学复合高压灌浆进行处理，达到了预期目的。

3.6 工程应用实例

3.6.1 黑麋峰抽水蓄能电站

3.6.1.1 工程概况

黑麋峰抽水蓄能电站位于长沙市北郊的黑麋峰风景区，紧邻湖南电网用电负荷中心长沙、株洲、湘潭地区，距长沙市区仅 25km，距湘潭、株洲也不足 60km，对外交通便利，地理位置优越。它是湖南省开工建设的首座抽水蓄能电站。其上水库枢纽平面布置图见图 3.6-1。

电站上水库正常蓄水位 400.00m，死水位 376.50m；下水库正常蓄水位 103.70m，死水位 65.00m。

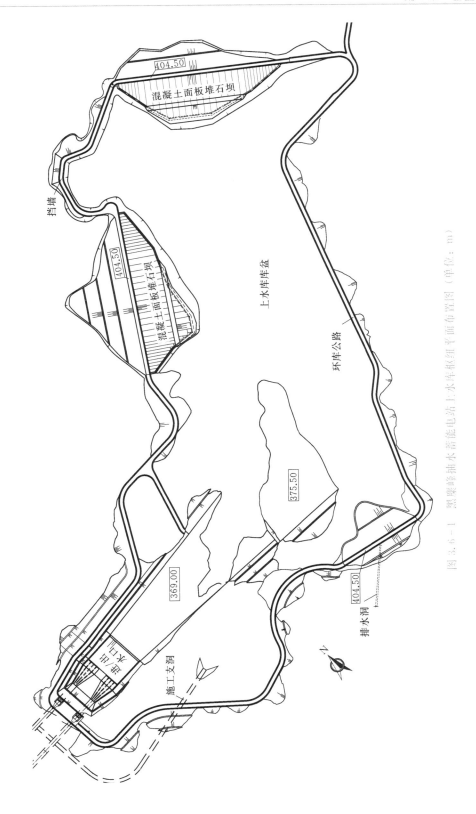

图 3.6-1　黑糜峰抽水蓄能电站上水库枢纽平面布置图（单位：m）

电站总装机容量1200MW，分两期建设。一期、二期工程装机容量各为600MW，共安装4台单机容量为300MW的混流可逆式水泵水轮发电机组。电站额定水头为295m，机组额定转速300r/min。

工程枢纽由上水库建筑物、下水库建筑物、输水系统、地下厂房洞室群、地面副厂房等组成。

上水库位于黑麋峰西侧，库盆由五家冲、易家冲和长冲等三条山间谷地构成，主要建筑物包括主坝1、主坝2、副坝1、副坝2。上水库未设泄洪设施。

主坝1、主坝2、副坝2为混凝土面板堆石坝，坝顶高程404.50m，最大坝高分别为64.50m、54.50m、44.50m，坝顶长度分别为316m、299m、200m，坝顶宽度为7.50m。

副坝1为埋石混凝土重力坝，坝顶高程403.50m，最大坝高21m，坝顶长度376m，坝顶宽度为6.80m。

上水库副坝2右端的竹山里垭口、主坝1左端的屋场湾垭口一带及主坝2左岸一带分水岭，枯水期地下水位和相对不透水层顶板高程均低于水库正常蓄水位，存在水库渗漏问题。防渗标准按照岩体透水率$q<1Lu$控制。

下水库由大坝、泄洪洞组成。下水库大坝位于杨桥东侧湖溪冲沟内的石壁湾附近主冲沟沟口处，为钢筋混凝土面板堆石坝。坝顶长度为376.00m，坝顶高程107.50m，最大坝高79.50m，坝顶宽度7.50m。下水库泄洪建筑物为泄洪洞，位于下水库大坝左侧山体内，结合左岸导流洞进行布置。

下水库右岸单薄分水岭一带，常年泉点出露高程多低于水库正常蓄水位，存在水库渗漏问题，需进行防渗处理。下水库相对不透水层顶板按岩体透水率$q<3Lu$控制。

输水系统采用引水主洞一洞两机、尾水隧洞一洞一机的布置方案。厂区布置方案采用地下厂房方案，主厂房埋深180～230m，主厂房包括主机间和安装间。机组间距23m，安装场长41m，总开挖长度136.00m。

3.6.1.2　上水库垂直防渗设计

1. 渗流控制设计标准

上水库库盆由五家冲、易家冲和长冲三山间谷地构成。水库区以坚硬、较完整的花岗岩为主，局部岩体风化较深。由于上水库工程天然来水补给少的特点，为防止产生过大的水库渗漏，上水库相对不透水层顶板按岩体透水率$q<1Lu$控制。

2. 防渗范围

竹山里垭口、屋场湾垭口一带及主坝2左岸一带分水岭枯水期地下水位和相对不透水层顶板高程均低于水库正常蓄水位，存在水库渗漏问题，因此以上部位的防渗需与建筑物防渗统一进行处理和衔接，形成一个封闭体。主坝1左端的防渗帷幕延伸穿过垭口与地下水位线相接，副坝2右端的防渗帷幕延伸穿过垭口与地下水位线相接。

防渗底线控制：灌浆帷幕伸入至相对不透水层顶板（$q\leqslant1Lu$）以下5.0m。

3. 帷幕设计

帷幕布置一排，水平孔距2m，断层及其影响带处增设加强帷幕孔，排距1.5m，孔距2m，竖直向下钻孔。主帷幕孔设计深度以深入$q\leqslant1Lu$相对不透水层内5m和1/3坝高加5～10m控制，两者取大值；副帷幕灌孔位主帷幕灌浆孔孔深的1/2。

4. 帷幕灌浆施工工艺

（1）坝基帷幕灌浆采用孔口封闭自上而下分段灌浆、地质回转钻机造孔，其施工流程为：钻孔放样→钻孔第一段（接触段）→冲孔→下阻塞器阻塞→洗缝→压水→灌浆→埋设孔口管→待凝→钻孔第二段→冲孔→压水→按第二段程序施工至终孔。

（2）库岸帷幕灌浆孔口封闭自上而下分段灌浆，工艺流程为：风动钻机造孔钻至帷幕顶线→下设护壁套管→待凝→地质钻造孔（钻第一段）→冲孔→压水→灌浆→钻第二段→按第一段程序施工至终孔段→封孔。

（3）主要施工方法。

钻孔：帷幕灌浆孔、灌后检查孔采用地质回钻机造孔，帷幕灌浆孔段第一段不大于2.0m，以下各段一般不大于5.0m。

灌浆压力：主坝和副坝 Ⅰ 序孔、Ⅱ 序孔、Ⅲ 序孔的灌浆压力分别为 1.5MPa、1.75MPa、2.0MPa 和 1.75MPa、2.25MPa、3.0MPa。

灌浆：灌浆浆液应采用 P·O42.5 普通硅酸盐水泥灌注，水灰比可采用 5、4、3、2、1、0.8、0.5 七个比级，某一比级浆液的注入量已达 300L 以上或灌注时间已达 1h，而灌浆压力和注入率无改变或改变不显著时，应改为下一级较浓浆液灌注；注入率大于 30L/min 时，据具体情况越级变浓。

帷幕灌浆结束及封孔：在该灌浆段最大设计压力下，注入率不大于 1.0L/min，继续灌注 60min，可结束灌浆。单孔灌浆工作完毕后，及时进行封孔。

2007 年 8 月上水库下闸蓄水，至 2009 年 8 月，电站投产发电。2010 年 7 月，主坝 1、主坝 2 和副坝 2 的渗漏量分别为 26.64L/s、30.71L/s、7.73L/s，对应库水位为 398.20m。2010 年 11 月现场检查表明，各坝后渗漏水清澈，主坝 1、主坝 2 和副坝 2 实测渗漏量分别为 9.89L/s、10.24L/s、3.24L/s，相应上库库水位为 386.12m。截至 2011 年 4 月，各量水堰测值变化规律稳定。上水库防渗系统运行良好。

3.6.2 琅琊山抽水蓄能电站

3.6.2.1 工程概况

琅琊山抽水蓄能电站位于安徽省滁州市，是我国第一座建于岩溶发育地区的抽水蓄能电站。电站装机容量 600MW，由上水库、输水系统、地下厂房、尾水明渠和下水库所组成，下水库利用已建的城西水库。安徽琅琊山抽水蓄能电站枢纽布置见图 3.6-2。

上水库利用小狼洼、大狼洼和龙华寺等几道沟谷组成的洼地为库盆，在沟谷谷口下游二道河较窄的河段内和库区北岸最低分水岭垭口修建主、副坝各一座，在主坝至副坝间布置上水库进/出水口及引水明渠。坝址以上控制流域面积 1.97km²，总库容 1744 万 m³，发电有效库容 1238 万 m³，正常蓄水位 171.80m，死水位 150.00m。

主坝采用钢筋混凝土面板堆石坝，为满足电站运行对库容的要求和坝基地形条件，坝轴线布置成折线，坝顶高程 174.50m，最大坝高 64.50m。沿趾板布置灌浆兼检查廊道，廊道内进行防渗帷幕灌浆。结合施工导流和放空水库的需要，在左岸靠近沟底部位的坝体下设一个放水底孔，采用闸阀控制。

副坝位于丰乐溪冲沟顶部垭口内，采用混凝土重力坝，坝顶高程 174.00m，最大坝高 20.0m。坝体上游面上部铅直，下部为与库区水平辅助防渗黏土铺填层相连接，坝踵

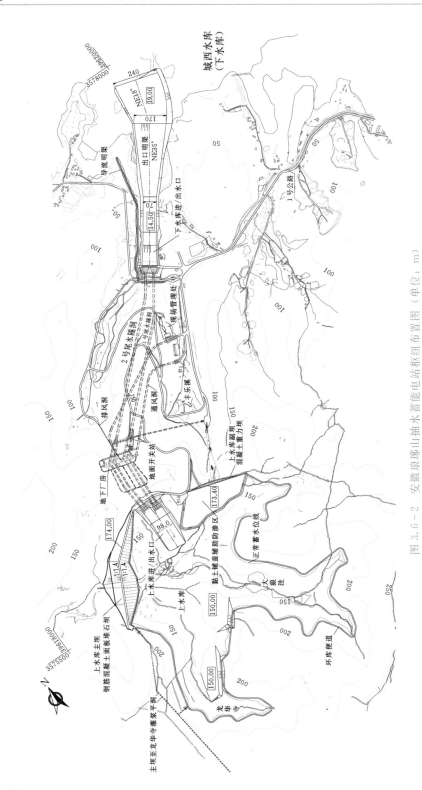

图 3.6-2　安徽琅琊山抽水蓄能电站枢纽布置图（单位：m）

以上 2～5m 高度范围内坡比为 1：0.25，下游坡比为 1：0.7。

上水库地层褶皱强烈，向斜与背斜的轴部岩体破碎，岩溶发育的程度高，其中车水桶组灰岩岩溶发育程度高于琅琊山组灰岩。地质勘察和试验资料表明除岩溶和构造带渗漏问题突出外，岩体本身的渗透性不强，前期勘测设计中采用垂直帷幕防渗方案，并对溶洞和地质构造带进行专门处理。

3.6.2.2　垂直帷幕防渗设计

1. 防渗标准

上水库灌浆帷幕的防渗标准为透水率 $q \leqslant 1Lu$。

2. 帷幕范围

防渗线路布置：库区垂直防渗帷幕结合主坝、副坝基的防渗帷幕布置统筹考虑，主坝坝基垂直防渗帷幕左端延伸至龙华寺分水岭，接 F_{39} 南端相对不透水岩脉；右端通过进/出水口岸边，连接副坝坝基帷幕后，延伸至小狼洼沟顶地表，接相对不透水的岩脉墙。防渗范围在上水库西南、西、北面以及东北侧方向形成连续封闭的防渗圈。

帷幕底线控制：防渗帷幕底线伸入相对不透水层以下 5.0m（岩溶不发育的琅琊山组地层），或岩溶不发育的岩层内（岩溶发育的车水桶组地层）。

3. 灌浆孔布置

灌浆孔布置：主坝坝基、左坝肩的岩溶不甚发育的琅琊山组地层内，副坝至小狼洼段均布置主、副双排孔；在副坝坝基、龙华寺分水岭车水桶组灰岩地层岩溶发育的地段以及主坝至副坝间采用双排孔布置，其中在副坝基岩溶发育强烈的车水桶组区域采用三排孔布置。

帷幕孔孔距为 2.5m，排距 1.0m（主坝及以左部位）或 1.5m（主坝以右部位）梅花形布置，遇断层或溶洞加深、加密。

4. 灌浆方法与灌浆压力

灌浆方法：主要采用孔口封闭、孔内循环、自上而下分段高压灌浆法。副坝至小狼洼段后期因地表裂隙发育引起耗灰量较大，改用自上而下分段卡塞灌浆法。

最大灌浆压力：在岩溶发育的车水桶组地层为 5～6MPa，在岩溶不甚发育的琅琊山组地层采用 4MPa。

上水库工程区不同地段防渗帷幕的设计参数见表 3.6-1。孔口封闭法灌浆分段及最大灌浆压力见表 3.6-2。

表 3.6-1　　　　　　上水库工程区不同地段防渗帷幕的设计参数

部　位		排数	排距/m	孔距/m	主孔深/m	备　注
龙华寺至主坝左坝头		2	1.0	2.5	94.5、34.5	琅琊山组，为主、副双排孔
主坝趾板段		2	1.0	2.5	33～58.7	主、副双排孔
上水库进/出水口段		2	1.5	2.5	58.7～89.5	帷幕底界穿过 F_{15} 断层
副坝基段	地表至140m高程灌浆洞	2、3	1.5、0.75	2.5	19～36.4	车水桶组 ϵ_3c^2 地层三排孔，其余地段为双排孔
	140m高程灌浆洞	2、3	1.5、0.75	2.5	30	
	115m高程灌浆洞	2、3	1.5、0.75	2.5	30～85	
	90m高程灌浆洞	2	1.5	2.5	60	试验Ⅴ区加密1排孔
小狼洼分水岭段		2	1.5	2.5	54	

表 3.6－2   孔口封闭法灌浆分段及最大灌浆压力表

部　位	项　目	第一段	第二段	第三段	第四段	以下各段
主坝和副坝基础	分段长/m	2.0	1.0	2.0	5.0	5.0
	灌浆压力/MPa	1.0	1.5	2.0	3.0	4.0
龙华寺灌浆洞	分段长/m	2.0	3.0	5.0	5.0	5.0
	灌浆压力/MPa	0.5	1.5	2.5	3.5	4.0
龙华寺灌浆洞口至主坝、主坝至副坝段	分段长/m	2.0	3.0	5.0	5.0	5.0
	灌浆压力/MPa	0.5	1.0	2.0	3.0	4.0
140m 和 115m 高程灌浆洞	分段长/m	2.0	1.0	2.0	5.0	5.0
	灌浆压力/MPa	1.0	2.0	3.0	4.0	5.0
90m 高程灌浆洞	分段长/m	2.0	1.0	2.0	5.0	5.0
	灌浆压力/MPa	1.0	2.0	3.0	4.0	6.0
副坝至小浪洼段初期施工孔段	分段长/m	2.0	1.0	2.0	5.0	5.0
	灌浆压力/MPa	1.0	2.0	3.0	4.0	6.0

3.6.2.3　对特殊地质构造的防渗处理

对于溶洞和大断层处理措施：在建筑物下面的溶洞，掏挖置换混凝土；在帷幕线上的空腔溶洞，先灌注水泥砂浆和高流态混凝土，再灌水泥浆；有充填泥的溶洞，主要是通过高压水泥浆进行挤压充填处理。

岩溶发育和透水性强的车水桶组中段 $\in_3 c^2$ 灰岩地层，穿过库区内的副坝和龙华寺部位，又采用了黏土铺填的辅助防渗措施。

琅琊山抽水蓄能电站上水库在岩溶的处理方面提供了许多有益的经验。但由于前期地质勘测工作量有限，在施工期发现，无论在溶洞的数量上和溶洞分布范围方面都大大超过了预期，且对于层面陡倾的沿层面发育的溶洞必须加密孔距才不会有漏洞，致使上水库垂直防渗帷幕工程量大幅增加。因此，岩溶发育的库盆防渗处理方案要在充分了解岩溶成因和分布的基础上慎重抉择。

3.6.3　海南琼中抽水蓄能电站

3.6.3.1　工程概况

琼中抽水蓄能电站位于海南省琼中县境内，距海南省海口市、三亚市直线距离分别为106km、110km，距昌江核电站直线距离98km。电站位于电负荷中心，在电网中起到调峰、调频、调相和紧急事故备用的作用。该电站装机容量600MW，调节性能为日调节（装机满发利用小时数为6h）。工程规模为二等大（2）型工程，由上水库、输水系统、地下厂房系统、地面开关站和下水库等建筑物组成。其上水库平面布置图见图3.6－3。

上水库地处黎母山林场原大丰水库位置，集雨面积为5.41km²，多年平均年径流量为797.9万 m³，正常蓄水位567.00m，死水位560.00m，调节库容499.9万 m³，死库容为400.7万 m³，总库容为1053.26万 m³。上水库主要建筑物有主坝、副坝1、副坝2和溢洪道。主、副坝为沥青混凝土心墙土石坝，坝顶高程570.00m，其中主坝最大坝高

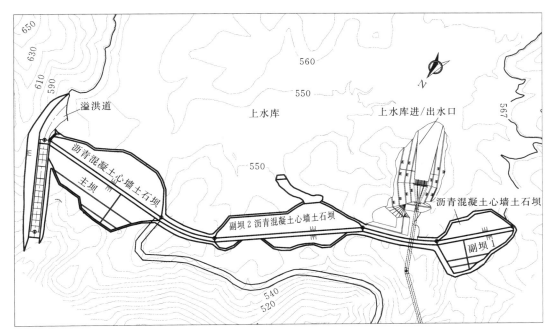

图 3.6-3　琼中抽水蓄能电站上水库平面布置图（单位：m）

28.0m，坝顶长 332.00m。

上水库主坝至副坝 1 一带分水岭单薄，枯水期地下水位和相对不透水层顶板高程均低于水库正常蓄水位，存在水库渗漏问题，采用垂直防渗型式。主、副坝防渗采用沥青混凝土心墙下接混凝土防渗墙或混凝土基座、墙底基岩接帷幕灌浆的联合处理方式。库岸全风化土层采用混凝土防渗墙、墙底基岩接帷幕灌浆的联合处理方式，主、副坝防渗体与库岸防渗体相互衔接成整体。上水库帷幕防渗标准按深入基岩相对不透水层底板线（$q<3$Lu）以下 5.0m 控制。

下水库位于南渡江南源支流黎田河峡谷区，集雨面积为 17.51km²，多年平均年径流量为 2583.00 万 m³。下水库正常蓄水位 253.00m，死水位 239.00m，调节库容 512.70 万 m³，死库容为 271.20 万 m³，总库容为 892.28 万 m³，主要建筑物有大坝、溢洪道和泄洪洞。大坝采用钢筋混凝土面板堆石坝，坝顶高程 5257.00m，最大坝高 54.00m，坝顶长 370.00m。下水库库周山体雄厚，山脊与垭口高程远高于水库正常蓄水位，不存在水库渗漏问题。

输水系统布置在上、下水库之间的雄厚山体内，主厂房位于下水库右岸山体内，该处山体雄厚，上覆岩体厚度在 300m 左右。引水系统按一洞三机布置，尾水系统按三机一洞布置，设上游调压井，岔洞采用钢筋混凝土衬砌的结构型式。上、下水库进/出水口均采用侧式结构。引水主洞洞径为 8.0m，长度为 1493.4m，引水支洞洞径为 3.8m，长度为 198.14m（1 号机组）；尾水支洞洞径为 5.0m，长度为 138.056m，尾水主洞洞径为 10.0m，长度为 495.4m；输水系统线路总长度约为 2465m（1 号机组）。上、下水库进/出水口水平距离 2228m，电站加权平均水头 313.1m，距高比 7.12。

地下厂房采用中部式布置，主要建筑物包括主厂房、母线洞、主变洞、进厂交通洞和排风洞等。

地下厂房位于距下水库进/出水口约 650m 的山体内，厂房埋深 160～190m。主厂房开挖尺寸 134.5m×24.0m×53.937m，主变洞开挖尺寸为 98.0m×19.0m×20.6m。主厂房轴线方向为 N39.59°E。进厂交通洞布置在安装场左端，交通洞全长 920m，综合纵坡6.10%；通风兼安全洞布置在副厂房右端，长 538m，平均坡降 9.85%；高压电缆洞垂直高差 58m；水平长度 578m，高压电缆斜洞倾角为 5.83°。

开关站出线场布置于下水库通风兼安全洞进洞口附近的义方 1 号土料场，平面尺寸为100m×40m（长×宽），平台高程为 270m。

3.6.3.2　垂直防渗设计

1. 渗流控制设计标准

防渗墙+灌浆帷幕防渗标准为透水率 $q \leqslant 3Lu$。

2. 防渗范围

防渗线路布置：上水库主坝至副坝 1 一带坝体及山体采用垂直防渗型式。主、副坝防渗采用沥青混凝土心墙下接混凝土防渗墙或混凝土基座、墙底基岩接帷幕灌浆的联合处理方式，库岸全风化土层采用混凝土防渗墙、墙底基岩接帷幕灌浆的联合处理方式，主、副坝防渗体与库岸防渗体相互衔接成整体。

防渗墙及帷幕灌浆底线控制：混凝土防渗墙伸入全风化带及全风化下限以下 1.0m。混凝土防渗墙以下接帷幕灌浆，帷幕灌浆底线根据上水库防渗标准，定为相对隔水层 3Lu线以下 5m。

3. 防渗设计

主、副坝均为沥青混凝土心墙土石坝，坝基防渗采用混凝土防渗墙+帷幕灌浆方案，全风化带混凝土防渗墙采用 C25W6，墙厚 80cm，底部深入强风化基岩 1m；帷幕灌浆孔距 2.0m，单排，深入相对隔水层 3Lu 线以下 5m。对于主坝右岸全强风化较薄部位，采用混凝土基座连接，基础开挖至弱风化基岩。防渗采用帷幕灌浆型式，孔距 2.0m，单排，深入相对隔水层 3Lu 线以下 5m。

库岸防渗采取上墙下幕的垂直防渗方案，全风化带采用 80cm 厚的混凝土防渗墙，防渗墙采用 C25W6，底部深入强风化岩 1.0m；强风化基岩段采用帷幕灌浆，深入相对隔水层 3Lu 线以下 5m，单排，孔距 2.0m。

4. 灌浆方法与灌浆压力

灌浆方法：主要采用自上而下分段灌浆法。

最大灌浆压力：有盖重灌浆，最大灌浆压力采用 2MPa。

琼中抽水蓄能电站 2015 年第一台机组发电，2017 年工程竣工，上水库未发现大规模漏水现象，防渗效果较好。

第 4 章

沥青混凝土面板

致密的沥青混凝土具有高度不透水的特点，且具有良好的柔性，因此水工沥青混凝土一般作为防渗材料使用。随着我国抽水蓄能电站建设的发展，沥青混凝土在水电水利工程中的应用越来越受到重视，近年来在抽水蓄能电站沥青混凝土面板堆石坝和心墙堆石坝中的应用发展较快。

4.1 沥青混凝土面板防渗的适用条件及工程应用

4.1.1 沥青混凝土面板防渗特点

沥青混凝土的物理、力学性质较复杂，其特性取决于变形和温度条件。组成沥青混凝土的骨料和沥青是特性完全不同的两种材料，骨料主要呈弹性，沥青在高温状态下或长历时荷载作用下呈黏塑性，而在低温状态下或短历时荷载作用下呈弹性。

沥青混凝土面板因其防渗性能好、适应变形能力强、能抵抗酸碱等侵蚀及对水质无污染等优点已被许多抽水蓄能工程采用。沥青混凝土防渗面板有其优点，也有其局限性。

1. 主要优点

（1）防渗性能好。沥青混凝土面板有良好的防渗性能，渗透系数小于 10^{-8} cm/s，水库蓄水后渗漏量很小，且易于检查检测。

（2）适应基础变形和温度变形能力强。沥青混凝土面板有较强的适应基础变形和温度变形的能力，能够适应较差的地基地质条件和水库较大的水位变幅。即使在严寒的气候下，沥青混凝土仍具有一定的变形能力。

（3）防渗面板无接缝。接缝往往是防渗体的薄弱环节，也是施工中质量难以保证的部位。沥青混凝土面板无接缝，对施工冷缝采用加热处理即可，且与周围环境协调，比较美观。

（4）施工速度快。沥青混凝土面板施工速度快，冷缝处理相对简单，与坝体的施工干扰少。沥青混凝土面板缺陷能快速修补，修补完 24h 后即可蓄水。

2. 局限性

（1）沥青混凝土对所用的材料要求比较高，特别是骨料宜采用碱性岩石的碎石，质地应坚硬、新鲜、不因加热引起性质变化；同时对沥青材料要求也较高，并且沥青供应厂家一般较远，运输成本高。

（2）沥青混凝土面板施工工序较多，生产及工艺复杂，对天气等施工条件也较为敏感，施工管理较复杂，一般需要具有一定施工管理经验的承包人施工才能保证工程质量。

（3）沥青混凝土面板造价相对较高。

4.1.2　沥青混凝土面板防渗技术的应用

20 世纪二三十年代沥青混凝土正式作为防渗材料使用于土石坝。美国的斯沃泰尔（Sawtelle）坝建于 1929 年，是世界上第一座采用沥青混凝土面板防渗的大坝。30 年代在阿尔及利亚建成了 72m 高的格理布（EI. Ghrib）和高 56m 的布哈尼菲亚（Bou Hanifia）两座大坝，均采用沥青混凝土面板防渗。EI. Ghrib 坝在运行 18 年后的 1954 年进行了检查，并在第七次国际大坝会议上提出《对 EI. Ghrib 坝沥青混凝土斜墙老化问题的观测及研究》一文，证明了沥青混凝土老化极为缓慢，防渗能力是可靠的，从而推动了沥青混凝土防渗面板在水工建筑物中的使用。

在奥地利，由高山湖泊改建的奥切尼克（Oschenik）沥青混凝土面板堆石坝，坝顶高程 2394m，最大坝高 108m，坝顶长 530m，宽 5m，上游坝坡坡比 1∶1.5，下游坝坡坡比1∶1.3，面板最大高度 81m。沥青混凝土面板防渗面积最大的是德国盖斯特（Gesste）水库，防渗护面面积达 185 万 m²。随着抽水蓄能电站的发展，沥青混凝土面板由于能够适应不同的地基地质条件，特别是较差地质条件，如变形较大的全风化（岩）土地基，而得到广泛的应用。抽水蓄能工程中上水库采用沥青混凝土面板防渗越来越多，如美国的拉丁顿、德国的格兰姆、日本的沼原等。

我国沥青混凝土防渗结构的使用起步较晚，到 20 世纪 70 年代才开始。1974 年完成对已建成的十二台子土石坝进行沥青混凝土面板防渗补漏。第一座完全采用沥青混凝土面板防渗的堆石坝是 1976 年建成的高 36m 的正岔水库试验坝。1978 年建成坝高 85m 的石砭峪沥青混凝土面板定向爆破堆石坝。我国目前已建成的水工沥青混凝土面板防渗工程已有 30 多个。抽水蓄能电站上水库采用沥青混凝土面板防渗开始于 1997 年完工的天荒坪工程上水库。2007 年完工的宝泉工程上水库大坝及库岸、张河湾上水库、西龙池上、下水库大坝及库底、呼和浩特工程上水库等都是采用沥青混凝土面板防渗的。国内外部分沥青混凝土面板防渗工程统计见表 4.1-1。

表 4.1-1　　　　　　　　　国内外部分沥青混凝土面板防渗工程统计

序号	工程名称	国家	建成年份	坝高 /m	工作水深 /m	面板面积 /万 m²	面板厚度 /cm
1	盖斯特哈赫特（Geesthacht）	德国	1958	17～26	14	S：9.0 B：21.0	S：12 B：11
2	维安登（Vianden）	卢森堡	1963	19	15.8	S：16.9 B：34.2	S：19 B：9
3	格兰姆斯（Grimes）	德国	1964	21	16.7	S：3.7 B：3.3	S：21～22 B：21～22
4	埃尔茨豪森（Erzhausen）	德国	1964	17	10		S：25.5～24.5
5	萨克金根（Sackingen）	德国	1967	30	21	S：6.3 B：7.0	S：10 B：8～10
6	罗克豪森（Ronkhausen）	德国	1968	18	11.3	S：3.5 B：7.0	S：9 B：9

序号	工程名称	国家	建成年份	坝高/m	工作水深/m	面板面积/万 m²	面板厚度/cm
7	科普斯（Kops）	奥地利	1969	18			S：14 B：9
8	沃特纳尔 M（Wurtenal‐M）	奥地利	1971	42	20		
9	沼原（Numahara）	日本	1973	68	40	S：14 B：5.7	S：30 B：25
10	特鲁夫山（Turlough Hill）	爱尔兰	1973	34	19.3	S：6.8 B：8.6	S：9～12 B：8～10
11	拉丁顿（Ludington）	美国	1973	52	20.4	S：70 B：黏土	S：19.2 B：90～150
12	费奥拉诺（S. Fiorano）	意大利	1974	～10	6.3		S：18 B：18
13	瑞文（Revin）	法国	1974	10～20	11.5	S：25 B：黏土	S：19
14	沃尔德克（Waldeck）	德国	1974	42	16.9	S+B：34.5	S：10
15	韦尔（Wehr）	德国	1975				S：13 B：9
16	奥多多良木（Okutataragi）	日本	1975	64.5	28.5		S：33
17	劳敦得（Rodund）	奥地利	1977	50			S：14 B：11
18	朗格恩普瑞泽尔滕（Langenprozelten）	德国	1976		12		S：13～15 B：14
19	切尔内瓦（Cierng Van）	捷克	1980		25	S：9.9 B：9.5	S：16 B：16
20	南谷洞车坝（Coo Trais ponts）	比利时	1980		25.85		S：16.5 B：9.5
21	蒙特齐克（Montezic）	法国	1982	30～57	12		S：14 B：—
22	埃多洛（Edolo）	意大利	1983		12.8		S：16 B：16
23	迪诺威克（Dinorwic）	英国	1983	69	34		S：>14 B：—
24	普雷森扎诺（Presenzano）	意大利	1987	20	8.55		S：18 B：18
25	天荒坪上水库	中国	1997	72	42.20	S+B：28.5	S：20 B：18

续表

序号	工程名称	国家	建成年份	坝高/m	工作水深/m	面板面积/万 m²	面板厚度/cm
26	张河湾	中国	2007	57	45	S+B: 33.7	S: 26 B: 28
27	西龙池上水库	中国	2007	50	32.5	S+B: 21.57	S: 20 B: 20
28	西龙池下水库	中国	2007	97	53	S+B: 10.88	S: 20 B: 20
29	宝泉	中国	2007	72	31.6		S: 20

注　S 为库岸；B 为库底。

随着现代沥青混凝土的施工机具、检测设备和试验仪器的发展，沥青混凝土的设计与施工工艺也有了较大发展，为沥青混凝土防渗技术的广泛应用打下良好的基础。

4.2　结构设计

4.2.1　典型防渗结构

沥青混凝土面板有简式结构和复式结构两种型式，见图 4.2-1。复式结构断面由表面封闭层、防渗面层、中间排水层、防渗底层和整平胶结层组成；简式结构断面由表面封闭层、防渗面层、底层整平胶结层组成，在沥青混凝土下卧层基础不具备排水能力的条件下，还需设置排水层。

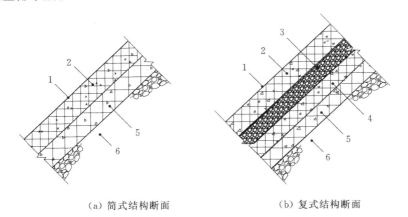

（a）简式结构断面　　　　　（b）复式结构断面

图 4.2-1　沥青混凝土面板结构断面型式
1—封闭层；2—防渗面层；3—排水层；4—防渗底层；5—整平胶结层；6—垫层

复式结构和简式结构两种型式各有优缺点。复式结构在早期建成的工程中运用得较多。这种结构型式层次多，施工复杂，造价高，用于有特殊要求的工程。采用复式结构的工程所占比例只有 20% 左右，特别是 20 世纪 80 年代以来已较少采用，说明沥青混凝土面板结构发展趋势是简式结构，且已建采用简式结构的工程大部分运行良好。现代化大生产对沥青混凝土面板结构型式的要求是简化结构层次而便于施工，简式结构与复式结构相比减少了防渗底层和中间排水层，不但能降低工程直接投资还可以缩短工期。国内工程中，复式结构断面型式同样不多，且均为早期修建，近期完建的几座抽水蓄能电站上水库的沥青混凝土防渗面板多采用简式结构的（张河湾为复式结构，但底部防渗层与整平胶结层合为一层）。

沥青混凝土面板为一个整体不设缝的防渗结构层，虽然具有一定的柔性，但由于自身承载能力较低，尤其是在抗拉、抗弯承载力方面，因此在进行防渗结构布置时需要特别关注变形不均匀的部位，采取加强措施提高其力学性能，或者通过改进结构设计避免出现应力集中。连接部位或反弧部位的沥青混凝土面板，在其一定范围内可增设加厚层，以增强连接部位的抗变形能力。库盆防渗工程中，反弧部位、与混凝土建筑物连接部位、基础变形模量变化较大部位或基础条件复杂部位宜增设聚酯网格。

随着现代施工机械的发展，沥青混凝土的拌和、摊铺、碾压、接缝处理和检测设备都有了较大发展。沥青混凝土的配合比设计也日趋成熟，以前担心的单层面板防渗效果已可通过设计与施工措施予以解决。

我国的天荒坪、宝泉、西龙池等抽水蓄能电站上水库库岸沥青混凝土面板均采用简式结构。张河湾抽水蓄能电站上水库受风化卸荷作用影响，岩体高倾角裂隙发育，完整性较差，岩体透水性强。同时，上水库地层中普遍发育有顺层的软弱夹层，软弱夹层饱水后，抗剪强度大大降低，对坝基、库岸稳定不利。综合考虑，上水库沥青混凝土面板采用了简化复式结构，水库岸坡面板总厚度26.2cm，库底面板总厚度28.2cm，结构型式见图4.2-2。

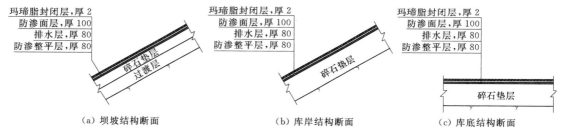

图4.2-2　张河湾抽水蓄能电站上水库沥青混凝土面板结构断面图（单位：mm）

4.2.2　面板厚度

防渗面板的厚度主要从耐久性、适应变形能力（水压力、波浪冲击力）和抗渗性等几方面来考虑。防渗面板各层厚度，目前主要是参考已建工程的经验以及相关设计公式来确定。已建工程中，简式结构的面板一般多选择一层6～10cm厚的整平胶结层和一层8～10cm厚的防渗层（在以前的设计中多采用二层5～7cm厚的防渗层），总厚度在20cm左右。

复式结构的面板较厚，通常在30～40cm的范围。其中，整平胶结层厚6～8cm，防渗底层厚5～6cm，排水层厚8～10cm，防渗面层厚6～10cm，防渗面层在早期的设计中多取两层，层厚5～7cm。

对于防渗层厚度的计算，可采用下列经验公式。

1. 按照水库水头确定防渗层厚度

$$h = c + H/25 \tag{4.2-1}$$

式中：h 为防渗层厚度，cm；c 为与骨料质量及形状有关的常数，一般取 $c = 6 \sim 7$ cm；H 为防渗层承受的最大水头，m。

2. 按水库允许日渗漏量校核防渗层厚度

对全库盆防渗的抽水蓄能水库，按水库允许日渗漏量不超过库容的某一标准来复核防渗层的厚度。水库允许日渗透量根据水库的类型、重要性、库容大小等确定，对抽水蓄能电站的水库可按照日渗漏量不大于 $0.2‰ \sim 0.5‰$ 的总库容控制，采用沥青混凝土面板防渗时适当从严。

$$Q = A \times t \times k \times H/h \tag{4.2-2}$$

式中：Q 为防渗层总渗漏量，m^3；A 为防渗层防渗面积，m^2；t 为时间，s，这里取 86400；k 为防渗层渗透系数，m/s；H 为防渗层承受的平均水头，m；h 为防渗层厚度，m。

天荒坪工程上水库在招标设计阶段对沥青混凝土防渗层厚度进行了计算。

按经验公式计算，$h = c + H/25 = 7 + 45.2/25 = 8.8$（cm）。

按允许渗透量计算，设计允许渗透量为 1.07×10^{-5} $m^3/(min \cdot m^2)$；12cm 厚面板渗透量为 0.775×10^{-5} $m^3/(min \cdot m^2)$；10cm 厚面板渗透量为 0.93×10^{-5} $m^3/(min \cdot m^2)$。

3. 按一般日渗漏量不超过水库库容的 $1/2000$ 来控制

当 $k = 1 \times 10^{-8}$ cm/s，防渗层厚为 10cm 时，日渗漏量为 $1/6240$；当 $k = 2 \times 10^{-8}$ cm/s，防渗层厚为 10cm 时，日渗漏量为 $1/3120$。

综合考虑理论计算及类似工程的经验，天荒坪工程上水库沥青混凝土防渗层厚度取 10cm；整平胶结层，库底取 8cm，库岸及坝坡取 10cm；封闭层厚为 2mm。

4.2.3 面板坡度

面板坡度的确定需要考虑很多因素，首先需确保填筑体本身的稳定，这与填筑体材料及基础条件直接相关；其次也要考虑坝高及建筑物级别等因素。采用沥青混凝土面板还要考虑沥青混凝土面板本身的斜坡热稳定性和施工安全性。

随着施工机械的发展，填筑体的高密实性一方面使填筑体本身的稳定性大大增加，可以采用较陡的坡度，另一方面可以使沉降量控制在可接受的范围内；同时随着施工水平的提高和材料工艺的发展，高稳定性的沥青混凝土面板在技术上已没有大的问题，因此面板坡度的限制条件已大为减少。振动式摊铺机与振动碾的发展使得沥青混凝土面板的密实性可以达到很高水平，沥青混凝土内沥青含量在逐步减少，天荒坪工程面板防渗层的沥青含量已降到 6.8%，而以前通常为 $7.5\% \sim 8.5\%$。

对国内外部分沥青混凝土面板防渗工程（包括大坝、蓄水池）的面板坡比进行统计，成果见表 4.2-1。

从表 4.2-1 中可以看出，蓄水池的坡比都不陡于 $1:1.3$。大部分工程（100 座坝和 64 座蓄水池）的坡比在 $1:1.5 \sim 1:2.5$ 范围内。对于堆石坝，多数坡比为 $1:1.7 \sim 1:1.75$；对于填土坝，多数坡比为 $1:2 \sim 1:2.5$。

表 4.2-1 部分沥青混凝土面板坡比统计

沥青混凝土面板坡比	大 坝		蓄 水 池	
	数量	所占百分比/%	数量	所占百分比/%
1:1.3	—	—	1	1.4
1:1.5～1:1.67	20	18.8	4	5.7
1:1.7～1:1.75	41	38.7	22	31.4
1:1.8～1:1.95	8	7.5	3	4.3
1:2～1:2.5	31	29.2	35	50
1:2.75	1	1	—	—
1:3	1	1	4	5.7
1:4	1	1	1	1.5
总计	106	100	70	100

经验认为，适合沥青混凝土面板施工的最陡坡比是 1:1.5，这是热沥青拌和料压实前后在斜面上稳定的极限，并且也是在没有专门设备下，工人能安全立足的极限。特别是在降雨量较大地区，如果边坡较陡，施工期垫层易受暴雨冲刷破坏，修补起来既不方便又难以保证质量，因此沥青混凝土面板坡比一般不宜陡于 1:1.7。

经统计，常规水电站沥青混凝土面板坡比为 1:1.7 居多，而抽水蓄能电站沥青混凝土面板坡比为 1:2.0 居多。

4.2.4 排水观测系统

早期兴建的沥青混凝土面板多采用干砌石、水泥混凝土等类型垫层。随着机械化施工的发展，多数工程采用碎石或卵砾石排水垫层。碎石或卵砾石排水垫层可调整坝体不均匀沉陷，便于机械化施工，施工速度较快，我国近期修建的沥青混凝土面板工程均采用碎石排水垫层。

为监测库盆和面板基础的渗漏情况，通常沿库底一周布置排水观测廊道，库底面积较大的在库底中间布置排水廊道分支以充分收集渗水。库底排水垫层中布置排水花管收集渗水到排水廊道，库岸边坡渗水通过排水廊道边墙上设置的排水管进入排水廊道，所有渗水集中后通过坝基下的排水观测廊道排往坝体下游集水池，有条件的话可以用泵回收到上水库。

在结构受力状态复杂和地质条件差的岸坡面板下可以布置渗压计以观测面板的防渗效果；在库底排水廊道内设测压管，以观测库盆渗透压力情况；在排水廊道内分区布置数个量水堰，在排水观测廊道出口处设置 1 个量水堰，以监测库盆面板总的渗漏情况。

4.3 细部构造及与其他建筑物的连接

沥青混凝土面板与基础、岸坡和刚性建筑物的连接部位，是整个面板防渗系统中的薄弱环节，在工程设计与施工中都应予以高度重视。连接结构应根据连接部位的相对变形及水头大小等条件进行设计，以保证连接部位不发生开裂和漏水。为了解决这个问题，根据已建工程经验，主要可采取以下措施：

（1）减少齿墙、基础防渗墙、岸墩、刚性建筑物对面板边界的约束，允许面板滑移而不破坏防渗性能。

（2）将集中的不均匀沉陷在一定范围内分散开，使沥青混凝土防渗层的变形与其相适应而不开裂。

（3）在这些部位加厚沥青混凝土，铺设聚酯网格等加筋材料，提高其抗裂能力等。

沥青混凝土与混凝土接头方式采用搭接，参照国内外同类工程经验，按照允许渗透坡降15～30考虑，沥青混凝土在和混凝土搭接连接，搭接长度一般为 1.0～2.0m（不包含楔形体长度）。

沥青混凝土与其他建筑物的接缝类型主要有与普通混凝土结构的接缝及与坝顶结构的接缝等。由于连接部位变形复杂，其构造和材料性能也各不相同，对于重要工程的连接结构型式应进行模型试验论证。

特别要注意的是，与沥青混凝土相连接的刚性建筑物表面应采用渐变的圆弧面，以避免沥青混凝土表面由于应力集中出现裂缝。国内几座沥青混凝土面板工程的实施，已经为此类结构的设计积累了经验。接缝的结构型式主要在于接触面的长度与厚度，如果设置加筋材料则对整个结构强度，即抗破坏能力有较大幅度的提高，可减薄接触部位的厚度，但接触面的长度仍须保证。

4.3.1 沥青混凝土与普通混凝土结构的连接

沥青混凝土和混凝土搭接接头处一般需设置楔形体，以适应接头处变形。楔形体为细粒料沥青混凝土或沥青砂浆。

沥青混凝土和混凝土搭接头处包括楔形体部位上部防渗层增加 5cm 加厚层，并在防渗层与加厚层之间设置聚酯网格以提高接头处变形能力。沥青混凝土顶部反弧处也设置聚酯网格。

沥青混凝土和混凝土对接处设置砂质沥青玛琋脂嵌缝料。

宝泉工程上水库库底截水墙与岸坡沥青混凝土面板连接结构见图 4.3-1。

天荒坪工程上水库进/出水口截水墙混凝土与沥青混凝土面板的连接结构见图 4.3-2。

4.3.2 沥青混凝土与坝顶结构的连接

坝顶部位的沥青混凝土面板在有防浪墙时要综合考虑，设置防浪墙的底高程宜高于正常高水位或设计洪水位，防浪墙与沥青混凝土面板之间的接缝可采用柔性材料封闭，采用沥青玛琋脂即沥青混凝土封闭层材料就能很好地满足要求，而且易于修补。

图 4.3-3 与图 4.3-4 是天荒坪工程采用的两种面板与防浪墙相接的结构型式。其中图 4.3-4 东副坝先施工，而图 4.3-3 主坝坝顶结构较为常规，沥青混凝土面板与防浪墙的接缝采用沥青玛琋脂，检修也较为简单。

采用这两种结构型式是根据具体情况来确定的。东副坝为碾压堆石坝，坝高较低，且基础为强、弱风化岩石，蓄水后坝顶变形量不大，采用图 4.3-4 结构型式在运行维护中

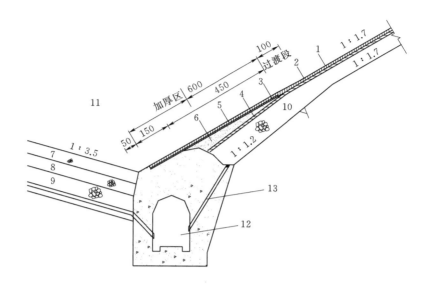

图 4.3-1　宝泉工程上水库库底截水墙与岸坡沥青混凝土面板连接结构（单位：cm）

1—玛琋脂封闭层 2mm；2—防渗层 10cm；3—加厚层 5cm；4—整平胶结层 10cm；5—加强网格；

6—沥青砂浆楔形体；7—反滤层一厚 50cm；8—反滤层二厚 50cm；9—过渡层厚 100cm；

10—碎石垫层厚 60cm；11—黏土料；12—排水观测廊道；13—排水管

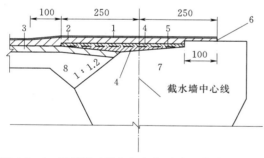

图 4.3-2　天荒坪工程上水库进/出水口截水墙混凝土
与沥青混凝土面板的连接结构（单位：cm）

1—玛琋脂封闭层 2mm；2—防渗层 10cm；
3—整平胶结层 10cm；4—加厚层 5cm；5—聚酯网；
6—角钢；7—混凝土；8—垫层料

方便简单。主坝较高，为土石混合料填筑，特别是坝基右侧基础全风化土埋藏深，坝顶存在较大的沉降变形的可能性，坝顶与防浪墙之间设置柔性接缝将有利于运行维护与处理。

4.3.3　沥青混凝土与混凝土的连接材料

为适应不均匀变形、确保连接质量，沥青混凝土与常规混凝土之间铺设一层塑性止水材料作为过渡，同时也起到接头防渗止水的作用。

天荒坪工程的沥青混凝土与截水墙混凝土的接缝面采用 IGAS 材料过渡，施工时用钢丝刷和压缩空气清除混凝土面上所有的附着物并凿毛，然后涂沥青涂料及 IGAS 后摊铺沥青混凝土护面。

IGAS 材料在国外是定型产品，一般使用的温度宜为 120℃ 以下。IGAS 与常规混凝土及沥青混凝土都具有良好的黏结性能，是沥青混凝土与常规混凝土接缝之间经常使用的一种材料，对其性能影响较大的是紫外线。IGAS 材料能适应变形，并能在变形后保持止水效果。

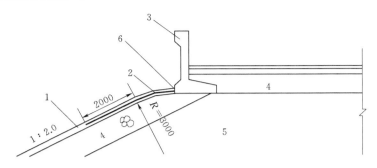

图 4.3-3　天荒坪工程上水库沥青混凝土面板与主坝防浪墙的连接（单位：mm）
1—沥青混凝土面板 202mm；2—聚酯网格；3—防浪墙；4—垫层料；5—过渡料；6—沥青玛琋脂

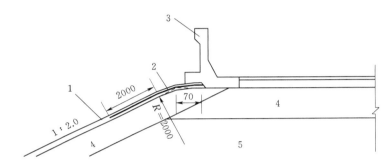

图 4.3-4　天荒坪工程上水库沥青混凝土面板与东副坝防浪墙的连接（单位：mm）
1—沥青混凝土面板 202mm；2—聚酯网格；3—防浪墙；4—碎石垫层；5—堆石过渡层

天荒坪工程对黑色 IGAS 塑性材料的技术指标见表 4.3-1。

表 4.3-1　　　　　　　　　　　　　IGAS 塑性材料技术指标

项　　目		技术指标
断裂伸长率（-10℃）/%		155
耐热性	60℃，75°倾角，48h 流淌值/mm	0
	70℃，75°倾角，48h 流淌值/mm	≤1
抗渗性/≤5mm 厚，48h，水压/MPa		0.98
冻融试验/-20～+20℃循环，不皱不裂，次		>81
工作度/针入度（25℃，5s）/(1/10mm)		50～70
比重/(g/cm³)		1.35～1.4

宝泉工程选用 BGB 作为常规混凝土和沥青混凝土的黏结材料，并开展了 1:1 仿真模型滑移试验研究。宝泉工程 BGB 填料的物理力学性能见表 4.3-2。

表 4.3-2　　　　　　　　　　　　　BGB 填料的物理力学性能

拉伸强度/MPa	扯断伸长率/%	针入度/(1/10mm)	下垂度/mm	比重
0.03	320	136	0.8	1.35

研究成果表明：①沥青混凝土面板滑移距离最大为40mm，滑移速率达到0.9mm/min，面板承受拉应力0.02MPa，应变很小，基本呈均匀分布，面板未见破坏；②模型滑移结束后，钻取ϕ50mm和ϕ100mm"沥青混凝土＋BGB＋常规混凝土"芯样，发现BGB与沥青混凝土、BGB与常规混凝土之间黏结良好，未见不黏结和相互脱离现象。

接头抗渗试验表明：采用3mm厚BGB，在1MPa水压力下，接触长度不小于550mm的沥青混凝土面板，在滑动不超过100mm时，可以满足不发生接触渗漏的要求，并具有一定的安全储备。

根据现场施工发现部分BGB有溶化嵌入沥青混凝土面板内的趋势，为加强沥青混凝土和混凝土之间滑移和止水效果，在沥青混凝土面板与混凝土接头未被黏土铺盖覆盖的范围，将其BGB厚度调整至6mm。

为了保证BGB与常规混凝土有较好的黏结效果，在摊铺塑性止水材料之前，应先在混凝土表面喷涂一种黏结材料。施工期又针对沥青涂料、乳化沥青或类似的BGB专用黏结剂（SK底胶）进行了现场生产性试验。根据现场试验结果，采用沥青涂料，发现铺筑沥青混凝土防渗层沿涂刷层面产生位移。乳化沥青黏结施工速度快、便利，投资节省。SK专用底胶黏结效果稍好于乳化沥青，但施工速度慢，投资较高。

4.4 材料选择

4.4.1 沥青混凝土

4.4.1.1 封闭层

封闭层的作用是保护沥青混凝土防渗层，避免沥青混凝土防渗层受紫外线的作用，防止防渗层表面与空气、水等外界环境的接触，从而减缓沥青混凝土防渗层的老化过程，延长其使用寿命。

水工沥青混凝土的封闭层是沥青和填料的混合物，也称沥青玛琋脂，有时为改善沥青玛琋脂的性能指标，需加入一些添加剂。

封闭层应与防渗层面黏结牢固，高温不流淌、低温不脆裂，并易于涂刷和喷洒。封闭层应在当地温度条件下在斜坡上保持稳定，可承受各种天气和水库荷载条件。按规范进行试验，必须满足要求，即封闭层不应与防渗层发生相对移动。

夏季气温较高，为避免岸坡表面封闭层沥青发生流淌，有的工程沿库周布置洒水降温系统，如国内的天荒坪工程，夏季气温高达35～38℃，为避免流淌现象发生，在库周迎水面坡顶设置了喷淋降温保护系统，效果良好。封闭层主要技术指标见表4.4-1。

表4.4-1　　　　　　　　　封闭层技术指标

序号	项目	指标	试验方法及说明
1	斜坡热稳定性	不流淌	在沥青混凝土防渗层20cm×30cm面上涂2mm厚封闭层，在坡比1:1.7或按设计坡比，70℃，48h
2	低温脆裂	无裂纹	按当地最低气温进行二维冻裂试验
3	柔性	无裂纹	0.5mm厚涂层，180°对折，5℃

坡面上的沥青混凝土面板封闭层沥青玛𫞩脂，在温带地区多采用低标号沥青，保证热稳定性，防止流淌，也可采用浅色涂层增加热稳定性。我国南谷洞水库沥青面板修复工程采用白色封闭层，提高了热稳定性。

在寒冷地区，需采用改性沥青玛𫞩脂作封闭层，才可满足低温抗裂要求。

表 4.4-2 列出我国部分已建碾压式沥青混凝土面板工程的封闭层配合比，可供参考。

表 4.4-2　　　　　　已建碾压式沥青混凝土面板工程的封闭层配合比

工程名称	配合比/%		
	填料	沥　青	掺　料
峡口	44	54.5（其中 B70 与 B10 比例为 6∶4）	1.5（丁苯橡胶）
天荒坪	70	30（坡面 B45，库底 B80）	
西龙池（库底）	62	30（普通沥青）	8（矿物纤维）
西龙池（库坡）	63	30（改性沥青）	7（矿物纤维）
张河湾	70	30（改性沥青）	

注　B70、B10 等为沥青品牌。

4.4.1.2　防渗层

防渗层沥青混凝土属密级配沥青混凝土，是防渗的主体部分，要求具有良好的防渗性、抗裂性、稳定性和耐久性。

1. 防渗层混凝土的要求

（1）抗渗性。抗渗性是沥青混凝土防渗层最基本的要求，渗透系数是沥青混凝土抗渗性能的最主要的指标，也是沥青混凝土配合比设计的主要指标之一。一般来说，沥青混凝土防渗层的渗透系数要求不大于 1×10^{-8} cm/s，这要求沥青混凝土具有很高的密实性，一般要求孔隙率在 3% 以下（芯样）。只要选择合适的配合比，施工过程中碾压密实，使沥青混凝土防渗层的渗透系数不大于 1×10^{-8} cm/s 是不难达到的，这样的沥青混凝土就具有很好的抗渗性。因此，沥青混凝土的抗渗性能要满足工程要求并不困难。

（2）抗裂性。沥青混凝土的抗裂性能包括适应变形的能力（柔性）及低温抗裂性能。

1）柔性是指沥青混凝土的极限拉伸和弯曲变形性能。沥青混凝土防渗面板一般都是薄层结构物，一旦发生裂缝就会严重影响防渗性能。产生裂缝的机理是应变超过了沥青混凝土的极限拉应变。导致沥青混凝土拉应变过大的因素主要有地基变形、荷载引起的变形、温度变化、施工质量差引起沥青混凝土的极限拉应变降低及结构不合理引起的应力集中等。

沥青混凝土是一种黏弹性材料，且有较高的温度敏感性，其强度指标取决于温度和加荷速度等因素，通常有高温指标（25℃）和低温指标（4℃、2℃）。

沥青混凝土作为黏弹性材料，其强度试验结果应用到实际工程中尚有不少困难，目前强度指标一般不作为配合比设计的主要技术指标。

沥青混凝土的变形能力强，能更好地适应坝体的沉降和位移。关于沥青混凝土的变形能力的评价方法，国内采用较多的是小梁弯曲试验，以小梁弯曲破坏时的挠度和跨度的比值即挠跨比作为评价沥青混凝土变形能力的指标，并要求在 25℃ 时小梁弯曲破坏时的挠跨比不小于 1/10。

但挠跨比要作为配合比设计的技术指标，必须根据试验的条件，结合基础变形的要求作出具体合理的规定，不宜笼统地要求挠跨比不小于 1/10，以免给试验工作带来混乱和困难。

沥青混凝土虽然变形性能很好，但对地基不均匀沉降的适应也有限度，如对局部产生不均匀沉降差较大的就难以适应。地基局部沉降出现塌坑，或与常规混凝土结构连接部位出现沉降差等，都有可能导致沥青混凝土面板的开裂，这种裂缝是由于施工质量不好或设计不当所造成，不能要求沥青混凝土能够适应这类不均匀变形。设计与施工过程中应高度重视地基的不均匀沉降问题。

2）低温状态下沥青混凝土的柔性会大幅度下降，会变得硬而且脆。温度降低引起沥青混凝土收缩，易产生裂缝，而且在低温状态下沥青混凝土同样要承受水库运行荷载和地基变形的影响，因此低温抗裂性是沥青混凝土极为重要的性能指标。

沥青混凝土在低温下收缩会产生应力与应变，当温度应力超过抗拉强度或收缩变形超过极限应变，都将导致裂缝的产生。这种低温裂缝可以在面板水上部位大面积发生，其数量往往较多，而且不断发展，逐年增多，很难有效地加以处理。低温裂缝问题已成为我国北方寒冷地区沥青混凝土面板的关键问题之一。

对大型的重要工程，常需对低温抗裂问题进行专门论证。国内已开展的大量相关试验结果表明，影响沥青混凝土低温抗裂性的主要因素是沥青的质量。目前国产的优质石油改性沥青已可经受 −45℃ 的低温而不开裂。

（3）稳定性。稳定性包括结构稳定性、热稳定性和水稳定性等，即要求沥青混凝土面板在运行过程中，其外观和性能应保持稳定，不应发生影响沥青混凝土正常运行的变化。

1）结构稳定性。沥青混凝土面板铺设在斜坡上，必须能保持其自身的稳定性。国内外的工程经验表明，沥青混凝土面板具有较高的起始阻力，正常情况下稳定性是有保证的。计算的结果也表明，面板的稳定性一般能满足要求。

根据面板的构造和受力条件分析，当面板内部出现易滑层面时，有可能沿坝坡向下滑动。一般情况下面板与下卧层的结合层面为易滑层面，面板与下卧层的结合层面受到面板自重的剪力作用，须牢固黏结，以防滑动。当防渗层分层铺筑时，防渗层的上下结合层面也为易滑层面。防渗层的上、下结合层面一般要求涂沥青材料以加强层间结合，当沥青涂层较厚或沥青材料的黏度较低，有可能沿此层面滑动。

我国沥青混凝土面板工程在 1:1.7 的斜坡上还没有结构整体失稳下滑的先例，国外沥青混凝土面板工程在 1:1.5 的斜坡上结构整体保持稳定。

2）热稳定性。沥青混凝土防渗层还必须具有足够的热稳定性和抗流变的性能，因为沥青混凝土对温度非常敏感，要求在高温季节不因沥青混凝土软化而产生流动或流变。

夏季沥青混凝土面板表面温度可高达 70℃ 左右，容易沿斜坡流淌，因此沥青混凝土应具有与当地气候条件相适应的热稳定性。热稳定性可根据斜坡流淌值、热稳定系数、水稳定性来评定。

（4）耐久性。沥青混凝土面板长期暴露在自然环境中，受到日照、温差、大气、风雨等自然因素的作用，会使沥青逐渐老化，这要求沥青混凝土具有一定的抗老化能力，即具有良好的耐久性。

水工沥青混凝土的耐久性主要取决于沥青的抗老化能力，矿料的性状也有一定的影响，阿尔及利亚的格理布沥青混凝土面板坝，经过 17 年运行后进行检验的结果表明，孔隙率超过 5% 的沥青混凝土老化较为严重，孔隙率小于 5% 的沥青混凝土则老化较轻，一般针入度由 20～30 减小到 10～15，软化点升高 8～14℃，其中还包括拌和过程中所发生的 3～8℃ 增值。

1980 年甘肃水利科学研究所和清华大学对甘肃疏勒河灌区沥青混凝土渠道衬砌进行取样，并委托西安公路学院进行了试验。疏勒河灌区于 1958 年建成并投入使用，灌区主干渠有 20.5km 采用了多种型式的沥青混凝土衬砌，1953 年还修了 500m 长的沥青混凝土衬砌试验段，进行了三年试验观测，以后该试验渠段就保留在戈壁滩上。根据原工程设计和试验提供的资料，当时采用的是玉门油矿Ⅳ号（相当于建筑石油沥青 30 甲、30 乙）、Ⅴ号（相当于建筑石油沥青 10 号）以及性能介于Ⅳ号、Ⅴ号之间的沥青，后取样进行检验，表面沥青的针入度、延度比原来的指标减小，表示沥青已有一定程度的老化。但该衬砌由人工施工，抽样的孔隙率为 2.2%～18%，其中大多数超过 5%。疏勒河灌区处于严酷的气候条件下，经过 28 年的时间，沥青性能的变化没有超过一级牌号指标的变化幅度，所以调查的结论认为沥青混凝土的耐久性可以满足工程要求。

近年来，对天荒坪工程上水库沥青混凝土护面等多个工程沥青混凝土的老化状况进行研究（表 4.4-3），结果表明：沥青混凝土的老化受抽水蓄能电站水库运行条件影响明显，常年裸露区最为显著，水位波动区老化速率次之，常年水下区老化最弱。防渗层的老化主要集中在表层 0～10mm，10mm 以下部分几乎没有老化。但目前天荒坪工程上水库沥青混凝土面板的封闭层大面积老化破损，可能导致防渗层老化速度加快，从而减少防渗层的寿命。

表 4.4-3　天荒坪工程上水库防渗层沥青混凝土在应用过程中的老化状况

部位	深度/mm	针入度/25℃，0.1mm						软化点/℃					
		施工前	芯样回收	总下降	施工过程	运行14年	运行19年	施工前	芯样回收	总上升	施工过程	运行14年	运行19年
常年裸露区	0～8	76	31	45	23	22	46	47.5	57.2	9.7	4.6	5.1	55.3
	14～34	76	52	24	23	1	61	47.5	51.4	3.9	4.6	-1.2	50.6
	≥40	76	53	23	23	0	62	47.5	52.2	4.7	4.6	0.1	50.6
水位波动区	0～8	76	39	37	23	14		47.5	51.5	4.0	4.6	-0.6	
	14～34	76	43	33	23	10		47.5	53.1	5.6	4.6	1.0	
	≥40	76	51	25	23	2		47.5	52.0	4.5	4.6	-0.1	
常年水下区	0～8	76	34	42	23	19		47.5	55.7	8.2	4.6	3.6	
	14～34	76	45	31	23	8		47.5	52.9	5.4	4.6	0.8	

由此可见，沥青混凝土的耐久性与沥青、骨料、填充料的品质，配合比，施工质量，水库运行条件等均有一定的关系。

2. 性能指标及要求

《土石坝沥青混凝土面板和心墙设计规范》（SL 501—2010）规定：碾压式沥青混凝土面板的防渗层孔隙率不大于 3%，渗透系数不大于 1×10^{-8} cm/s；水稳定系数不小于 0.9；马歇尔试样斜坡流淌值不大于 0.8mm，芯样斜坡流淌值不大于 3mm，低温不开裂；沥青含量一般为沥青混合料总重量的 7.0%～8.5%，填料占矿料总重量的 10%～16%，骨料的最大粒径不大于 16mm；沥青采用低温不裂、高温不流、高质量的 70 号或 90 号水工沥青、道路沥青或改性沥青。

对沥青混凝土而言，控制孔隙率（芯样小于 3%）非常重要，这是确保其良好的抗渗性能的前提。同时，孔隙率过大，在水库运行过程中，会大大加快其老化速度。孔隙率能否达到设计要求，与骨料及填充料密切相关，特别是填充料。填充料的主要作用是与沥青共同组成沥青胶结料。因此，对沥青混凝土防渗体而言，沥青混凝土的配合比尤其重要，是确保工程成败的关键。

改性沥青是在沥青中掺入高分子材料以改善其性能，主要是改善沥青混凝土的低温抗裂性和高温热稳定性。我国北方的抽水蓄能电站，如呼和浩特、西龙池等工程，均使用了改性沥青混凝土。改性沥青混凝土的设计指标主要有防渗性能、热稳定性、柔性、抗冻断性能、耐老化性能，室内主要物理力学试验项目有斜坡流淌、拉伸、弯曲、冻断、圆盘等。针对北方寒冷地区存在的低温问题，其低温指标以低温冻断温度来控制。水库库岸和库底连接段一般设置反弧过渡，该部位存在拉应变。室内试验值应大于计算值，并留有一定的安全余量。

根据国内几个工程的实践经验，库底沥青混凝土的沥青含量可略高于岸坡，以增强适应基础变形的能力。

碾压式沥青混凝土面板防渗层沥青混凝土的主要技术指标应满足表 4.4 - 4 的要求。

表 4.4 - 4　　　　　　碾压式沥青混凝土面板防渗层技术指标

序号	项　目	单位	指标	说　明
1	孔隙率	%	≤3	芯样
			≤2	马歇尔试件
2	渗透系数	cm/s	≤1×10^{-8}	
3	水稳定系数		≥0.90	
4	斜坡流淌值	mm	≤0.8	马歇尔试件 （1∶1.7 坡比或按设计坡比，70℃，48h）
5	冻断温度	℃	按当地最低气温确定	
6	弯曲或拉、压强度与应变	根据温度、工程特点和运用条件等通过计算提出要求

国内最近十多年内完成的几个工程沥青混凝土面板工程防渗层沥青混凝土（碾压后）的技术指标见表 4.4 - 5～表 4.4 - 8，可供类似工程设计时参考，其中加厚层材料要求同防渗层材料。

表 4.4-5　　　　　　　　　　　张河湾工程上水库防渗层技术指标

序号	项　　目	单位	指标	检测标准	备　　注
1	密度（表干法）	g/cm³	＞2.30	JTJ T 0705—2000	
2	孔隙率	％	≤3.0		
3	渗透系数	cm/s	≤1×10⁻⁸	Van Asbeck	
4	斜坡流淌值	mm	≤2.0	Van Asbeck	马歇尔试件，1∶1.75，70℃，48h
5	水稳定性	％	≥90	ASTM D 1075—2000	试样孔隙率约3％
6	柔性（圆盘挠度试验）	％	≥10（不漏水）	Van Asbeck	25℃
			≥2.5（不漏水）		2℃
7	冻断温度	℃	＜－35		
8	拉伸应变	％	≥0.8		2℃，拉伸速率0.34mm/min
9	弯曲应变	％	≥2.0	JTJ T 0715—2000	2℃，试验速率0.5mm/min
10	膨胀率（单位体积）	％	≤1.0	DIN 1996-9：1981	

表 4.4-6　　　　　　　　　　　西龙池工程上水库防渗层技术指标

序号	项　　目		单位	指标		检测标准
				改性沥青混凝土	沥青混凝土	
1	密度（表干法）		g/cm³	＞2.35	＞2.35	JTJ T 0705—2000
2	孔隙率		％	≤3	≤3	JTJ T 0705—2000
3	渗透系数		cm/s	≤1×10⁻⁸	≤1×10⁻⁸	—
4	斜坡流淌值（任选其一）	1∶2，70℃，48h	mm	≤0.8	≤0.8	按有关试验规范
		1∶2，70℃，48h		≤2.0	≤2.0	Van Asbeck
5	水稳定性		％	≥90	≥90	ASTM D 1075—2000
6	柔性试验（圆盘试验）	25℃	％	≥10（不漏水）	≥10（不漏水）	Van Asbeck
		2℃		≥2.5（不漏水）	≥2.2（不漏水）	
7	弯曲应变，2℃变形速率0.5mm/min		％	≥3	≥2.25	JTJ T 0715—1993
8	拉伸应变，2℃变形速率0.34mm/min		％	≥1.5	≥1.0	
9	冻断温度		℃	＜－38	＜－35	
10	膨胀率		％	＜1.0	＜1.0	DIN 1996-9：1981

表 4.4-7　　　　　　　　　　　宝泉工程上水库防渗层技术指标

序号	项　　目	单位	指标	检测标准	备　　注
1	密度（表干法）	g/cm³	＞2.35	JTJ T 0705—2000	
2	孔隙率	％	≤3.0		芯样
3	渗透系数	cm/s	≤1×10⁻⁸	Van Asbeck 或类似方法	
4	斜坡流淌值	mm	≤0.8	Van Asbeck 或类似方法	马歇尔试件，1∶1.7，70℃，48h
5	水稳定性	％	≥90	ASTM D 1075—2000	试样孔隙率约3％
6	柔性	％	≥10（不漏水）	Van Asbeck 或类似方法	25℃
			≥2.5（不漏水）		2℃

续表

序号	项 目	单位	指标	检测标准	备 注
7	冻断温度	℃	低于－30		
8	拉伸应变	%	≥0.8		2℃，拉伸速率0.34mm/min
9	弯曲应变	%	≥2.0	JTJ T 0715—2000	2℃，试验速率0.5mm/min
10	膨胀率（单位体积）	%	≤1.0	DIN 1996－9：1981	

表 4.4－8　　　　　　　　　　　天荒坪工程上水库防渗层技术指标

序号	项 目	单位	技术指标	检测标准	备 注
1	密度（表干法）	g/cm³	>2.3	DIN 1996	
2	孔隙率	%	≤3.0		芯样
3	渗透系数	cm/s	≤1×10⁻⁸	Van Asbeck	
4	斜坡流淌值	mm	≤5	Van Asbeck	1：2，70℃
			≤1.5	Van Asbeck	1：2，60℃
5	马歇尔稳定度	N	≥90	DIN 1996	40℃
6	马歇尔流值	1/100cm	30～80		
7	柔性	%	≥10	Van Asbeck或小梁弯曲	25℃
			≥2.5		5℃
8	膨胀率（单位体积）	%	≤1.0	DIN 1996	

4.4.1.3　整平胶结层

沥青混凝土护面结构设计中，整平胶结层就是在防渗层和下部的填筑料之间起整平胶结作用：一方面，沥青混凝土的下卧层，即土石填筑料的平整度受材料本身和其他方面如施工、造价等的限制，其平整度能控制在5cm以内已不容易，而沥青混凝土简式结构的总厚度一般也不超过20cm，因此整平胶结层可以起到整平下卧层的作用；另一方面，可提供防渗层施工时需要的施工工作面，以保证防渗层的最小厚度和施工质量。防渗层的渗透系数很小，而整平胶结层为半开级配沥青混凝土，具有一定的透水能力，在防渗层和排水层之间起过渡作用。整平胶结层厚度为5～10cm，宜单层施工。

碾压式沥青混凝土面板整平胶结层的沥青混凝土，要求孔隙率10%～15%；渗透系数$1×10^{-3}～1×10^{-4}$cm/s；热稳定系数不大于4.5，在可能产生的高温下能在斜坡上保持稳定；沥青含量为沥青混合料总重量的4.0%～5.0%；骨料最大粒径不大于19mm。

在性能指标中，欧洲与日本采用的就有所差异，骨料最大粒径欧洲通常不大于15mm，而日本用到30mm；欧洲不控制整平胶结层的渗透系数，主要用孔隙率来控制，而日本对孔隙率和渗透系数均要求进行控制。

我国的设计规范，对沥青混凝土面板整平胶结层的沥青混凝土提出渗透系数的要求为：$k=1×10^{-3}～1×10^{-4}$cm/s，而欧洲及美国对整平胶结层的要求是孔隙率$n=10%～15%$。而天荒坪工程合同文件技术规范中提出了双重控制标准，即要求孔隙率$n=10%～15%$，渗透系数$k=1×10^{-3}～1×10^{-4}$cm/s。

从天荒坪工程施工中的实测结果来看，对沥青混凝土面板整平胶结层的沥青混凝土要达到指标双控，即要求孔隙率 $n=10\%\sim15\%$、渗透系数 $k=1\times10^{-3}\sim1\times10^{-4}$ cm/s 是很困难的。实际施工中检测发现孔隙率与渗透系数二者之间的相关关系并不好，实际上在实验室里试验时已发现二者之间没有良好的相关关系，只是有一个总的趋势，即随着试件孔隙率的增大，渗透系数从总体上是增大的，但也有不少试样出现了完全相反的情况。

设计一个工程的目的是要有一个最佳的质效比，即以最低的质量成本获得最大的效益。因此过高地对渗透系数提出要求在经济上是不合理的，况且渗透系数的试验存在较大误差，要很准确地测定渗透系数并不容易，而孔隙率试验的准确性就要高得多，用孔隙率 $n=10\%\sim15\%$ 来控制整平胶结层的质量显然较合理，整平胶结层功能要求能得到满足，在经济上是可行的。

碾压式沥青混凝土面板整平胶结层技术要求见表 4.4-9。

表 4.4-9　　　　碾压式沥青混凝土面板整平胶结层技术要求

序号	项　目	指　标	说　明
1	孔隙率/%	10~15	
2	热稳定系数	≤4.5	20℃与50℃时的抗压强度之比
3	水稳定系数	≥0.85	

4.4.1.4　排水层沥青混凝土

对于复式结构的碾压式沥青混凝土防渗面板，一般要设置排水层，排水层应有足够的排水能力，对其渗透系数要求较高。其主要技术指标应满足表 4.4-10 的要求。

表 4.4-10　　　　碾压式沥青混凝土面板排水层技术要求

序号	项　目	指　标	说　明
1	渗透系数/(cm/s)	≥1×10⁻²	
2	热稳定系数	≤4.5	20℃与50℃时的抗压强度之比
3	水稳定系数	≥0.85	

4.4.1.5　楔形体沥青砂浆或细粒沥青混凝土

沥青混凝土面板与岸边基岩或与混凝土结构连接处为应力应变较大区域。为改善沥青混凝土防渗面板的工作条件，提高防渗结构适应变形能力，在连接部位加设楔形体沥青砂浆或细粒沥青混凝土，其主要技术要求见表 4.4-11。

表 4.4-11　　　　楔形体沥青砂浆或细粒沥青混凝土主要技术要求

序号	项　目	单位	指　标
1	孔隙率	%	≤2
2	小梁弯曲应变	%	≥4
3	施工黏度	Pa·s	≥10³
4	分离度		≤1.05

4.4.1.6 沥青混凝土原材料及配合比

组成水工沥青混凝土的沥青、骨料、填料、掺料等原材料，按照《土石坝沥青混凝土面板和心墙设计规范》(SL 501—2010) 中规定的要求确定。水工沥青混凝土的各项技术指标应满足沥青混凝土防渗体设计所规定的要求。

1. 沥青

水工防渗结构中使用的沥青一般是石油沥青。石油沥青是复杂的碳氢化合物与其非金属衍生物组成的混合物，是沥青中分子量最大和结构最复杂的成分。目前化学分析技术还无法将沥青中各种化合物的单体分离出来，只能将其中一些化学性质和胶体结构相似的化合物分离出来，这就是沥青的组分，沥青的组分主要有油分、胶质、沥青质、蜡等。

水工沥青混凝土用的沥青与道路用的沥青因功能的不同而不同，水工沥青混凝土的主要功能是防渗，其柔性好，适应变形能力强。从这一角度来看，沥青的针入度越大，延度越大，沥青混凝土的柔性也越好；但是水工沥青混凝土不仅要用在平面上，还需用在斜坡上，针入度越大，沥青混凝土的稳定性就越差。因此，沥青混凝土的柔性指标与稳定性的要求是矛盾的。

对沥青性能指标的选取要考虑以下因素：

(1) 为保证沥青混凝土有好的柔性，有较强的适应变形的能力，需要沥青有较好的延度，而主要是低温延度一定要满足要求。

(2) 为保证沥青混凝土有一定的稳定性，使沥青混凝土有较高的强度，具有足够的斜坡稳定性，沥青的软化点不能太高，通常用在斜坡上的沥青的软化点应小于50℃。

(3) 沥青的抗老化性能要好，这要求沥青加热后的性能指标不能降低过大。

(4) 沥青的低温性能要好。沥青的温度敏感性很强，水工沥青混凝土较少会在高温时破坏，因高温时沥青的柔性比低温时好得多。

水工防渗沥青混凝土可选用水工沥青、道路石油沥青等。对沥青混凝土性能有特别要求的沥青混凝土面板防渗层，可专门提出沥青质量技术要求。我国在20世纪80年代第一批沥青混凝土防渗工程中，由于使用的沥青原材料（茂名系列）性能指标较差，混凝土配合比中沥青含量较高，加上施工质量不稳定，导致沥青混凝土孔隙率偏大，从而加快了沥青混凝土的老化速度，降低了工程性能。在施工、运行中出现了大量的问题，目前基本全部翻修。

牛头山水库位于浙江省临海市灵江支流逆溪上游，是一座以灌溉、防洪、供水、发电综合运用的大 (2) 型水库。大坝为沥青混凝土面板砂砾石坝，坝高49.3m，坝顶长度435m，坝顶宽度6.0m，总库容3.025亿 m^3。上游坝坡坡比为1∶2.0，下游边坡坡比为1∶1.8和1∶1.9。大坝上游沥青混凝土防渗面板采用简式断面结构，设有封闭层、防渗层与整平胶结层。工程自1989年5月13日下闸蓄水以来，发现沥青混凝土面板裂缝不断增多、沥青混凝土老化严重等问题，造成大坝严重渗漏。2003年10月，经浙江省水利厅组织专家鉴定，大坝安全等级定为三类坝，后进行除险加固处理。

我国沥青品种和质量近二十年来已有很大的提高和发展，现代生产技术提炼得到的沥青各项指标满足水工沥青混凝土的使用要求，同时也在多个大型工程中得到了检验。近十年来建设的宝泉、张河湾、西龙池、呼和浩特等大型抽水蓄能电站的沥青混凝土防渗工程均使用国产沥青获得成功。

2004 年交通部行业标准《公路沥青路面施工技术规范》（JTG F40）中提出了新的"道路石油沥青技术要求"，但是国家标准《沥青路面施工及验收规范》（GB 50092）将道路沥青依旧分为重交通道路沥青和中、轻交通道路沥青。

沥青材料的品种和标号选择除要考虑工程类别、当地气温、运用条件和施工要求外，更要考虑沥青混凝土的结构性能要求。选择沥青时，除满足水工沥青的技术要求外，也可参考重交通道路石油沥青及中、轻道路石油沥青的国家标准，也可参考 2004 年交通部行业标准《公路沥青路面施工技术规范》（JTG F40—2004）中提出的"道路石油沥青技术要求"，或可采用国外沥青及相应的标准。

对于性能要求特别严格的沥青混凝土面板防渗层，可根据某些工程沥青混凝土的特殊性能要求提出专门的沥青质量指标要求，让沥青厂家专门生产；也可采用改性沥青。我国三峡茅坪溪副坝和四川冶勒土石坝沥青混凝土心墙采用了与 AH-70 号重交通道路相似的水工沥青；山西西龙池抽水蓄能电站上水库库坡沥青混凝土面板防渗层和封闭层采用了 AH-90 号重交通道路沥青作为基质的 SBS 改性沥青，其他层采用 AH-90 号沥青；浙江天荒坪抽水蓄能电站上水库沥青混凝土面板采用中东进口的 B80 号沥青。

沥青作为沥青混凝土的胶凝材料，由于其本身种类较多，性能的差异也很大，而沥青本身的质量性能对沥青混凝土的最终质量性能的影响很大，因此需要对沥青的各项性能指标提出要求。目前多以沥青的针入度、软化点、延度作为评价沥青性质和进行分类的主要技术指标，也就是一般所说的沥青的三大指标。但即使沥青的主要技术指标相似，由于产地的不同，沥青的性能有时也会有较大差异。沥青的主要技术指标应规定一个变化范围，这样便于操作。

沥青原材料的主要性能指标分加热前和加热后两类。

沥青加热前的特性指标有针入度、软化点、延度、黏度、感温性、脆点、含蜡量、密度、溶解度、含灰量、闪点、燃点等；沥青经加热后的主要特性指标有重量损失、软化点升高值、针入度比、脆点、延度等。

现行规范对水工沥青混凝土所用沥青的技术要求见表 4.4-12。

表 4.4-12　　　　　　　　水工沥青混凝土所用沥青的技术要求

项　　目	质　量　指　标			试　验　方　法
	SG90	SG70	SG50	
针入度（25℃，100g，5s）/（1/10mm）	80～100	60～80	40～60	GB/T 4509
延度（5cm/min，15℃）/cm	≥150	≥150	≥100	GB/T 4508
延度（1cm/min，4℃）/cm	≥20	≥10		GB/T 4508
软化点（环球法）/℃	45～52	48～55	53～60	GB/T 4507
溶解度（三氯乙烯）/%	≥99.0	≥99.0	≥99.0	GB/T 11148
脆点/℃	≤-12	≤-10	≤-8	GB/T 4510
闪点（开口法）/℃	≥230	≥260	≥260	GB/T 267
密度（25℃）/（g/cm³）	实测	实测	实测	GB/T 8928

续表

项 目		质 量 指 标			试验方法
		SG90	SG70	SG50	
含蜡量（裂解法）/%		≤2	≤2	≤2	
薄膜烘箱后	质量损失/%	≤0.3	≤0.2	≤0.1	GB/T 5304
	针入度比/%	≥70	≥68	≥68	GB/T 4509
	延度（5cm/min，15℃）/cm	≥100	≥80	≥10	GB/T 4508
	延度（1cm/min，4℃）/cm	≥8	≥4		GB/T 4508
	软化点升高/℃	≤5	≤5		GB/T 4507

天荒坪、西龙池、宝泉和张河湾工程沥青技术指标见表4.4－13。

表 4.4－13　　　　　天荒坪、西龙池、宝泉和张河湾工程沥青技术指标

项 目		天荒坪：DIN 1995标准，B45牌号	西龙池 欢喜岭B－90沥青和掺加SBS添合料的改性沥青	宝泉 昆仑-欢喜岭牌水工沥青	张河湾 克拉玛依和盘锦沥青
加热前的特性	针入度（25℃）/(1/10mm)	35～50	70～100	60～100	70～90
	软化点/℃（环球法）	54～59	45～52	45～52	45～52
	脆点/℃	≤－6	≤－10	≤－10	≤－10
	延度（25℃）/cm	≥40	≥150 15℃	≥150 15℃ （5cm/min）	≥150 15℃ （5cm/min）
	含蜡量（蒸馏法）/%	≤2	≤2	≤2	≤2.0
	密度（25℃）/(g/cm³)	1.0	实测	≥1.0	实测
	溶解度/%	＞99	≥99	≥99	≥99
	含灰量/%	≤0.5	≤0.5	≤0.5	≤0.5
	闪点/℃	＞230	≥230	≥230	≥230
加热后的特性（中国规范：薄膜烘箱试验，163℃，5h；德国承包商：圆底烧瓶，165℃，5h）	重量损失/%	≤1.0	≤0.6	≤1.0	≤1.0
	软化点升高/℃	≤5	≤5	≤5	≤5
	针入度比/%	≥70	≥68	≥65	≥65
	脆点/℃	≤－5	≤－7	≤－8	≤－8
	延度（25℃）/cm	≥15	≥100 /15℃	≥100 /15℃，5cm/min	≥100 /15℃，5cm/min

2. 骨料

作为水工沥青混凝土的骨料，应采用质地坚固、性质稳定的碱性岩石；一般多选用碎石，也可用卵石；骨料应具有合适的粒形、粒度和级配，其粒形应近似正方体，表面与沥青应有较好的黏附力，表面不会因污染而使黏附性降低。

水工沥青混凝土不同于道路沥青混凝土之处在于：既没有车轮那样的集中荷载，也无

冲击、磨损作用，因此运行期并不要求骨料有很高的强度；但施工期的沥青混凝土摊铺机、振动碾等的施工设备的运行还是对骨料的坚固性提出了一定的要求，即不至于因不能承受施工荷载而使颗粒破碎。沥青混凝土是一种热施工材料，骨料在烘干、加热至至少200℃不应对骨料的性能带来不利的影响，具有良好的热稳定性。

合理选择骨料的级配可增加密实度。骨料的内摩擦力随粒径的增大而提高，采用棱角尖锐的碎石，特别是采用坚硬岩石破碎的人工砂，能有效地提高内摩擦力；骨料的内摩擦力随沥青用量的增加，特别是自由沥青的数量增大而减少，使得沥青混凝土的塑性急剧增加，热稳定性显著降低；针片状颗粒含量的增加会降低骨料的密实度和相互嵌挤的程度，因此粗骨料应有合适的粒形。

沥青与矿料表面的黏附力，取决于界面上所发生的物理化学过程，也影响到沥青混凝土的性质。酸性岩石（SiO_2 含量大于 65% 的岩石）与沥青主要是物理吸附作用，碳酸盐岩石或碱性岩石可以与沥青中的表面活性物质（酸性胶质或其他表面活性掺料）产生化学吸附。因此水工沥青混凝土的矿料多采用碳酸盐岩石或碱性岩石制成；石英砂与沥青的黏附性较差，但是用作细骨料的天然石英砂，由于其表面常包有一层铁、铝和其他金属化合物，使其黏附性大大改善，而碎石及人工砂的黏附力，主要取决于岩石的矿物成分和化学性质。

现行规范规定，沥青混凝土粗骨料宜采用碱性岩石（石灰岩、白云岩等）破碎的碎石。当采用未经破碎的天然卵砾石时，其用量不宜超过粗骨料用量的一半；当采用酸性碎石时，应采取增强骨料与沥青黏附性的措施，并经试验研究论证。

粗骨料应质地坚硬、新鲜，不因加热而引起性质变化，其技术指标见表 4.4 - 14。

表 4.4 - 14　　　　　粗骨料的技术指标

序号	项　目	单位	指标	说　明
1	表观密度	g/cm³	≥2.6	
2	与沥青黏附性	级	≥4	水煮法
3	针片状颗粒含量	%	≤25	颗粒最大、最小尺寸比大于 3
4	压碎值	%	≤30	压力 400kN
5	吸水率	%	≤2	
6	含泥量	%	≤0.5	
7	耐久性	%	≤12	硫酸钠干湿循环 5 次的质量损失

天荒坪工程曾对粗骨料的针片状颗粒含量进行过研究，成果表明：粗骨料的针片状颗粒含量对沥青混凝土的孔隙率影响不大；从弯曲试验和轴拉试验结果来看，随着针片状颗粒含量的增加，沥青混凝土的挠跨比、极限拉伸值逐步降低，说明沥青混凝土的变形性能随针片状颗粒含量的增加而降低，针片状颗粒对沥青混凝土的柔性影响明显。因此，工程中应注意严格控制粗骨料的针片状含量。

细骨料应质地坚硬、新鲜，不因加热而引起性质变化，其技术指标见表 4.4 - 15。

表 4.4-15　　　　　　　　　　　　　　细骨料的技术指标

序号	项　目	单位	指标	说　明
1	表观密度	g/cm³	≥2.55	
2	吸水率	%	≤2	
3	水稳定等级	级	≥6	碳酸钠溶液煮沸 1min
4	耐久性	%	≤15	硫酸钠干湿循环 5 次的重量损失
5	有机质及泥土含量	%	≤2	

细骨料目前主要采用人工砂和天然砂。人工砂洁净、有棱角，对沥青混凝土的强度和稳定性有利，因而把人工砂放在首选位置。天然砂一般级配良好，颗粒圆滑，含酸性矿物和泥质较多，符合要求的天然砂和人工砂掺配使用可改善沥青混凝土的级配和施工压实性，有利于提高沥青混凝土的柔性和抗渗性，但用量不宜超过 50%。完全使用天然砂作细骨料，在少数工程中也有实践经验，但一般宜经试验论证。加工碎石筛余的石屑一般针片状多、级配不好，可加以利用，但其级配应符合要求。

人工砂中将小于 0.075mm 的料称为"含泥量"一直是有争论的，在沥青路面工程中，人工砂中小于 0.075mm 的量要求小于 10% 或 15%，可见这部分料是石粉而非泥土。因此，对含泥量的要求应仅针对天然砂，对人工砂的洁净性要求不含有机质和其他杂质。

3. 填料

填料是指在沥青混凝土中起充填作用的粒径小于 0.074mm 的矿料材料。适量的填料可以提高包裹骨料颗粒的沥青薄膜的黏度，从而提高沥青混凝土的强度。填料的主要特点是具有极大的表面积，占矿料的总表面积的 90%～95%。填料的作用是与沥青共同组成沥青胶结料，将骨料黏结成整体，并填充骨料的孔隙。

填料通常由石灰石等碱性石料加工磨细得到，普通硅酸盐水泥、消石灰、粉煤灰等材料有时也可作为填料使用，一般需经试验论证。工程上多采用碳酸盐岩石（包括石灰石、白云石等）作为加工填料的原岩，使得填料本身的黏附性良好，能与沥青牢固结合。

填料掺入沥青的主要目的，是使沥青变为薄膜状；随着填料浓度的增大，沥青膜的厚度减薄，沥青胶结料的黏度和强度随之提高，使骨料之间的黏结增强；在一定的填料浓度下，沥青混凝土将获得最大的强度。

填料必须要有足够的细度，填料的颗粒越细，比表面积越大，对沥青混凝土的影响就越大。填料的比表面积通常为 2500～5000cm²/g，而水泥的比表面积通常为 2500～3500cm²/g，因此填料比水泥应更细一些。

当填料的用量较多时，沥青混凝土内部能形成许多细小的封闭孔隙，填料用量较少时，多形成连通的开口孔隙，因此填料用量对沥青混凝土的结构和性质有较大的影响，是配合比设计的重要参数之一。

填料应不结团块、不含有机质及泥土，其技术指标见表 4.4-16。

表 4.4-16　　　　　　　　　　填料的技术指标

序号	项 目		单位	指标	说 明
1	表观密度		g/cm³	≥2.5	
2	亲水系数			≤1.0	煤油与水沉淀法
3	含水率		%	≤0.5	
4	细度	<0.6mm	%	100	
		<0.15mm		>90	
		<0.075mm		>85	

4. 掺料

为改善沥青混凝土的物理力学性能，可掺入合适的掺料。掺料品种及用量应通过试验确定，可以使用一种，也可以几种联合使用。

沥青混凝土掺料的种类很多，主要有消石灰、普通硅酸盐水泥、粉煤灰、天然橡胶、合成橡胶、塑料或其他高分子材料等。

沥青混凝土水稳定性的提高主要通过提高骨料与沥青的黏附性。对于黏附性等级不合要求的骨料，多在沥青中掺加抗剥落剂，掺量为沥青用量的 0.3%～0.5%。为了改善沥青与骨料的黏附性能，防止沥青薄膜剥离，可以加入消石灰、普通硅酸盐水泥或其他高分子材料，具有很好的效果。所使用的消石灰，要求通过 0.074mm 的颗粒应在 70% 以上，这样分散性较好。消石灰中的 CaO 含量多少，对改善骨料界面的性质甚为重要。参考日本沼原抽水蓄能电站沥青混凝土面板的工程和我国沥青混凝土路面的有关技术规定，以及室内的研究成果，消石灰中的 CaO 含量应大于 65%。如消石灰掺量过大会使沥青混凝土的柔性变差。根据国内外工程经验，水泥可用普通硅酸盐水泥，其质量应符合国家现行技术标准的规定。

为提高沥青混凝土的低温抗裂性，可掺用天然橡胶、合成橡胶、塑料或其他高分子材料。在沥青混合料中加入橡胶、塑料或其他高分子材料，可以改善沥青混合料的热稳定性和低温抗裂性，这已为大量试验成果所证明。SBS 改性沥青，冻断温度可达−35℃以下，优质材料的冻断温度可达−40℃。西龙池抽水蓄能电站上水库斜坡部位防渗层采用 AH−90 号沥青作为基质沥青的 SBS 改性沥青，其沥青混凝土冻断温度低达−38℃。

为提高沥青混凝土斜坡热稳定性和抗流变能力，多在混合料中加入聚酯纤维、木质纤维、矿物纤维等掺料。张河湾、西龙池工程上水库斜坡防渗层就是在改性沥青中加入木质纤维和矿物纤维，提高抗裂性能和热稳定性。前些年曾在沥青中掺入石棉，以提高沥青混凝土斜坡热稳定性、抗流变能力和增加抗弯强度，但石棉对人体健康有影响，目前已不再使用。

5. 加筋材料——聚酯网格

聚酯网格是沥青混凝土的一种加筋材料，其作用类似于常规钢筋混凝土中的受拉钢筋。沥青混凝土是一种柔性混凝土，抗渗性能好，而且适应变形的能力较强，但是其抗拉强度较低；聚酯网格是一种高强度的聚酯柔性材料，在沥青混凝土整平胶结层和防渗层之间设置聚酯网格，使沥青混凝土与聚酯网格一起发生作用，可大大提高抗拉强度，改善沥青混凝土的内部应力，使得沥青混凝土的抗变形能力更强。对比试验表明，聚酯网格明显地改善了沥青混凝土的抗拉性能。如普拉德苏尔桑坝的裂缝张开度达 1cm，深 10cm，最大长度 3m，有时聚酯网格还暴露在外，但裂缝均未扩展至网内，对裂缝进行填补足以修复面板。因此，对于沥青混凝土面板的周边部位和通常的应力敏感区（受力条件不明确的部位），均采用聚酯网格加固沥青混凝土。

聚酯网格是一种柔性材料，几乎没有刚度，因此也给施工带来一定的不便。聚酯网格一般设置在沥青混凝土整平胶结层与防渗层之间；在已施工好的整平胶结层的表面上铺设聚酯网格时，要求铺设得平直，要采用锚钉将聚酯网格固定在整平胶结层的表面上，锚钉要有一定的密度，否则沥青混凝土摊铺机在上面行走时很容易引起变形，而且相临两幅聚酯网格之间应有 30cm 的搭接长度。

铺设好聚酯网格后，还需在上面喷洒乳化沥青。乳化沥青的浓度一般采用 50%，要求喷洒的厚度为 2～4mm。乳化沥青中的水分蒸发完后才允许在其上部进行沥青混凝土防渗层的施工。

加筋材料的技术指标见表 4.4-17。

表 4.4-17　　　　　　　　　　　加筋材料的技术指标

序号	项　　目	指标	试验方法及说明
1	单位面积质量/(g/m^2)	>260	
2	网孔尺寸/mm	约 30	
3	拉伸强度/(kN/m)	>50	纵、横向
4	断裂伸长率/%	>5	纵、横向
5	耐热性/℃	>190	材料性质稳定
6	收缩性/%	约 1	15min，190℃

沥青混凝土配合比应通过室内试验和现场铺设试验进行选择。所选配合比的各项技术指标应满足设计对沥青混凝土提出的要求，并应有良好的施工性能，且经济上合理。在无试验资料时，可参照《土石坝沥青混凝土面板和心墙设计规范》（DL/T 5411—2009）附录初步选择沥青混凝土配合比，用以估算成本和做施工准备。

4.4.2　排水垫层

碎石排水垫层厚度可以参照相关的工程实践确定。一般坝体面板后的碎石排水垫层水平宽度为 2m，过渡层水平宽度为 4m；库岸边坡面板下的排水垫层厚度取 60～90cm，库底碎石排水垫层厚度取 60cm 左右，基础较差部位适当加厚。

鉴于抽水蓄能电站的上水库库水位变化频繁，且变幅较大，为防止面板在水位急剧下降时，板后出现较大的反向水压力，要求面板后的排水垫层具有较强的排水能力，一般渗透系数不小于 $1×10^{-2}$cm/s。碎石或卵砾石垫层最大粒径不宜超过 80mm，小于 5mm 粒径含量为 25%～40%，小于 0.075mm 粒径含量不宜超过 5%。垫层厚度应根据填筑体及基础变形大小、排水要求、施工方法等条件或通过工程类比选定，压实后具有低压缩性和高抗剪强度。

沥青混凝土护面本身对下卧层变形模量的要求并不高，随水头的高低而定，重要的是变形的均匀性。

沥青混凝土面板的施工机械一般较大，因此施工集中荷载也较大，对于低水头水库就成为对下卧层的变形模量要求的控制因素。施工机械对下卧层表面的变形模量要求不小于40MPa，国内所建工程如天荒坪、宝泉、西龙池、张河湾等均按此标准控制，但实际变形模量一般可达50MPa以上。对于承受较高水头的沥青混凝土面板基础垫层，其施工压实后的变形模量宜适当提高。

4.5　沥青混凝土面板施工及防裂

4.5.1　沥青混凝土面板施工

碾压式沥青混凝土面板施工流程为：拌和→运输→摊铺→碾压→检测。简式断面结构的施工流程为：整平胶结层→防渗层（包括加厚层）→封闭层，其中整平胶结层和防渗层的施工步骤为：摊铺→初碾→复碾→终碾。温度控制是沥青混凝土摊铺和碾压的关键指标。

4.5.1.1　拌和

在拌制沥青混合料前，应预先对拌和楼系统进行预热，拌和时拌和机内温度不应低于100℃。

拌和沥青混合料时，应先将骨料与填料干拌15～25s，再加入热沥青一起拌和，应拌和均匀，使沥青裹覆骨料良好。

沥青混合料的出机口温度，应使其经过运输、摊铺等热量损失后的温度能满足起始碾压温度的要求，并不得超过180℃。不同针入度的沥青的适宜出机口温度见表4.5-1。

表 4.5-1　　　　　不同针入度沥青的适宜出机口温度

针入度/0.1mm	40～60	60～80	80～100	125～150
出机口温度/℃	175～160	165～150	160～140	155～135

4.5.1.2　运输

沥青混合料一般采用自卸汽车运输，玛琋脂采用特制的玛琋脂保温运输车运输。装料前，清理自卸汽车的翻斗，确保没有杂物和残留的沥青混合料，并用喷枪在车斗内均匀喷洒一层防黏剂，然后提升车斗，确认没有防黏剂向外流淌后装载沥青混合料。为保证混合料的温度及防止杂物混入，汽车翻斗顶部用保温帆布覆盖。

各种运输机具应保证沥青混合料在卸料、运输及转料过程中不发生离析、分层现象。在转运或卸料时，出口处沥青混合料自由落差应小于1.5m。

沥青混合料在斜坡上的运输，宜采用专用的斜坡喂料车；当斜坡长度较短或工程规模较小时，可由摊铺机直接运料或其他专用机械运输。

4.5.1.3　摊铺和碾压

在沥青混凝土面板正式摊铺施工前，一般应在工程区外和工程区内进行整平胶结层、防渗层等的施工工艺试验及生产性试验，经过试验确定施工工艺和参数。

沥青混凝土摊铺前，一般先在下卧层上喷洒乳化沥青。如果要摊铺的工作面很脏，有其他杂物或灰尘，需要清理杂物并用水洗掉或用压缩空气吹掉尘埃。如果下卧层出现杂草应连根除掉，并喷洒除草剂。

沥青混凝土面板一次铺筑的斜坡长度一般不宜超过120m。斜坡上的运料、摊铺、碾压机械宜采用移动式卷扬台车牵引。大型机械不能铺筑的部位，可采用小型机械或人工铺筑。

沥青混合料的摊铺宜采用专用摊铺机，摊铺速度应满足施工强度和温度控制要求，一般1~2m/min。当单一结构层厚度在100mm以下时可采用一层摊铺。

沥青混合料应采用专用振动碾碾压，宜先用附在摊铺机后的小于1.5t的振动碾或振动器进行初次碾压，待摊铺机从摊铺条幅上移除后，再用3.0~6.0t的振动碾进行二次碾压。

沥青混合料碾压时应控制碾压温度，初碾温度控制为120~150℃，终碾温度为80~120℃，最佳碾压温度由试验确定。

沥青混合料碾压工序应采用上行振动碾压、下行无振动碾压，振动碾在行进过程中要保持匀速。

4.5.1.4 检测

沥青混凝土原材料（包括沥青、骨料、填料等）均应进行质量控制和检验，以判断原材料是否满足技术规程的要求，并确定原材料的特性，做到出厂有合格证，进入施工现场检测合格后方可使用。

在沥青混合料制备过程中，应专门监测沥青、矿料和沥青混合料的温度，并注意观察出机沥青混合料的外观质量。当外观检查不符合要求，或拌和好的沥青混合料温度低于140℃或储存时间超过48h时，应按废料处理。

沥青混合料检测应在施工现场沥青混合料摊铺完成但未碾压之前取料，检验其配合比和技术性质。在正常生产情况下，沿摊铺方向每隔5m取2kg试样，从5个不同部位取样，并均匀混合成1个样品，对其进行沥青用量、矿料级配、孔隙率、马歇尔稳定度和流值检验。

沥青混凝土面板铺筑现场应专门监测沥青混合料的铺筑温度，严格控制碾压温度。防渗层的铺筑厚度不得小于设计层厚，非防渗层不得小于设计层厚的95%。铺筑面应平整，在2m范围内的不平整度不超过10mm。

面板铺筑后应钻孔取芯样，每500~1000m²至少取样1组，对沥青混凝土的孔隙率、渗透系数、铺设层厚度和力学性能进行检验。芯样应做抽提试验，检验沥青混凝土的配合比，必要时做柔性、流淌、抗冻裂等检验。

对面板特别是防渗层的铺筑质量检验，宜采用无损检验方法，每30~50m²范围内，在条幅表面和接缝面上各选1个测点进行测试。对铺筑质量可疑部位可适当增加测点。

配制封闭层沥青胶时，应检验其配合比、加热温度和软化点。涂刷时，应在现场检验其温度、涂刷量和均匀性。

4.5.1.5　施工工艺

下面以天荒坪工程为例，简要介绍简式结构沥青混凝土面板的施工工艺。

1. 整平胶结层

整平胶结层库底摊铺时，拌和楼拌和好的成品沥青混合料用 20t 自卸汽车运至摊铺区域（库底下卧层已喷好乳化沥青），直接把料卸入摊铺机的料斗中，其温度在 140～180℃ 范围（用电子测温计在摊铺机料斗内测得），摊铺机以每分钟 3m 左右的速度进行摊铺，摊铺条幅宽度为 4～5m。

摊铺机装有高性能刮板，将料刮平铺匀后，用自身的夯条和振动板预碾压，然后用一台静压重为 4.5t 的振动碾不振动碾压 2～3 遍（第一遍碾压温度要求大于 120℃），再用一台 5.5t 碾压机振动碾压 2～3 遍，一般情况下视天气情况灵活掌握适当增加或减少碾压遍数，有时还在局部部位进行补压，以达到设计要求的孔隙率。

另外，在条幅边缘碾压机碾压不到的地方利用手提式振动夯进行补压。在库底摊铺条幅末端用钢模板挡住混合料，待碾压完毕后，立即将模板移开，用手提式振动夯进行夯击，如果温度降低可用液化加热器边加热边夯击。

库岸施工采用 20t 自卸汽车把混合料运到坝顶，分两次将料倒入主绞车门架上的料斗中（每斗 8～10t），料斗将料卸入门架内的喂料机，喂料机在主绞车钢绳的牵引下将料倒入摊铺机。因摊铺机料斗容量有限，自下而上铺筑一条幅需要喂料机不断向摊铺机供料，当摊铺到坝顶时，将喂料机、摊铺机插入主绞车门架内，沿坝顶移动一条幅宽度，然后再开始下一条幅摊铺。

在摊铺过程中，首先用摊铺机自身预碾压，接着用牵拉在主绞车上的振动碾从下到上斜坡碾压，当碾压机向上时碾子才振动，碾压机在主绞车控制室人员的操作下进行碾压；接着用另一台卷扬绞车牵引碾压机上下往返，不振动碾压，当碾压机到达坝顶时被拉入绞车一起沿坝顶移动一个碾子宽度，依次碾压完一个摊铺条幅，然后再开动绞车回到碾压起点，开始第二遍，但碾压条幅中心线应错开以免漏碾。碾压遍数与库底基本相同。

在库岸斜坡碾压中不一定每条都通条碾压，可局部碾压或补压，一般情况下，初碾速度较慢，随着遍数增加，碾压速度可稍加快，不振动碾压比振动碾要快，向下碾压比向上碾压要快。

在坝顶边缘摊铺机摊不到，碾压机也压不到的地方人工利用铁铲等工具将料摊平，并用振动夯夯实。

2. 防渗层

防渗层沥青混凝土骨料岩性与整平胶结层一样，由同一个轧石筛分系统供给，不同的只是骨料级配。

防渗层混合料与整平胶结层混合料在同一座拌和楼生产（但同时不能生产两种级配的料），用同样的运输、摊铺、碾压设备及施工方法；但需要在防渗层摊铺之前对胶结层表面进行处理，使其表面洁净并喷上乳化沥青，用量约为 0.1～0.2kg/m²。

防渗层的碾压遍数较胶结层相应增加，一般振动碾压 3～4 遍，不振动碾压 4 遍，在保证满足技术规范规定的渗透系数和孔隙率的情况下，使之表面光滑。

为确保沥青混凝土摊铺质量，在现场设有专职人员对混合料温度进行跟踪控制，用电子温度计测量摊铺料斗中料的温度和摊铺好碾压时的温度和厚度，并做好记录（摊铺日期和来料时间）。

3. 加厚层

加厚层设在整平胶结层与防渗层之间，如果胶结层摊铺已久，表面污染，应用水和压缩空气处理干净。为使上下层黏结良好，摊铺前在胶结层喷涂乳化沥青，用量不宜过大，以 $0.2\sim0.4\mathrm{kg/m^2}$ 为宜。加厚层的配合比和防渗层的配合比相同，通常情况下，加厚层在防渗层摊铺之前先摊铺。

4. 聚酯网格

聚酯网格铺设在整平胶结层和防渗层之间，用 5cm 厚的由防渗层材料组成的加厚层进行加固，主要用在圆弧段加固区域（库底与库岸过渡区）以及沥青混凝土护面与截水墙的连接部位等。

聚酯网格应沿库岸垂直方向铺设，用乳化沥青和钢钉固定在整平胶结层上，要求相邻两条网格的边缘搭接长度为 24cm。

在施工过程中对刚铺的（新鲜的）整平胶结层上马上铺设聚酯网格时，不用喷乳化沥青，如果整平胶结层摊铺已久，铺设聚酯网格时应喷乳化沥青。

在摊铺 5cm 厚的加厚层前，先将每幅聚酯网格的上下端人工整平，以每幅 5m 的宽度，从库底开始向上垂直摊设。

5. 封闭层摊涂

封闭层玛𫛸脂拌和通常有两种方法：一种先在拌和楼拌和，再注入玛𫛸脂搅拌器中拌和，另一种将料直接加到玛𫛸脂搅拌器中拌和。天荒坪工程采用后一种，首先加入热沥青，然后用装载机加入填料，其成分为沥青 30%、填料 70%，将两种材料一起搅拌，同时加温到 $180\sim220℃$。

搅拌器中的材料经搅拌加热到规定的温度，用汽车运到摊铺区域，打开搅拌器前端的阀门，热料通过溜槽自流到摊涂机的料斗里，在库底摊涂用碾压机拖拉着进行，在库岸则用坝顶上卷扬绞车牵引在斜坡上自下而上进行摊涂，料斗的容量足以满足摊涂一条幅的用料不需中途加料。

摊涂时，液体材料（玛𫛸脂）通过摊涂机料斗下面的出料管阀门控制，将料流到防渗层面上，并由安装在摊涂机前面的带有橡皮板的分布刮板将材料均匀分布开，摊涂宽度为 $2.5\sim3m$。

封闭层厚度为 2mm，分两层摊铺，每次摊涂 1mm，当第一条幅摊涂之后，紧接着摊涂第二条幅时，重复摊涂第一条幅宽度的一半，第三条幅重复摊涂第二条幅宽度的一半。依次类推，每一个面上都摊涂两遍。摊涂机前面安装的橡皮刮板，可左右移动，在重复摊涂上条幅时，只要将橡皮刮板移向一侧（左或右）即可实现。

封闭层玛𫛸脂搅拌器装有电子温度控制器，可自动调节，一般要求材料温度在 $190\sim210℃$ 的范围，若低于规定温度，搅拌器上的燃气罐可自动加热保持规定温度。

6. 特殊部位的施工技术

接缝分为整平胶结层接缝和防渗层接缝，这两种接缝在处理方法及要求上有所不同。

（1）整平胶结层接缝。摊铺机在铺筑整平胶结层时，用自身的压板将接缝边界压成与下层面成 45°角，而后铺筑相邻条幅时不需做特殊处理。

（2）防渗层接缝。摊铺防渗层时基本按技术规范要求进行，防渗层的接缝与胶结层的接缝错开至少 0.5m，防渗层采用双层摊铺时（有加厚层时），上、下层接缝错开至少 1.0m，防渗层与胶结层的接缝都不重叠。按规定在库岸斜坡面和库底防渗层沥青混凝土不应有横接缝，但施工过程中有时也不可避免会突然下起雨或者出现不可预见的事情，不得不马上停止摊铺，在这一条幅中途就留下横缝。横缝与纵缝处理的方法是一样的。

1）热缝。所谓热缝，是指在摊铺第二条幅时，相邻的第一条幅的混合料已经预压实，但温度仍处于 80℃以上，适于碾压情况的接缝，摊铺机用料将接缝处摊满压平，两条幅之间的沥青混凝土不需要做特殊处理，两条幅接缝一起碾压。

有时因故障，摊铺的混合料来不及碾压，温度已降到低于规范要求，只好作报废处理，将废料挖除，重新摊铺。有时因气温低风力大，热缝的温度已降低到 80℃以下，为了保证沥青混凝土质量，停止沥青混凝土摊铺，按照冷缝处理方法进行处理。

2）冷缝。一般指一天摊铺工作结束所形成的接缝，或者某个区域边缘需要日后进行摊铺所形成的缝，摊铺机在条幅边界压成与层面成 45°角，或者利用手提式振动锤将先摊铺的材料在接缝处夯击成与层面成 45°角。日后继续进行防渗层摊铺时，在接缝表面应涂热沥青，并用红外加热器重新加热到碾压所需要的温度，再摊铺碾压。

冷缝处理一般采用后处理法。后处理法就是在已摊铺碾压数日后的防渗层冷缝处用红外加热器加热达到规定的温度和深度之后再用小型电动振动锤振实，使之表面光滑，冷缝处可以明显看出一条油光发亮的条带（刚处理好时）。

可以使用安装在摊铺机上的普通加热装置（长度约为 2m）或液化罐加热器加热。对经过恶劣条件（如冬季）的冷缝先进行预加热，摊铺机按正常铺筑速度行走，然后再对接缝部位进行后处理。

根据不同的气候条件和工程不同区域部位，合理地选择红外加热器的长度，冷缝加热时间的长短及每次移动的距离等是保证冷缝处理的重要因素。

7. 沥青混合料低温与雨季的施工

在没有特殊保护措施时，一般不得在如下天气情况下施工：①环境气温低于 5℃时；②浓雾或强风时；③遇雨或表面潮湿，防渗层均不能施工。

当摊铺防渗层过程中遇雨、雪时，立即停止摊铺作业，并将已摊铺部分压实。已经离析或结成不能压碎的硬壳、团块或在运输车辆卸料时遗留于车上的混合料，以及低于规定铺筑温度或被雨水淋湿的混合料都应废弃。

实际施工时，当环境温度低于 5℃时不进行整平胶结层和防渗层摊铺。有时早晨气温低于 5℃，并有霜冻时，须等太阳出来、气温渐渐升高、霜冻融化后，用燃气加热器将要摊铺的表面进行烘干加热处理后再进行局部的、小范围的摊铺。

当日的天气情况主要根据气象预报，也要注意观察天气变化，预测可能下雨的时间，随机控制沥青混凝土生产，如果突然遇到预料之外的雷阵雨时，拌和楼立即停止生产，将已拌和好的热混合料送到热料保温仓中暂时保存，可保存 1～2h，每小时温度降低 1～2℃。若 2h 以后还不能摊铺，混合料温度低于规定的温度就作废料处理，或制作成标准块体保存。

如果混合料已运到坝顶（库底）还未来得及摊铺就突然下雨，可用帆布篷盖上，拉回到拌和楼附近的工棚下避雨等候时机，若天气很快好转，混合料温度虽有降低，但还在规定的范围之内，则仍可继续使用，若超出规定温度即作为废料处理。

4.5.2 面板防裂措施及裂缝处理

施工质量良好的致密的沥青混凝土面板几乎是不漏水的，最易出现面板裂缝和缺陷的时期是蓄水初期，过快的水位上升或下降速率极易引起过大的基础层变形，从而导致面板出现裂缝。

沥青混凝土面板的裂缝处理是比较容易和快速的：对深层裂缝，需把裂缝一定范围内的防渗层和整平胶结层挖除，重新回填新拌的沥青混凝土；对于面板上的浅层细微裂缝，经过表面简单清理后，覆盖一层新拌的沥青混凝土加厚层即可。

沥青混凝土面板裂缝能够得到及时有效处理的关键是，在面板施工完毕后必须储备一定数量的沥青和混凝土骨料，运行期出现裂缝后就能及时处理。一般从修补到重新蓄水最多需要一个星期的时间。

4.5.2.1 天荒坪工程

1. 沥青混凝土面板裂缝成因分析

天荒坪抽水蓄能电站上水库从 1997 年开始初次蓄水和投入运行以来至 2001 年 5 月发生了 5 次开裂，共计 34 条（处），总长约 50m，其中贯穿性裂缝 14 条，由于沥青混凝土局部施工缺陷产生的渗水点 11 处，详见表 4.5-2。裂缝分布地点相对集中，34 条裂缝中 21 条（其中 9 条发生在已修补的沥青混凝土面上）分布在 4 号排水观测廊道以北、水平截水墙以西的南库底，7 条（其中 2 条为渗水点）在沥青混凝土护面与水平截水墙顶相连接的部位，4 条集中在北截水墙与水平截水墙交点附近。从总的趋势看，裂缝的总长度、宽度和贯穿性裂缝的条数，均逐步减小、减少，趋于收敛。

表 4.5-2　　　　　　　　　天荒坪上水库沥青混凝土护面裂缝一览表

开裂次序	裂缝编号	日 期	库最高水位/m	裂缝数量		裂缝性状/cm			渗水点/处	备 注
				总数	其中：贯穿裂缝	总长	最大长度	最大宽度		
1	0 号	1998 年 9 月 19 日	889.50	1		40	40	0.5		放空检查
2	1~9 号	1998 年 9 月 29 日	889.51	9	9	1820	见备注	2.0		蓄水后运行过程渗水突增；3~8 号贯穿裂缝位于一处总长 15.5m
3	10~16 号	1999 年 9 月 24 日	898.97	7	3	940	560	1.4	2	运行过程水位上升，渗水略见异常
4	17~25 号	2000 年 9 月 26 日	904.97	9	2	1510	250	1.5	2	运行过程水位上升，渗水异常
5	26~33 号	2001 年 5 月 9 日	903.50	8	无	200	200	0.3	7	放空检查

经分析认为，裂缝产生的原因主要有以下方面：

（1）水库回冲水速率过快。第二次蓄水前后水位过快的降落和升高恶化了地基土层的不均匀性和沥青混凝土质量缺陷造成的后果。

第一次蓄水平均速率为 0.61m/d，只发现一条非贯穿性裂缝。第二次蓄水平均速率高达 15.32m/d，结果使沥青混凝土防渗护面产生了 5 次开裂中最多的贯穿性裂缝（9 条，占 5 次开裂中贯穿性裂缝总数的 64%），导致库底渗水条数陡增 10 倍，带来了最为严重的后果。过大的变幅（水位变幅与水深的比值高达 36.7%～52.4%），造成作用于护面的反复荷载过大，无疑对第三次、第四次、第五次开缝产生促进作用。因此，在地基变形完全稳定前，必须严格控制上水库充排水速率，同样，运行中对水位变幅的控制也是十分必要的。

（2）地基不均质性和沥青混凝土防渗护面基础的不均匀沉降。尽管地基中天然全风化岩（土）层的不均质性是存在的，但是到目前为止，所挖掘的探坑和探槽尚未发现因设计开挖线以下天然地基或设计填筑线以下回填土地基的不均质性造成沥青混凝土防渗护面开裂的例子。

1998 年的 6 号探坑和 2000 年在 7 号裂缝往北延伸的新裂缝处开挖的探槽显示，本是开挖区的地基中却发现了回填料，并夹杂着强弱风化块石；在 6 号探坑中发现粒径为 55～65cm 的块石。2000 年的 17 号探槽中也发现块石，7 号和 8 号缝交叉点的正下方，发现 90cm×50cm×35cm 大的块石，18 号探坑也发现了块石。1998 年、1999 年、2000 年所有的探坑和探槽发现排水垫层和反滤层的总厚度均未达到设计值 60cm（反滤层 20cm，排水层 40cm），6 号探坑和 10 号探坑处分别为 41～42cm 和 39～40cm，17 号探槽和 18 号探坑处分别为 21～35cm（局部 49cm）和 36～41cm，均比设计值小约 1/3。

裂缝部位的探坑、探槽揭示了地基土层的人为不均质性（夹杂块石）和反滤层、排水垫层总厚度的不足与裂缝间的直接联系。在大粒径块石存在的情况下，加大了土层变位的不均匀性，垂直向压缩量的差异在排水垫层和反滤层总厚度不足的情况下无法消散和缓解并以局部不均匀沉降的方式反映出来，使沥青混凝土防渗护面遭受了剪切破坏而开裂。

（3）1998 年沥青混凝土防渗护面开裂后高压渗水冲蚀的影响。比较 1997 年 8 月沥青混凝土防渗护面竣工时的测量资料、1998 年 10 月水库放空时的测量资料和 1999 年 9 月水库再次放空时的测量资料，发现第二次开裂时大量流过反滤层和排水垫层的压力水，可能引起反滤层与土层间界面的冲刷掏空以及反滤层和排水垫层中的冲蚀掏空，加剧了沥青混凝土防渗护面不均匀沉降——10 号裂缝就是一个例子。也就是说第二次开裂时，压力水对全风化土基的冲刷和对反滤层、排水垫层的冲蚀可能是 1999 年、2000 年和 2001 年某些裂缝产生的原因。

根据以上对沥青混凝土防渗护面开裂原因的分析和运行经验，可以得出下述结论：

1）在上水库地基全风化岩（土）排水固结完成、沥青混凝土防渗护面基础沉降稳定前，严格限制水位上升和下降的速率及严格限制水位变幅的增量、保证足够的稳压时间、密切注意蓄高水位时和加大水位变幅增量时的水温等都是十分重要的。即使上水库地基全风化岩（土）排水固结完成、沥青混凝土防渗护面基础沉降稳定后，也必须根据运行经验制定合理的放水和重新蓄水的速率和程序，对已正常运行的上水库的放空和重新蓄水进行必要的控制。

2）尽管1998—2001年沥青混凝土防渗护面产生了5次裂缝，除了第二次充水和排水处于无控制状态下，护面开裂情况最为严重外，第一次蓄水开裂情况最轻微。水位上升速率有控制的第三次、第四次和第五次蓄水的裂缝条数虽不少，但开裂程度远较第二次为轻，渗水量增大得也不多。每次修补的部位在再蓄水至原水位时没有再发生贯穿性的裂缝，其他部位也基本没有发生新增的严重开裂，防渗护面安全性逐渐稳定的趋势是明显的。

3）在沥青混凝土防渗护面基础变形稳定前，即便上水库蓄排水和水位变幅增量有控制地进行，蓄水位上升到新的高程时，仍然很难完全避免沥青混凝土防渗护面再次开裂的可能性，更何况在上水库沥青混凝土防渗护面及其下卧层有缺陷时（沥青含量偏少、地基人为均质性问题突出、反滤层和排水垫层总厚度不足等），还有第二次开裂时反滤层和排水垫层大量流过压力水可能留下的冲刷和冲蚀的影响，就更不得不防备再次开裂的可能性。防渗护面产生新的开裂后，因需放空水库进行修补会造成经济损失，不会带来致命的安全性问题。

2. 沥青混凝土防渗面板裂缝处理

（1）沥青混凝土防渗面板初期蓄水裂缝检修标准。沥青混凝土防渗面板初期蓄水裂缝检修标准归纳如下：

1）通过地质雷达预判检修日期。沥青混凝土修补较其他防渗型式简单快捷，为了防患于未然，可以参考已有天荒坪、宝泉等抽水蓄能电站工程经验，对在建、已建的沥青混凝土面板防渗工程，每2年采用地质雷达进行一次基础全面脱空情况检测。

2）排水廊道出现集中渗漏或观测点渗漏量发现明显突变时，应进行放水检查，根据检查情况确定是否检修。

3）抽水蓄能电站库盆日渗漏量超过库容的1/2000～1/5000时，进行放水检修。

（2）裂缝处理方法。根据裂缝大小、位置和发育情况的不同采用不同的处理方法：

1）微细而不裂穿的裂缝。对于微细而不裂穿防渗层的裂缝，铲除封闭层，铺设聚酯网格和加厚层，施工封闭层，具体结构型式见图4.5-1。

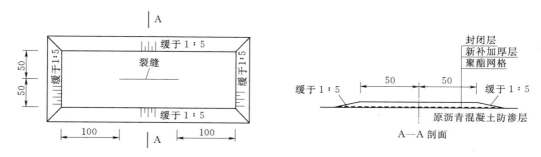

图4.5-1 细微而不裂穿的裂缝处理示意图（单位：cm）

聚酯网格是沥青混凝土的一种加筋材料，是一种高强度的聚酯材料，在沥青混凝土中铺设聚酯网格，可大大提高抗拉强度，改善沥青混凝土的内部应力，使得沥青混凝土的抗变形能力更强。

2）一般规模的裂缝。一般规模的裂缝指未贯穿沥青混凝土防渗层或整平胶结层，对下卧排水层等未产生破坏的裂缝。

对一般规模的裂缝：凿除沥青防渗层及整平胶结层，逐层回填沥青混凝土胶结层及防渗层（中间铺一层聚酯网格），然后铺设聚酯网格、加厚层及封闭层（图 4.5-2）。根据工程实际情况，当原沥青防渗层沥青含量低于 7% 时，可适当加大修补沥青混凝土中沥青的含量。

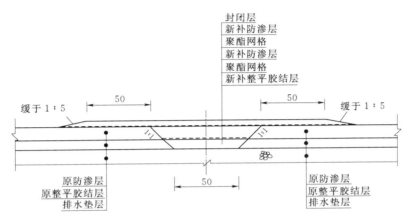

图 4.5-2　一般规模的裂缝处理示意图（单位：cm）

3）对于宽、大的裂缝。宽、大裂缝指裂缝发育达到一定规模，已经贯穿防渗层和整平胶结层，对下卧层（含排水垫层、反滤层和地基，下同）产生了一定程度破坏的裂缝。

对于较长、较宽、规模大的裂缝：凿除沥青防渗层、整平胶结层、排水垫层、反滤层及已被水流淘刷的全风化地基，逐层回填沥青混凝土胶结层及防渗层（中间铺一层聚酯网格），铺设聚酯网格和加厚层，施工封闭层，具体结构型式见图 4.5-3。

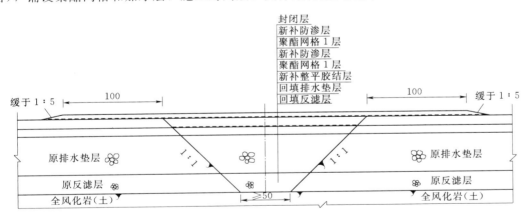

图 4.5-3　较长、较宽、规模大的裂缝处理示意图（单位：cm）

4.5.2.2　宝泉工程

宝泉抽水蓄能电站上水库沥青混凝土面板坡比为 1∶1.7，面板为简式结构，由封闭层、防渗层、整平胶结层组成，下卧层为碎石排水垫层。为进一步提高面板对基础不均匀沉降的适应，在主坝反弧段底部、主坝与库岸连接段等应力应变集中区设置聚酯网格，同时增设5cm厚沥青混凝土防渗加厚层。

上水库主坝于2007年6月下旬开始进行沥青混凝土整平胶结层填筑，于同年7月完成整个坝面的整平胶结层铺筑和主坝下部反弧水平段的防渗层铺筑。7月28—31日，工地遭遇大暴雨。8月3日，发现主坝沥青混凝土局部出现沉降、塌陷、脱空及拉裂现象，随后经普查发现，沥青混凝土沉降、塌陷、脱空及拉裂出现在以下四个区域：①坝0+150.46～坝0+155.96m，高程743.76～785.07m整平胶结层；②坝0+342.52～坝0+351.04m，高程757.552～770.368m整平胶结层；③坝0+354.20～坝0+363.00m，高程743.576～757.552m整平胶结层；④主坝库底水平段坝0+271.02～坝0+600m段坝防渗层出现拉裂现象。拉裂影响区宽约2～4m。

经过对主坝施工过程中沉降观测资料、地形地质条件、基础处理措施以及施工期气候条件等分析，认为7月28—31日的暴雨是造成主坝沥青混凝土面板局部出现沉降、塌陷、脱空、拉裂现象的主要原因。主要处理措施如下：

（1）在进行主坝整平胶结层沉降、脱空及拉裂处理之前，做好相应的防雨水冲刷措施。

（2）进行地质雷达检测及沥青混凝土芯样检测。

（3）对主坝坝坡整平胶结层外观已出现沉陷、脱空及裂缝的沥青混凝土全部拆除。

（4）拆除后应先对基础垫层料进行检测。基础检测完毕后，对基础垫层料进行整坡碾压。

（5）拆除修补完后，再重新按设计要求铺筑整平胶结层、防渗层及封闭层。

4.5.2.3 小结

（1）地质条件、水库的运行条件、不均匀沉降等均可造成沥青混凝土面板的裂缝，应根据工程的实际条件，并结合裂缝的产状及发展情况，对裂缝的成因综合判断。

（2）水库初期蓄水时，一定要严格控制充排水速率。沥青混凝土防渗护面基础沉降稳定前，充排水速率过快，易造成沥青混凝土护面的裂缝。

（3）沥青混凝土防渗面板的裂缝修补较为复杂，对工程的后期运行影响较大，因此修补措施应根据工程的实际特点，结合大量工程的裂缝修补经验，综合制定修补措施，研究施工工艺。

4.6 工程应用实例

4.6.1 天荒坪抽水蓄能电站

4.6.1.1 工程概况

天荒坪抽水蓄能电站上水库位于浙江省安吉县大溪左岸支沟龙潭坎的沟源洼地，其东、西两侧分别为搁天岭（顶高程973.48m）和天荒坪（顶高程930.19m）。主要岩层为侏罗系流纹质熔凝灰岩、辉石安山岩、层凝灰岩、第四系全风化岩土（残积层）、坡-洪积层及坡积层等，工程地质条件较复杂，各处的岩石风化程度不一，南库底和西库岸以全风化岩（土）为主，部分为强、弱风化和强风化岩石掺杂其间。可见上水库库盆呈现着物理力学性质上显著的不均质性，水库蓄水后沉降和不均匀沉降难以避免。库岸全线除了进/出水口及其邻近区域相对隔水层顶板高程高于上水库设计最高蓄水位外，其余均低于设计最高蓄水位。

上水库设计最高蓄水位 905.2m，最低蓄水位 863m，总库容 919.2 万 m^3，有效库容 881.23 万 m^3，正常运行时水位日变幅 28.42m。上水库工程平面布置参见图 4.6-1。

上水库布置了建在洼地南端的主坝和在东、北、西、西南四个地形垭口的四座副坝。根据地形地质条件，主、副坝均采用土石坝。为获得必需的库容并取得筑坝材料，在东库岸进水口附近和西库岸进行了大规模的开挖。

上水库主坝最大坝高 72m，北、东、西、西南副坝最大坝高分别为 35m、32.5m、17m 及 9.3m。

除进/出水口附近的东库岸岩质边坡用喷混凝土护面，进/出水口前池底部用混凝土护底外，上水库全库盆采用沥青混凝土面板防渗，坝体面板坡比 1:2.0，库岸面板坡比 1:2.0～1:2.4，库底北高南低，并且倾向进/出水口。整个库盆防渗面积为 28.5 万 m^2。

4.6.1.2　库盆防渗方案

1. 沥青混凝土防渗体结构设计

沥青混凝土防渗护面为简式结构，由沥青混凝土整平胶结层、防渗层、加厚层和表面封闭层组成。

（1）沥青混凝土整平胶结层。整平胶结层是由适当比例的粗骨料、细骨料及少量填料（或不加填料）与沥青结合料拌和而成的沥青混凝土，它是防渗层的基础层，要求平整、密实，且有一定的排水能力，能排走从防渗层渗下去的渗水。坝坡及岸坡的整平胶结层厚度为 10cm，库底为 8cm。

（2）沥青混凝土防渗层。沥青混凝土防渗层是防渗体的主体部分，其作用就是防渗。防渗层属密级配沥青混凝土，不仅要求有良好的防渗性、稳定性，而且要求有良好的柔性，以适应基础的变形。沥青混凝土防渗层的厚度为 10cm。

（3）沥青混凝土加厚层。加厚层是为了加强坡脚反弧段和进/出水口前圆弧段而设置的，层厚 5cm。加厚层材料要求同防渗层材料。

（4）沥青混凝土表面封闭层（玛琋脂封闭层）。封闭层材料是沥青和填料的混合物，其作用是封闭沥青混凝土防渗层表面缺陷，提高防渗层的抗渗性并保护沥青混凝土防渗层，延缓沥青混凝土的老化等。天荒坪工程玛琋脂封闭层的沥青和填料用量之比为 3:7，封闭层厚 2mm。

2. 与周边建筑物的连接及细部设计

沥青混凝土护面与混凝土面的连接部位用钢丝刷和压缩空气清除混凝土面上所有的附着物并凿毛，然后涂沥青涂料及 IGAS 后摊铺沥青混凝土护面。

沥青混凝土与坝顶、库底截水墙等的连接详图见 4.3 节。

坝坡、岸坡与库底的连接是一个半径为 50m 的反弧段，进/出水口前是一个半径为 30m 的圆弧。反弧段和圆弧段部位均设置沥青混凝土加厚层，层厚 5cm，设于防渗层的上面。

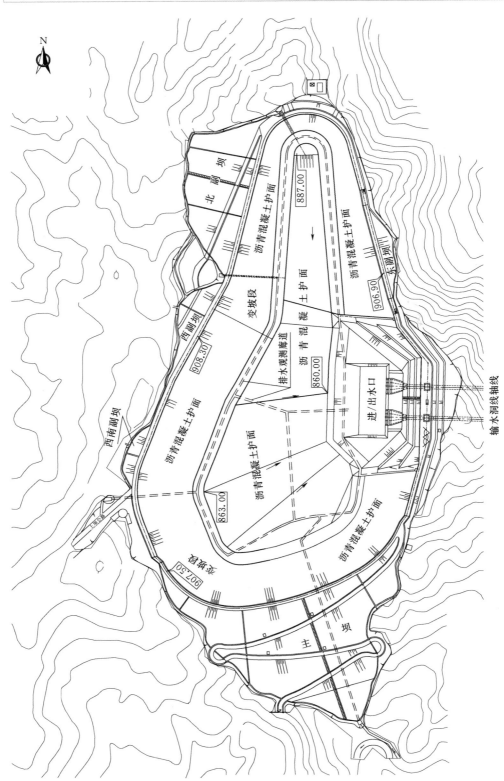

图 4.6-1 天荒坪抽水蓄能电站上水库平面布置图（单位：m）

3. 排水系统设计

整个上水库的排水系统由以下几部分组成：坝坡、岸坡及库底的排水垫层；库底 PVC/REP 排水管；1 号、2 号、3 号、4 号排水观测廊道、主排水观测廊道及西库岸的排水交通洞；截水墙廊道。所有库内渗水和地下水将通过排水垫层，PVC/REP 排水管，1 号、2 号、4 号排水观测廊道，主排水观测廊道，排水交通洞及截水墙廊道，最后通过 3 号排水观测廊道将水排入主坝下游坝脚附近的香炉山集水池；并通过泵房将水抽至上水库搁天岭高位水池，用作沥青混凝土防渗护面喷淋降温系统的水源。

主、副坝坝体面板后的碎石排水垫层水平宽度为 2m，过渡层水平宽度为 4m；库岸边坡面板下的排水垫层（包括反滤层）厚度为 90cm，库底碎石排水垫层（包括反滤层）厚度为 60cm，基础较差部位适当加厚。

排水垫层料由新鲜岩石人工轧制而成，最大粒径为 8cm，设计干容重 19.21kN/m³，加水 20%，用 10t 振动碾压 4～6 遍，压实后相对密度大于等于 0.9，渗透系数大于等于 5×10^{-2}cm/s。

排水垫层作为沥青混凝土的下卧层，具有排水功能及自身渗透稳定性，为适应上部沥青混凝土施工机械的运作，压实后排水垫层料表面的变形模量要求大于 35MPa。

库底排水管为 PVC/REP 复合管，布置于排水垫层内，内径 20cm，间距 25m，直管两端接入排水观测廊道或截水墙廊道内。

4.6.1.3 运行效果

天荒坪工程上水库工程地质条件比较复杂，各处岩石的风化程度不一，南库底和西库岸以全风化岩为主，最深超过 30m，全风化岩中夹强、弱风化岩块，其尺寸大小不一，分布不均。上水库库盆在物理力学性质上呈现显著的不均匀性，蓄水后不均匀沉降变形难以避免。天荒坪工程选择用沥青混凝土面板柔性防渗方式适应了不利的工程地质条件，用配套的排水观测系统为工程安全和经济运行创造条件，是国内抽水蓄能电站防渗工程的成功实践范例。

上水库蓄水至今，沥青混凝土防渗护面共出现过五次裂缝，裂缝规模一次比一次小，逐渐趋于收敛。目前上水库总渗漏量稳定在 2L/s 左右，运行良好。

4.6.2 西龙池抽水蓄能电站

4.6.2.1 工程概况

西龙池抽水蓄能电站上水库库址位于滹沱河西河村河段左岸峰顶的西龙池村，西闪虎沟沟脑部位。上水库由 1 座主坝和 3 座副坝所围成，总库容 485.1 万 m³。上水库设计原则以尽量不破坏库周分水岭、不影响边坡稳定及可利用料挖填平衡为目的进行体形优化。上水库库区主要地层为上马家沟组第 2 组层，岩性为灰岩、白云岩、泥质灰岩等，呈互层状生成，岩溶相对发育，地下水位远低于库底，岩体渗透性较大。上马家沟组第 2 组中的 $O_2 s^{2-2}$、$O_2 s^{2-4}$、$O_2 s^{2-6}$ 岩层以白云岩为主，且存在软弱夹层，为减少渗漏量和防止因渗水使软弱夹层强度指标降低而危及库岸边坡的稳定，确定上水库采用全库盆防渗措施，防渗面积 21.77 万 m²。工程上水库平面布置见图 4.6-2。

上水库主坝坝顶高程 1494.50m，坝顶长度 401.16m，最大坝高 50m，坝顶宽度

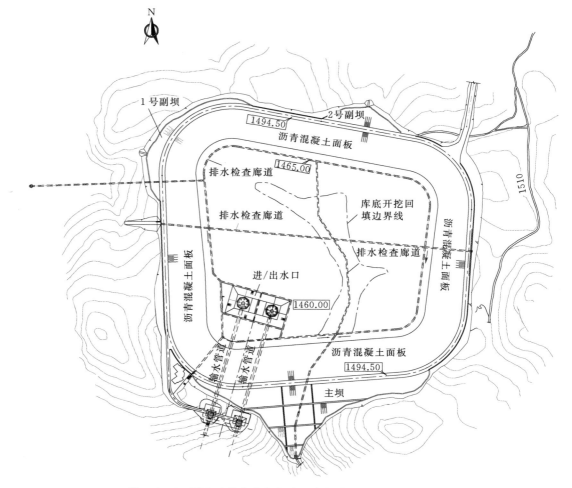

图 4.6-2 西龙池抽水蓄能电站上水库平面布置图（单位：m）

10m，上游坝坡 1：2，下游坝坡 1：1.7，最大横断面底宽约 200m。主坝填筑分区有碎石垫层、过渡层、上游堆石、下游堆石、排水棱体、下游坝面干砌石护坡等项目。

4.6.2.2 库盆防渗方案

1. 沥青混凝土防渗体结构设计

全库盆沥青混凝土防渗护面采用简式结构，由沥青混凝土整平胶结层、防渗层、加厚层和表面封闭层组成。

面板表层封闭层厚度为 2mm，防渗层厚度为 10cm，整平胶结层厚度为 10cm。在大坝坡脚反弧段和进/出水口前圆弧段设置加厚层，厚度为 5cm。

主坝和库盆沥青混凝土面板坡比 1：2.0，坝坡与库底采用半径 30m 的圆弧连接，沥青混凝土面板水平向最小曲率半径为 44m。

2. 与周边建筑物连接及细部设计

沥青混凝土面板与周边混凝土结构的连接见图 4.6-3 和图 4.6-4。

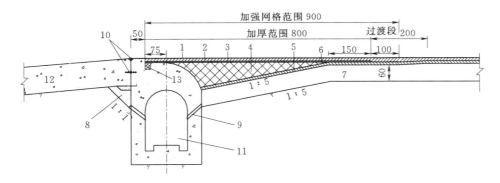

图 4.6-3　下水库库底沥青混凝土面板与库岸混凝土面板的连接（单位：cm）
1—沥青玛琋脂封闭层；2—防渗层；3—加厚层；4—沥青砂浆楔形体；5—整平胶结层；6—加强网格；
7—碎石垫层；8—无砂混凝土；9—塑料排水管；10—止水带；11—排水廊道；
12—混凝土面板；13—塑性止水填料

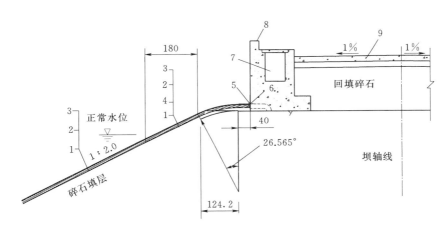

图 4.6-4　下水库沥青混凝土面板与坝顶的连接（单位：cm）
1—整平胶结层；2—防渗层；3—封闭层；4—聚酯网格；5—改性沥青玛琋脂封缝；
6—止水带；7—电缆沟；8—栏杆基础；9—混凝土路面

3. 排水系统设计

环库排水廊道长 1300m，库底中心及坝下检查廊道长 635m，库西南及东北侧的两条排水检查廊道长 150m。为了便于排水，将库底排水分为 4 个区，水库渗水分区排入廊道，再由坝下排水廊道收集，排至坝下游坝脚集水井内，集水井处设泵站，用泵将渗漏水抽回库内。

主坝和两座副坝沥青面板后均设置水平宽度 3.0m 的碎石排水垫层，渗透系数大于 1×10^{-2} cm/s。大坝分区满足坝体排水要求，同时碎石排水垫层在坝脚处与库底排水垫层连接，可将渗水经排水垫层、排水花管排至库底排水廊道。

库岸开挖基础除 $O_2 s^{2-6}$ 层为全强风化岩外，其余均为弱风化灰岩或白云岩。经必要的基础处理后，在库岸和库底设置厚度 60cm 的碎石排水垫层，渗透系数大于 8×10^{-3} cm/s。

库岸的碎石排水垫层和库底的排水垫层料连接，渗水经由库底排水垫层及排水花管排至库底排水廊道。

4.6.2.3 运行效果

上水库全库盆为简式沥青混凝土面板防渗，运行至今防渗面板防渗效果较好，水库总渗流量 1L/s 左右，在设计允许范围之内。总渗漏量与库水位变化呈正相关，渗漏无突变。面板的应力应变值偏小且均已稳定，环库设置喷淋系统，沥青在高温下未发生流淌。

第 5 章
钢筋混凝土面板

5.1 钢筋混凝土面板防渗的优缺点及工程应用

5.1.1 钢筋混凝土面板防渗的优缺点

抽水蓄能电站上水库的水一般是消耗电能从下水库抽上去，库水渗漏即代表着电能的损失，并且可能影响库岸稳定和工程安全运行，因此水库防渗相当重要。而由于不同工程的地形、地质、水文气象、施工、建材等条件不同，选用的水库防渗型式也多种多样，钢筋混凝土面板防渗型式是其中的一种。

钢筋混凝土面板防渗体是指在堆石、岩石等支撑体表面布置钢筋混凝土面板用以挡水的一种防渗结构。实际工程中，往往与趾板、混凝土挡墙、连接板、防渗帷幕、防渗墙和接缝止水结构等一起组合成水库大坝或库岸的封闭防渗体系。因此，设计时需要满足的性能要求有：①足够的防渗性能；②足够的强度；③足够的抗裂性能和一定的适应变形能力；④足够的耐久性能。

采用混凝土面板防渗的抽水蓄能电站上水库，不同于一般常规电站面板堆石坝的混凝土面板，有其自身的特点：防渗面积大，体型复杂，面板各种结构缝多，基面介质不均一；水位往复升降变幅大，且变化快速和频繁；面板既要抗御低温开裂，还要防止阳光辐射以避免面板嵌缝止水材料的高温流淌。

5.1.1.1 钢筋混凝土面板防渗的主要优点

1. 能适应较陡的边坡

钢筋混凝土面板或面板坝的坡度较陡，通常可到 1:1.3~1:1.5，它比沥青混凝土面板及黏土心墙或斜墙土石坝的坡度陡得多，因此对水库坝体填筑来说，工程量是最小的；对库岸来说，较陡的边坡可以减少库岸开挖、获得较多的有效库容。钢筋混凝土面板也可兼作岸坡防护。

2. 施工技术成熟

目前的土石坝施工碾压技术已十分成熟，填筑工程中普遍采用大型采运设备、重型振动碾，并采用 GPS 实时监控填筑施工质量。无轨滑模设备和工艺在浇筑混凝土面板中广泛应用。

3. 抗冲、耐高温及防渗性能好

钢筋混凝土面板具有较强的抗冲击破坏能力、耐高温能力和可靠的防渗性能。

4. 施工速度快，对恶劣气候适应性强

钢筋混凝土面板坝的堆石体填筑不受降雨等天气的影响，可以连续施工，非常方便，加之钢筋混凝土面板可以用滑模施工，既可以一次性浇筑，也可以分期浇筑，施工速度快。

5. 节省投资

与沥青混凝土防渗相比,钢筋混凝土面板防渗投资要节省很多。江苏句容抽水蓄能电站上水库沥青混凝土面板投资 1500~1600 元/m³,而钢筋混凝土面板投资仅需 300~500 元/m³。

5.1.1.2　钢筋混凝土面板防渗的主要局限性

1. 接缝较多,施工和维修难度较大

由于工程区的气候条件、地质条件、施工条件的不同,在面板内部及其周边将产生温度应力与沉降变形应力。这些应力有可能产生有害的裂缝。为此,需对面板及其周边进行合理的分缝分块,以适应干缩、温度应力和基础不均匀沉降变形,消除有害裂缝,并在缝中设置止水设施,防止产生渗漏。这样,就使得永久接缝较多,也给施工和维修带来较大难度。

2. 适应温度及地基变形能力差

钢筋混凝土面板为刚性薄板结构,变形模量大,适应温度及地基变形能力较差,当温差较大或基础产生不均匀变形时,容易开裂,温控防裂和控制基础变形要求较高。对库岸来说,钢筋混凝土面板可以应用于岩质边坡,但不适用于变形较大的土质边坡。

3. 面板裂缝较多且修补麻烦

相对其他防渗型式,库岸、库底采用钢筋混凝土面板防渗的工程实例不多,因为较多的面板接缝及可能发生的裂缝,会使施工复杂且后期修补费用较高。对上水库来说,放空水库进行裂缝的修补较为麻烦,这也限制了此防渗型式的广泛运用。

5.1.2　钢筋混凝土面板防渗的工程应用

钢筋混凝土面板防渗大约始于 1895 年美国建成的第一座钢筋混凝土面板坝:察凡·派克 (Chavan Pike) 坝。一般认为,中国现代面板坝技术起步于 1985 年。截至 2015 年年底,我国坝高 30m 以上的钢筋混凝土面板坝已建约 270 座,在建约 60 座,拟建约 80 座,总数超过 400 座。水布垭水电站面板堆石坝高 233m,为世界上已建最高的面板堆石坝;天生桥一级坝坝顶长超过 1km,填筑方量约 1800 万 m³,面板面积约 18 万 m²,是工程规模最大的面板坝;莲花坝坝址极端最低气温－45.20℃,是已建位于气温最低及温差最大地区的面板坝;查龙坝坝顶高程为 4388m,是海拔最高的面板坝。

钢筋混凝土面板防渗在国内抽水蓄能电站上水库的应用,开始于 20 世纪 90 年代初的十三陵抽水蓄能电站的上水库库盆和广州抽水蓄能电站的上水库大坝。到 21 世纪初,又有多个已建和在建的抽水蓄能电站的上水库采用钢筋混凝土面板防渗,如泰安抽水蓄能电站上水库大坝和部分库岸、宜兴抽水蓄能电站上水库全库盆、琅琊山抽水蓄能电站上水库大坝等,见表 5.1－1。

表 5.1－1　　　截至 2018 年国内部分钢筋混凝土面板防渗工程实例统计表

序号	电站名称	阶段	坝高/m	上游/下游坝坡坡比	过渡层/垫层(水平厚)/cm	岸坡坡比	面板厚度/cm
1	绩溪抽水蓄能电站	在建	112	1:1.4/1:1.4	500/300		$40+0.003H$
2	金寨抽水蓄能电站	在建	77	1:1.4/1:1.4~1.5	500/300		$30+0.003H$

序号	电站名称	阶段	坝高/m	上游/下游坝坡坡比	过渡层/垫层（水平厚）/cm	岸坡坡比	面板厚度/cm
3	溧阳抽水蓄能电站	已建	165	1∶1.4/1∶1.45	500/300	1∶1.4	30+0.003H
4	泰安抽水蓄能电站	已建	99.8	1∶1.5/1∶1.4	400/200	1∶1.5	30
5	十三陵抽水蓄能电站	已建	75	1∶1.5/1∶1.7~1.75	400/300	1∶1.5	30
6	仙居抽水蓄能电站	已建	88.2	1∶1.4/1∶1.8~2.2	400/200		30+0.003H
7	广州抽水蓄能电站	已建	43.3	1∶1.405/1∶1.4	400/200		30+0.003H
8	琅琊山抽水蓄能电站	已建	64	1∶1.4/1∶1.4	300/300		40
9	宜兴抽水蓄能电站	已建	75	1∶1.3/1∶1.26	400/200	1∶1.4	40

于 1995 年建成的十三陵抽水蓄能电站位于北京市昌平区，距市中心 40km。装机容量 800MW，最大水头 481m，上水库总库容 445 万 m^3，库盆面积 17.5 万 m^2。地层为沉积砾岩及火山熔岩火山碎屑岩，底部为寒武系灰岩，构造裂隙十分发育。全库盆采用表面防渗，勘测设计阶段采用沥青混凝土面板防渗，工程实施时改用钢筋混凝土面板防渗。由于接缝止水损坏等原因，曾对防渗系统作过修补，现在渗漏量很小，上水库运行正常。实测全库渗漏量：1998 年冬季为 14.16L/s，1999 年、2000 年冬季渗漏量为 6~7L/s，其他季节为 0.02L/s。

江苏省的宜兴抽水蓄能电站上水库位于铜官山主峰北侧沟谷内，由主坝、副坝和库周山岭围成。上水库天然库容只有 100 多万 m^3，为了获得 500 多万 m^3 的工作库容，对库盆做了大量开挖。主坝为钢筋混凝土面板堆石坝，位于库盆东侧；副坝为混凝土重力坝。上水库地形地质条件不理想，挖库扩容后，存在库岸稳定问题；地质构造及风化、破碎岩体的存在，进一步降低了库岸岩体、库盆地基及坝基岩体质量；库岸地下水深埋大，存在着水库渗漏问题。全库盆采用钢筋混凝土面板防渗。

德国瑞本勒特（Rabenleite，1955 年竣工）抽水蓄能电站装机容量 135MW，上水库库容 150 万 m^3，防渗面积约 7.68 万 m^2，最大坝高 20m，坝面和库岸全部采用 20cm 厚的素混凝土面板，共分为 750 块 7m×7m 的板块，接缝采用 3 层玻璃纤维沥青油毡止水，局部采用铜片加强。库底为沥青混凝土面板。水库工作水深 15.4m，设计允许渗漏量为 10L/s，即日渗漏量为总库容的 0.576‰。运行中，混凝土面板开裂、接缝漏水较严重，实测最大渗漏量达到 37L/s，每天渗漏量相当于库容的 2.13‰。工程于 1993 年彻底改建为沥青混凝土面板，目前总的实测渗漏量小于 0.1L/s，每天渗漏量相当于库容的 0.006‰。

法国拉古施（La Coche，1975 年竣工）抽水蓄能电站上水库总库容 200 万 m^3，装机容量 320MW，采用全库盆钢筋混凝土面板防渗，防渗总面积 10 万 m^2，板厚 30cm，下部设 20~30cm 的多孔混凝土排水层。为防止库水渗入岩层，基础面铺设了一层尼龙丝加筋的 PVC 防渗膜。面板分成宽 10~12m、长 5~10m 的板块，接缝中设一道橡胶止水。1975 年上水库初期蓄水时渗漏量高达 100L/s，每天渗漏量相当于库容的 4.32‰。1976—1978 年，每年放空水库进行处理，共处理裂缝长约 3300m，又在接缝表面增设一道止水，经过 3 年处理后，渗漏量降到 11.7L/s，每天渗漏量相当于库容的 0.51‰。

钢筋混凝土面板防渗应重点关注的问题如下：

（1）坝坡（或岸坡）和库底均采用钢筋混凝土面板防渗时，面板堆石坝的趾板需改为坝坡（或岸坡）与库底面板的过渡连接板型式，基础均坐落在排水垫层上。

（2）为避免面板渗漏在面板后产生的反向渗压及冬季冻胀破坏，面板下应设置自由排水垫层，渗透系数大于 10^{-2} cm/s。

（3）在满足防渗要求的前提下，应采用具有较好柔性的薄混凝土面板，并根据温度、干缩和适应地基变形要求合理地设置分缝。

（4）采用新材料、新工艺改善永久缝的止水构造，严格控制渗漏量。

（5）优选面板混凝土配合比，满足面板的工作性能、强度及耐久性等要求。

（6）选用先进的面板施工工艺和裂缝控制技术。

5.2　结构设计

5.2.1　钢筋混凝土面板防渗结构

防渗结构由混凝土面板及下卧层组成。下卧层的主要作用是支撑面板并传递其上的水荷载，同时满足面板下的排水等要求。抽水蓄能电站运行期，库水位不断变化。发电工况时，库水位由正常蓄水位降至死水位，降落速度较快。若面板后水位降落速度小于库水位降速，面板后产生反向水压力作用不利于面板稳定。为了使面板不受反向水压力作用，确保面板稳定安全，要求面板下的下卧层有足够的排水能力，因此做好排水设计非常关键。

对于大坝而言，钢筋混凝土面板防渗结构通常由几部分组成：表面一定厚度的钢筋混凝土面板，以下分别为垫层、过渡层和堆石体。

库岸的混凝土面板防渗结构包括混凝土面板、碎石垫层或无砂混凝土等（图 5.2-1）。无砂混凝土排水垫层主要适用于建基面为岩基的库岸。

钢筋混凝土面板防渗结构设计主要包括混凝土防渗面板、面板下排水垫层、排水廊道系统等设计。

5.2.2　混凝土防渗面板

5.2.2.1　面板厚度

面板厚度的确定应满足以下要求：应能便于混凝土浇筑和止水埋设，其相应最小厚度一般为0.3m，面板顶部没有水压力的作用或水压力较小，挤压破坏大多发生在高高程的面板，对于150m以上的高坝，可以适当加厚顶部面板的厚度；为了提高耐久性和减少渗水量，面板厚度应满足允许水力梯度要求，工程界在允许水力梯度方面有不同意见，根据工程经验建议采用300。我国规范规定渗

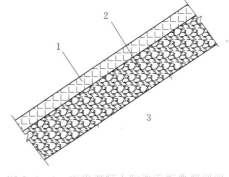

图 5.2-1　库岸混凝土防渗面板典型剖面
1—钢筋混凝土面板；2—碎石垫层或
无砂混凝土（排水层）；3—库岸

透水力梯度宜小于200。在达到上述要求的前提下，应选用较薄的面板厚度，以提高面板柔性，并降低造价。

大坝及库岸面板厚度从顶部向底部逐渐增加，在相应高度处的厚度可按式（5.2-1）确定：

$$T=T_0+(0.002\sim0.0035)H \tag{5.2-1}$$

式中：T 为面板厚度，m；T_0 为面板顶部厚度，m，低坝宜取 0.3m，高坝宜取 0.3～0.4m；H 为计算断面至面板顶部的高度，m。

对于抽水蓄能电站的上水库，由于水头较小，一般可以采用 30～40cm 的等厚面板，以方便施工。十三陵抽水蓄能电站上水库全库盆防渗面板取 30cm 等厚，主坝区的连接板为了保障周边缝三道止水的施工质量而加厚到 50cm，与其相邻面板的厚度在 5m 范围内过渡至 30cm；进/出水口周边也由于采用三道止水，面板厚度 50cm，在 2m 范围内过渡至 30cm。

5.2.2.2 大坝及库岸面板坡度

面板坡度与下卧层的稳定坡度、边坡开挖坡度等密切相关。目前，面板下多采用垫层料或多孔混凝土作为其下卧层。对于垫层料作为下卧层的边坡，考虑到填筑垫层料的自身稳定性，面板坡度一般不陡于 1:1.3。当筑坝材料为硬岩堆石料时，坝坡可采用 1:1.3～1:1.4；软岩堆石体的坝坡可适当放缓，当采用天然砂砾石料筑坝时，坝坡可采用 1:1.5～1:1.6；而以多孔混凝土作为下卧层的边坡，在边坡开挖坡度允许的条件下，可适当放陡，以尽量减少边坡开挖。

在地震高发区，应适当放缓面板坡度。

5.2.2.3 面板分缝

钢筋混凝土面板必须分缝并设止水以适应干缩、温度应力和基础不均匀沉降变形应力，避免产生有害裂缝；但接缝过多，亦增加止水难度并降低防渗可靠性。因此，分缝设计应在减少接缝和保证混凝土非结构性开裂之间求得平衡。影响面板尺寸和分缝的因素主要涉及施工条件、温度应力（基础约束）、基础介质、基础形状。

大坝及库岸面板分缝一般只设垂直缝。为减少两种填筑材料的不均匀沉陷对面板的不利影响，在库岸不同材料回填区，面板应设置水平缝。库岸混凝土防渗面板水平缝典型剖面见图 5.2-2。

垂直缝缝间距 12～18m，为便于施工，面板最小宽度要求不小于 1.5m，使用等宽面板可以简化施工并减少止水用量。在库岸弯段，为便于滑模施工而将弧面变成了一组折面，并与分缝对应起来。面板与坝顶或环库公路的防浪墙之间应设置顶缝，面板与趾板之间设置周边缝，库岸面板与库底连接板之间、库岸面板与库底观测廊道之间也要设结构缝。分期浇筑的面板，其顶端高程应低于填筑高程 5～15m。水平分缝按施工缝处理，水平施工缝设在受压区，一般不在底部 1/3 高度内设置，施工缝宜在面板顶部设一道塑性材料止水及保护盖片，要求钢筋连续通过，单层钢筋宜设置抗挤压钢筋加强，要求缝面的上半部分垂直面板表面，下半部分为水平面。

水库库底平面形状不规则且高低起伏，还有进/出水口、廊道建筑物等。设计中尽量保证单块面板体形规正，避免尖锐角和奇异形状，以利于面板自身结构应力条件和施工。

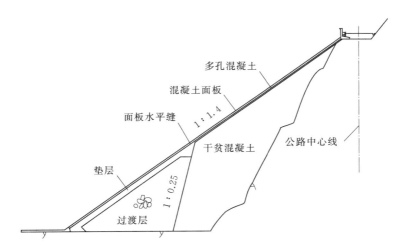

图 5.2 - 2　库岸混凝土防渗面板水平缝典型剖面

基础地形折线变化处均设缝（连接板例外）。对情况复杂的基础应进行处理，尽量做到密实、均匀（或是渐变的），而在分缝布置时，尽量把接缝放在不均匀沉降的相对最大处，避免面板破坏。缝的接头尽量设计成"十"字形，它比"丁"字形的变形性能更好，缝线也宜尽量设计成垂直相交。

宜兴抽水蓄能电站上水库库盆防渗面板由主坝面板和趾板、库岸面板和连接板、库底面板三大部分组成。根据库盆地质条件，花岗斑岩脉 $\gamma\pi_5^{3-3}$ - 12、$\gamma\pi_5^{3-3}$ - 13 及断层破碎带 F_3、F_4、F_{22} 等条带贯穿上水库库盆，库盆岩体软硬相间，对防渗面板的不均匀沉陷极为不利，面板的分缝位置和分块大小考虑了上述地质因素。库岸面板自环库公路至库底按条块划分，共分 109 块，标准块宽 16m，斜坡长度 76.65m，坝肩及岸坡转折处适当加密。库底面板共分 184 块，标准块平面尺寸为 16m×24m 和 16m×20m，顺岩脉及断层破碎带走向（约 NW75°）间距 24m 或 20m，垂直岩脉走向间距 16m。连接板原则上每 16m 设一道伸缩缝，遇地基条件及结构型式有变化处增设伸缩缝，共分 48 块，标准块水平段长度 10m、斜坡段长度 1m。趾板原则上每 12～15m 设一道伸缩缝，伸缩缝尽量设在地基条件及结构型式有变化处。主坝及库岸防浪墙伸缩缝原则上每 16m 设一道伸缩缝，遇结构型式有变化处增设伸缩缝。宜兴抽水蓄能电站上水库库盆防渗面板布置见图 5.2 - 3。

5.2.2.4　面板配筋

计算分析和原型观测资料表明，一般岩基和坝体上的防渗面板除了面板坝的面板顶端及邻近周边缝处存在小面积的、微小的拉应变外，其余面板均处于双向受压状态。库底非岩基上的防渗面板由于基础的均匀性相对较差，可能存在不均匀沉降产生的拉应变。

由于面板浇筑时混凝土硬化初期的温升、干缩及水库投入运行前的外界温度变化，施工缺陷等均有可能引起面板裂缝，因此，对大部分面板而言，配筋不是结构应力的需要，而是为了控制温度裂缝和水泥硬化初期的干缩裂缝，限制这些裂缝的扩展，并将可能发生的条数较少而宽度较大的裂缝分散为条数较多而宽度较小的裂缝。

钢筋混凝土面板用于抽水蓄能电站的水库全库防渗，面板的配筋率比常规面板坝略高，一般岩基和坝体上的防渗面板多采用单层双向钢筋，每向配筋率 0.3%～0.4%，有

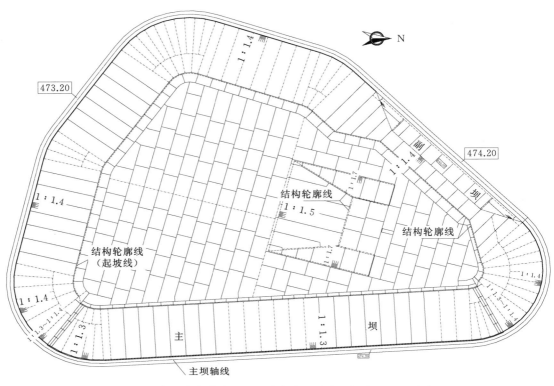

图 5.2-3 宜兴抽水蓄能电站上水库库盆防渗面板布置图（单位：m）

时水平筋略低于垂直向的钢筋，而采用 0.3%。钢筋直径一般多为 16~28mm，间距20~30cm。钢筋一般布置在面板中部或偏上的位置，其目的是使面板在设计的厚度下尽可能更为柔性，使面板在出现有限不均匀沉降时不产生高弯曲应力并有利于面板防裂。库底非岩基上的防渗面板宜采用上下两层双向钢筋，但面板的配筋率和单层钢筋相同。

在受压区面板靠近垂直缝的边缘处经常设有加密细钢筋，以提高面板边缘的抗挤压能力，防止边缘局部挤压破坏；周边缝处的面板边缘在施工期处于受压状态，也需要配置边缘加密钢筋。

琅琊山抽水蓄能电站面板采用 40cm 的等厚面板，采用单层双向配筋，钢筋布置于面板截面的中部，考虑抽水蓄能电站上水库水位升降频繁、变化速度快的运行条件对混凝土面板的不利影响，面板每向配筋率约为 0.4%。

天荒坪抽水蓄能电站下水库面板的单向配筋率为 0.35%~0.40%，在沿周边缝 10m 范围内，面板配制了加强钢筋。

5.2.3 面板下排水垫层

排水垫层主要作用是排水和整平建基面。对于抽水蓄能电站而言，面板下排水垫层不仅要求碾压密实，使其具有较高的压缩模量以减少面板的变形，而且由于抽水蓄能电站库水位变化频繁，为防止面板与其下垫层间的渗水压力来不及消散使面板受顶托而破坏，要求面板下的渗水能尽快排走，这就要求面板下设置排水垫层，并且排水垫层应有足够的排水能力，既排面板漏水，又排山体地下水。为加强库底面板下的排水，在库底水平排水垫层底部一般布设土工排水管网。

面板下排水垫层一般主要采用碎石垫层料或多孔混凝土等材料。抽水蓄能电站面板下排水垫层渗透系数一般在 $10^{-2} \sim 10^{-3}$ cm/s 数量级，如天荒坪抽水蓄能电站下水库大坝垫层料渗透系数为 $5 \times 10^{-2} \sim 5 \times 10^{-3}$ cm/s，宜兴抽水蓄能电站上水库由于库岸开挖边坡较陡（1:1.4），库岸混凝土防渗面板下则采用厚 0.3m 的 C10 多孔混凝土，多孔混凝土渗透系数大于 1.0×10^{-2} cm/s。十三陵抽水蓄能电站上水库施工现场直接取样的两组多孔混凝土（用于库岸防渗面板下）试件，渗透系数为 1.18×10^{-2} cm/s。而一般常规水库混凝土面板堆石坝垫层取用半透水性级配的石料，渗透系数一般取 $10^{-3} \sim 10^{-4}$ cm/s。

碎石垫层料为具有一定级配要求、经加工而成的新鲜石料，其级配与常规面板坝的坝体垫层料相近。碎石垫层料对面板变形具有较好的适应性，并可减少面板混凝土由于变形约束而产生的裂缝。但库岸斜坡上的碎石垫层上料及碾压均比较困难，碾压质量不容易满足设计要求。碎石垫层料厚度一般为 0.5～1.0m。

泰安抽水蓄能电站上水库库岸混凝土防渗面板下采用厚 0.8m 的碎石垫层；垫层料采用洞挖新鲜石料加工的人工骨料，最大粒径不大于 80mm，小于 5mm 粒径的颗粒含量为 30%～45%，小于 0.1mm 粒径的颗粒含量小于 5%，不均匀系数大于 30，连续级配，其渗透系数要求为 $5 \times 10^{-2} \sim 5 \times 10^{-3}$ cm/s，为了减少渗漏并对水下抛砂等堵漏材料起反滤作用，在靠近库底接缝部位采用小区料填筑（图 5.2-4）。

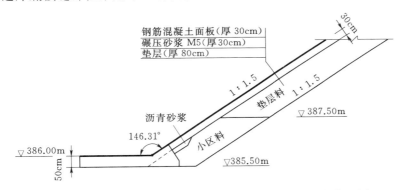

图 5.2-1　泰安抽水蓄能电站上水库库岸混凝土面板结构典型剖面

泰安抽水蓄能电站上水库在进/出水口上下游侧的防渗面板底部，沿趾板轴线方向通长设置 ϕ150mm 土工管，并每隔 10m 在趾板底部垫层无砂混凝土内设一横向 ϕ100mm 土工管，连通面板底部的土工管与库盆垫层料内的土工管，在趾板与库底廊道相接处设 ϕ150mm 土工管通入廊道内，增加其排水效果，土工管均外包 100g/m^2 土工布。详见图 5.2-5。

泰安工程混凝土面板垂直高度 35m，坡度 1:1.5，单块面板实际长度 63.10m。面板按综合渗透系数为 1×10^{-7} cm/s 估算，每米单宽渗流量 q_1 约为：$q_1 = 6310 \times 100 \times 1 \times 10^{-7} \times 35 \div 0.3 \div 2 \approx 3.68 [\text{cm}^3/(\text{s} \cdot \text{m})]$。

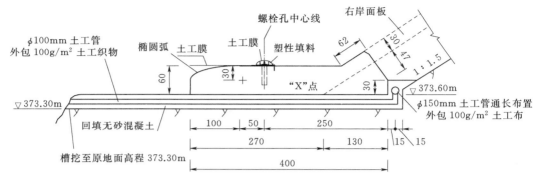

图 5.2-5 趾板底部排水土工管结构图（单位：cm）

面板后碎石垫层厚度 80cm，按垫层实测平均渗透系数 3.5×10^{-2} cm/s，则垫层底部每米单宽排水能力 q_2 约为：$q_2 = 80 \times 100 \times 3.5 \times 10^{-2} \times 1 \div (1+1.5^2)^{1/2} \approx 155.3$ cm^3/(s·m)。

可见，对泰安工程而言，右岸面板下的垫层具有足够的排水能力，正常情况下具有 40 倍的安全系数。

多孔混凝土排水垫层一般设置在较陡的库岸开挖坡上，厚度一般为 0.3～0.5m。在配置多孔混凝土时，需去掉细骨料，这时骨料部分的级配出现间断，仅用水泥将粗骨料胶结包裹在一起，令其粗骨料（即石子）产生的空隙不被完全填充，最终形成有大量的孔洞空隙的混凝土，利于渗透排水。多孔混凝土骨料采用一级配，粗骨料粒径为 5～20mm，配制 C10 多孔混凝土时，水灰比宜小于 0.35，灰骨比宜为 1：4.5～1：5.5。由于多孔混凝土对面板自由变形会产生一定约束，因此增加了面板混凝土产生温度和干缩裂缝的可能，需尽可能保证多孔混凝土面层平整，并在其表面采取涂刷石灰水或聚合物薄膜等处理措施减少对面板变形的约束。如十三陵抽水蓄能电站蓄水前，面板混凝土裂缝普查揭示约束大小是产生裂缝的重要条件，岩坡上设有柔性基础层的面板裂缝较少，弯段面板及未设置柔性基础层的面板裂缝较多。为减轻多孔混凝土对防渗混凝土面板的约束，宜兴抽水蓄能电站采取了在库岸多孔混凝土上先涂刷一遍乳化沥青（1.0～1.5kg/m^2），然后铺设编织土工布，土工布规格为 400g/m^2，渗透系数大于 10^{-2}cm/s，乳化沥青作用是增加土工布与多孔混凝土垫层之间的黏结力。洪屏抽水蓄能电站在无砂混凝土表面喷涂不小于 2mm 厚的乳化沥青＋砂，以减轻对钢筋混凝土面板的约束，从而减少乃至消除面板裂缝。

5.2.4 排水观测廊道系统

为监测上水库库盆和面板基础的渗漏情况，库底往往设置完备的排水观测廊道系统。排水观测廊道系统一般由库底周边排水观测廊道、库底中间排水观测廊道（库盆面积较大时设置）、进/出水口周边排水观测廊道、外排廊道及通风交通廊道（可兼外排廊道）等组成。

库底排水观测廊道宜设 0.5‰～1‰排水坡度。排水观测廊道宜采用现浇钢筋混凝土结构。廊道结构缝间距一般为 12～15m。排水观测廊道为城门洞型，断面尺寸一般为 1.5m×2.0m（宽×高），可以满足运行期日常维护巡视要求。廊道边墙设 ϕ100mm 塑料排水管，间距 3m，排水管伸至库底排水垫层。廊道底板设排水沟，断面尺寸可采用30cm×20cm（宽×高）。

对周边和库底中间排水廊道，钢筋混凝土防渗面板与排水廊道不直接相连，中间为碎石排水垫层，既避免了钢筋混凝土面板与廊道的刚性接缝、简化了施工、减少了面板与廊道之间的不均匀沉降变形、保证了面板的整体防渗效果，又使库岸和库底排水垫层上下连通，确保了库岸渗水排水畅通。

一般上水库排水走向为：透过坝体防渗面板的渗漏水，经坝体堆石排往下游坝脚处；透过库岸防渗面板的渗漏水，汇集至面板底端的库底周边排水观测廊道，再通过外排廊道集中排往库外；库底开挖区渗漏水排往库底排水观测廊道，回填区渗漏水下渗后经过大坝底部排水层汇集到坝脚处。

库底排水垫层中布置排水花管收集渗水到排水廊道，库岸边坡渗水通过排水廊道边墙上设置的排水管进入排水廊道，所有渗水集中后通过坝基下的排水观测廊道排往坝体下游集水池，有条件的工程可以用泵回收到上水库。库底排水垫层可采用隔水带分成一个个单独的条形区域，一旦出现渗漏量异常，可快速确定渗漏区域，以便放空水库进行有目的的检修维护。溧阳抽水蓄能电站为了便于检测库岸面板的渗水情况和维护，将库岸渗水分为若干区域。分区方法为：按宽 50～80m 间距在开挖后的基岩面上槽挖混凝土塞，塞内预埋橡胶止水一端，将止水另一端伸至面板底部。在每个渗水区（宽 50～80m）的垫层内设 PVC 排水管将此区渗漏水汇集至排水观测廊道。

在结构受力状态复杂和地质条件差的岸坡面板下可以布置渗压计以观测面板的防渗效果；在库底排水廊道内设测压管，以观测库盆渗透压力情况；在库底排水廊道内分区布置数个量水堰，在外排廊道出口处设置 1 个量水堰，以监测库盆防渗面板总的渗漏情况。

5.3　接缝止水

钢筋混凝土面板全库盆防渗体系由趾板、连接板、库岸面板、库底面板、防浪墙等构成，这些防渗结构的接触部位形成接缝。一般全库盆防渗体系的接缝有下述几种类型：趾板或连接板与面板之间的周边缝；面板分块形成的竖向永久接缝，位于面板拉伸区的接缝称张性垂直缝，位于面板压缩区的接缝称压性垂直缝；防浪墙底部与面板顶部之间的防浪墙水平缝；垂直趾板或连接板、防浪墙轴线的结构缝；平行于库岸轴线的面板水平缝，面板水平缝包括为了改善面板应力的面板结构缝，以及面板分期施工划分的面板施工缝；还有型式多样的连接缝，常用的有进/出水口与面板、溢洪道与面板之间的接缝等。为了形成整体防渗体系，所有接缝必须按照不同接缝的特点设置相适应的止水。因此，混凝土面板全库盆防渗结构分缝多，加之抽水蓄能电站水位升降频繁，止水设计是决定库盆防渗效果好坏的关键因素之一，在寒冷地带修建的工程尤其如此。面板坝止水设计尚在不断发展中，目前也有工程采用了涂刷聚脲作为面板垂直缝止水。

周边缝工作条件最差，存在张开、下沉、剪切三维位移，周边缝止水应按下列原则布置：

（1）高 50～150m 的坝，周边缝除在缝底部设铜止水带外，应在缝顶部设置止水，顶部止水宜采用塑性填料，也可采用无黏性填料。

（2）高 150m 以上的坝，周边缝除应在缝底部设铜止水带、在缝顶部设置塑性填料或无黏性填料止水外，宜在中部设置橡胶、聚氯乙烯（PVC）止水或铜止水带；或不设中间止水而在顶部同时设塑性填料和无黏性填料止水。

进/出水口与面板、溢洪道与面板之间的接缝止水应按周边缝止水设计。

垂直缝变形主要为张开变形。大坝垂直缝大部分处于受压状态，仅靠近岸坡处垂直缝可能在顶部是张开的，但其开度向底部周边缝方向减小。因此，只有两岸顶部垂直缝可能产生比较大的张开。温降会引起面板垂直缝的张开，但是压性缝并没有发现张开现象，这是由于堆石向谷向位移所产生的面板压应力，超过了温降效应。但对于库底和库岸面板，温降可能会引起面板连接缝的张开。垂直缝止水应按下列原则布置：张性垂直缝和压性垂直缝除设底部铜止水带外，张性垂直缝应在缝顶部设第二道止水，压性垂直缝宜在缝顶设第二道止水。

坝高 150m 以上的高坝，可选择适当的位置设置永久水平结构缝，水平缝止水结构型式与垂直缝相同，设置顶、底两道止水。顶部止水为柔性填料止水，底部止水为 W 型铜止水。接缝处钢筋穿缝，缝中填隔缝材料。面板水平施工缝可不设止水。

防浪墙底部水平缝应设铜止水带，并在缝顶部加设塑性填料止水。缝顶、缝底部止水应和面板垂直缝相对应的止水连接。防浪墙结构缝应设一道止水带，此止水带应与防浪墙底部水平缝的铜止水带连接，并宜与防浪墙底部水平缝顶部的塑性填料止水连接。

岩基上的连接板、趾板可采用连续浇筑，施工缝按冷缝处理，如分段浇筑，则底部设铜片止水，要求铜片止水一端连入周边缝止水系统，另一端接入库底面板止水系统，并宜在缝顶部加设塑性填料止水。

5.3.1 止水材料

5.3.1.1 止水片

大多数工程接缝底部止水材料采用紫铜片止水，其厚度一般为 0.8～1.2mm，采用 1mm 的较多。铜止水的"鼻子"高度影响缝间挤压应力，一般不宜太高，"鼻子"高度略大于缝的可能沉陷值即可。造成铜止水撕裂的重要外部作用是剪切位移，铜止水最容易发生破坏的部位可能发生在"鼻子"侧面的根部，设计中应慎重考虑确定。考虑到不锈钢片的强度、韧性优于紫铜片，也有些工程采用 1mm 厚的不锈钢片，如坝高 129.5m 的贵州引子渡混凝土面板坝不锈钢片的力学特性见表 5.3－1，不锈钢片的化学成分见表 5.3－2。

表 5.3－1　　　　　　　贵州引子渡混凝土面板坝不锈钢片的力学特性

不锈钢型号	抗拉强度 /MPa	屈服强度 /MPa	延伸率 /%	弹性模量 /MPa	泊松比
0Cr19Ni9（304）	700	365	59	2×10^5	0.27

表 5.3－2　　　　　　贵州引子渡混凝土面板坝不锈钢片的化学成分　　　　　　　%

不锈钢型号	化 学 成 分						
	C	Si	Mn	P	S	Cr	Ni
0Cr19Ni9（304）	≤0.08	≤1.00	≤2.00	0.045	0.030	18～20	8～10.5

不锈钢止水宜采用氩弧焊连接，工艺要求高，且较硬，施工不如铜止水简便，目前应用的工程不多。

PVC 止水带目前已较少使用，由于 PVC 止水带的低温性能差，在低温寒冷地区不宜采用 PVC 止水带。橡胶止水带弹性好，施工中不易损坏，可以承受较大的接缝位移作用，适应接缝变形能力明显优于铜止水带，但耐久性相对较差。一般在设置多道止水时，宜选用不同材质的止水片。

5.3.1.2　止水填料

止水填料包括柔性填料和自愈性填料。柔性填料相对自愈性填料施工比较复杂，费用相对较高。柔性填料防渗体系止水结构的防渗原理为：当混凝土面板接缝发生张开、剪切、沉降变形时，防渗盖片将水库水压力传递到缝口的柔性填料上，柔性填料随水压力作用挤入、填实缝腔，呈越压越紧的状态，缝内设置的橡胶棒、缝底部的止水铜片和堆石垫层都是柔性材料的支撑体，在铜片止水裂缝处、砂浆垫层上和堆石垫层上柔性填料不会流失，能形成稳定的防渗止水结构。

柔性填料首先要保证与混凝土有可靠的黏结，才能保证黏结面不被水压力击穿；其次要保证与混凝土的黏结强度大于材料本体强度，才能保证材料的塑性流动性，并能保证填料能随水压力压入缝腔，这是实现有效止水的关键。

柔性填料国内主要有"SR"和"GB"系列，其性能均超过国外同类材料。SR 塑性止水材料以非硫化丁基橡胶为主要原料，经有机硅等高分子材料改性而成，具有塑性高、抗渗性好、耐老化、耐高低温性能好、常温冷施工等特性，是我国已建面板坝周边缝及垂直缝的主要止水材料，SR 塑性止水材料主要性能见表 5.3-3。

表 5.3-3　　　　　　　　　　SR 塑性止水材料主要性能

序号	项　　目		技术指标	DL/T 949—2005
1	密度/(g/cm³)		1.5±0.05	≥1.15
2	施工度（针入度）/mm		8～14	≥10
3	流动度（下垂度）/mm		≤2	≤2
4	拉伸黏结性能	常温，干燥断裂伸长率/%	≥300	≥125
		破坏型式	内聚破坏	不破坏
		常温，浸泡断裂伸长率/%	≥200	≥125
		破坏型式	内聚破坏	不破坏
		300 次冻融循环断裂伸长率/%	≥300	≥125
		破坏型式	内聚破坏	不破坏
5	抗渗性/MPa		≥1.5	
6	流动止水长度/mm		≥135	≥130

填料应具备足够的流动止水能力，可以在水压力作用下，流入接缝并发挥止水作用。柔性填料的流动方式以整体流动为主，而无黏性填料的流动方式则以局部流动为主。由于柔性填料自身黏聚力低，如不对其进行保护，柔性填料在流动过程中被水压力击穿的可能性就很大。一旦击穿发生，作用在其上的水压力差就会丧失，从而导致其整体流动的停

止。因此，柔性填料上部设防渗保护盖片，可以起到防止柔性填料被水压力击穿的作用。保护盖片应与柔性填料黏结，以利于加强柔性填料的流动止水效果。在较早的面板坝接缝止水结构中，柔性填料上一般采用的是 PVC 或氯丁橡胶板表面保护膜，通过角钢固定在混凝土表面，由于它不能与混凝土黏结形成密封，因此仅能对塑性填料起防晒避撞保护作用，而且 PVC 及普通橡胶的耐老化性能较差，不能满足工程的长期止水要求，需要定期修补更换。三元乙丙橡胶型 SR 防渗盖片（表 5.3-4），它是将 SR 材料、三元乙丙橡胶和高强纤维增强布通过特殊的生产工艺复合而成，采用这种材料作为塑性填料的保护面膜有以下几个特点：

（1）有效保护 SR 塑性止水材料鼓包使其免受外力和光照的破坏。

（2）保证 SR 盖片与 SR 材料的黏结和紧密结合，三元乙丙橡胶型 SR 盖片可以根据工程需要提供 T 形、"十"字形、L 形整体接头，在工地现场实现 SR 盖片本体热硫化连接工艺。

（3）SR 防渗盖片本身是通过黏结剂粘贴在混凝土表面的，因此与混凝土的结合良好，可以有效地延长防渗渗径，使其本身成为一道可靠的止水。

（4）三元乙丙橡胶耐老化性能较好。

表 5.3-4　　　　　　　　　三元乙丙橡胶型 SR 防渗盖片主要性能指标

序号	性 能 指 标		SR 防渗盖片
1	断裂强力/（N/cm）	经向	≥400
		纬向	≥400
2	断裂伸长率/%	经向	≥350
		纬向	≥350
3	撕裂强力/N	经向	≥350
		纬向	≥350
4	不透水性，8h 无渗漏/MPa		≥2.0
5	低温弯折/℃		无裂纹
			−35
6	热空气老化（80℃×168h）	断裂拉伸强度保持率/%	≥80
		扯断伸长率保持率/%	≥70

自愈性填料主要为无黏性填料，如粉煤灰和粉细砂等，设在表层的粉煤灰在压力水作用下流到中部或底部，密封有可能存在的漏水通道，从而实现止水的目的。填料的渗透系数要求小于反滤料，才能在缝内形成较大的渗透压力差，缩短自愈的过程，无黏性填料的最大粒径不应超过 1mm，其渗透系数至少应比周边缝底部小区料的渗透系数小一个数量级。无黏性填料靠渗水带入缝内，故保护罩应透水，设计时通常在填料表面设带孔金属片内衬土工布作保护罩。

墨西哥 Aguamilpa 面板坝 1993 年建成，该坝首先采用了自愈性填料止水型式，针对该坝的试验研究表明，1mm 厚铜止水和 12mm 厚 PVC 止水的强度和变形性能可以满足需要，但是考虑到可能的施工缺陷，同时经证实粉煤灰在这些止水破坏时可以使接缝的渗漏量大为减少，为此采用的周边缝止水结构为：底部设铜止水，中部为 PVC 止水带，顶部为粉煤灰。粉煤灰用不锈钢罩保护，钢罩内衬土工织物，底部铜止水下设 PVC 垫片，下部是沥青砂浆垫。Aguamilpa 面板坝蓄水后效果良好，大坝初期漏水量为 260L/s，经检查是由面板开裂引起，经处理后渗漏量逐渐减小，并稳定在 150L/s 左右。此后，自愈性填料止水结构在我国的天生桥一级面板坝也得到应用。目前采用这种止水型式的面板坝包括埃尔卡洪（El Cajon，189m，2006 年建成）、卡拉纽卡（Karahnjukar，193m，2006 年建成）、莫哈莱（Mohale，145m，2006 年建成）、廊三坝（Porce Ⅲ，154m，2010 年建成）等面板坝。

我国水布垭大坝自愈结构采用复合方式，自愈性材料试验选择了粉细砂、粉煤灰以及石粉等。粉细砂采自汉江（汉川沉湖），粉煤灰购自湖北松木坪电厂，石粉采自水布垭人工骨料加工厂。水布垭自愈性材料颗粒分析和渗透系数试验成果见表 5.3-5。

表 5.3-5　　　　　　　水布垭自愈性材料颗粒分析和渗透系数试验成果

项　目		试　样		
		粉煤灰	粉细砂	石粉
颗粒组成 /%	2～1mm			1.7
	1～0.5mm			39.1
	0.5～0.25mm			12.6
	0.25～0.1mm		40	19.1
	0.1～0.075mm		31	8.3
	<0.075mm	100	29	19.2
	0.075～0.05mm	19	18	
	0.05～0.005mm	70	9	
	<0.005mm	11	2	
渗透系数/(cm/s)		1.0×10^{-4}	3.2×10^{-3}	2.9×10^{-4}

湖北松木坪电站粉煤灰作堵缝材料的周边缝反滤自愈试验研究表明，在试验最大水头压力高达 2.2MPa，水力比降达 400 左右的情况下，沿缝的水力比降随缝深度增加而降低明显，至垫层料部位实际承受的水头压力已较小，说明粉煤灰在下游反滤的截堵下能有效地使裂缝淤塞而自愈并承受很高的水力比降。

5.3.2　周边缝

周边缝的宽度宜为 12mm，它是趾板或连接板与面板间的接缝，从防渗的角度上看，这是库盆防渗最薄弱的环节，因为该缝变形一般较大。

国内中早期的高面板坝周边缝通常设有三道止水，即一道底部铜止水，中间塑料止水，表面为塑性填料止水，如 "SR" 止水材料系列等。中间止水施工较麻烦，且止水附近混凝土质量不易保证，国内 2000 年以后建设的混凝土面板堆石坝中，除水布垭面板坝的周边缝在约 1/2 坝高以下采用了三道止水，其余均设两道止水，取消了中部止水带。抽水蓄能电站上水库库盆水头一般不超过 50m，采用顶、底两道止水可满足防渗要求。

周边缝缝顶设有柔性填料止水时，应设V形槽以利于柔性填料流动，V形槽深度不宜大于5cm，应在缝口设橡胶棒，对其上部的各部分止水起支撑作用，确保顶部止水在水压作用下不会沉入缝中，橡胶棒直径应大于预计的周边缝张开值，柔性填料表面应设防渗保护盖片，防渗保护盖片用经防锈处理或不锈钢材料制作的膨胀螺栓和角钢或扁钢固定。保护盖片应与柔性填料黏结，以利于加强柔性填料的流动止水效果。防渗保护盖片内侧一般复合有柔性填料止水材料。寒冷地区在水位变动区不应采用角钢、膨胀螺栓作为柔性填料盖片的止水固定件，宜采用沉头螺栓方法加黏结方法固定。寒冷地区周边缝止水示意图见图5.3-1。

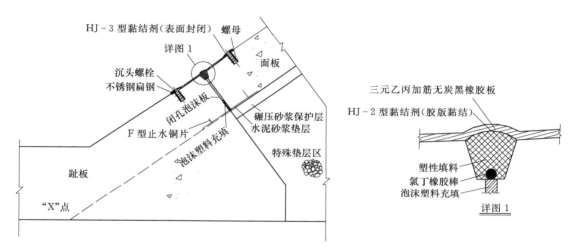

图 5.3-1　寒冷地区周边缝止水示意图

周边缝缝底的F型铜止水带，应放在橡胶、聚氯乙烯（PVC）垫片或土工织物上。垫片厚度宜为4~6mm，垫片应放在沥青砂浆垫或砂浆垫上，以形成设置止水的均匀表面，同时防止特殊垫层区的尖锐砾石刺穿止水材料，采用沥青砂浆垫还提供一层具有延展性的表层，可以在周边缝发生位移时保护止水。F型铜止水带埋入趾板或连接板的宽度应不小于150mm，此段止水带的方向应有利于浇筑混凝土时排气；另一平段宽度应不小于165mm，埋入面板内的立腿高度宜为60~80mm。铜止水带"鼻子"的高度应略大于缝的可能沉陷值，且不应小于50mm；缝的切向位移大时，"鼻子"的宽度宜适当增大；反之，可用较小的宽度，但不应小于12mm。铜止水带"鼻子"顶部应填塞橡胶棒，并采用聚氨酯泡沫板或其他可塑性材料塞紧，以保护铜止水带"鼻子"在流态混凝土压力或外水压力下不被破坏，还能阻止浇筑时混凝土进入铜止水"鼻腔"中降低铜止水的变形能力。

周边缝缝内应设置沥青浸渍木板或有一定强度的其他抗挤压填充板，抗挤压填充板宜固定在已浇筑的混凝土趾板或连接板上。

中低坝周边缝止水示意图见图5.3-2，高坝周边缝止水示意图见图5.3-3。国内外部分面板堆石坝周边缝止水结构实例统计见表5.3-6。

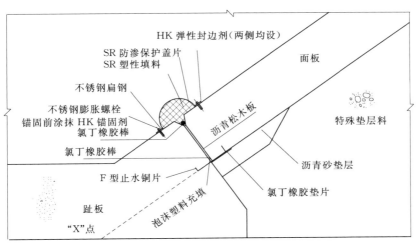

图 5.3-2　中低坝周边缝止水示意图

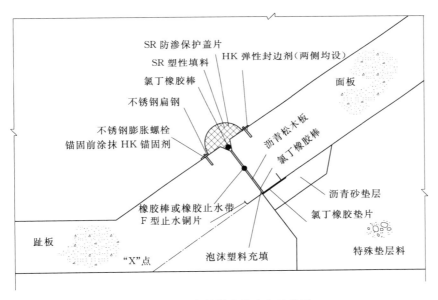

图 5.3-3　高坝周边缝止水示意图

表 5.3-6　　　　　国内外部分面板堆石坝周边缝止水结构实例统计表

序号	工程名称	坝高/m	周边缝宽度/mm	表层止水	表层止水橡胶棒	中部止水	底部止水	底部垫层
1	塞沙那（Cessana）	110	12	无	无	PVC	铜片	水泥砂浆
2	安其卡亚（Anchicaya）	140	20	无	无	橡胶片	无	堆石
3	格里拉斯（Golillas）	125	12	IGAS	无	PVC	铜片＋氯丁胶管	水泥砂浆

续表

序号	工程名称	坝高/m	周边缝宽度/mm	表层止水	表层止水橡胶棒	中部止水	底部止水	底部垫层
4	阿里亚（Aria）	160	12	IGAS	有	PVC	铜片	沥青砂浆
5	萨尔瓦兴娜（Salvahina）	148	12	玛琦脂	无	PVC＋氯丁柱体	铜片＋氯丁柱体	沥青砂浆
6	考兰（Kolan）	115	24	IGAS	无	30cm 海勃隆	F 型铜片	沥青砂浆
7	谢罗罗（Cherolo）	125		无	无	橡胶止水带	PVC 止水	
8	利斯（Liss）	122	12	无	无	海勃隆	F 型铜片	
9	希拉塔（Hilata）	125～140	12	IGAS	无	无	铜片	水泥砂浆
10	塞格雷多（Segredo）	145		粉砂条带＋IGAS	无	PVC	铜片	水泥砂浆
11	马查丁霍（Machadingo）	127		IGAS	有	塑料止水	铜片	沥青砂浆
12	阿瓜密尔巴（Aguamilpa）	187		粉煤灰	无	PVC	铜片	沥青砂浆
13	辛戈（Singo）	140		细砂＋沥青胶泥	无	无	铜片	沥青砂浆
14	圣塔约纳（Santa Jona）	113		无黏性细料＋玛琦脂	无	无	铜片	
15	亚肯布（Yekenbu）	162		改性的 2000 号橡胶沥青	无	无	铜片	
16	巴贡（Bakun）	205		玛琦脂	50mm尼龙管	PVC	铜片	沥青砂浆
17	莫海尔（Moher）	145		粉细砂＋不锈钢止水	无	无	铜片	
18	白云	120	20	SR	无	RX－93PVC	铜片＋12mm橡胶棒	
19	天生桥	178		粉细砂＋黏土覆盖	无	PVC/铜片	铜片	沥青砂浆
20	乌鲁瓦提	138	25	三元乙丙 GB 板＋GB	50mm橡胶管	H2－861	铜片	沥青砂浆
21	柴石滩	102	12	三元乙丙 GB 板＋GB	12mm橡胶管	RW－93 止水	铜片	沥青砂浆
22	芹山	122	12	三元乙丙 GB 板＋GB	波形止水带＋50mm橡胶管	无	铜片	水泥砂浆

序号	工程名称	坝高/m	周边缝宽度/mm	表层止水	表层止水橡胶棒	中部止水	底部止水	底部垫层
23	黑泉	123	30	粉煤灰＋GB＋不锈钢片	无	无	不锈钢片	沥青砂浆
24	珊溪	130.8	12	3mmPVC 盖板＋400cm²SR	无	死水位以上无中部止水	铜片	沥青砂浆
25	白溪	123.5	12	3mmPVC 盖板＋400cm²SR	无	死水位以上无中部止水	铜片	沥青砂浆
26	仙游抽水蓄能电站上水库主坝	73.6	12	SR 防渗保护盖片＋400cm²SR	40mm 氯丁橡胶棒	无	铜片	沥青砂浆
27	仙游抽水蓄能电站下水库大坝	73.9	12	SR 防渗保护盖片＋400cm²SR	40mm 氯丁橡胶棒	无	铜片	沥青砂浆
28	绩溪抽水蓄能电站上水库大坝	117.7	15	SR 防渗保护盖片＋550cm²SR	50mm 氯丁橡胶棒	坝高 56.2m 以上无中部止水	铜片	沥青砂浆
29	绩溪抽水蓄能电站下水库大坝	59	15	SR 防渗保护盖片＋400cm²SR	40mm 氯丁橡胶棒	无	铜片	沥青砂浆

5.3.3　垂直缝

坝高 150m 以下面板垂直缝内一般不设填料，通常涂刷 3mm 左右厚度的沥青乳剂作为防粘剂。对于超高坝、Ⅷ～Ⅸ度高地震区的高坝或置于复杂地形地质条件上的面板，为避免面板挤压破坏，宜在面板中部设几条柔性垂直缝，缝内设置具有一定强度、可压缩的填充板。面板张性缝 W 型铜止水带"鼻子"高度宜为 40～60mm，宽度为 12mm，立腿高度为 60～80mm，两平段宽度宜不小于 160mm；W 型铜止水带"鼻子"高度影响缝间挤压应力，压性垂直缝"鼻子"高度宜适当减小，宜为 30～50mm。

面板垂直缝底部 W 型铜止水带需要坚实的支撑基础用来传力，为此在它下面应设置垫片和砂浆垫层，垫片的厚度为 4～6mm，底部砂浆垫不应侵占面板有效厚度，砂浆垫层总宽度宜比止水铜片宽 300mm，砂浆强度一般为 M10，砂浆垫层要求较高的平整度，并涂刷沥青。平整的垫层能为铜止水定位、混凝土浇筑提供有利条件，有助于提高接缝处的施工质量；平整的垫层与铜止水"鼻腔"内填充的橡胶棒和聚氨酯泡沫塑料一起，还能阻止浇筑时混凝土进入铜止水"鼻腔"中降低铜止水的变形能力；设置垫片可减小砂浆面对铜止水的摩擦阻力，并防止铜片的磨损。止水铜片"鼻子"应用胶带纸封闭。

面板张性缝典型结构见图 5.3-4。

目前也有很多工程的压性缝结构型式做成与张性缝相似的结构型式，只不过柔性填料的鼓包面积较张性缝为小。面板压性缝典型结构见图 5.3-5。

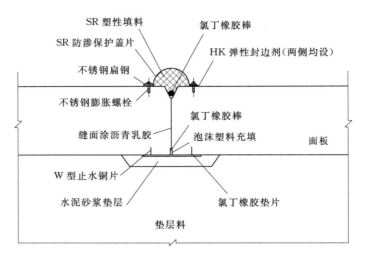

图 5.3-4　面板张性缝典型结构

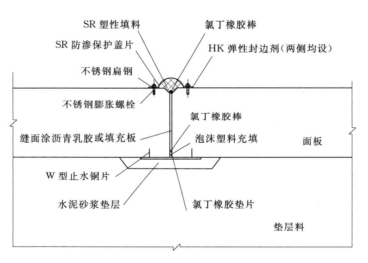

图 5.3-5　面板压性缝典型结构

5.3.4　水平缝

水平缝是指面板顶部与防浪墙之间的接缝，通常由底部止水铜片和顶部柔性填料止水组成，其结构型式同面板的张性缝型式类似。图 5.3-6 及图 5.3-7 分别为安徽绩溪抽水蓄能电站及浙江白水坑电站两个工程的水平缝止水详图，两者都可行，但以后者为佳。

5.3.5　趾板或连接板伸缩缝

尽管趾板或连接板倡导不设伸缩缝，但对于置于基础断层带等薄弱部位的趾板，仍应设置伸缩缝，以适应不均匀沉降。趾板伸缩缝结构可参考图 5.3-8。

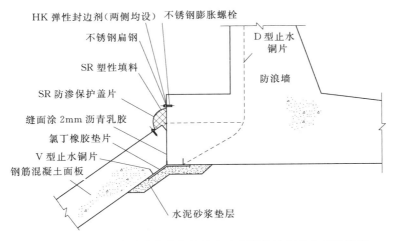

图 5.3-6　安徽绩溪抽水蓄能电站上水库面板堆石坝水平缝结构

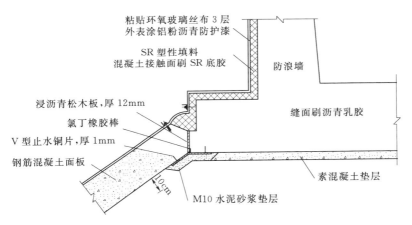

图 5.3-7　浙江白水坑电站面板堆石坝水平缝结构

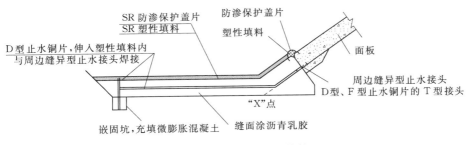

图 5.3-8　趾板伸缩缝结构

5.3.6　周边缝与垂直缝的连接

周边缝与垂直缝止水铜片的连接，中低坝可参考图 5.3-9 设计，高坝可参考图 5.3-10 设计。

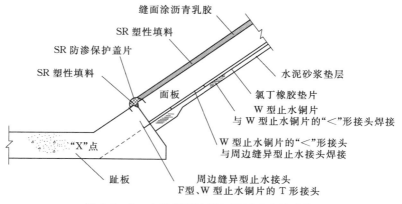

图 5.3-9　中低坝周边缝与面板垂直缝连接

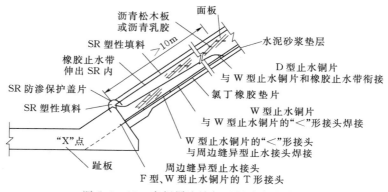

图 5.3-10　高坝周边缝与面板垂直缝连接

5.3.7　施工缝

一般面板施工缝可以不设止水，面板坡向钢筋应穿过水平施工缝的缝面，在面板拉应力区内不宜设施工缝。施工缝的型式在钢筋网以上的缝面应垂直于面板表面，钢筋网以下的缝面呈水平面（图 3.3-11）。在抗震设计烈度为 8 度及以上时，分期面板施工缝缝面应全断面垂直于面板表面。重要工程面板水平施工缝宜在面板顶部设一道塑性材料止水及保护盖片，两端与面板垂直缝、周边缝表面止水结构连接。

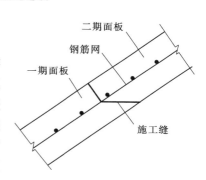

图 5.3-11　面板施工缝处理

5.4　面板混凝土

混凝土面板是库盆防渗体的重要组成部分，在施工期主要承受温度应力和混凝土干缩应力，在运行期主要承受水荷载和地基变形引起的应力作用。因此面板混凝土要有一定的强度，混凝土强度等级应不低于 C25，但高强度不是面板混凝土的设计准则。《混凝土面板堆石坝设计规范》（DL/T 5016—2011）要求面板混凝土应具有优良的和易性（即便于施工）、抗裂性、抗渗性和耐久性。抗渗性和耐久性对以薄面板为主要防渗结构的抽水蓄能库盆极为重要。在设计中须重视面板混凝土的抗渗性和耐久性问题。

水、二氧化碳和氧气这三种与耐久性相关的物质可以进入混凝土内部，混凝土耐久性取决于这些物质在混凝土内部迁移的难易程度，这涉及混凝土的渗透性。《混凝土面板堆石坝设计规范》（DL/T 5016—2011）要求面板混凝土抗渗等级应不低于 W8，按《水工混凝土结构设计规范》（DL/T 5057—2018）的有关耐久性的规定，当水力梯度大于 50 时，抗渗等级最小允许值为 W10、最高等级为 W12。库盆防渗面板承受的最大水力梯度一般远超 50，因此宜将抗渗等级提高至 W12。

混凝土面板防渗结构位于坝体表面，就抽水蓄能电站而言，水位升降频繁，冻融循环次数高，对其抗冰冻能力的要求较高，面板混凝土需要较高的抗冻等级。为保证面板混凝土的耐久性，温和地区抗冻等级一般不低于 F100。目前国内一些严寒地区抽水蓄能电站面板混凝土抗冻等级参考交通部一航局科研所与南京水利科学研究院多年的试验研究得出的混凝土抗冻融能力估算公式：

$$D = NM/S \tag{5.4-1}$$

式中：D 为混凝土抗冻等级；N 为混凝土使用年限；M 为混凝土一年遭受的天然冻融循环次数；S 为室内 1 次冻融循环相当于天然条件下的冻融循环次数。

国内外寒冷地区混凝土面板堆石坝一般在水位变幅区还需涂刷防水材料（如聚脲涂料等）来解决其防冻问题。

硅酸盐水泥和普通硅酸盐水泥保水性好、泌水率小、和易性好，利于溜槽输送，面板混凝土宜优先采用 42.5 级中热硅酸盐水泥，也可采用 42.5 级硅酸盐水泥或普通硅酸盐水泥，当采用其他水泥品种和强度等级时，应进行对比试验研究。粉煤灰是人工火山灰质掺合料，具有火山灰活性，在混凝土中掺用优质粉煤灰技术，经济效益显著，面板混凝土一般均掺加粉煤灰。粉煤灰需水量比对混凝土性能影响最为关键，Ⅱ级粉煤灰需水量比在 95%～105% 范围内，与不掺粉煤灰的混凝土干缩性基本相间或稍有增减，Ⅲ级粉煤灰需水量比在 105%～115% 范围内，需增加混凝土的用水量，Ⅰ级粉煤灰需水量比小于 95%，在混凝土中掺 30% Ⅰ级粉煤灰可减水 6%～8%，Ⅰ级粉煤灰可当骨料减水剂使用，《混凝土面板堆石坝设计规范》要求掺入 15%～30% 质量等级不低于 Ⅱ级的粉煤灰，高掺量粉煤灰可能降低混凝土的抗冻性，因此，严寒地区取较小值，温和地区取较大值。

掺用不同类型的外加剂可提高混凝土质量、改善施工性能并节约水泥。面板混凝土中应掺用引气剂和高效减水剂，根据需要也可掺用调节混凝土凝结时间的其他种类外加剂。掺用减水剂能减少混凝土用水量，可显著增加混凝土的流动性。第一代减水剂为木钙等普通减水剂，可减水 6%～10%，且有发泡作用，对面板混凝土的耐久性不利；第二代为不发泡的萘系等高效减水剂，高效减水剂可减水 10%～20%，但混凝土坍落度损失大；第三代高性能减水剂（聚羧酸盐类）的减水率高（大于 25%），混凝土坍落度损失小。掺加引气剂可以显著改善混凝土的施工和易性，尤其是引入大量均匀分散的微小气泡可大大提高混凝土的抗冻性和耐久性。引气剂对混凝土强度有一定的影响，通常与减水剂复合使用。水工混凝土中应用较多的两类引气剂是松香热聚物引气剂和松脂皂引气剂。在混凝土中掺入引气剂时，关键是控制含气量。含气量的确定应从耐久性的增加、强度的降低和单位体积重量的降低几个方面综合考虑。

面板骨料应采用二级配骨料，石料最大粒径不大于40mm，面板混凝土小石用量多于中石，小石：中石为55：45，有的甚至为60：40；为了减少温度应力，提高混凝土抗裂性，宜采用热膨胀系数较小的骨料，如石灰岩，其线胀系数比其他骨料小1/4，因而混凝土线胀系数可降低1/8。面板混凝土可采用较高的砂率，砂率范围为27％～41％，一般在40％左右。砂的吸水率不应大于3％，含泥量不应大于2％，细度模数在2.4～2.8；石料的吸水率不应大于2％，含泥量不应大于1％。面板混凝土采用较小的水灰比（或水胶比），一般为0.4～0.5，寒冷和严寒地区不应大于0.45。西北口工程的面板混凝土水胶比为0.44，株树桥工程为0.50，东津工程为0.42，小溪口工程为0.42。寒冷地区的面板坝要尽量降低水胶比，以减少混凝土中自由水数量，增加面板混凝土的抗冻性。黑龙江的莲花坝、西藏的查龙坝水胶比用到0.35左右。面板混凝土坍落度较小，溜槽入口处的坍落度宜控制在3～7cm，入仓面尽可能控制在3～4cm，可根据气候适当调整。含气量控制在4％～6％，有效含气量为浇筑振捣后混凝土中的含气量，含气量的测定要在浇筑地点进行。面板混凝土的配合比一般由施工单位进行配比试验后选择。

泵送混凝土水泥用量较高，干缩、水化热温升都比较大，对混凝土抗裂不利，面板混凝土一般不允许采用泵送混凝土。

5.5 挤压边墙及面板混凝土施工

5.5.1 挤压边墙施工

1999年，在巴西艾塔（Aita）混凝土面板堆石坝（坝高120m）施工过程中首次应用了挤压边墙施工技术，简化了混凝土面板堆石坝上游坡面的施工。该技术与传统的斜坡碾压技术相比，可较明显提高垫层料压实质量，同时，简单迅速地进行了上游坡面防护，替代了传统的超填、削坡、斜坡碾压等施工程序，可快速提供一个抗冲刷的防护面，有利于施工期安全度汛，有利于趾板区帷幕灌浆的安全施工等优点。2002年我国开始在公伯峡（坝高139m）应用挤压边墙施工技术。挤压边墙的断面形式一般为梯形，断面高度与垫层料压实厚度一致，侧面坡比宜为8：1，顶宽宜为40cm，迎水面坡比为坝坡上游坡比，一般为1：1.4。据不完全统计，截至2014年年底，我国已有100余座混凝土面板坝使用了挤压边墙技术，其中百米以上高坝40余座。挤压边墙施工时，通过地面标志或激光来控制挤压边墙机运行路线；在临岸坡部位缺口采用支模施工人工补齐；成型速度宜为40～60m/h，边墙施工完成后1～2h铺填碾压垫层料，垫层料与边墙同步上升，浇筑面板之前坡面喷洒3～4mm乳化沥青。面板垂直缝下部的挤压边墙刻1.0m宽V形槽，并将底部完全凿断至垫层料，回填垫层料并压实，表面抹10cm厚M5砂浆垫层。每块面板范围挤压边墙，平行于面板垂直缝2m间距进行切缝处理，切割深度不低于15cm。

挤压边墙的混凝土的基本要求是低强度、低弹膜、零坍落度、半透水性。一般水泥用

量为 $70\sim110\mathrm{kg/m^3}$。在挤压成型后，3h 的抗压强度不低于 1MPa，以满足垫层料碾压的要求，一般 28d 抗压强度不大于 5MPa，抗压弹性模量不大于 8000MPa，渗透系数在 $10^{-4}\sim10^{-2}\mathrm{cm/s}$。典型工程的挤压边墙混凝土配合比见表 5.5－1。

表 5.5－1　　　　　　　　　　　典型工程的挤压边墙混凝土配合比

工程名称	水胶比	速凝剂掺量 /%	材料用量/(kg/m³)				备注
			水	水泥	砂子	石子	
公伯峡水电站	1.43	3.6	100	70	614	1366	
龙首二级水电站	1.07	4.0	91.2	85	566	1384	
芭蕉河一级水电站	1.46	4.0	102	70	626	1332	
水布垭水电站	1.30	4.0	91	70	2144（总计）		2A 料
双河口水电站	1.22	4.0	104	85	665	1351	
巴贡水电站	1.45	1.76	102	70	795	1193	

挤压边墙方便施工的作用是明显的，但是否因增加面板约束而使面板裂缝可能性增加却无定论，而使用挤压边墙的面板坝裂缝较多的情况也增加了对该方面原因的怀疑。

5.5.2　混凝土面板施工

混凝土面板施工主要包括测量放样、坡面检查及清理、止水片埋设、钢筋绑扎、模板安装、混凝土拌制与运输、溜槽入仓及滑模浇筑、混凝土养护等。在混凝土面板施工中常使用有轨和无轨两种滑模技术。滑动模板是指在混凝土浇筑过程中沿混凝土表面滑动的模板。有轨滑模制作复杂，安装难度大且精度要求高，轨道有误差或卷扬机系统在牵引过程中不同步，滑模滑升时可能导致卡模。有轨滑模不能跳仓浇筑，也不能适应梯形块、三角块等变宽度的面板或变坡度的扭面面板的施工。因此有轨滑模施工中存在一定的局限性。

无轨滑模是在有轨滑模的基础上，取消钢轨道，利用侧模板或已浇筑的混凝土代替轨道，避免了轨道架设的繁琐，起始三角块可以与主面板一起浇筑。滑动模板重量轻、配套设备少，制造、安装和移动就位较为方便。

目前混凝土面板施工一般采用无轨滑模。滑模结构主要由滑模体、侧模板和卷扬机牵引系统、混凝土入仓系统、抹面平台等组成。标准的无轨滑模在水利水电工程的混凝土面板施工中运用较多，面板大多为标准块，采用标准的无轨滑模施工。抽水蓄能电站上水库库岸面板通常会有圆弧段，该段面板由许多近似梯形的面板组成，可采用可调无轨滑模系统进行施工。变坡是利用滑模对两侧轨不在同一平面所产生的扭曲面的适应性来实现的。

滑模宽度一般为 1.2m。如每块混凝土面板宽 15m，则取滑模长度为 17m，两端各挑出 1m，设可拆卸的行走轮（供滑模下放时使用）。滑模的结构型式为板梁式，滑模材料全都采用钢材，底部滑板一般采用钢板制作，滑模骨架为两排工字钢，通过肋板焊接成一个整体。滑板表面平整，不能有挠曲，表面平整度控制在 2mm 以内。

可调无轨滑模体由中间固定滑模和两侧可调滑模组成：取一个合理的面板宽度模数做固定滑模，制作两块与固定滑模等宽度尺寸的活动翻板式模板，用铰销及活动三角形支撑螺杆等将左右活动模板与固定滑模左右两端相连成一整体，形成可调式组合滑模。通过旋

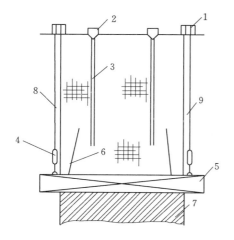

图 5.5-1 标准滑模结构型式图

1—卷扬机；2—集料斗；3—斜溜槽；4—定滑轮；
5—滑动模板；6—安全绳（锚在钢筋网上）；
7—已浇混凝土；8—牵引绳；9—组合侧模

转活动三角形支撑螺杆上的旋转手柄来调整活动三角形支撑螺杆的长度，从而控制活动模板的放下与收起，达到动态调整可调滑模长度的目的。放下活动模板，组合式滑模长度增加（模板模数增大）；收起活动模板，组合式滑模长度变短（模板模数变小）。标准滑模结构型式见图 5.5-1，可折叠式滑模结构型式见图 5.5-2。

混凝土浇筑按跳块方式从中央向两岸进行施工。入仓应均匀布料并及时振捣。振捣时，仓内采用直径不大于 50mm 的插入式振捣器，止水附近采用直径不大于 30mm 的插入式振捣器。振捣器不得触及滑动模板、钢筋、止水片。振捣器应在滑模前缘 50cm 处振捣，振捣间距不应大于 40cm，振捣器垂直插入下层混凝土深度宜为 50mm。振捣器不得靠在滑动模板上或靠近滑模顺坡插入浇筑层，以免抬模。

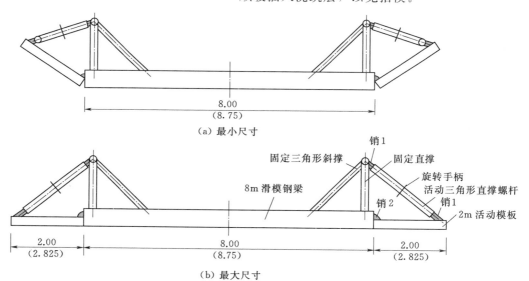

图 5.5-2 可折叠式滑模结构型式图（单位：m）

滑模滑升前，必须清除其前沿超填混凝土，以减少滑升阻力。每浇筑一层混凝土（25～30cm）提升滑模一次，每次滑升距离应不大于 30cm。滑模滑升速度主要与混凝土的施工配合比、浇筑时的天气状况等因素有关。对滑升速度的控制要掌握这样一个原则：滑过之后混凝土不流淌、不鼓胀、不垮边。滑升速度过大，脱模后混凝土易下坍而产生波浪状，给抹面带来困难，面板表面平整度不易控制。滑升速度过小，易产生粘模而使混凝土拉裂。每次滑升间隔时间不宜超过 30min。面板浇筑滑升平均速度宜为 1.5～2.5m/h。因为混凝土供料或其他原因造成待料时，滑模应在 30min 左右拉动一次，防止滑模的滑板与混凝土表面产生黏结增加卷扬机的启动功率。

脱模后的混凝土宜及时进行人工抹面以及二次压光，并用塑料薄膜等遮盖。混凝土初凝后，应及时铺盖隔热、保温材料，并及时洒水养护，宜连续养护至水库蓄水或至少养护 90d。

5.6　面板防裂措施

面板裂缝主要有结构性裂缝和非结构性裂缝。结构性裂缝主要是在基础变形过大及面板受冰压力、地震力等外荷作用下产生。结构性裂缝往往具有一定的危害性。非结构性裂缝主要是指面板混凝土在各种外界因素下产生收缩变形而导致混凝土开裂。非结构性裂缝一般表现为表面裂缝，但也会发展成为贯穿性裂缝，从而导致面板产生开裂。非结构性裂缝可能在凝固过程中产生，也可能在凝固后产生。凝固过程中混凝土沉降或塑性收缩均会发生裂缝。凝固以后，混凝土干缩、温度下降均会产生收缩裂缝。

面板防裂措施主要有两个方面：一方面应采取变形控制集成技术来确保面板不因基础变形过大而产生结构性裂缝，另一方面应从混凝土原材料优选及混凝土改性、面板结构配筋及减小周边约束、施工分期和浇筑时段选择及后期养护等方面，研究面板混凝土裂缝防控措施。

控制大坝填筑质量，尽量减小堆石体的变形，合理确定预留填筑面与面板顶部的高差，并设置预沉降期是防止防渗面板产生结构性裂缝的关键。

（1）混凝土原材料对混凝土防裂影响较大，根据工程实际条件，选用热膨胀系数较小的骨料配制面板混凝土。在选择水泥厂家时，首先要考虑生产厂家的水泥矿物成分，严格控制铝酸三钙的含量，铝酸三钙水化速度最快、水化热最大，而且干缩变形也最大；其次还应重视水泥膨胀性和含碱量。掺用性能较好的粉煤灰，可以降低单方混凝土的用水量，从而降低单方混凝土的水泥用量。砂石骨料的吸水率、含泥量对混凝土的收缩及抗拉性能有较大的影响，吸水率过大，不仅会增加混凝土的收缩，而且会显著降低混凝土的抗拉性能，骨料应选用质地坚硬、清洁、级配良好的砂料，采用人工砂时，石粉含量应控制在10%以内，从而减少因干缩变形引起的裂缝；选择适宜的砂率，增加混凝土的可施工性能。应用外加剂是节省水泥用量、提高混凝土性能的有效措施，主要掺用外加剂为高效减水剂、引气剂、增密剂和防裂剂等，特别是最近几年以性能优良的聚羧酸盐减水剂代替萘系高效减水剂后，混凝土拌和物的坍落度损失较小，单方混凝土用水量也相对减小。目前多个工程在面板混凝土中使用了增密剂，加入增密剂后，混凝土的抗压强度略有降低，但抗拉强度提高，混凝土的弹性模量降低，抗裂性能明显改善。很多工程还掺加了纤维材料、氧化镁等，取得了较好的防裂效果。面板混凝土配合比见表 5.6-1。

表 5.6-1　　　　　　　　　　面板混凝土配合比　　　　　　　　　单位：kg/m³

坝名	材料用量								
	水泥	粉煤灰	砂	小石	中石	水	减水剂	引气剂	纤维
鲤鱼塘大坝	272	78	742	529	647	146	DH4AG：2.38	DH9：0.0204	1.0
宜兴大坝	224	56	646	1367		115	FDN-2：2.8	麦斯特 202 型：2.8	聚丙烯腈：0.5

续表

坝名	材料用量								
	水泥	粉煤灰	砂	小石	中石	水	减水剂	引气剂	纤维
毛家河大坝	147	70	723	531	649	147	2.45	3.5	
柳树沟大坝	280	70	693	640	591	126	AXN-1：3.15	AXSF：0.028	钢纤维：42 或罗素纤维：1.0

（2）降低混凝土的入仓坍落度。在满足混凝土施工性能要求的前提下，尽可能降低混凝土的坍落度，从而降低胶凝材料用量，降低混凝土的绝热温升，减小温度裂缝，防止凝固过程中混凝土产生沉降裂缝。为达到这一目的，采用外加剂使混凝土拌和物在较小坍落度时振捣液化效果好，保证在较小坍落度时混凝土的浇筑质量，减少混凝土干缩裂缝。

（3）合理配置钢筋。已有经验表明，施工期在日照及气温变化影响下表面混凝土可能出现拉应力，钢筋宜布置在面板靠上层，运行期主要受轴向力作用，而不是弯曲应变，为此，现行规范提出了面板宜采用单层双向钢筋的要求，且宜置于面板截面中部偏上部，为了减少沉降裂缝，钢筋保护层不能太小，并应牢固固定钢筋避免浇筑时发生位移。

（4）减小周边约束。面板的基础表面及侧面整体应平顺，不应有大的起伏差，局部不应形成深坑或尖包。通过坡面喷乳化沥青来降低面板底面约束，喷乳化沥青坡面保护为二油二砂结构，即坡面清理并喷第一道改性沥青后，表面洒一层细砂，然后用特制碾进行坡面碾压，再喷第二道沥青并洒细砂和碾压。

（5）加强防渗面板混凝土施工过程的质量控制。如垫层料在混凝土浇筑前浇湿、选择适宜的浇筑环境、必要时安装挡风设施、原材料抽检、坍落度检测、面板混凝土连续均匀浇筑，以及控制滑模滑升速度、加强振捣、防止过振、漏振等。二次抹面、收光不仅提高了防渗面板表面平整度，也有助于早期细小裂纹的封闭。采用薄膜等保湿保温法养护等均对控制非结构性裂缝的产生和发展有利。

抽水蓄能电站混凝土面板运行条件比常规电站恶劣，特别是冬季正常发电运行时，上水库低水位期间主要是在夜间气温较低时段，库岸面板暴露于冷空气中，使面板遭受冷空气的"冷击"作用，导致面板产生较大的温度应力。根据混凝土面板结构特点，库岸混凝土面板长度远大于其宽度，导致面板顺坡向温度应力大于垂直坡向温度应力，这应是抽水蓄能电站库岸混凝土面板水平向裂缝居多的主要原因。面板裂缝宽度大于0.2mm或判定为贯穿性裂缝时，应采取专门措施进行处理。严寒地区和抽水蓄能电站的面板裂缝处理的标准应从严确定。严寒地区蓄能电站库水位变幅大，面板的微裂缝在严寒气候条件下有可能扩展，十三陵抽水蓄水电站上水库面板裂缝在运行一年后出现扩展。十三陵抽水蓄能电站上水库钢筋混凝土面板裂缝定期检测过程中，发现面板混凝土裂缝在不断发展。根据裂缝发展情况和电站运行条件，选择手刮聚脲对上水库面板混凝土裂缝进行了表面粘贴处理，经过多年运行，未发现SK手刮聚脲老化开裂、脱落等情况，与混凝土黏结良好。

5.7　工程应用实例

5.7.1　泰安抽水蓄能电站

5.7.1.1　工程概况

泰安抽水蓄能电站位于山东省泰安市西郊的泰山西南麓，距泰安市 5km，距济南市约 70km，靠近山东省用电负荷中心，地理位置优越，地形、地质条件良好。电站总装机容量为 1000MW。泰安抽水蓄能电站上水库平面布置见图 5.7-1。

上水库位于泰山南麓横岭北侧的樱桃园沟内，正常蓄水位 410.00m，死水位 386.00m，水库工作深度 24m。

上水库由混凝土面板堆石坝、上水库进/出水口、库盆及其防渗措施等组成。上水库混凝土面板堆石坝最大坝高 99.8m，上游面坝坡 1:1.5。防渗面板下依次设有碎石垫层区、过渡层区、主堆石区和次堆石区，并在坝后设置堆渣区，典型剖面见图 5.7-2。

5.7.1.2　上水库防渗结构设计

泰安抽水蓄能电站上水库采用水平与垂直相结合的防渗型式：即右岸横岭距坝轴线约 818m 范围的岸坡采用混凝土面板防渗，岸坡面板下游侧与堆石坝防渗面板相接；库底回填石渣区采用土工膜表面防渗，土工膜与大坝面板及右岸岸坡面板相接；在左岸及库尾将土工膜埋入库底观测廊道的侧墙顶部混凝土中，廊道基础设锁边帷幕。这样，大坝混凝土面板、库岸防渗面板与库底土工膜、防渗帷幕等形成了完整的上水库防渗系统。

下面分述防渗面板、趾板、连接板、分缝止水、排水垫层、上水库排水观测系统等设计。

1. 混凝土防渗面板设计

（1）面板厚度。大坝钢筋混凝土防渗面板和右岸横岭距坝轴线约 818m 范围的岸坡混凝土防渗面板承受最大水头均约为 35m，面板厚度均采用 0.30m 等厚度面板。

（2）面板坡度。大坝上游坡面钢筋混凝土防渗面板和右岸岸坡混凝土防渗面板坡度均为 1:1.5。

（3）面板分缝。大坝面板共分为 44 块，标准板块长 66.18m，每 12m 设垂直伸缩缝，均按张性缝设计，不设水平伸缩缝及施工缝；面板与防浪墙之间设置顶缝；在趾板与面板、连接板与面板之间设周边缝。库岸混凝土面板设垂直伸缩缝，垂直分缝宽度 12m，面板与库底观测廊道连接段设周边缝。

（4）面板配筋。面板配筋主要是承受混凝土温度应力和干缩应力。大坝面板与右岸面板均在中部设置一层双向配筋：纵向 Φ 18@15cm，横向 Φ 16@15cm。

（5）面板混凝土技术要求。大坝面板与右岸面板混凝土设计均采用相同指标：28d 龄期立方体抗压强度不小于 25MPa，抗渗等级 W8，抗冻等级 F300。骨料最大粒径为

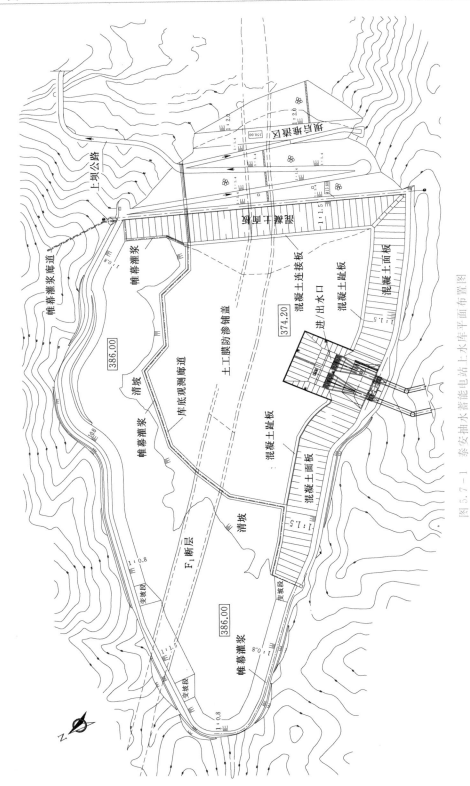

图 5.7-1　泰安抽水蓄能电站上水库平面布置图

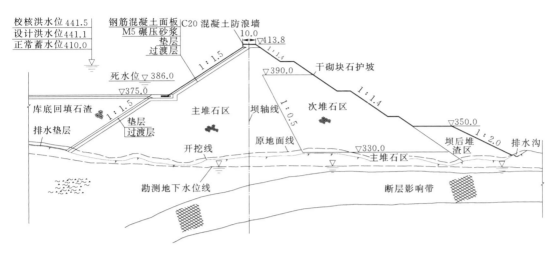

图 5.7 - 2　泰安抽水蓄能电站上水库坝体典型剖面图（单位：m）

40mm（二级配），最大水灰比 0.40。当用溜槽输送混凝土时，溜槽入口处混凝土最大坍落度为 3～7cm。在白天气温较高时坍落度控制在 6～7cm，夜间及气温较低的阴天坍落度控制在 4～5cm。

2. 趾板、连接板设计

（1）趾板、连接板的布置。高程 374.2m 以上两岸基岩上布置趾板，与面板、连接板共同构成防渗体。

左右岸趾板基础均为基岩，趾板基础设置 Φ28 锚筋，长 4.0m，间距 1.2m，每排 3 根。

河床部位面板底部在高程 373.60m 设置连接板，作为大坝面板和库底土工膜防渗层的连接结构。

（2）趾板、连接板的厚度、宽度。左岸趾板宽 4.0m，厚度 0.5m，分布于地形高程 374.2～410.0m 段；右岸斜坡段趾板因为与大坝面板及右岸面板连接，加宽为 6.74m，厚度 0.5m，分布于地形高程 374.2～410.0m 段。连接板宽 5.58m，厚 0.6m。

（3）趾板、连接板分缝。左右岸趾板均不设结构缝，施工缝间距小于 15m。

该工程的连接板的作用相当于趾板，其基础条件与面板相当（下部为垫层料、过渡料、堆渣填筑体），但所承受的水荷载均匀，基础最大沉降约为 45cm，且在施工期完成一半左右，填筑体上的连接板长约 360m，永久荷载作用后其最大挠度小于 1/800，因此连接板不设结构缝，施工时采用设后浇带的方案。

（4）趾板、连接板配筋。趾板单层双向配筋，布置于趾板表面，保护层厚度 10cm，纵、横向钢筋均采用 Φ22@15cm。连接板双层双向配筋，采用 Φ22@15cm 钢筋。

（5）趾板、连接板混凝土技术要求。趾板、连接板混凝土强度等级 C25W8F300，采用二级配混凝土。水泥强度等级为 P·O42.5。

连接板后浇带为 C30 二级配混凝土掺 10%（替代水泥量）的微膨胀剂。

混凝土配合比见表 5.7 - 1。

表 5.7 - 1　　　　　　　　　　　　混 凝 土 配 合 比　　　　　　　　　　　　单位：kg/m³

混凝土等级	材 料 用 量								
	水灰比	水泥	砂	5 - 20	20 - 40	减水剂	引气剂 DH9	膨胀剂 DH11	水
C25	0.417	300	712	485	728	2.1	0.015	—	125
C30	0.43	300	729	497	745	2.1	—	30	129

3. 分缝止水设计

大坝、库岸接缝止水分为五种类型：受拉区面板板间缝（A 型垂直缝）、受压区面板板间缝（B 型垂直缝）、面板与趾板接触缝（C 型周边缝）、面板与连接板接触缝（D 型周边缝）、面板与防浪墙接触缝（E 型缝）。各种缝面止水措施见表 5.7 - 2，SR 填料和三元乙丙盖片性能指标分别见表 5.7 - 3 和表 5.7 - 4。

表 5.7 - 2　　　　　　　　　　　　各 种 缝 面 止 水 措 施

缝型	部位	数量	止 水 措 施
受拉区面板板间缝（A 型垂直缝）	左右岸附近面板受拉区	左岸 10 条右岸 7 条	底部：W 型止水铜片，氯丁橡胶片，ϕ12mm 氯丁橡胶棒； 顶部 V 形槽，ϕ12mm 氯丁橡胶棒，SR 填料高于面板 2cm； 缝面：沥青乳胶
受压区面板板间缝（B 型垂直缝）	面板中部受压区	26 条1820m	底部：W 型止水铜片，氯丁橡胶片，ϕ12mm 氯丁橡胶棒； 顶部：ϕ12mm 氯丁橡胶棒，SR 填料高于面板 2cm； 缝面：沥青乳胶
面板与趾板接触缝（C 型周边缝）	面板与趾板接缝	273m	底部：F 型止水铜片，氯丁橡胶片，ϕ12mm 氯丁橡胶棒； 顶部：ϕ12mm 氯丁橡胶棒，SR 填料高于面板 4cm； 缝面：沥青木板
面板与连接板接触缝（D 型周边缝）	面板与连接板接缝	342m	底部：F 型止水铜片，氯丁橡胶片，ϕ12mm 氯丁橡胶棒； 顶部：ϕ12mm 氯丁橡胶棒，SR 填料高于面板 4cm； 缝面：沥青木板
面板与防浪墙接触缝（E 型缝）	面板与防浪墙接缝	528m	底部：V 型止水铜片，氯丁橡胶片，ϕ12mm 氯丁橡胶棒； 顶部：ϕ12mm 氯丁橡胶棒，SR 填料高于面板 2cm； 缝面：泡沫塑料

表 5.7 - 3　　　　　　　　　　　　SR 填 料 性 能 指 标

项目	测 试 条 件	SR - 2
断裂伸长率	20℃	≥1000%
耐热性	45°倾角，80℃，5h 流淌值/mm	≤1
抗渗性	≤5mm 厚，48h 不渗透水压/MPa	≥2.0
施工度	25℃，锥入度值/mm	8～13
比重	称量法	1.4～1.5g/cm³
施工方法		冷施工

表 5.7-4 三元乙丙盖片性能指标

性　能	指　标	性　能	指　标
抗渗性	>1.5MPa	扯断强度，纵向	>1500N/5cm
耐温性	-40～80℃	扯断强度，横向	>1500N/5cm
厚度	5mm，7mm	施工方式	常温冷粘贴

大坝面板各结构缝止水填料顶部为：宽 40cm 三元乙丙复合盖片（三元乙丙厚 3mm，SR 厚 3mm），周边为 75mm×75mm×8mm 镀锌角钢＋镀锌膨胀螺栓 10mm×100mm@40cm＋HK 封边剂 0.5kg/m。防浪墙每隔 12m 设一道伸缩缝，缝间设铜止水，并与防浪墙顶部及底部水平止水焊接。

右岸横岭距坝轴线 818m 范围的岸坡混凝土防渗面板接缝均按张性缝设计。缝底部设止水铜片，上部为 SR 止水材料，面板与趾板间缝高出面板表面 4cm（75cm²），其余高出面板表面 2cm（60cm²），表面遮盖三元乙丙复合盖片宽 33cm，盖片周边锚固均为镀锌扁钢 50mm×6mm＋不锈钢垫片 40mm×40mm×4mm＋镀锌膨胀螺栓 10mm×100mm@75cm＋HK 封边剂 0.5kg/m。环库公路防浪墙（顶高程 414.10m）每隔 12m 设一道伸缩缝，缝间设塑料止水片。

4．排水垫层

大坝面板下的碎石垫层，水平宽 2m，采用洞挖新鲜石料填筑，垫层料按排水料设计，最大粒径 80mm，小于 5mm 粒径的颗粒含量不大于 30%，小于 0.1mm 粒径的颗粒含量小于 5%，不均匀系数大于 30，连续级配。设计干容重不小于 21.5kN/m³，孔隙率不大于 18%。其渗透系数要求 $5×10^{-3}$～$1×10^{-2}$cm/s。

右岸面板下碎石垫层的作用是支承面板并将其上的水荷载传递到基岩，同时在库水位骤降时能及时排掉从面板渗入的孔隙水，因此垫层料按排水料设计，级配同大坝面板下的碎石垫层，垫层料厚度为 80cm。

5．排水观测系统

（1）设计原则。上水库防渗体土工膜、右岸面板、大坝面板的渗漏水，以及通过库底观测廊道（锁边帷幕）基础的渗漏水，最终从库底填渣体和大坝坝体排向下游。土工膜、右岸面板、大坝面板之下的垫层渗透性设计，既要考虑到蓄能电站的特点有利于减少渗漏量，又要考虑到减少渗漏水形成反向压力实现安全运行。因此垫层均按半透水性设计，渗透系数的确定以 10^{-3}cm/s 为基值。右岸面板由于垫层料较薄，垫层料以下为基岩，因此对垫层料区的排水增加了设置。库底填渣体平均渗透系数达 $1.2×10^{-2}$cm/s，其不均匀性较大，由于该工程土工膜防渗为大型水电工程首次采用，出于安全和不可预见因素等考虑，设计在膜下垫层内布设了土工排水管网的排水设施，土工排水管网渗水汇入库底排水廊道内。

库底观测廊道靠库内填渣侧设置排水管与填渣连接以辅助库底渗水的排泄。排水管为 ϕ50mm PVC 硬质排水管，其间距为 5m，ϕ75mm PVC 硬质排水管其间距为 30m，管长 1.5m，详见图 5.7-3。

（2）大坝排水。坝坡防渗面板的渗透水，通过其后的垫层、过渡层和主堆石区，排到

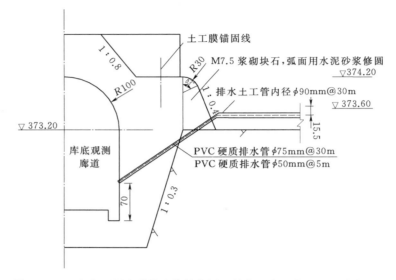

图 5.7-3　库底观测廊道排水管结构图（单位：高程为 m，尺寸为 cm）

下游坝坡脚的横向排水沟内。坝轴线下游在 320.00m 高程以下为主堆石区，以便渗水排泄通畅。

坝后堆渣区，在 320.00m 高程以下填筑主堆石料作为排水体。

（3）右岸排水。右岸面板段在进/出水口上下游侧的面板底部，在趾板基础高程通长设置 ϕ150mm 土工管，并每隔 10m 在趾板底部垫层混凝土内设一横向 ϕ100mm 土工管，连通趾板面板底部的土工管与库盆垫层料内的土工管，在趾板与库底廊道相接处土工管通入廊道内，土工管均外包 100g/m^2 土工布。

为排除右岸面板下的渗水，兼作观测用，在右岸面板下横岭山体内设一排水观测洞。排水观测洞总长 120m，进出口在开关站交通洞内高程为 352.967m，末端距上水库进/出水口约 25m，平均纵坡 0.6%。

排水观测洞断面为城门洞型，尺寸为 2.5m×3.0m（宽×高）。洞内设排水孔，孔深为 6.0m，排间距为 3.0m，每排 7 孔，顶拱 3 孔，两侧边墙各 2 孔。洞底部两侧设排水沟，15cm×15cm，在出口处合并成一个排水沟后，与开关站交通洞排水沟相连，通往坝后高程 350.00m 平台，并通过浆砌石明渠引流至坝后排水沟至坝后量水堰前池。

为增强混凝土面板后垫层的渗透性，在排水观测洞拱肩处设置 13 个排水孔 ϕ110mm @10m 与该段对应的右岸面板趾板后部的纵向排水土工管相连。

在排水观测洞口的排水沟内设置一个三角形量水堰，堰口高度为 18cm，可以观测运行期该段面板的渗水情况。

经过 2004 年雨季观察，13 个排水孔均排水通畅。

6. 与其他建筑物的连接

大坝面板与坝顶防浪墙、趾板、连接板相连接；右岸面板与廊道、趾板相接。右岸面板与库底观测廊道连接型式分为斜坡段和水平段两类，连接构造见图 5.7-4。

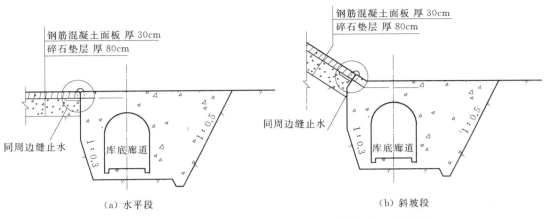

图 5.7-4　泰安抽水蓄能电站右岸面板与观测廊道连接构造图

5.7.1.3　计算分析

上水库大坝进行了二维、三维静、动力有限元分析，分析结果表明面板拉、压应力均未超过其相应的强度值。

三维有限元计算结果显示：蓄水期面板挠度为 7.64cm，面板顺坡向和坝轴向最大拉应力分别为 0.834MPa 和 0.734MPa。清华大学的三维有限元计算结果显示：蓄水期面板挠度为 5.09cm，面板最大轴向位移为 8.70cm，面板顺坡向和坝轴向最大拉应力分别为 0.18MPa 和 0.097MPa。

二维计算成果显示：蓄水期面板挠度为 4.70cm，面板顺坡向最大拉应力为 1.03MPa，连接板最大拉应力为 1.57MPa。

5.7.1.4　面板混凝土施工

1. 面板混凝土施工程序

坝体于 2004 年 3 月填筑到防浪墙底高程 411m，坝体沉降 5 个多月后于 2004 年 8—10 月进行大坝混凝土面板施工。

大坝混凝土面板工程包括止水结构、面板钢筋制安、面板混凝土。面板混凝土施工前对碾压砂浆层面采用 3m×3m 方格网进行平整度检查，砂浆面偏离设计线的偏差值以 5cm 为控制标准。对不符合要求的部位进行修整，均符合要求后进行施工放样和结构缝止水结构施工，完成并检查合格后，进行钢筋绑扎和边模立模工作完成后再进行滑模吊装、调试，面板混凝土滑模浇筑、抹面、二次压面，草帘洒水养护。

右岸混凝土面板的施工参照大坝混凝土面板施工要求进行。

2. 面板防裂措施及裂缝处理

面板防裂及养护措施：面板浇筑后采用草帘覆盖并洒水养护，实际养护时间达 3 个月以上。对于局部草袋没有盖住的地方存在的细小裂缝，根据裂缝宽度的不同，可分为两类：

（1）Ⅰ类裂缝（浅层裂缝）：表面缝宽 $\delta \leqslant 0.2$mm 的裂缝；

（2）Ⅱ类裂缝：表面缝宽 $\delta > 0.2$mm 的裂缝以及表面有渗水和渗浆的Ⅰ类裂缝。

裂缝类型不同，采取的修补方案也不同，具体如下。

（1）Ⅰ类裂缝修补方案。采用复合 SR 防渗胶带进行表面处理，具体施工工艺如下：

1）基面处理：用钢丝刷将裂缝两侧各 10cm 范围内的松动物及凸出物除去，并用毛刷及湿抹布掸净浮尘及污物。对于表面坑洼处，用高标号砂浆或聚合物水泥砂浆修补平整，待其达到强度后进行下一步施工。

2）涂刷底胶：待基面完全干燥后，沿缝两侧各 5cm 均匀涂刷两道 SR 底胶，涂刷底胶要注意：一不能漏刷（露白），二不能涂刷过厚（注意：根据 SR 材料施工要求，基面一定要干燥，对于潮湿表面，则要用喷灯将其表面烘干，只要能保持基准面干燥 0.5～1h，即可完成施工）。

3）粘贴 10cm 宽复合 SR 防渗胶带：待 SR 底胶表干后（粘手但不沾手，常温下 0.5～1h），撕去复合 SR 防渗胶带的防粘保护纸，沿裂缝将盖片粘贴于 SR 底胶上，并用力压紧。对于需搭接的部位，必须先用 SR 材料做找平层，而且搭接长度要大于 3cm。

4）用弹性 HK 封边剂对粘贴好的 SR 防渗胶带边缘进行封边，要求封边密实、粘贴牢固。

5）在 SR 防渗胶带表面涂刷或喷涂约 10mm 厚、宽 15cm 的 903 聚合物水泥砂浆或 Sika 胶封闭，平滑过渡到两侧混凝土基面，并湿润养护 3～5d。

（2）Ⅱ类裂缝修补方案。先采用 LW、HW 水溶性聚氨酯进行化学灌浆（用 LW：HW＝30：70 混合浆液），然后进行表面处理的方案，具体施工工艺如下：

1）灌浆处理。清理缝面：利用磨光机和钢丝刷对坝面裂缝两侧各 30cm 范围进行清理，用毛刷掸净浮尘及污物。对于表面坑洼处，用高标号砂浆或聚合物水泥砂浆修补平整，待其达到强度后进行下一步施工。

布设灌浆嘴：沿缝间隔 20～30cm 布置一个灌浆嘴，用 HK-EQ 粘贴灌浆嘴。

封缝：用 HK-G 低黏度环氧和灰色有韧性的 HK-962 环氧增厚涂料对布设灌浆嘴以外的缝面和灌浆嘴周边进行封闭，缝面涂刷宽度为沿缝两侧各 3cm，涂刷厚度为 1mm，以保证灌浆时不漏浆。

试压：待封缝材料达到一定强度（大于 12h）后，进行压水试验，以了解进浆量、灌浆压力及各孔之间的串通情况，同时检验止封效果。

灌浆：接上灌浆泵和灌浆管开始灌浆，灌注 LW：HW＝30：70 的混合浆液，可根据缝宽大小按体积比掺加 5%～10% 的丙酮，以提高浆液的可灌性。灌浆压力视裂缝开度、进浆量、工程结构情况而定，一般灌浆压力控制在 0.3MPa 左右。灌浆顺序一般从最低处一端向高处的另一端进行。当邻孔出现纯浆液后，将灌浆嘴用铁丝扎紧，继续灌浆，所有邻孔都出浆后，继续稳压 15min，停止灌浆。总之要在压力下，使浆液充分饱和整个缝面。

2）待浆液固化（一般 24h 即可）后，割掉灌浆嘴，进行下一步表面处理（灌浆结束后要用溶剂把泵和其他工具清洗干净）。

基面处理、涂刷底胶、粘贴 SR 防渗胶带、封边等与Ⅰ类裂缝修补方案类似，不再赘述。

5.7.1.5　防渗效果

上水库自 2005 年 5 月底开始蓄水，于 9 月 28 日水位达到死水位 386m，蓄水量为

237.25 万 m³，到 2006 年 2 月初水位达到 391m，蓄水量达 384.97 万 m³。在蓄水期间，加强了对水库及大坝的监测。

左岸布设了 6 支渗压计 LUP1～LUP6。在蓄水期间，LUP1、LUP6 水位随水库水位升高稳定上升，LUP2～LUP5 前期水位有较大波动，但 LUP5 自 2005 年 8 月起、LUP2～LUP4 自 11 月起渗压变化趋于稳定，地下水位随水库水位升高有较小幅度的升高。

布设在库尾的 5 支渗压计，KUP3、KUP10、KUP11 在蓄水期间变化幅度很小，该处地下水位稳定；KUP5 与 KUP9 在蓄水前期水位有较大幅度的波动，但自 2005 年 11 月以后水位比较稳定，变化幅度很小，该处地下水位有随水库水位升高而升高的变化趋势。

右岸布设的 5 支渗压计 RUP1～RUP5 中，RUP5 在蓄水期间比较稳定，水位变化幅度很小（在 0.8m 以内），RUP1～RUP3 在蓄水前期变化幅度较大。自 2005 年 10 月后，RUP1 随水库水位升高有下降趋势，RUP2 随水库水位升高而升高，RUP3 水位趋于稳定，RUP4 在蓄水前期下降趋势明显，但在 7 月出现跳跃，水位猛升 40 多米，并保持近 4 个月的高水位，11 月后水位下降趋势明显，到最后一次监测水位与跳跃前的水位接近。

整个库盆部分（包括库周面板和库底土工膜）渗透量为 20～30L/s，在设计允许的范围之内。

5.7.1.6　小结

（1）泰安抽水蓄能电站结合上水库的水文地质条件，选用表面与垂直相结合的防渗型式。

（2）泰安抽水蓄能电站充分研究了库周工程地质条件和上水库库盆结构型式，综合应用了库周（大坝）混凝土面板＋库底土工膜＋周边锁边帷幕相结合的防渗型式，对库盆防渗进行分区设计，防渗方案合理，在保证工程安全运行的前提下，节约了工程投资。

5.7.2　宜兴抽水蓄能电站

5.7.2.1　工程概况

宜兴抽水蓄能电站位于江苏省宜兴市西南郊的铜官山区，距市区约 7km，是一座日调节纯抽水蓄能电站。电站总装机容量 1000MW。上水库位于铜官山主峰东北侧，利用沟源坳地挖填形成，集水面积为 0.21km²，总库容为 530.7 万 m³，有效库容为 507.3 万 m³，正常蓄水位 471.0m，死水位 428.6m。

上水库由主坝、副坝、上水库进/出水口、库盆及其防渗措施等组成。主坝采用下游坝坡带混凝土挡墙的钢筋混凝土面板堆石坝，最大坝高为 75m，坝顶宽为 8.0m，坝顶长为 495m，坝顶高程为 474.2m；副坝采用碾压混凝土重力坝，最大坝高 34.9m。上水库库盆采用全库盆钢筋混凝土面板防渗。宜兴抽水蓄能电站上水库平面布置见图 5.7-5。

5.7.2.2　上水库防渗结构设计

宜兴抽水蓄能电站上水库采用全库盆钢筋混凝土面板防渗，主坝为下游坝坡带混凝土挡墙的钢筋混凝土面板堆石坝，典型剖面见图 5.7-6；副坝为碾压混凝土重力坝，典型剖面见图 5.7-7。

1. 混凝土防渗面板

（1）面板厚度。全库盆混凝土面板均采用 0.4m 等厚面板，为提高混凝土面板与趾

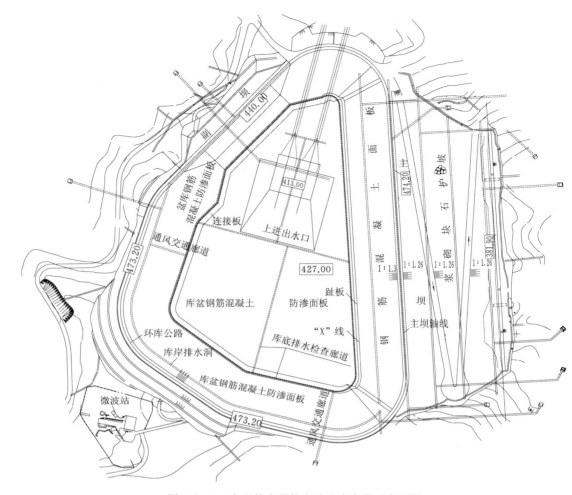

图 5.7-5　宜兴抽水蓄能电站上水库平面布置图

板、面板与连接板之间接缝止水的可靠性，靠近趾板、连接板一侧混凝土面板厚度增加至 0.6m。

（2）面板坡度。主坝上游坝坡 1∶1.3，库岸开挖坡度 1∶1.4。

（3）面板分缝。主坝面板共 37 块，标准块宽 16m，最大斜长（标准块）73m。坝肩弧线段垂直缝间距加密，并各布置一条水平缝。

库岸面板自环库公路至库底按条块划分，共分 109 块，标准块宽 16m、斜坡长度 76.65m。

库底面板按方块划分，共分 184 块，标准块平面尺寸 16m×24m、16m×20m。

（4）面板配筋。主坝面板、库岸与库底面板均为双层双向配筋：面层 ϕ16@16cm，底层 ϕ16@20cm，保护层厚度均为 8cm。

（5）面板混凝土。面板混凝土强度等级为 C25，抗渗等级 W8，主坝面板和库岸面板抗冻等级为 F200，库底面板抗冻等级为 F150。面板混凝土的配合比见表 5.7-5。

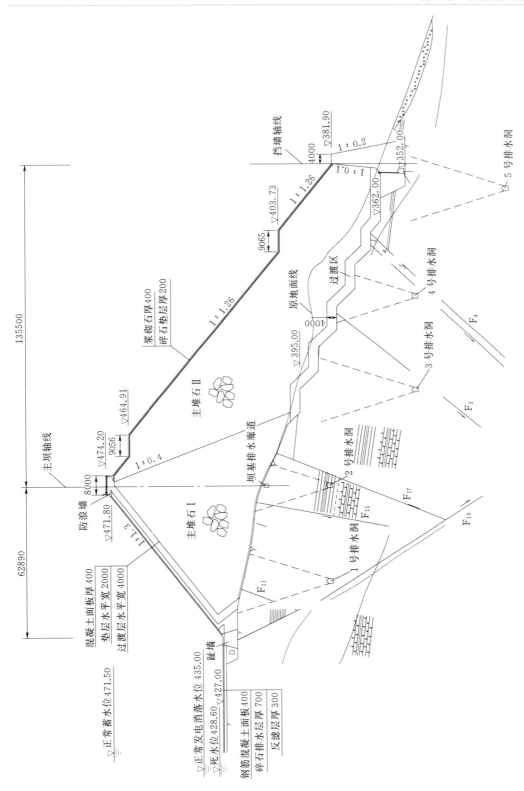

图 5.7 - 6　宜兴抽水蓄能电站上水库主坝典型剖面图（单位：高程为 m，尺寸为 mm）

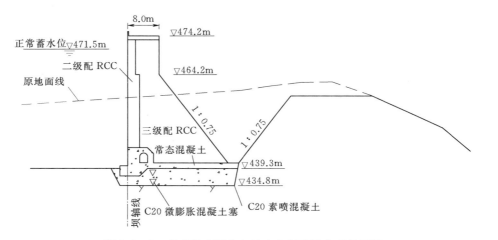

图 5.7-7　宜兴抽水蓄能电站上水库副坝典型剖面图

表 5.7-5　　　　　　　　　　面板混凝土的配合比　　　　　　　　　　单位：kg

水泥	粉煤灰	水	砂	骨料（小石：中石）	高效缓凝减水剂	引气剂	聚丙烯腈
230	58	114	640	1364（4.5：5.5）	3	0.07	0.5

2．趾板、连接板设计

（1）趾板、连接板的布置。库底面板与库岸面板通过连接板连接，库底面板与主坝面板通过主坝趾板连接。趾板绝大部分建于弱风化砂岩基础上，少量建于强风化花岗斑岩脉上，另外由于左岸沟谷中局部地段自然地形较低，跨主沟地段为混凝土趾墙。

（2）趾板、连接板的厚度、宽度。趾板主要连接坝体混凝土防渗面板，根据承受水头和工程类比设计。按趾板的部位不同设计三种断面，断面①趾板厚 0.6～0.88m，位于桩号坝 0+000.00～0+099.00m 和坝 0+138.50～0+494.90m；断面②为高趾墙板，位于主沟处，趾墙长度 39.5m，桩号为坝 0+099.00～0+138.50m。趾板以下最大趾墙高 6.5m，趾墙上、下游坡均为 1：0.2，趾墙顶宽与趾板相同，为 5.0～7.6m，趾墙与趾板设施工缝，趾板为 0.6m 等厚；断面③为坝肩两岸岸坡段趾板，板厚为 0.6～1.5m 的变断面，主要是为适应主坝上游坡 1：1.3 向库岸边坡 1：1.4 的过渡。三种断面宽度均为 5.0m。

（3）趾板、连接板分缝。根据地形地质和结构断面形态的不同，趾板每间隔 12～15m 设置一条伸缩缝。趾板共分成 44 块，其中左岸岸坡 5 块，右岸岸坡 5 块，库底 34 块。

连接板原则上每 16m 设一道伸缩缝，遇地基条件及结构型式有变化处增设伸缩缝。连接板共分 48 块。

（4）趾板、连接板配筋。趾板单层双向配筋，钢筋规格为 ⌀22@200，保护层厚度均为 10cm。连接板钢筋规格：面层与底层均为 ⌀18@200，保护层厚度均为 8cm。

（5）趾板、连接板混凝土技术要求。趾板混凝土标号为 C25W8F100，二级配。趾板混凝土没有掺配聚丙烯腈纤维，砂石骨料采用砂石料加工厂生产的灰岩料。

连接板混凝土抗冻等级为 F150。

3. 分缝止水设计

上水库库盆面板接缝共分以下几种型式：A/B 型缝（库岸/主坝面板垂直缝）、C 型缝（主坝趾板与面板接缝、库盆连接板与库岸面板接缝）、D 型缝（主坝趾板与库底面板接缝、连接板与库底面板接缝、岸坡段趾板与主坝/库岸面板接缝）、E 型缝（趾板伸缩缝）、F/G 型缝（主坝/库岸防浪墙底缝）、H/I 型缝（库底面板接缝）、J 型缝（连接板伸缩缝）、K/L 型缝（主坝/库岸防浪墙伸缩缝）。

考虑该工程上水库库盆地质条件复杂，一旦止水失效且漏水量超过库盆排水系统的排水能力，将造成库盆山体地下水位的抬高，危及库岸边坡及主坝坝基稳定。因此除防浪墙分缝（K 型、L 型缝）只在中部设一道铜止水以外，防渗面板其余接缝（A 型、B 型、C 型、D 型、E 型、F 型、G 型、H 型、I 型和 J 型缝）均设两道止水，即底部铜止水和表面塑性填料止水。

防渗面板按缝宽分，分为宽 16mm 和宽 3mm 两种，宽 16mm 的缝内填低发泡填缝板，宽 3mm 的缝内涂刷乳化沥青。

(1) 底部止水。底部止水铜片厚 1mm，鼻宽 14mm，鼻高 50mm，立腿高 80mm，鼻内充填 $\phi14mm$ 橡胶棒和 14mm 厚聚氨酯泡沫塑料。按立腿高度的不同，铜止水又分为 W 型、F 型、D 型 3 种。

A 型、B 型、D 型、E 型、F 型、G 型、H 型、I 型和 J 型缝底部铜止水均为 W 型，根据两侧平段的角度及底部橡胶垫片的不同，W 型止水铜片分为 W1 型、W2 型、W3 型、W4 型等 4 种，各种型号的立腿高度、鼻子及平段的结构基本相同。C 型缝底部铜止水为 F 型，根据主坝面板和库岸面板的坡度不同，分为 F1 型、F3 型等，另外，副坝趾槽与副坝前 440 平台面板的接缝按 B 型缝处理，其底部止水为 F2 型。D 型止水位于防浪墙分缝即 K 型、L 型缝及副坝坝体横缝。K 型、L 型缝止水铜片为 D2 型，副坝坝体横缝为 D1 型。

为减少焊缝，止水铜片要求采用卷材在现场加工轧制，所有止水材料均须进行抽样检查、检测其规格型号、性能，合格后方能使用。止水铜片技术要求如下：抗拉强度不小于 225MPa，延伸率不小于 25%，要求冷弯 180° 不出现裂缝，在 0°～60° 范围内连续张闭 50 次不出现裂缝。

(2) 止水铜片异型接头。该工程所有止水铜片的 T 形、"十" 字形等异型接头均要求在工厂整体冲压成型，成型后的接头不应有机械加工引起的裂纹或孔洞等缺陷，并应进行退火处理。个别数量较少的异型接头可采取现场焊接的方式。异型接头的加工材料采用厚 1.5mm 紫铜板。

(3) 表面止水。表面止水采用塑性填料加三元乙丙盖板的办法，按接缝所在位置的不同，塑性填料的鼓包大小也有所不同。其中 A 型、H 型缝不带鼓包，塑性填料全部嵌设在面板顶部的 V 形槽内，槽内充填的塑性填料面积为 $55cm^2$。三元乙丙盖板两侧采用扁钢和膨胀螺栓固定，扁钢规格 $50mm×5mm$，膨胀螺栓规格 M10mm×100mm@400mm。其余接缝（B 型、C 型、D 型、E 型、F 型、G 型、I 型和 J 型缝）表面止水均为鼓包型，鼓包内充填的塑性填料面积为 $160～250cm^2$，塑性填料嵌设在面板顶部的盖板及 V 形槽内，三元乙丙盖板两侧采用角钢和膨胀螺栓固定，角钢规格 75mm×50mm×6mm，膨胀螺栓规格 M10mm×100mm@400mm。

（4）低发泡填缝板。H 型、I 型缝缝宽 3mm，缝内涂刷乳化沥青。其余接缝缝宽 16mm，缝内填低发泡填缝板。低发泡填缝板的技术要求如下：密度 140kg/m³，抗拉强度 2.4kg/cm³，撕裂强度 6.8kg/cm³，压缩强度 1.7kg/cm³，压缩永久变形率 1.1%，延伸率 150%。

4. 排水垫层

主坝面板下为垫层和特殊垫层。垫层水平宽度 2m，垫层料粒径 $d_{max} \leqslant 80mm$，孔隙率 $n \leqslant 19\%$，设计干容重 $\gamma_d \geqslant 21.5kN/m^3$，渗透系数 $k=(0.1 \sim 9) \times 10^{-3}cm/s$，粒径小于 0.075mm 的含量为 3%～8%，小于 4.75mm 的含量为 35%～55%；特殊垫层也称小区料，料粒径 $d_{max} \leqslant 40mm$，孔隙率 $n \leqslant 19\%$，设计干容重 $\gamma_d \geqslant 21.3kN/m^3$，渗透系数 $k=(1 \sim 5) \times 10^{-3}cm/s$，粒径小于 0.075mm 的含量为 2.5%～6%，小于 4.75mm 的含量为 40%～50%。

由于库岸开挖边坡较陡（1:1.4），排水垫层铺筑有困难，因此库岸排水层采用 C10 多孔混凝土，厚度 30cm，要求渗透系数 $k \geqslant 1 \times 10^{-2}cm/s$。多孔混凝土上部依次铺设乳化沥青、土工布与库岸面板连接。土工布规格为 400g/m²，其主要作用是减少面板与下卧层之间的约束，减少面板裂缝的产生。乳化沥青为 1～1.5kg/m²，位于土工布和多孔混凝土之间，作用是增加土工布与多孔混凝土垫层之间的黏结力。

库底面板下排水垫层厚 70cm，要求石料新鲜、级配良好，渗透系数 $k \geqslant 1 \times 10^{-2}cm/s$，排水层底部设置 PVC 排水花管，使渗漏水能顺利排除。排水花管直径 200mm，间距 25m。排水层与面板之间设置一层碎石反滤料，反滤层厚 28cm，反滤层料同主坝过渡层料。反滤层上铺 2cm 厚 M5 碾压砂浆，以保证面板混凝土浇筑质量。

5. 与其他建筑物的连接

面板与其他建筑物的连接主要包括：主坝面板与坝顶防浪墙、主坝面板与趾板、库岸面板与趾板、库岸面板与防浪墙、库岸面板与连接板、库底面板与连接板、库底面板与趾板、库底面板与副坝的连接等。连接部位均设置结构缝，缝内设置止水。

此外，副坝坝体通过 D 型止水铜片与库底面板连接封闭。

6. 排水观测系统

为了能够及时排除通过防渗面板的渗漏水流及整个库盆山体的地下水位，上水库布置有三套排水系统，即主坝坝基排水系统、副坝坝基排水系统和库盆排水系统。

（1）主坝坝基排水系统。主坝坝基排水系统包括：在堆石体及重力挡墙覆盖的坝基范围内，在平行坝轴线方向不同高程布置了 1 条坝基排水廊道和 5 条排水平洞。

坝基排水廊道位于坝轴线位置，廊道底部高程 423.12～403.00m，廊道断面净尺寸 1.5m×2.0m，钢筋混凝土衬砌。

5 条排水平洞布置在基础山体内部，其中 1 号排水平洞布置在坝轴线上游 40m 处，洞底部高程 380.00～382.67m；2 号排水平洞布置在坝轴线处，洞底部高程 380.00～382.67m；3 号排水平洞布置在坝轴线下游 40m 处，洞底部高程 345.38～347.19m；4 号排水平洞布置在坝轴线下游 80m 处，洞底部高程 345.00～346.81m；5 号排水平洞布置在坝轴线下游 125m 处，洞底部高程 310.00～311.10m。1 号、2 号排水平洞在左、右岸分别布置有 121 号和 122 号排水及交通出口；3 号、4 号排水平洞在左、右岸分别布置有 341 号和 342 号排水及交通出口；5 号排水平洞在左、右岸分别布置有 51 号和 52 号排水及交通出口。

平洞断面开挖尺寸为 2.5m×3.0m（宽×高），原则上不衬砌顶拱和侧墙，在遇到全风化、强风化花岗斑岩脉则进行全断面钢筋混凝土衬砌，衬砌混凝土标号 C20，衬砌厚度 0.4m，底板为厚度 0.3m 的 C15 素混凝土。其余平洞段不衬砌，仅底板为 C15 素混凝土。排水平洞各断面分别向上、下游侧钻排水孔，排水孔钻进时，不得穿越主坝开挖建基面、抗剪桩、3 号通风交通廊道及预应力锚索，排水孔布置与上述位置有冲突的，应避开或取消该排水孔。钻孔与洞轴线夹角，除 4 号排水洞下游侧为 75°、5 号排水洞下游侧为 15°外，其余均为 30°，孔径 100mm。1～5 号排水洞排水孔孔距 3.0m，长度 10.0～40.0m 按 5.0m 一挡共 7 种规格，上下游侧排水孔在平面上交错布置。121 号、341 号、51 号、122 号、342 号、52 号排水洞，排水孔孔深 3.0m，孔距 5.0m。排水孔钻进中遇断层破碎带或全风化、强风化花岗斑岩时，排水孔中埋设带过滤体的 PVC 管（组合过滤体），此时排水孔孔径为 130mm。渗透水流经各平洞从主坝下游两岸山坡排水沟排出。

（2）副坝坝基排水系统。副坝区域共设置了 4 条排水廊道和排水洞。

1）坝基以下高程 406.80～405.80m 设置了与副坝轴线相垂直的库盆排水廊道出口段（1.5m×2.0m）。

2）为降低坝基面扬压力，在此高程设置了与库盆排水廊道出口段垂直相通的、平行于副坝轴线的、位于基础山体内的副坝坝基排水平洞（2.5m×3.0m），即 7 号排水洞。在排水洞内向上钻排水孔，孔径 150mm，孔距 2.0m，平均孔深 18.0m。7 号排水洞与上水库库岸 6 号排水洞连接，组成库周排水系统。

3）副坝与库底连接处即高程约 422.5m 有平行于副坝轴线的库底排水廊道（1.5m× 2.0m）。

4）副坝坝体下部，坝体内平行建基面布置有基础排水廊道，廊道断面尺寸为 2.0m× 2.5m。距离上游坝面 3.5m 设一道排水管，排水管直径 76mm，坝体渗透水通过排水管排入基础廊道。基础廊道在下游坝面不同高程布置有 3 个出口。

5）在副坝中间部位桩号副坝 0+106.000m 处的山体内，布置了一条垂直于坝轴线与坝体基础排水廊道相通的 8 号排水洞，将基础排水廊道汇集的坝体渗水排向下游。8 号排水洞（2.0m×2.5m）进口高程 441.057m，出口高程 440.800m，全长 40m，纵向坡度 1%。8 号排水洞全程挂网喷 C20 混凝土，洞周间距 2m 布置 7 根系统锚杆（直径 25mm、长 2.5m）支护，以确保山体稳定。

（3）库盆排水系统。库盆排水系统分库底排水廊道、库岸排水平洞、库岸通风交通廊道三个部分。上水库库盆排水廊道平面布置见图 5.7-8。

库底排水廊道由环形库底排水观测廊道、1 号库底排水观测廊道、2 号库底排水观测廊道组成，排水平洞由 6 号排水平洞、7 号排水平洞组成，通风交通廊道由 1 号、2 号、3 号、4 号通风交通廊道组成。

1）库底排水廊道。环形库底排水观测廊道全长 1133.66m，1 号库底排水观测廊道全

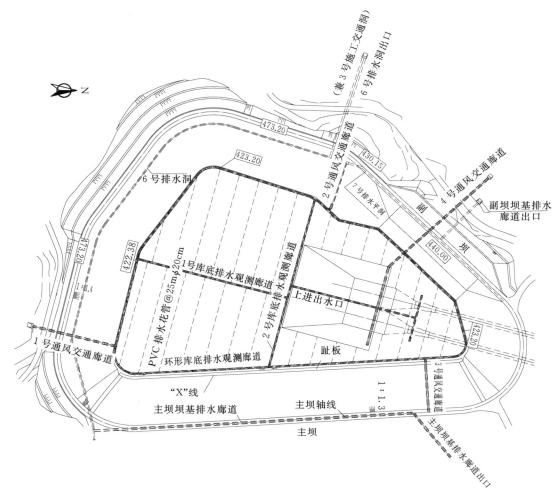

图 5.7-8　宜兴抽水蓄能电站上水库库盆排水廊道平面布置图

长 189.90m，2 号库底排水观测廊道全长 218.51m。库底排水观测廊道纵坡 0.5%～1%。

库盆排水廊道断面尺寸均为 1.5m×2.0m（宽×高），C20 钢筋混凝土衬砌，衬砌厚 40cm，双层配筋，受力筋 $\Phi 22@200$，分布筋 $\Phi 16@250$。库底面板和止水如发生渗漏，渗漏水通过排水层及排水花管经廊道顶部设置的 PVC 排水管排入廊道。环形库底廊道只在内侧设一排 PVC 排水管，1 号、2 号库底排水观测廊道均在两侧各设一排 PVC 排水管。排水廊道每隔 12m 设伸缩缝（标准段），缝宽 12mm，缝内设橡胶止水带和低发泡填缝板。

2）库岸排水平洞。6 号排水平洞布置在西南库岸，全长 609.75m（不含出口段），高程 421.90～431.40m，在主坝右坝头与主坝坝基排水廊道出口相连，在西库岸与 3 号施工交通洞相连。7 号排水平洞位于副坝下面，全长 279.53m，高程 406.80～430.00m，在桩号 7 号排+152.53m 处与 4 号通风交通廊道相连，在西库岸（7 号排+000.00m）处与 6 号排水平洞相连，并通过 3 号施工交通洞出口。

排水平洞断面尺寸均为 2.5m×3.0m（宽×高），底板为 C15 素混凝土，厚 30cm，原则上不衬砌顶拱和侧墙，在穿越全风化、强风化花岗斑岩脉及大的断层破碎带的部位，则进行全断面钢筋混凝土衬砌，衬砌混凝土为 C20，厚 40cm。排水洞顶拱两侧各设一排排水孔，孔向与垂直面夹角为 30°；排水孔孔径 150mm，沿洞轴线方向间距 3m；孔深为：6 号洞平均深 35m 或 30m，7 号洞平均深 18m。排水孔钻进中遇断层破碎带或全强风化花岗斑岩时，采用 PVC 花管外包土工布，以防细颗粒流失。

6 号排水洞在西库岸的出口段经施工扩挖后兼做 3 号施工交通洞，开挖断面尺寸为 4.85m×4.95m（宽×高），洞内顶拱两侧各设一排排水孔，排水孔孔径 150mm，间距 3m，深 3m。底板为 C25 混凝土，厚 30cm。侧墙与顶拱全断面喷锚支护，喷混凝土厚 15cm，锚筋规格 Φ25、L=2.5m、间距 2m×2m。出口段 5m 范围采用全断面钢筋混凝土衬砌，衬砌混凝土 C25，衬砌厚 50cm，双层配筋，受力筋 Φ22@200，分布筋 Φ16@ 250。该段按单车道设计，是上水库施工后期通向库底的唯一通道。库底施工完成后，3 号交通洞靠近库底的洞段用混凝土封堵。

5.7.2.3　计算分析

该工程对主坝面板进行了二维、三维应力应变分析。二维计算的面板最大挠度 13.44cm（蓄水期）；三维计算的面板最大挠度 4.49cm，面板最大轴向变形 0.523cm，面板顺坡向最大拉应力 0.64MPa，最大压应力 0.75MPa，面板坝轴向最大拉应力 0.32MPa，最大压应力 0.58MPa。

5.7.2.4　面板混凝土施工

1. 面板混凝土施工要求

面板混凝土施工除遵守《水工混凝土施工规范》（SL 677—2014）常规混凝土施工技术外，还应遵循以下要求：

（1）混凝土入仓坍落度：普通混凝土 2～4cm，聚丙烯腈纤维混凝土 3～5cm。

（2）混凝土采用插入式振捣器配合软管振捣器进行捣实，不宜采用人工振捣。振捣做到内实外光、防止架空等，不漏振、欠振或过振。止水片周围的混凝土采用直径 30mm 小振捣器振捣，特别注意止水周围 50cm 范围混凝土的布料，剔除超粒径（d>20mm）骨料，使止水周围的混凝土充填、振捣密实。

（3）混凝土施工过程中，每 4h 测量一次混凝土原材料的温度、机口温度。

（4）滑模的脱模时间，取决于混凝土的凝结状态，保持处于斜坡上的混凝土不蠕动，不变形。脱模后混凝土及时用塑料薄膜、麻袋或草袋覆盖隔热保温，并及时不间断洒水养护，连续养护至水库蓄水或至少养护 90d。

（5）面板混凝土浇筑时，在 30m 内不实行爆破作业。

2. 面板防裂措施及裂缝处理

为了提高面板混凝土的抗裂性能，采用掺聚丙烯腈纤维面板混凝土，聚丙烯腈纤维掺量为 0.5kg/m³。施工时，要求从原材料选择、施工安排和施工质量、配合比设计等方面采取综合的混凝土温控措施（降低料仓骨料温度、拌和加冰、隔热遮阳、喷雾冷却等），以减少混凝土的水化热温升。具体措施如下：

（1）混凝土浇筑选择气温适宜、湿度较大的有利时段进行，避开高温、负温、多雨、大风季节。5月下旬至9月上旬内不得浇筑，在其他高温月份浇筑时，除采取必要的降温、养护措施外，浇筑温度不大于25℃。

（2）在冬季施工最高气温应高于3℃，混凝土浇筑温度大于5℃，并做好保暖工作。日平均气温连续5d稳定在5℃以下或最低气温连续5d稳定在-3℃以下时，停止浇筑混凝土。

（3）气温降至5℃以下，停止洒水养护，并采取必要的保温措施。低温下施工时，采用蓄热、暖棚等方法养护。

（4）脱模后混凝土及时用二层塑料薄膜遮盖。混凝土初凝后，及时铺盖麻袋或草袋，其外面覆盖隔热、保温被等材料，并及时不间断洒水养护。浇筑后7d为特别养护时期，7~28d为重点养护时期，连续养护至水库蓄水或至少养护90d。在养护期间麻袋、草袋处于湿润状态。

5.7.2.5　防渗效果

1. 主坝面板及结构缝

主坝面板混凝土于2007年5月6日浇筑完成，2007年6月5日、2007年8月20日（上水库蓄水前）、2008年3月5日（库盆放空清理）分别组织对主坝面板进行裂缝检查，第一次检查发现3条缝宽小于0.2mm的浅表裂缝，后两次检查裂缝数没有增加，且3条裂缝的长度及深度未出现明显扩展。

2014年5月组织对库盆面板进行了检查，主坝范围内（高程450m以下）有结构缝盖板破裂、横向结构缝与纵向结构缝交接处破裂等5处缺陷，其中有4处有明显渗漏。高程450.00~470.00m面板共计发现面板裂缝75条，宽度均小于0.2mm，其中宽度0.1~0.2mm裂缝24条，宽度0.1mm以下裂缝51条。在高水位时对裂缝进行水下抽样检查，未发现有渗漏现象。

主坝面板、趾板间周边缝最大张开量为3.0~16.2mm，剪切位移为-16.1（向右岸错动）~3.0mm，相对沉降为-13.5（上抬）~2.8mm。主坝中间坝段的周边缝剪切变形相对较大，一般为14~16mm，靠近主坝左、右岸的周边缝的上抬变形约为10.0mm、13.5mm。

主坝渗漏总量为坝基排水洞、坝基排水廊道及挡墙廊道渗漏量之和，最大值为2014年1月的8.01L/s（排除降雨影响），经过2014年、2015年主坝面板裂缝及结构缝修复后，2015年最大渗漏量降至1.8L/s。

副坝基础排水廊道渗漏量总体呈减小趋势，主要受气温影响；排除降雨影响后，2012年10月后最大渗漏量为1.24L/s。

2. 上水库库盆及防渗系统

上水库采用全库盆钢筋混凝土面板防渗型式。上水库库盆面板垂直缝最大张开量为2.5mm，开合度量值变化均较小，变形已基本稳定。库底面板与进出水口边墙接缝呈闭合状态，最大闭合量10.3mm。库盆面板与副坝接缝变形总体较小，冬季稍有张开，最大张开量3.2mm。库岸面板周边缝最大张开量为7.0mm，最大剪切5.0mm，最大沉降量为3.4mm，库岸面板周边缝变形均不大，且基本稳定。

2014年5月，组织开展库盆面板的检查。水上部分高程450.00~470.00m范围的面板共发现横向裂缝 77 条、纵向裂缝 135 条，其中主坝部位的横向裂缝 41 条、纵向裂缝 34 条，上述裂缝缝宽均小于 0.2mm。未发现其他缺陷；面板分缝止水结构完好。

水下库盆面板整体状况良好，发现 3 处缺陷；上水库库盆面板结构缝（或其盖片，含主坝区域）共存在 22 处缺陷，其中 9 处明显渗漏，5 处轻微渗漏，8 处盖板破裂但无渗漏。

上水库进出水口部位（含前池、防涡梁段、扩散段、渐变段）底板和面板结构缝共存在 11 处缺陷。

2015 年 3 月，对 2014 年检查发现的缺陷修补处理部位进行水下检查，封堵效果良好，封堵部位不存在渗漏现象；但前池底板与底坎交接处结构缝、前池左右岸护坡、前池底板、底坎发现新的渗漏部位。

扣除降雨影响，上水库库底总渗漏量最大为 44.85L/s，最大年变幅为 34.60L/s。2014 年 6 月和 2015 年 6 月对主坝面板、进水口区域面板和结构缝渗水点进行封堵处理后，2015 年最大渗漏量降为 14.57L/s（2015 年 12 月 31 日）。

3. 主要维护情况

2014 年 6 月，对主坝、库盆面板和进/出水口部位的缺陷进行了临时处理和柔性处理。临时处理主要采用棉絮、布条、SR 止水材料和 SXM 等材料进行封闭修补。柔性处理工序为：基面清理，涂刷黏结剂，嵌填止水材料，SR 柔性材料找平，粘贴盖片，固定盖片，封边。2015 年 6 月对 2014 年临时处理的缺陷部位和 2015 年 3 月检查发现的缺陷进行了柔性修补处理。

5.7.2.6　小结

该工程上水库防渗型式有以下特点：

（1）受地形限制，扩挖后的上水库库岸山体比较单薄（40～45m），库区岩体断裂构造、软弱岩层、软弱夹层、夹泥节理等较为发育；库区地下水埋深较大，低于水库正常蓄水位。因此，为了减少渗漏，确保坝基和库岸安全，采用全库盆钢筋混凝土面板防渗。

（2）上水库主坝坝址纵坡陡峻，为典型贴坡坝。由于下游贴坡过长会给大坝带来不可预见影响，按减少贴坡长度的原则，考虑将坝轴线尽量上移、坝坡放陡。经过坝型选择专题研究后，主坝坝型由可行性研究阶段推荐的沥青混凝土面板堆石坝调整为钢筋混凝土面板混合堆石坝坝型，并在钢筋混凝土面板坝下游加重力挡墙。

5.7.3　十三陵抽水蓄能电站

5.7.3.1　工程概况

十三陵抽水蓄能电站位于北京市昌平区十三陵风景区，是一座日调节纯抽水蓄能电站。电站总装机容量 800MW。电站枢纽建筑物包括上池、下池、引水隧洞及高压管道、地下厂房及主变室、尾水隧洞及进出口工程等五大部分。

电站上水库位于上寺沟沟头，采用开挖和填筑相结合的方式兴建，上水库总库容 445 万 m³，有效库容 422 万 m³，正常蓄水位 566m，死水位 531m，工作水深 35m。

上水库由主坝、副坝、上水库进/出水口、库盆及其防渗措施等组成，其布置见图 5.7-9。上水库顶高程 568m，顶宽 10m，周长 1595m，坡比 1:1.5。主坝、副坝均为钢筋混凝土面板堆石坝，全部利用库盆开挖料填筑而成。主坝坝基倾向下游，坝轴线处最大坝高75m，最大填筑高差118m，坝顶长度550m，上游坝坡坡比1:1.5，下游坝坡490m高程以下坡比为1:1.75，高程490m至568m为1:1.7；副坝最大坝高10m，坝顶长度142m，坝顶宽10m，上游坝坡坡比1:1.5，下游坝坡坡比1:1.3。上水库全库盆采用钢筋混凝土面板防渗。

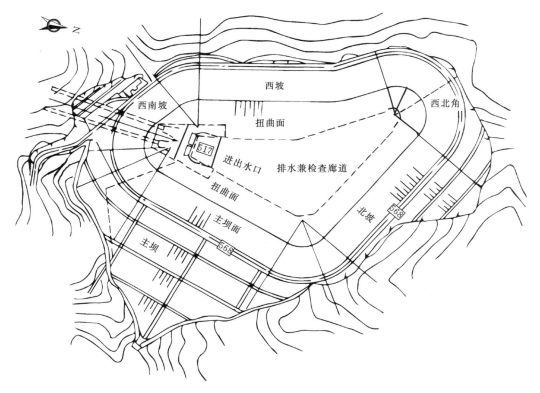

图5.7-9 十三陵抽水蓄能电站上水库平面布置图

5.7.3.2 上水库防渗结构设计

十三陵抽水蓄能电站上水库采用表面防渗型式，即全库盆钢筋混凝土面板防渗，也是国内第一座采用混凝土面板全库盆防渗的工程，布置及分缝见图5.7-10；主坝、副坝均为钢筋混凝土面板堆石坝，主坝典型剖面见图5.7-11。

1. 混凝土防渗面板

（1）面板厚度。全库盆混凝土面板均采用30cm等厚面板。主坝区为了保证周边缝三道止水的施工质量，与其相邻的面板厚度加厚到50cm，并在5m范围内过渡至30cm；进/出水口周边也由于止水原因，面板加厚到50cm，在2m宽度内过渡至30cm。

（2）面板坡度。主坝、副坝上游坝坡和库岸岩石开挖坡坡度均为1:1.5。

（3）面板分缝。主坝、副坝以及库岸面板之间设垂直缝，垂直缝标准间距16m，在弧线段适当加密；主坝、副坝以及库岸面板与库底面板通过连接板连接，主坝、副坝以及库岸面板与连接板之间设周边缝；库底面板设置水平接缝。

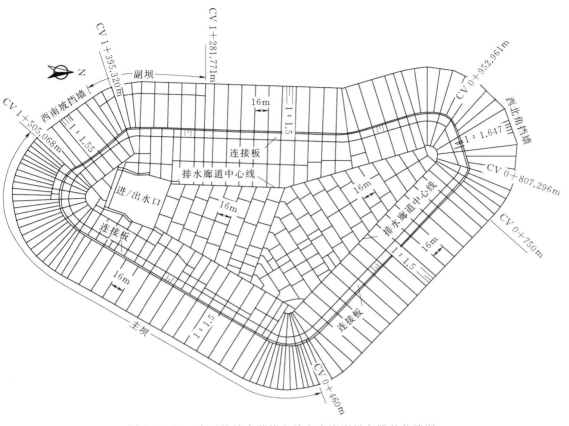

图 5.7-10　十三陵抽水蓄能电站上水库面板布置及分缝图

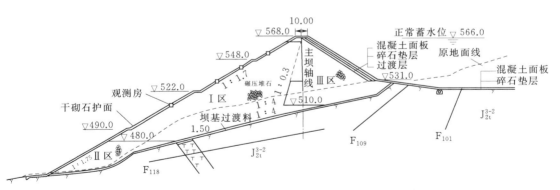

图 5.7-11　十三陵抽水蓄能电站上水库主坝典型剖面图（单位：m）

主坝、副坝和库岸面板标准块宽 16m，最大斜长 65.4m。库底面板标准块宽也为 16m，但考虑库底基础整体均匀性较差，要求长度在 35m 范围内。

上水库面板共 477 块，接缝总长 21290m，"十"字形接头 220 处，T 形接头 493 处。面板最大尺寸 16m×65.4m。

（4）面板止水。面板止水主要包括垂直缝、周边缝以及库底水平缝的止水。周边缝设三道止水，止水结构见图 5.7-12；垂直缝、水平缝设两道止水，止水结构见图 5.7-13。

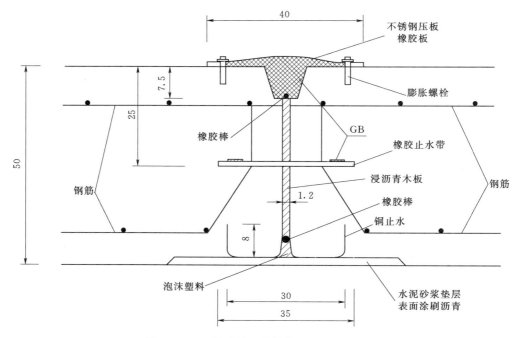

图 5.7-12 周边缝止水结构图（单位：cm）

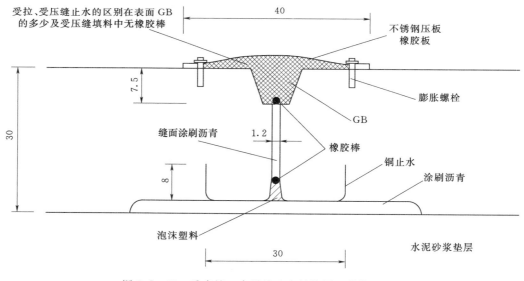

图 5.7-13 垂直缝、水平缝止水结构图（单位：cm）

（5）面板混凝土。根据气象资料显示，该地区极端最高气温 40.3℃，极端最低气温 −19.6℃，气温变化很大，气候较恶劣，因此，除要求面板具有良好的防渗性外，抗冻融性也不容忽视。该工程结合当地气候和上水库运行等条件，参考国内外实践经验，并经试验论证，混凝土设计指标采用 R_{28} 为 25MPa、抗渗为 S8、抗冻为 D300，水泥要求使用 525 号普通硅酸盐水泥。混凝土施工配合比为二级配，最大粒径 40mm，水灰比 0.44，仓面坍落度 5～7cm（机口坍落度 6～8cm），含气量 5％～6.5％。

（6）面板配筋。面板纵向、横向均采用直径相同的 Ⅱ 级钢筋：30cm 厚面板单层双向配筋，距表面 10cm，其中岩坡连接板 Φ22@20cm（断面配筋率 0.63％），库底断层破碎带上的部分面板 Φ25@20cm（断面配筋率 0.82％），其他面板 Φ20@20cm（断面配筋率 0.52％）；主坝区 50cm 厚连接板双层双向配筋，上层 Φ20@20cm，距表面 10cm，下层 Φ22@20cm，距底面 8cm（断面配筋率 0.69％）；厚度过渡区亦双层双向配筋，其中上层与其 30cm 厚的部分相同，下层 Φ20@20cm，距底面 5cm。

（7）面板防裂措施及裂缝处理。该工程所在地气候恶劣，气温变化幅度大，抗冻性要求高，面板混凝土配合比主要取决于抗冻指标。设计时，通过合理的分缝设计、配筋设计以及在岩坡上（多孔混凝土垫层下）设置柔性基础层（两布六涂或三涂：布指无纺布，涂指氯丁胶乳沥青）减少基础约束。为了柔性基础层的施工，也为了取得减小约束的最佳效果，在柔性基础层下面设混凝土找平层，并要求较高的平整度（无轨滑模浇筑）。实际施工时，两布六涂层出现了鼓泡、与混凝土黏结不牢等质量问题，最后将大部分岩坡上的柔性基础层取消，仅保留已经施工的和对水环境变化敏感的部分区域，避免渗水改变岩坡水环境而影响边坡稳定；实际施工时，要求最高气温不超过 35℃，混凝土出机口温度不大于 23℃，入仓温度小于 26℃，浇筑温度控制在 28℃ 以下，日平均气温稳定在 5℃ 以下或最低气温稳定在 −3℃ 以下时，必须采取可靠的措施以满足设计提出的各项指标要求。同时，面板要求用草袋覆盖洒水养护至蓄水。

1）蓄水前，面板混凝土裂缝普查揭示：①约束大小是产生裂缝的重要条件。岩坡面板的裂缝多且较坝坡的密；岩坡上设有柔性基础层的面板裂缝较少，弯段面板及未设置柔性基础层的面板裂缝较多；两处混凝土挡墙上面板的裂缝很多；库底面板裂缝很少。②凡洒水养护好的部位裂缝少，反之则裂缝较多。

2）对于出现的裂缝，处理时遵循以下两点原则：①处理裂缝是为了满足面板防渗、抗冻融性要求。②可根据缝宽大小对裂缝进行处理：不大于 0.2mm 的裂缝仅在表面涂刷聚氨酯弹性防水材料；大于 0.2mm 的裂缝，先用改性环氧或聚氨酯灌浆，然后再在表面涂刷聚氨酯防水层。

2. 排水垫层

主坝面板下排水垫层水平宽 3m，垫层料采用库盆开挖的新鲜安山岩轧制，要求渗透系数大于 1×10^{-2} cm/s，最大粒径 150mm，不均匀系数大于 10，小于 5mm 颗粒含量为 10％～20％，小于 0.1mm 的颗粒含量不大于 5％。

库底面板下设 50cm 厚的排水垫层，其设计指标要求与主坝面板下排水垫层相同。

副坝及库岸面板下设 30cm 厚的 C10 多孔混凝土作为排水垫层。

3. 与其他建筑物的连接

主坝、副坝以及库岸面板顶部与防浪墙相连，底部通过连接板与库底面板相连，形成封闭表面防渗系统。

4. 排水观测系统

上水库排水系统包括主坝区、副坝区、库岸区和库底四个部分，全池划分为 8 个排水区，以便分区检测渗流量。排水系统布置见图 5.7 - 14。

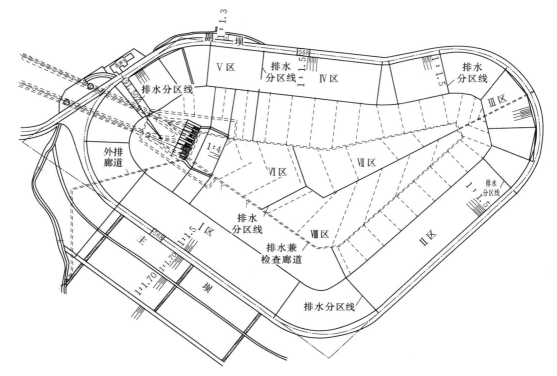

图 5.7-14　十三陵抽水蓄能电站上水库排水系统布置图

主坝区渗水通过面板下排水垫层排到坝脚，然后沿坝基过渡料和库底排水垫层料分别排到主坝下游和库底排水廊道。

副坝坝基下设置一排水槽直接通向下游，副坝面板下渗水通过多孔混凝土排水垫层排入库底。

库岸面板下渗水通过多孔混凝土垫层排到库底，并沿库底排水垫层和排水花管排到库底排水廊道。

库底布置两圈廊道：①沿库底布置一圈；②围绕进水口布置一圈。库底面板渗水通过面板下排水垫层并经布置在库底排水兼检查廊道上的排水花管排入廊道，库底底坡向廊道倾斜，以便排水。排水花管布置在廊道两侧，间距 3m，$\phi100mm$，排水花管伸入排水垫层长度为 30cm，每 10cm 钻一排孔，每排均匀分布 6 孔，端部用带孔的硬塑料板封堵，板上均匀打 9 孔，共计 27 孔，孔径 1cm，花管外周围用 3～5cm 的碎石保护。廊道采用城门洞形，尺寸为 1.8m×2.5m，其中边墙和顶拱厚 40cm，底板厚 60cm，坝下廊道的分缝长度为 5.0m，坝下隧洞段和库底段基础较好部位分缝长度为 10m，分缝处设置 651 型橡胶止水。

5.7.3.3　计算分析

（1）主坝进行了二维和三维有限元分析。计算结果表明，主坝面板在蓄水期最大法向位移 2.1cm，面板应力均未超过其相应的混凝土强度值。

（2）对库岸面板进行了温度应力分析。计算结果表明，减少面板尺寸对改善温度应力的作用不显著（除非面板尺寸降至 10m 左右，但这样会增加接缝长度，对防渗可靠性不利），降低面板、垫层或基础模量可有效控制面板的温度应力。

（3）库底面板进行了配筋计算，其计算结果表明，高水位作用下，面板中将出现超出混凝土抗拉强度的较大拉应力，需要配筋来承担。

5.7.3.4　面板混凝土施工

1. 混凝土面板仓面准备

混凝土面板仓面准备包括抹砂浆垫、安装铜止水、安装侧模、绑扎钢筋等工作。具体工作如下：

铜止水下部设计有厚 2cm、宽 60cm、标号 100 号的砂浆垫。施工时首先测量放出面板分缝线，然后用 5m 长型钢架做模板，骑分缝线铺筑砂浆垫。模板两端高程由标点挂线控制。砂浆垫强度达到 2.5MPa 时，开始涂刷沥青。沥青采用冷涂料，宽度 40cm，居砂浆中部。涂刷沥青前先将砂浆垫表面清理干净，以免沥青内混入砂子等杂物。

施工单位自行研制的铜止水成型机，可在现场将铜带材一次成型为所需长度，这样避免了由于过多焊缝可能带来的质量缺陷，也节省许多人力及材料。铜止水交叉处的"十"字或"丁"字接头，采用工厂模压成型制作，避免了由于焊缝破坏出现的渗漏。铜止水接头采用黄铜焊焊接，搭接长度大于 2cm。

铜止水安装后，应立即安装侧模，以免铜止水移位或被大风刮翻；侧模用普通松木制作，高度为面板设计厚度减掉砂浆垫厚度。岸坡侧模厚 7.5cm；库底侧模厚 5cm，每节长 2m。侧模由打入基础的 $\phi25mm$ 钢杆固定。支架上的微调螺栓可在小范围内调整侧模的位置和垂直度。

钢筋采用现场人工绑扎，可在铜止水安装前进行，也可在其安装后进行。岸坡钢筋由台车运至坡面。

2. 滑动模板

上水库面板混凝土浇筑采用无轨滑模施工工艺。无轨滑模施工速度快，使用方便，结构简单，造价低，是一种理想的施工方式。

库岸面板滑模由行走轮（架）、模板和抹面平台三部分组成。模板宽 1.2m，标准长 16m，总重约 7t。库底面板和连接板坡度较缓，施工方便，采用的滑模模板宽 0.6m，标准长 16m，后面挂有简单的抹面平台，总重约 2.3t。

上水库库岸圆弧段已改成折线段。每段由 2～3 块梯形面板组成一平面，为适应此处面板施工，采用了长度可调的折叠式滑模。折叠式滑模由一块 2m 或 6m 长的主模板铰接若干块 1m 长的模板组成，滑模滑升过程中，随着仓面变宽。以 1m 长模板为单位逐渐加宽仓内模板，同时该端卷扬机钢丝绳的牵引点也随之外移。

3. 混凝土配比与拌和、运输入仓

面板混凝土设计指标为：抗压 R_{250}（28d）、抗渗 S8、抗冻 D300，仓面混凝土坍落度 4～7cm，含气量 5%～6%，混凝土配合比通过对 6 种外加剂和相应的混凝土配合比进行实验室及现场对比试验后确定。

混凝土拌和系统采用 HZ60 - ZF1500 混凝土搅拌站。拌和楼安装两台 1.5m³ 自落式搅拌机，拌和时间为 3min，系统运转由设在控制室的电脑控制混凝土出机后由 6m³ 混凝土搅拌运输车运至浇筑地点，运距约 2km。

4. 混凝土浇筑及养护

面板混凝土浇筑一旦开始，应连续进行，如因故停止时间过长，则必须停止浇筑，待混凝土强度达到 2.5MPa 时按施工缝处理。为避免产生此种情况，开仓前应做好各项准备工作，以保持面板混凝土浇筑的连续性。

混凝土浇筑及养护工序如下：

(1) 岸坡面板混凝土通过溜槽溜至仓面，槽每节长 1m，底部为圆形，每个仓面设两道溜槽，人工摆动布料，顶部不易摆动时增加一道溜槽。库底面板和连接板混凝土采用吊车吊 1.5m³ 卧罐入仓，吊车选用一台 40t 履带吊，对于较小仓面也可使用一台 23t 汽车吊。

(2) 铺料范围距滑模前缘应小于 2m，且要求铺料均匀，对于 16m 宽的标准仓面，应保证有 4 台直径 50mm 的振捣棒振捣。一次振捣时间不少于 10s，并注意加强两边铜止水处振捣。振捣后如混凝土在滑模前缘堆积过高，应将高出部分铲至料头处。

(3) 滑模每次滑升距离小于 30cm。对于库岸面板，控制滑模提升间隔时间大于 12min，使平均滑升速度小于 1.5m/h。

(4) 脱模后的混凝土应及时进行人工修整，对表面缺陷处用仓内砂浆嵌补抹平。为保护脱模后的混凝土面，库岸面板滑模后部拖挂长 10m、宽度略大于面板的塑料薄膜，连接板和库底面板脱模后，直接覆盖塑料薄膜。混凝土浇筑完毕并接近终凝时，即覆盖草袋并洒水养护。

5. 特殊气候条件下的施工

高温季节施工时，必须采取降温措施，以保证混凝土出机口温度小于 23℃，入仓温度小于 29℃。低温季节原则上不进行面板混凝土施工，对于连接板和库底面板等仓面较小且由于进度或形象要求需施工时，采取以下措施：

(1) 施工时间避开寒流，并在白天正温时浇筑。

(2) 浇筑温度大于 5℃ 时不加防冻剂。

(3) 使用一层塑料布加 4 层草袋及时养护。

5.7.3.5 防渗效果

十三陵抽水蓄能电站上水库工程于 1991 年 4 月 13 日开工，1993 年 9 月 20 日完成主坝填筑，1993 年 11 月 28 日完成副坝填筑，1993 年年底基本完成库盆开挖，1994 年 6 月完成进/出水口及部分引水洞施工，1994 年 11 月完成库底排水兼检查廊道施工，上水库防渗面板工程于 1994 年 3 月 28 日开始浇筑，1995 年 6 月 10 日完成，1995 年 8 月 3 日上水库初期充水，1997 年 10 月 21 日全部工程完工。

1. 上水库冬季运行存在的问题及解决方法

该工程所在地区冬季寒冷，在 1 号机试运行后消缺处理期间，库水结冰导致了防渗面板及表面止水材料发生破坏。为了了解上水库在冬季运行工况下的冰冻情况、冰冻对工程安全运行的不利影响程度以及切实可行的防冰措施，电厂与中电建北京勘测设计研究院有限公司合作进行了冰情观测和研究，形成《十三陵抽水蓄能电站机组按照冬季规定运行上下库冰情观测报告》。该报告主要结论为：①合适的冬季运行方式可以避免上水库形成冰盖；②低速流场是防止形成冰盖的关键；③上水库结冰的主要形态是冰屑。

冬季运行调度原则如下：

（1）按照设计上水库的冬季运行规定，保证每天有一定数量的机组运行，严冬季节每天水流运动不间断，是阻止上水库形成冰盖的最为经济和有效的措施。

（2）由于冬季冰情观测资料的环境气温未达到该地区的极限最低气温，如遇到更加寒冷的年份，结冰情况将会趋于严重，估计冰屑将增多，影响范围将增大，因此应预先对运行工况和水位变化幅度等因素进行适当调整，以防止冰屑堵塞进/出水口和威胁防渗面板安全。

2. 混凝土防渗面板裂缝原因分析及裂缝处理

上水库蓄水运行后，曾两次放水检修：第一次于 1996 年 3 月 21 日至 4 月 10 日利用电厂 1 号机组 72h 试运行后消缺期间放空水库检修；第二次由于上水库底廊道实测渗漏量接近设计计算值，于 1998 年 4 月 21 日至 6 月 25 日对上水库放空检修。同时，多次结合上水库低水位运行对全库防渗面板缺陷进行分区检查和处理。根据多次检查情况分析，引起面板混凝土裂缝的主要原因有如下方面：

（1）受基础约束和侧约束引起。

（2）不同部位面板出现裂缝差异与养护时间多少有关。

（3）采用 525R 普通硅酸盐早强型水泥，混凝土热性能及变形性能对面板的抗裂不利。

（4）运行期间，气候变化大，夏季温度高，昼夜温差大，且多暴雨；春秋季干燥多风，对面板防裂不利。

（5）运行工况不利，这是上水库运行期面板裂缝发展的主要原因。上水库蓄水后长时间运行水位未达到正常高水位，上部面板长期裸露在外，缺少水下养护条件，使蓄水运行期间增加了新的裂缝。如 1998 年放空检修，高程 548m 以上面板新增裂缝大大多于高程 548m 以下面板；2004 年面板裂缝普查发现高程 557m 以上面板新增裂缝 2689m。

裂缝处理根据缝宽大小区别对待：不大于 0.2mm 的裂缝仅在表面涂刷聚氨酯弹性防水材料；大于 0.2mm 的裂缝，先用改性环氧或聚氨酯灌浆，然后再在表面涂刷三层环氧玻璃丝布封闭。面板麻面采用表面涂抹环氧砂浆处理。

3. 库盆渗漏情况

2010—2016 年，库盆渗漏量最大值在 8.4L/s 至 11.2L/s 之间，多发生在低温季节；最小值在 0.00L/s 至 1.0L/s 之间，多发生在高温季节；年变幅在 7.9L/s 至 10.7L/s 之间；平均量值在 2.5L/s 至 4.9L/s 之间。根据抽水蓄能电站水库运行特点，监测了典型日最大、典型日最小与典型日平均渗漏量。2013 年 1 月对渗漏量进行 2h 一次的监测并记录数据。监测表明，水位上升过程中渗漏量大致滞后库水位 2～4h，水位下降过程中渗漏量大致滞后 0～2h，其典型日最大值 7.6L/s（557.5m），典型日最小值 4.8L/s（556m），典型日平均渗漏量 6.27L/s。

5.7.3.6　小结

（1）初步设计阶段，设计进行了沥青混凝土、钢筋混凝土和高密度聚乙烯（HDPE）薄膜三种防渗方案比较，推荐采用沥青混凝土面板防渗。技术施工阶段，应投资方意见，同意将推荐方案由沥青混凝土面板改为钢筋混凝土面板防渗。

（2）由于该工程是国内首次全上水库大面积采用钢筋混凝土面板防渗，且该地区气候寒冷，设计对上水库面板及接缝止水做了多个专题研究工作，为北方寒冷地区采用钢筋混凝土面板防渗积累了大量的经验。

（3）为了防止上水库水面在冬季结冰破坏面板及表层接缝止水材料，提出冬季运行规定，保证每天有一定数量机组运行，严冬季节每天水流运动不间断，以阻止上水库形成冰盖。

（4）多次放空上水库对面板裂缝进行检查，并对裂缝成因进行分析总结，可供以后类似工程借鉴。

第 6 章

土工膜

6.1　土工膜防渗的特点及应用情况

6.1.1　土工膜防渗的特点

6.1.1.1　主要优点

土工膜在抽水蓄能电站中主要以表面防渗型式出现，与其他表面防渗型式（钢筋混凝土面板、沥青混凝土面板、黏土铺盖等）相比，主要有以下优点：

（1）适应变形能力强。当防渗结构基础为土基、变形较大的堆石或填渣时，采用刚性防渗结构（如混凝土面板等）很难适应大的变形，可能会产生裂缝，破坏防渗结构。而土工膜具有很好的拉伸性能，对于基础的技术要求相对较低，能很好地适应基础变形。

（2）防渗性能好。水工结构防渗土工膜渗透系数一般为 10^{-14} cm/s。只要保证土工膜不破损，且与周边结构的连接以及自身的焊接质量可靠，其防渗效果是可以保证的。

（3）节省工程投资。抽水蓄能电站上水库一般流域面积小、无天然径流补给，水量从下水库抽取，上水库的大量渗漏不仅是发电效益的损失，同时还可能危及地下建筑物安全，因此防渗处理尤其重要，处理措施往往占土建工程投资较大比例。土工膜防渗层单位面积造价低，为混凝土防渗层的 1/2.5～1/3，其经济性显著。以泰安工程为例，土工膜防渗层单位面积的造价约为 121.5 元/m²（1998 年价格），同比采用 30cm 厚钢筋混凝土面板水平防渗层单位面积的造价约为 327 元/m²。如与天荒坪上水库、西龙池上水库沥青混凝土防渗相比（天荒坪工程沥青混凝土面板约为 785 元/m²，西龙池工程沥青混凝土面板约 600 元/m²），采用土工膜防渗层经济性更为显著。

（4）工期短。土工膜防渗层具有施工设备投入少、施工速度快的优点，泰安工程库底 16 万 m² 面积的土工膜防渗层施工工期约 3 个月，同样面积的混凝土面板施工工期需 6～8 个月。

6.1.1.2　主要缺点

土工膜大规模应用于大型永久性工程中特别是抽水蓄能电站上水库防渗中也存在一些缺点，主要有以下方面：

（1）土工膜老化。土工膜为高分子材料，长期暴露在紫外线、空气等环境中，容易老化破坏，失去防渗性能。抽水蓄能电站设计年限均超过 100 年，实际使用寿命很多也超过这个年限。如何长期保持土工膜的性能不显著降低还需要进一步研究，特别是当土工膜应用在抽水蓄能电站水库水位变幅区内时。

（2）周边连接及自身焊接质量保证性差。土工膜幅宽一般 8m 左右，接缝多；与周边建筑物连接结构复杂。土工膜与周边建筑物或防渗结构的连接部位，以及接缝焊接部位是土工膜防渗的薄弱环节，也是施工工艺较为复杂的部位，必须制定严格的施工技术要求和现场检测程序，以保证施工质量。土工膜施工对工人的技术要求较高，必须经过专门培训。

（3）施工管理要求高。即使考虑了施工荷载、抗老化等因素，土工膜厚度一般也只有 1～3mm。在施工过程中极易遭受人为破坏。因此施工单位需要制订合理的施工程序，减少施工干扰，切实加强施工管理，尽量减少不必要的损伤。

（4）抵抗外力损伤能力差。由于土工膜为高分子聚合物，目前水库防渗用的土工膜厚度以 0.5～2mm 为主，特殊的薄膜材质使得土工膜抵抗外力损伤的性能较差，而外力损伤对土工膜防渗性能的影响非常显著。土工膜的外力损伤伴随着从生产、运输、施工以及运行的全生命周期。

在使用土工膜作为库盆防渗材料时，从材料进场检测到运行期间维护管理的全过程都要加强，在方案设计上也要重视采取一些必要的防护措施。

6.1.2　土工膜应用情况

土工合成材料，包括土工织物、土工膜、特种土工合成材料和复合型土工合成材料等类型，已广泛应用于水利水电、道路、建筑、海港、采矿等工程的各个领域。

土工合成材料应用于岩土工程，可以追溯到 20 世纪 30 年代末或 40 年代初。土工膜防渗的大量应用开始于灌溉工程，美国垦务局 1953 年在渠道上首先使用聚乙烯膜，1957 年开始应用聚氯乙烯膜。20 世纪 50 年代末期，土工膜的应用开始发展到土石坝、水闸和其他一些建筑物。最早应用于坝面防渗的是意大利的索贝塔（Contrada Sobeta）堆石坝（1959 年建成）和捷克斯洛伐克的多布希纳（Dobsina）堆石坝（1960 年建成），这些工程都是土工膜防渗在土石坝工程中应用的先例。从 1971 年开始，土工膜还用于大坝修复改造，如葡萄牙的帕拉德拉（Paradela）面板堆石坝、捷克的奥伯科尼斯（Obecnice）土坝和意大利的拉戈·白通（Lago Baitone）重力坝等。葡萄牙于 1955 年建成的帕拉德拉（Paradela）混凝土面板堆石坝，坝高 110m，由于用抛投法施工填筑，位移值很大，以致混凝土板拉裂挤碎，漏水量达 1.3m³/s。1981 年水库放空，在上游坡面板上铺设 7.28 万 m² 含沥青的合成橡胶进行修补，修补后漏水仅有 15.1L/s，水库正常运行。随着土工膜性能的不断改善、应用技术水平不断提高，土工膜的应用范围也不断扩大。根据国际大坝委员会（ICOLD，1981）的统计，至 1978 年，已有 24 座大坝用土工膜防渗，其中 23 座是填筑坝，1 座是重力坝。1981 年，国际大坝委员会把 30m 看作是土工膜大坝防渗的限制高度。随着土工膜应用实践和研究的进展，1991 年，ICOLD 认为，没有理由对土工膜的采用推荐具体的高度限制。目前土工膜已成功应用于阿尔巴尼亚 1996 年新建的 91m 高的波维拉（Bovilla）堆石坝和哥伦比亚 2002 年新建的 188m 高的米尔 1 号（Miel 1）RCC 重力坝等工程。截至 2003 年，据不完全统计，世界上共有 232 座大坝使用了土工膜防渗。

合成纤维在土工织物中的应用开始于 20 世纪 50 年代末期。1958 年在美国佛罗里达州利用聚氯乙烯织物作为海岸块石护坡垫层，一般认为是应用现代土工织物的开端。20世纪60年代，合成纤维土工织物在美国、欧洲和日本逐渐推广，大部分用于护岸防冲工程。无纺土工布于20世纪60年代末期得到了生产和应用，1968—1970年相继用于法国和英国的道路、德国的护岸工程等，之后得到了快速发展。

我国在堤坝上使用土工膜防渗也有20余年的历史。例如：陕西西骆峪水库库盆防渗，该工程1980年建成，大坝为均质土坝，坝高31m，采用3层0.6mm厚聚乙烯膜防渗，防渗面积共25.11万 m²；福建水口水电站围堰防渗，堰高42.6m，1990年建成，土工膜置于围堰中央，采用0.8mm厚聚氯乙烯膜，双面热压300g/m²的锦纶无纺布；江西钟吕水电站的大坝防渗，堆石坝坝高51m，采用土工膜防渗；陕西石砭峪水库加固工程，其土工膜防渗坝高62m；甘肃夹山子水库防渗，工程于1995年建成，采用0.3～0.5mm厚的PE膜（单膜）防渗，面积65万 m²，最大承压水头38.5m，多年运行情况良好，基本未发现渗漏；湖北王甫洲水库库盆防渗，工程于1999年建成，为水利部示范项目，砂砾石堤围成水库，采用0.5mm厚聚乙烯双面热压200g/m²的涤纶针刺无纺布防渗，面积共107万 m²。

国内外抽水蓄能电站使用土工膜防渗的有：日本今市（Imaichi）抽水蓄能电站、日本冲绳海水蓄能电站上水库、德国Waldeck Ⅰ抽水蓄能电站、法国La Coche抽水蓄能电站、以色列Gilboa抽水蓄能电站，以及我国泰安、溧阳和洪屏抽水蓄能电站上水库库底等。

日本今市抽水蓄能电站总装机容量1050MW。工程枢纽由上水库、输水发电系统和下水库组成，上下水库之间落差524m。上水库总库容689万 m³，库区面积0.32km²，由1座主坝和4座副坝连接山包而成。主坝为黏土心墙堆石坝，最大坝高97.5m，设自溢式溢洪道。由于上水库周边山体地下水位低，透水性强，因此采用全库盆防渗。其中对最大水深达40m、相对较平坦的水库底部及边坡坡度缓于1∶3的部位采用1.5mm厚的PVC土工膜防渗，防渗面积19.5万 m²；在两岸边坡采用混凝土面板防渗，面板厚度10cm，坡度1∶1.5，防渗面积8.6万 m²；其余在堆渣区和边坡采用了喷沥青橡胶防渗，面积为3.8万 m²。上水库防渗平面布置见图6.1-1，土工膜防渗面积达到整个防渗面积的60%。

日本冲绳海水蓄能电站位于日本冲绳岛北部，上水库与海平面（下水库）的水位差为136m，流量为26m³/s，最大出力3万 kW，为首次采用海水发电的试验性抽水蓄能电站。上水库有效库容56.4万 m³，工作水深20m，斜坡面防渗面积4.17万 m²，底面防渗面积0.94万 m²，采用2mm厚EPDM土工膜作为上水库防渗材料。日本冲绳海水蓄能电站工程总体布置见图6.1-2。

我国的泰安抽水蓄能电站上水库经多方案比较后，选择大坝和右岸混凝土面板、库底土工膜及周边垂直防渗帷幕相结合的综合防渗方案，上水库防渗平面布置见图6.1-3。库底采用1.5mm厚的HDPE土工膜作为防渗材料，面积约16万 m²，土工膜承受的最大工作水头约37m，最小工作水头约11.8m，日最大工作水头变幅为24m。

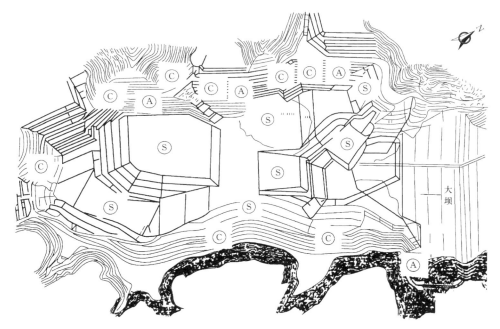

图 6.1-1 日本今市抽水蓄能电站上水库防渗平面布置图

Ⓢ—土工膜；Ⓒ—混凝土面板；Ⓐ—橡胶沥青

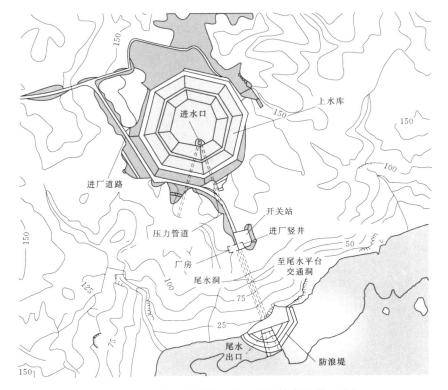

图 6.1-2 日本冲绳海水蓄能电站工程总体布置图（单位：m）

175

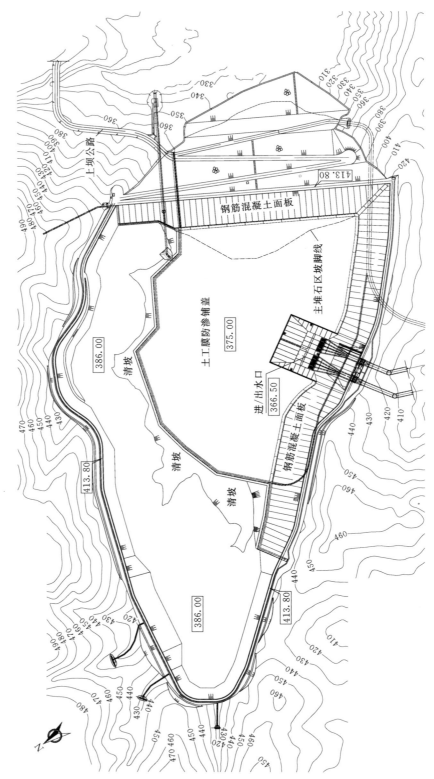

图 6.1-3　泰安工程上水库防渗平面布置图

6.2　结构设计

土工膜防渗结构包括下部支持层、土工膜防渗层、上部保护层。

6.2.1　土工膜防渗层布置

土工膜防渗层根据其所使用的部位可以分为水平防渗、斜坡面防渗和垂直防渗。

6.2.1.1　土工膜水平防渗

应用于平坦的库底，或者土工膜自身能够满足抗滑稳定要求，不需要进行锚固的缓坡上的土工膜防渗，为水平防渗。水库库底防渗、坝基上游防渗铺盖均可采用土工膜水平防渗。水平防渗的主要特点是土工膜防渗层处于自稳状态，表面具备设置土石料保护层的条件。土工膜水平防渗在应用上应满足以下要求：

（1）当土工膜与周边其他防渗结构连接，形成封闭的防渗体系时，连接部位往往是防渗薄弱环节，容易出现渗透通道。为了保证防渗可靠，一般在库底设置排水观测廊道、排水层等。

（2）对于设置在大坝坝前透水地基上形成铺盖的非封闭防渗结构，主要功能是通过延长渗径，降低坝基渗透坡降和渗漏量。土工膜防渗铺盖的设置范围需要综合考虑坝基允许渗透坡降和坝基渗漏量根据计算确定。这类水平防渗结构由于不是封闭的防渗体系，因此膜下一般不设置排水系统。

6.2.1.2　土工膜斜坡面防渗

斜坡面防渗主要应用于水库库岸、土石坝（堤）上游坡面、水池（渠道）迎水斜坡面等。斜坡面上设置土工膜防渗结构不仅要保证坡面稳定，还应保证土工膜防渗层的稳定，另外还要考虑施工的便利。采用土工膜防渗的斜坡面一般要求坡度不陡于 1：1.5，单级坡高控制在 15～20m，中间设置宽度 2～3m 马道，并在坡顶采取可靠的锚固措施，对于斜坡段土工膜不能满足自稳要求的，需要采取结构措施来保证其稳定。

6.2.1.3　土工膜垂直防渗

垂直挡水的混凝土体（大坝、墙体、水池池壁）、土石坝心墙、围堰心墙、透水层埋深较浅的地基等均可采用土工膜垂直防渗结构。混凝土表面的土工膜垂直防渗层需要与混凝土结构面进行黏结、锚固或嵌固固定，如国内外一些碾压混凝土重力坝上游防渗处理工程。土石坝（围堰）及地基的垂直防渗可以两侧填土（填料）进行固定，例如土工膜心墙土石坝。土工膜用于透水层地基垂直防渗时，受施工因素限制，最大深度一般不超过20m。透水层地基厚度大于 20m 时常采用混凝土防渗墙，其上部可连接土工膜防渗。

6.2.2　土工膜厚度

土工膜的厚度应根据土工膜作用水头、膜下支持层最大粒径、膜的应变和变形几何特征等参数按照估算理论等计算厚度，并根据具体的施工条件，考虑一定的安全系数最终确定。

目前可采用的估算理论公式有薄膜理论公式、苏联经验公式、Giroud 近似计算方法、美国 GSI 计算方法四种。对于斜坡面上Ⅰ级防渗结构宜采用有限元数值分析法复核应力和变形。上述计算方法一般仅考虑用耐水压力击破确定膜厚，通常理论计算的土工膜厚度均较小，一般 0.1～0.3mm 即可满足要求。

安全系数的选择主要是考虑到施工荷载的破坏和抗老化问题。各项试验成果表明，膜厚则老化得慢，而且土工膜在运行中常受基础下尖角的影响等，所以膜厚的确定还应考虑多种因素，选用时需留有一定的安全系数。根据防渗工程的等级，土工膜厚度安全系数取值为 3～12，等级越高安全系数取值越大。

土工膜厚度增加一倍，土工膜的价格仅增加 15%～20%，而土工膜的投资又仅占土工膜防渗层整个投资中的 20%～40%。因此，在其他条件允许的情况下，采用较厚的土工膜，有利于提高防渗效果和耐久性。美国、日本、欧洲国家工程中土石坝防渗选用的土工膜一般在 1mm 以上，最厚可达 5mm。《聚乙烯（PE）土工膜防渗工程技术规范》（SL/T 231—98）规定，选用土工膜厚度不应小于 0.5mm。

但是土工膜厚度并不是越厚越好，虽然国内外工程使用的土工膜厚度最大可达 5mm，但是土工膜焊接机械的最大焊接厚度为 5～10mm，厚度过大显然会增加焊接施工难度，对形成合格的焊缝不利。当采用 3mm 厚的土工膜时，直线连接缝的焊缝厚度达到 6mm，T 形焊缝的厚度达到 9mm。因此国内采用土工膜防渗的水利水电工程鲜有膜厚超过 2mm 的，即使在国外超过 3mm 的也不多见。尤其对 PE 膜，这类膜的硬度较大，只能采用焊接或者机械连接，随着膜厚的增加，施工难度不断增大，连接部位的防渗可靠性也逐渐降低，尤其是当膜厚超过 2.5mm 时，施工难度和质量控制问题更加突出。对于 PVC 膜，由于其柔性较好，可以采用焊接、黏结、机械连接的方式，连接质量易于保证。根据国外使用的经验，PVC 膜常使用的最大厚度略大于 PE 膜。

根据有关实践经验，铺在粗砂或细砾土层上面的土工膜，其厚度按不同水头而定。低于 25m 水头，膜厚 0.4mm；25～50m 水头，膜厚 0.8～1.0mm；50～75m 水头，膜厚 1.2～1.5mm；75～100m 水头，膜厚 1.8～2.0mm。

泰安抽水蓄能电站上水库 HDPE 膜最大工作水头为 37m。根据计算膜厚 0.11mm，借鉴美国土工材料研究所（GSI）的建议，安全系数取 10～15，并参考国外类似工程的经验，设计选择膜厚为 1.5mm。目前该工程已经安全运行超过 10 年，库底土工膜防渗效果良好。

日本今市抽水蓄能电站上水库 PVC 土工膜最大工作水头为 40m。通过对土工膜耐久性的试验，0.85mm 厚的土工膜 10 年后增塑剂流失量为 24.7%，1.2mm 厚的土工膜 10 年后增塑剂流失量为 10.6%，而通常认为在土工膜的设计寿命内增塑剂流失量不应超过 30%。日本今市抽水蓄能电站上水库 PVC 土工膜耐久性试验成果见图 6.2-1。为改善耐久性能和提高抗穿刺性能，并使软膜的增塑剂流失量减少，因此选用 1.5mm 厚 PVC 土工膜，认为可以满足 50 年的设计寿命内增塑剂损失不会超过 30% 的要求，

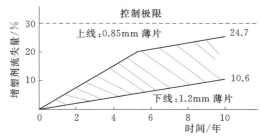

图 6.2-1　日本今市抽水蓄能电站上水库 PVC 土工膜耐久性试验成果

根据运行后的实测数据，10 年后增塑剂损失仅 5.5%。

日本冲绳海水蓄能电站上水库最大动水深为 20m。在上水库底面及斜坡面防渗工程土工膜选择中，主要考虑海水中的盐分浸透对防渗体防渗性能的影响，另外考虑当地气候为亚热带气候，温差大，台风天气较频繁等因素，分别对 PVC 土工膜和 EPDM 土工膜进行了比较，经暴露试验及耐久性能、抗海水腐蚀性能、海生生物附着性能、耐热性能测试，并经水压反复、伸缩反复试验等检测，EPDM 土工膜的耐热性能和粘贴性能优于 PVC 土工膜，因此选用 EPDM 土工膜作为上水库防渗材料，膜厚 2mm。工程完成后，经历了瞬间最大风速约 60m/s 的台风，没有发现破损和漏水。

国内外部分水利水电工程土工膜应用统计情况见表 6.2-1。

表 6.2-1　　　　　国内外部分水利水电工程土工膜应用统计情况

工　程　名　称	工程地点	完工年份	坝高（水头）/m	土工膜	
				厚度	类型
水口水电站上游围堰	福建	1990	26.55	0.8mm	PVC
今市抽水蓄能电站上水库	日本	1990	40	1.5mm	PVC
竹寿水库大坝	四川	1995	60.22	0.55mm	PVC
博维拉（Bovilla）大坝	阿尔巴尼亚	1996	91	3.0mm	PVC
王甫洲水利大坝和枢纽	湖北	1999	10	0.5mm	PE
冲绳海水蓄能电站上水库	日本	1999	20	2.0mm	EPDM
泰安抽水蓄能电站上水库	山东	2006	35.8	1.5mm	HDPE
西霞院工程大坝	河南	2007	20.2	0.6~0.8mm	PE
仁宗海水电站大坝	四川	2007	44	1.2mm	HDPE
锦屏一级水电站上游围堰	四川	2008	44	0.5mm	PE
溧阳抽水蓄能电站上水库	江苏	2017	51.64	1.5mm	HDPE
洪屏抽水蓄能电站上水库	江西	2017	33	1.5mm	HDPE
句容抽水蓄能电站上水库	江苏	在建	30	1.5mm	HDPE

6.2.3　土工膜防渗层结构设计

防渗结构型式可以分为单层防渗结构、双层防渗结构和组合防渗结构三种。

6.2.3.1　单层防渗结构

单层防渗结构典型结构图见图 6.2-2，其中图 6.2-2（a）为布置在表面（水平布置或斜坡布置）的结构型式，由下支持层、土工膜防渗层、上保护层组成；图 6.2-2（b）为布置在坝体（堰体）中部（垂直布置）的结构型式，土工膜两侧分别设置垫层和反滤层。

6.2.3.2　双层防渗结构

双层防渗结构的两层土工膜防渗层之间设置排水层，见图 6.2-3。排水层可采用小颗粒的碎石（卵石）和砂的混合料，必要时可加设土工排水管、土工席垫、土工网等增加排水能力。排水层厚度选择应满足排水能力要求，并考虑排水层施工时机械设备不损伤下

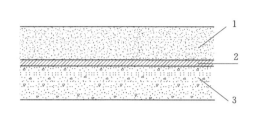

（a）布置在表面
1—上保护层；2—土工膜防渗层；3—下支持层

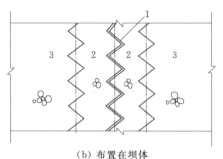

（b）布置在坝体
1—土工膜防渗层；2—垫层；3—反滤层

图 6.2-2　单层防渗结构典型结构图

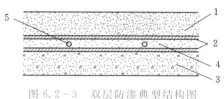

图 6.2-3　双层防渗典型结构图

1—上保护层；2—土工膜防渗层；3—下支持层；
4—排水垫层；5—排水管

层土工膜，粒状材料排水层厚度不宜小于 50cm。

双层防渗的主要作用是隔绝渗液对外界的不利影响，一般用于对渗漏控制极其严格的工程，如垃圾填埋场、工业废水废液处理场、废物处理堆储场等，一旦发生渗漏将会对环境造成严重影响。

6.2.3.3　组合防渗结构

组合防渗结构是由一层土工膜防渗层和一层低渗透性材料（常用黏土）组合而成。土工膜与低渗透性材料之间不设排水层。考虑到施工因素，组合防渗中，土工膜一般位于防渗层上部，低渗透性材料则位于底部。

利用海水的抽水蓄能电站，其上水库对防渗系统的要求较严格，可考虑采用组合防渗或双层防渗的结构型式，否则海水渗入山体，对山体水环境和生态环境也会造成一定影响。废物处理堆储场底部多采用组合防渗，其下部的低渗透性材料一般使用 GCL（膨润土垫，厚约 5cm）。

当水库库底表层分布有天然防渗层时，在防渗控制满足设计要求的前提下，为了有效降低工程投资，充分利用库盆天然防渗能力，也可以采用组合防渗的结构，对水库防渗区进行开挖整平后直接铺设土工膜防渗层，利用土工膜和库底天然铺盖共同防渗。

在坝坡或者岸坡上，组合式防渗方案应慎重使用。若膜下低渗透性土层因土工膜破损渗漏而成饱和状态，在库水位急剧下降时，土工膜防渗层受反向水压，易顶起或失稳。低渗透层下方的排水尤为重要。

6.2.4　下支持层设计

下支持层的作用是均化受力，改善土工膜受力条件，在有排水要求的工程中还兼具排水功能。土工膜防渗体下部支持层应满足以下要求：①具有一定的承载能力，以满足施工期及运行期传递荷载的要求；②有合适的粒径、形状和级配，限制其最大粒径，避免在高水压下土工膜被顶破；③库底碾压石渣和土工膜之间的填筑料粒径应逐渐过渡，满足层间反滤关系，以保证渗透稳定。对于底部有排水要求的土工膜防渗结构，膜下支持层渗透能力应满足排水要求。

对于天然透水地基（砂砾石土层），清除表层大颗粒，经过平整后也可直接作为支持层，在上面铺设土工膜防渗层。对于重要的防渗结构或者下支持层采用碎石料，颗粒相对较粗、容易出现刺破情况的，可以在土工膜与下支撑层之间增设一层土工席垫或者土工排水网垫等非织造型（无纺）土工织物，进一步改善土工膜的运行条件。表 6.2-2 为国内外采用土工膜防渗的抽水蓄能电站下支持层设计参数。

表 6.2-2　　　　　　国内外采用土工膜防渗的抽水蓄能电站下支持层设计参数

电站名称	下支持层设计参数
日本今市工程	50cm 厚透水性较强的砾石垫层
日本冲绳工程	开挖后的天然地基，要求彻底挖除承载力低的地基土，基础要压实整平；清除基础表面大于 10mm 的砾石，以防止膜被刺破；去除支持层内的植物，防止其腐烂后产生气体，对土工膜产生顶托
泰安工程	自下而上依次为：120cm 厚过渡层、60cm 厚垫层、6mm 厚土工席垫
洪屏工程	自下而上依次为：开挖并经过碾压的地基、50～100cm 厚粉质黏土
溧阳工程	自下而上依次为：150cm 厚过渡层、40cm 厚碎石垫层、5cm 厚砂垫层、1300g/m² 三维复合排水网

除了土石料、土工织物外，混凝土、岩石基础也可以作为土工膜防渗层的下支持层，但是需要注意表面是否存在刺破土工膜的凸起、凹坑等，混凝土结构面一般比较平整光滑，对局部凸起、凹坑等部位进行修平处理，修圆半径不小于 50cm。岩石基础开挖面，表面凹凸不平，且存在尖角，需要设置垫层保护。

6.2.5　上保护层设计

上保护层的作用主要是防止或减少不利环境因素包括光照老化、流水、冰冻、动物损伤、施工期坠物、强风等的影响。在选择土工膜上保护层型式时应综合考虑防渗层结构型式、防渗层的工作环境、检修、维护和施工的方便性等因素。

日本今市工程在保护层设计时考虑了以下因素：①在保护层铺设过程中膜的安全问题。进行不同厚度的野外试验，采用不同的设备铺设，选择合适厚度和设备，以便膜在保护层铺设过程中不受损伤。②抗滑稳定性。测出 PVC 膜与土工织物之间的摩擦系数，进行抗滑分析，进而分析保护层的稳定性。③保护层受风浪作用时的稳定性。通过试验确定低水位以上的保护层的最佳结构，使之在风浪作用下稳定完好和防止细土粒的流失。基于以上因素，在对土石材料、土工合成材料、混凝土预制块进行比较后，根据坡度以及保护层是否受到风浪作用，采用不同的保护层结构。其中斜坡保护层自下而上结构为先铺设 800g/m² 的无纺土工布，再铺设一层 40cm 的砂砾石（0～8cm）和一层 40cm 的块石（8～30cm）。日本今市上水库斜坡处土工膜保护层结构见图 6.2-4。

泰安抽水蓄能电站在前期设计中，采用在土工膜上部先铺设土工布，其上再铺设30cm 厚粗砂及 50cm 厚填渣保护层的方案。深入研究表明：由于土工膜上部保护层分层多、施工工序多，施工过程中的施工机械容易损伤下部土工膜。根据 Nosko 对土工膜的研究，大多数的破损孔都是在有上部保护层覆盖的地方出现的（统计占 73%），而不是通

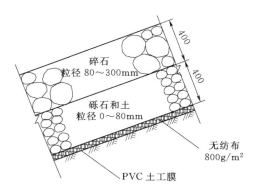

图 6.2-4　日本今市上水库斜坡处土
工膜保护层结构图（单位：mm）

常认为的接缝处；更主要的是该工程土工膜位于不小于 11.80m 深水下，同时设计采用膜上铺设土工布（500g/m²）的方案，以加强施工期保护，土工膜再设上部保护层的意义不大。如上部采用了填渣类保护层，土工膜存在的渗漏点则难以寻找及修复。因此，研究确定在土工膜防渗层上不设粗砂及填渣类防护层，而仅用土工布覆盖。土工布上用单重 30kg/只左右的土工布沙袋（间距 1.4m×1.4m）进行压覆，避免土工布及土工膜在施工期被风掀动以及在运行期受水浮力的影响而漂动。

目前，对于设置于库底，具有一定水深保护的土工膜防渗层，采用简单的土工布辅以沙袋压覆进行保护已成为抽水蓄能电站库盆防渗设计的典型结构型式，已建的溧阳、洪屏抽水蓄能电站和 2017 年开工建设的句容抽水蓄能电站上水库库底土工膜均采用了此结构。

如果土工膜应用于坝面、岸坡，则土工膜可能存在漂浮物撞击损伤问题，或者土工膜防渗层虽然设置于库底，但周边库岸可能存在坍塌或其他外物坠落库底撞击土工膜的问题，这种情况下仅仅采用土工布保护是满足不了防护要求的，需要设置一些能抗击较大外力作用的防护层，比如土石防护层或者混凝土板防护层。混凝土预制板具有强度高、铺装方便的优势，上游面采用土工膜防渗的土石坝在工程中采用较多，如溧阳抽水蓄能电站上水库土工膜防渗层上部靠近进/出水口部位采用预制混凝土块进行防护。

6.2.6　土工膜膜下排水、排气结构

土工膜膜下排水、排气结构是保证土工膜防渗结构安全运行的重要措施之一。

6.2.6.1　膜下水、气的来源及危害

膜下水主要有四个来源：①土工膜破损、焊缝不合格等土工膜质量缺陷造成的渗漏水；②土工膜周边锚固结构渗水；③土工膜周边绕渗；④库岸地下水渗流形成的渗水（存在于临近库岸区域的土工膜周边）。特殊条件下还存在特定通道形成的水源补给，例如岩溶通道或者岩层中存在的承压水等。

膜下气有两个主要来源：①铺设过程中膜与基础垫层之间空腔以及膜下非饱和土体中的气体；②土工膜长期运行后，膜下土体内部残留的有机质腐烂、发酵产生的气体。

膜下水和气的主要危害就是对土工膜产生顶托，最终导致土工膜或者周边锚固结构受拉破坏。由于土工膜是柔性材料，因此当土工膜底部出现反向压力时，土工膜首先被顶起，并开始出现张拉变形，出现拉应力，随着土工膜变形的不断增大，膜下顶托力逐渐降低、土工膜拉应力逐渐增大，最后达到受力平衡状态，其受力简图见图 6.2-5。如果顶托过程中土工膜所受的拉力 T 超过其抗拉强度或者周边锚固强度，则出现土工膜顶破或者锚固受损破坏。

气体的密度远小于水，气与水相遇气体将上浮，在工程运用的范畴可以认为气压在不同高

度上的分布是均匀的，而水压是随着水深的增加而线性增加的，因此水压和气压对土工膜的作用存在较大的差异。图6.2-5所示的P_1在鼓包顶部最小，而在鼓包底部最大，当膜下鼓包为气体时P_2是一个均布的力，当膜下为水时P_2的分布规律同P_1一致。对图6.2-5进行简单的受力分析可知，当土工膜受气体顶托时，土工膜必然出现拉应力，且拉应力分布不均匀，在鼓包顶部最大，随着鼓包的增大拉应

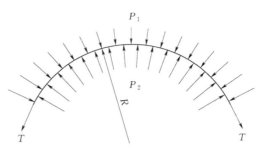

图6.2-5　土工膜顶托时受力简图

力增大；当土工膜受水作用顶托时，土工膜受力分布相对均匀，若土工膜铺设时预留一定的变形空间，存在有鼓包无拉力的可能。

6.2.6.2　膜下水、气顶托破坏的形成机理

膜下水、气的来源不同：水主要以外部补充为主，气均为内部产生或之前残留的。根据前面对膜下水、气的危害分析，二者对土工膜顶托作用的表现也存在极大的差异。因此虽然水和气同为流体，二者都会对土工膜造成顶托破坏，但形成的机理是不同的。

膜下水顶托的直接原因就是膜下水压大于膜上的荷重，这个问题常见于铺设在斜坡面上的土工膜防渗体。当下部排水能力不畅，土工膜渗水逐步抬高下部土体的浸润线，运行中若出现上部水位骤降至低于土工膜后土体浸润线时就会出现反向渗流的问题，从而导致顶托土工膜。对于这类原因造成的反向顶托，土工膜下部的排水设计是关键，而且要根据可能的渗漏量复核排水能力。除此之外，对于紧靠库岸的库底防渗区，当与之相邻的库岸地下水位线相比库水位较高时（例如降雨或者水位骤降），也会出现库岸地下水向土工膜膜下区域渗漏而造成反向顶托的问题。

关于土工膜膜下反向渗压的问题，目前存在这样一种观点，即土工膜缺陷渗漏会在膜下水体中形成较高的渗透水压，当库水位快速降低，膜下水压来不及消散，也可能出现膜下水压超过上覆荷载而顶托。对于这一问题，主要是由于土体的非弹性所致。当上部水位快速降落，土体的回弹变形滞后于水位消落，而且回弹量也小于压缩量，这时土体内部的超空隙水压力无法得到及时消散，从而出现膜下土体内水压超过上覆荷载的情况。但是当出现这种情况时，由于膜下水压大于膜上水压，土工膜膜下的水量不会再增加，而水的体积压缩模量非常大，约2.2GPa，因此这种原因产生的顶托压力最终会因为水体微弱的变形恢复而消散，对于适应变形能力较强的土工膜而言并不会造成顶托破坏。

膜下气体的气胀现象在平原库盆中出现的比较多，例如山东新城水库、玉清湖水库北店子沉砂池坝前土工膜等。国内外一些学者也对于土工膜气胀问题进行了研究，但对于膜下气压产生的机制和条件以及分布变化规律仍然没有完全搞清。从理论上分析，导致膜下出现气胀现象的可能因素有以下四种：

（1）地下水位抬升。土工膜铺设尤其是焊接质量对外部条件要求较高，一般要求避开雨季施工，而且铺设面要处于相对干燥的条件，此时铺设区地下水位比较低，地下水位至土工膜面之间的土体处于非饱和状态，土体里包含了大量气体。运行期间，由于渗透导致地下水位上升，土体内的气体被入渗的水挤压上移至土工膜下方不断聚集。随着地下水位

的不断抬升，聚集的气体不断增多，气压不断增大，形成气胀问题。

（2）库水位快速降低。水库蓄水使地基土受竖向水荷载作用，膜下地基土压缩，孔隙内的气体也处于被压缩的状态。当水位下降时，非饱和地基土减压回弹，但受土体塑性影响，回弹量小于压缩量，于是孔隙中的气体从土体中溢出，并聚集形成鼓包。

（3）大坝填筑。大坝分层填筑后，非饱和填筑体内气压、水压随着填筑高度增加而增长。靠近土坝的部分受坝体的荷载，产生应力增量，在较短的时间内未达到固结完成，因而存在一定的孔隙气压力。

（4）土工膜铺设区下部的土体清理不彻底，含有有机质，水库蓄水后有机质不断腐化分解产生甲烷等气体，不断上移至土工膜下部聚集成鼓包，形成气胀问题。

6.2.6.3 基础排水结构设计

在排水能力不足时，可采用碎石盲沟、土工排水管、无砂混凝土管、复合排水网、土工织物等排水结构。另外，对于有渗漏观测要求的工程，一般设置库底观测廊道，为了将土工膜渗水汇集至廊道，可以通过在排水层内埋设排水管网进行收集。目前抽水蓄能电站中，土工膜下部的基础排水一般结合下支持层的设计进行统筹考虑。

泰安工程土工膜下卧垫层、过渡层和填渣体（堆石体），设计要求具有良好的渗透性，但是由于实际施工过程中填筑料的渗透不均一，以及考虑到该土工膜防渗层基本没有上覆压重的情况，为了更好地排出土工膜下渗漏水及气体，在土工膜下卧过渡层顶面高程373.60m 处设置 30cm×25cm 外包土工布的 ϕ150mm 土工排水盲沟（图 6.2-6）网，并与库底周边观测廊道、右岸排水观测洞的排水孔沟通，以快速排出渗水和气体。

日本今市工程在土工膜下设置了排水系统。为防止破损处的渗漏加剧，将排水管设在50cm 厚的填土之下。设置花管以汇集渗水并导入膜下的五个水箱中，然后再抽到水库中，花管埋在开挖沟槽中，用碎石绕管回填。同时排水系统也用填土遮盖。沟槽中花管的埋设结构见图 6.2-7。

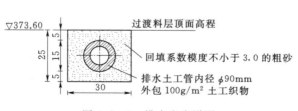

图 6.2-6　排水盲沟详图
（单位：尺寸为 cm，高程为 m）

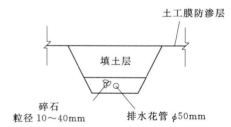

图 6.2-7　沟槽中花管的埋设结构图

日本冲绳工程土工膜下 50cm 厚的垫层采用透水性较强的砾石层，并在其中埋入塑料管，一方面可排放蓄水过程中防渗层下的气体，还可以避免土工膜背面受地下水的水压力；另一方面是在防渗层破损的情况下，渗漏海水可以通过管子快速进入检测廊道，不至于渗漏至地下而对周边环境造成影响。在检测廊道中设置一台抽水泵，将渗入检测廊道的地下水抽回上水库。日本冲绳工程防渗层的结构和上水库剖面示意图见图 6.2-8 和图 6.2-9。

在土工膜铺设区内，库底开挖或填筑时可在一定范围内设缓坡（5%左右）并倾向四周的排水观测廊道或者其他排水通道，通过地形高差形成一定的渗透压力，进一步提高下支持层的排水能力。由于气体有上浮的特性，这一方案对于兼有排气要求的工程应慎重考虑，当底部排水能力不足，排水通道全部处于饱和状态下时，容易出现气体顶托的问题。

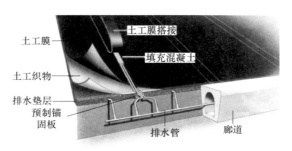

图 6.2-8　日本冲绳工程防渗层的结构示意图

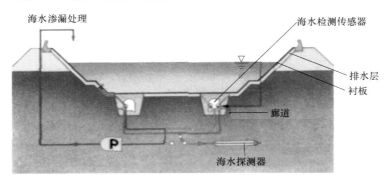

图 6.2-9　日本冲绳工程上水库剖面示意图

6.2.6.4　排气结构设计

对于库底设置有排水系统的土工膜防渗结构，膜下气体可以通过排水通道排除，这也是目前国内外水电工程土工膜防渗结构设计中通常采用的方法。但在实践中发现一些在库底设置有排气盲沟的工程，也出现气胀现象。研究发现当土工膜出现缺陷渗漏时，土工膜下部土体包括盲沟被渗水饱和，从而产生水阻问题。因此在库底采用盲沟排水、排气时，一定要保证盲沟排水能力大于渗漏水量，排水通道内留有足够的空腔供气体移动。

对于库底没有排水系统而有排气要求的工程，也可以设置专门的排气装置，例如在可能出现气体顶托的部位铺设纵横交叉的排水槽和排气花管，通过沿膜底铺设的排气主管将各排气花管汇集后，引至库外或水位以上。

当采用双层防渗结构或者膜下黏土层含水量很高时，在高温季节铺设土工膜，受阳光照射，膜下存在施工期排气问题，常采取的做法是通过一边铺设防渗层，一边进行上覆盖压重的方法予以解决。

6.2.6.5　土工织物作为排水层的设计要求

排水层可采用土工织物、碎石垫层、排水管网等，当采用土工织物作为排水层时，其透水能力与孔隙大小、分布情况及厚度有关。影响这三个条件的因素除制造工艺和单位面积质量外，还有很重要的一个因素即土工织物所承受的法向压力大小。在压力增大时，织物因被压缩，孔隙率与渗透性均将变小。因此，在排水设计中应当考虑在实际荷载作用下的变化情况，并给予足够安全度。除了满足排水能力外，土工织物的选型尚应满足反滤准则，即保土性、透水性及防堵性要求应满足以下准则的要求。

（1）最低强度要求用作反滤的无纺土工织物单位面积质量不应小于 $300g/m^2$，拉伸强度应能承受施工应用，其最低强度应符合表 6.2-3 的要求。

表 6.2-3　　　　用作反滤排水的无纺土工织物的最低强度要求[++]　　　　单位：N

强度	$\varepsilon^+ < 50\%$	$\varepsilon^+ \geqslant 50\%$
握持强度	1100	700
接缝强度	990	630
撕裂强度	400[*]	250
穿刺强度	2200	1375

[*]　表示有纺单丝土工织物时要求为 250N。

ε^+　代表应变。

[++]　为卷材弱方向平均值。

（2）保土性要求。织物孔径应与被保护土粒径相匹配，防止骨架颗粒流失引起渗透变形，应符合式（6.2-1）的要求：

$$Q_{95} \leqslant B d_{85} \qquad (6.2-1)$$

式中：Q_{95} 为土工织物的等效孔径，mm；d_{85} 为被保护土中小于该粒径的土粒质量占土粒总质量的 85%；B 为与被保护土的类型、级配、织物品种和状态等有关的系数，按表 6.2-4 的规定采用，当被保护土受动力水流作用时 B 值应通过试验确定。

表 6.2-4　　　　　　　系　数　B　的　取　值

被保护土的细粒 （$d \leqslant 0.075mm$）含量/%	土的 C_u		B 值
≤50	$C_u \leqslant 2，C_u \geqslant 8$		1
	$2 < C_u \leqslant 4$		$0.5C_u$
	$4 < C_u < 8$		$8C_u$
>50	有纺织物	$Q_{95} \leqslant 0.3mm$	1
	无纺织物		1.8

注　1. 只要被保护土中含有细粒（$d \leqslant 0.075mm$），应采用通过 4.75mm 筛孔的土料供选择土工织物之用。

　　2. C_u 为不均匀系数，$C_u = d_{60}/d_{10}$；d_{60}、d_{10} 分别为土中小于该粒径的土质量分别占土粒总质量的 60%、10%，mm。

（3）透水性要求。织物应具有足够的透水性，保证渗透水通畅排出，应符合式（6.2-2）的要求：

$$k_g \geqslant A k_s \qquad (6.2-2)$$

式中：A 为系数，按工程经验确定，不宜小于 10，来水量大，水力梯度高时，应增大 A 值；k_g 为土工织物的垂直渗透系数，cm/s；k_s 为被保护土的渗透系数，cm/s。

（4）防堵性要求。织物在长期工作下不因细小颗粒、生物淤堵或者化学淤堵等而失效。反滤材料的防堵性应符合下列要求：

1）被保护土级配良好、水力梯度低、流态稳定时，等效孔径应符合式（6.2-3）的要求：

$$Q_{95} \geq 3d_{15} \qquad (6.2-3)$$

式中：d_{15} 为土中小于该粒径的土质量占土粒总质量的 15%，mm。

2）当被保护土易管涌、具分散性、水力梯度高、流态复杂、$k_s \geq 1 \times 10^{-5}$ cm/s 时，应以现场土料做试样和拟选土工织物进行淤堵试验，得到的梯度比应不大于 3.0。

3）对于大中型工程及被保护土的 $k_s < 1 \times 10^{-5}$ cm/s 的工程，应以拟用的土工织物和现场土料进行室内的长期淤堵试验，验证其防堵有效性。

4）遇往复水流且排水量较大时，应选择较厚的土工织物，或采用砂砾料与土工织物的复合反滤层。

6.2.6.6　特殊情况下膜下反向渗压顶托问题处理

膜下排水虽然消除了土工膜受反向渗压的顶托风险，但排水系统同时也是排水通道，因此《水电工程土工膜防渗技术规范》（NB/T 35027）规定：坝前土工膜水平防渗铺盖，以及防渗系统不封闭、仅起延长渗径作用的土工膜防渗层下不应设排水系统。但是这并不代表这样的防渗结构不存在反向渗压顶托问题。对于库岸高地下水导致的反向渗压，除了在库底设置排水系统外，还可以采取截断库岸渗流和消散膜下水压力两种方案，具体有以下三种措施：截断库岸水补给通道、防渗区外引排、设置逆止阀，其中截流与区外引流可结合使用。

（1）截断库岸水补给通道。在库盆土工膜防渗区周边采用防渗墙、帷幕灌浆对紧邻库岸的沿线进行处理，截断库岸地下水向土工膜下部补给的水量。这种方式利用灌浆延长渗径，可以同时起到减小土工膜周边绕渗的渗漏量和增加土工膜防渗效果的作用。

（2）防渗区外引排。在库盆土工膜防渗区外围周边设置排水孔，增加土工膜防渗区外库岸地下水与库水之间的渗透通道，达到降低土工膜防渗区外围地下水压力，从而减小甚至消除向土工膜底部渗透的水量。这种方式通过降低地下水水位达到减小渗压的目的，其作用机理与基坑外围井点排水相似。其适用于库岸地下水位较高，易形成反向渗压造成土工膜顶托破坏的情况。采用防渗区外引排需要考虑排水孔对土工膜周边锁边帷幕的不利影响，不能破坏周边防渗结构。因此排水孔的设置与土工膜防渗区周边应保持一定的距离。区外引排法典型布置见图 6.2-10。目前该种膜下反向渗压处理措施已取得国家发明专利。

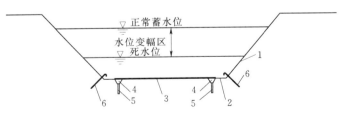

图 6.2-10　防渗区区外引排法典型布置图
1—天然库岸；2—存在渗漏通道的库底；3—土工膜防渗层；
4—连接板；5—帷幕灌浆；6—排水管

（3）设置逆止阀。在土工膜防护区表面设置逆止阀，当上部水头高于膜下水头时，逆止阀被压紧不透水，当膜下水头高于上部水头时，逆止阀被顶开，水从土工膜中排出。逆止阀在水利工程中有一定范围的应用，如南水北调中线渠道边坡防渗结构中采用了压差放大式逆止阀，运行效果良好。但目前在水电项目设计中，由于对逆止阀结构可靠性和运行可靠性存在不同认识等原因，在抽水蓄能电站水库防渗系统中尚无应用实例。

6.2.6.7　典型的土工膜防渗结构案例

（1）半库盆封闭防渗体系。该种结构型式的典型案例为泰安抽水蓄能电站上水库。库盆中部樱桃园沟发育一条区域性断层 F_1，断层宽为 $33\sim52m$。断层具有横向相对不透水性，将库区左、右岸分隔成两个不同的水文地质单元。其左岸山体雄厚，不存在渗透风险。而右岸山体横岭，因节理密集发育，渗透性好，需要进行防渗处理。防渗方案结合大坝防渗和库底填渣采用半库盆型式的"库岸混凝土面板和库底土工膜"形成表面防渗体系，表面防渗体系与库尾相对不透水的库底和库岸采用帷幕灌浆处理形成封闭的半库盆防渗体系。防渗层采用 1.5mm 厚的 HDPE 土工膜光膜，土工膜上下各设置一层 $500g/m^2$ 规格的土工布，防渗层下部设置排水垫层和排水网管，周边设置排水廊道对整个库底渗水进行收集和集中排泄，防渗层上部采用沙袋压覆。

（2）全库盆封闭防渗体系。因整个库周和库底存在渗漏问题，或大部分存在渗漏问题，一般采用全库盆防渗。该种结构型式的典型案例有溧阳和句容抽水蓄能电站上水库。为简化防渗结构，库周采用面板（混凝土或沥青混凝土）防渗和库底土工膜形成完整封闭的表面防渗体系。例如句容抽水蓄能电站上水库，库周由于岩溶发育，存在岩溶、构造带渗漏通道，需要进行全库盆防渗处理。采用开挖石渣对库底进行整平后作为土工膜的基础层。库底防渗层采用 1.5mm 厚的 HDPE 土工膜光膜，土工膜上下各设置一层 $500g/m^2$ 规格的土工布，防渗层下部设置排水垫层和排水网管，周边设置排水廊道对整个库底渗水进行收集和集中排泄，防渗层上部采用沙袋压覆。溧阳抽水蓄能电站库底土工膜防渗层也是采用 1.5mm 厚的 HDPE 土工膜，土工膜上下各设置一层 $500g/m^2$ 规格的土工布，防渗层下部设置排水垫层和排水土工网，周边设置排水廊道对整个库底渗水进行收集和排出，防渗层上部采用预制混凝土块压覆、土工沙袋保护。

（3）库底辅助铺盖。该种结构型式的典型案例为洪屏抽水蓄能电站上水库。洪屏工程上水库库底断层较为发育，与地下厂房洞室之间存在较为密切的水力联系。从整个上水库水文地质条件分析，除断层集中渗透外，库底整体防渗性能较好，隔断断层集中渗透通道后，通过帷幕灌浆等方式可以达到库盆防渗的目的，但是由于上水库库底覆盖层广布，断层准确定位是一个较难解决的问题。另外，覆盖层渗透性整体为中等～弱透水，具有一定的抗渗性能，对库盆进行开挖反而会对天然铺盖造成破坏，因此采用土工膜对断层集中区域进行整体防护。周边为了防止库水绕渗并降低土工膜顶托风险，采用混凝土齿墙和固结灌浆进行封闭。土工膜防渗层采用 1.5mm 厚的 HDPE 土工膜光膜，土工膜上下各设置一层 $400g/m^2$ 规格的土工布，防渗层下支持层采用全风化粉土填筑，粉土具有一定的防渗性能，且颗粒较细对土工膜具有良好的保护作用，防渗层上部采用沙袋压覆。土工膜下未设置排水系统。该工程上水库从 2017 年投入运行以来，土工膜下部的渗压监测显示膜下水压均低于同期上部水压，土工膜防渗效果显著。

6.3 防渗层结构水力计算

6.3.1 土工膜厚度计算

土工膜的厚度主要由防渗和强度两个因素决定。对一般水利水电工程而言，由于土工膜渗透系数很小，渗漏量的大小往往不是关键问题。决定膜厚的主要是后者，当土工膜支撑材料为粗颗粒时，在水压力作用下，土工膜在颗粒孔隙中变形以及产生顶破，或被尖锐的棱角所穿刺（图 6.3-1）。目前，土工膜均以顶破时产生的抗拉强度加以设计。铺在颗粒地层或缝隙上的土工膜受水压力荷载时的厚度主要有下述四种计算方法，可根据工程实际情况选用合适的计算方法：①薄膜理论公式；②苏联经验公式；③Giroud 近似计算方法；④美国 GSI（土工材料研究所）计算方法。

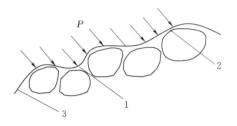

图 6.3-1 土工膜顶破及刺穿示意图
1—顶破；2—刺穿；3—土工膜

6.3.1.1 薄膜理论公式

将薄膜张在边界上，如图 6.3-2 所示。受均匀水压力 p（单位面积的力），膜发生挠曲位移 $w(x, y)$，并受到均匀拉力 T（单位长度的力）。此时形成膜的平衡表面。

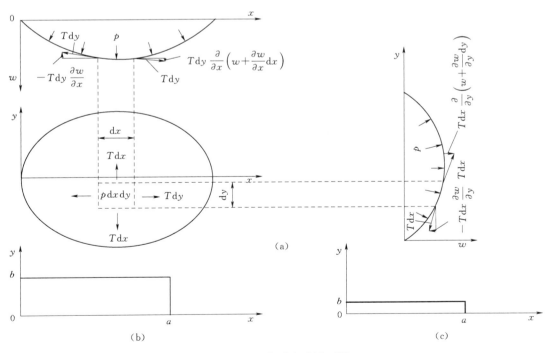

图 6.3-2 薄膜变形原理图

根据薄膜的边界条件，推导出以下三个典型的计算公式：

（1）张在正方形边界上的膜，在 $x=a/2$ 线上，拉应力最大，有

$$T=0.122pa/\sqrt{\varepsilon} \tag{6.3-1}$$

式中：T 为单位宽度膜的拉力，kN/m；p 为膜上作用的水压力，kPa；a 为正方形膜的边长，m；ε 为膜的拉应变，%。

（2）张在圆形边界上的膜，在直径方向，即 $x=D/2$ 线上，拉应力最大，有

$$T=0.111pD/\sqrt{\varepsilon} \tag{6.3-2}$$

式中：D 为圆的直径，m。

（3）长条缝上的膜，在垂直于长条方向，即垂直于 x 轴，拉应力最大，有

$$T=0.204pb/\sqrt{\varepsilon} \tag{6.3-3}$$

式中：b 为预计膜下地基可能产生的裂缝宽度，m。

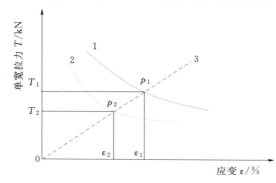

图 6.3-3　土工膜应力—应变关系
1—b_1 曲线；2—b_2 曲线；3—选用土工膜的试验曲线

试验得到的关系曲线与土工膜应力—应变关系曲线趋势相反。因此，计算土工膜的厚度，可根据荷载和接触颗粒孔隙（缝）等因素代入式（6.3-1）～式（6.3-3），绘制 T—ε 图，见图 6.3-3。在同一图中绘出选用土工膜的试验曲线。交点对应的应变 ε_1、ε_2 分别为裂缝宽度为 b_1、b_2（或 a_1、a_2），拉力 T_1、T_2 时的拉伸应变。此点拉应力与拉应变，既符合所选土工膜的应力应变关系，也符合该材料在此颗粒级配条件下发生变形的实际。

6.3.1.2　苏联经验公式

1987 年，苏联出版的《土坝设计》介绍了聚合物膜厚度的计算公式：

$$t=0.135E^{\frac{1}{2}}\frac{pd}{[\sigma]^{\frac{3}{2}}} \tag{6.3-4}$$

式中：$[\sigma]$ 为薄膜的容许拉应力，MPa；E 为在设计温度下薄膜的弹性模量，120MPa；p 为薄膜承受的水压力，MPa；d 为与膜接触的土、砂、卵石层的最粗粒组的最小粒径，mm；t 为薄膜的厚度，mm。

用式（6.3-4）计算出来的膜较厚时，即当 $t>1/3d$，则改用式（6.3-5）计算：

$$t=0.586\frac{p^{\frac{1}{2}}d}{[\sigma]^{\frac{1}{2}}} \tag{6.3-5}$$

式中符号的意义和单位与式（6.3-4）相同。

如果式（6.3-5）算出的膜厚 $t<1/3d$，则采用 $1/3d$。

苏联经验公式不能直接用于复合土工膜及窄长缝上膜的厚度计算。

苏联水工科学研究院提出的聚乙烯薄膜的允许拉应力和弹性模量参考值见表6.3-1。

表6.3-1 苏联水工科学研究院提出的聚乙烯薄膜的允许拉应力和弹性模量参考值

温度/℃	30	25	20	15	10	5	0	-5	-10	-15
允许拉应力 $[\sigma]$/MPa	2.16	2.26	2.45	2.65	2.75	2.94	3.04	3.24	3.43	3.63
弹性模量 E/MPa	38.1	41.2	45.7	50.3	56.3	65.9	79.1	96.1	117.7	140.3
温度/℃	-20	-25	-30	-35	-40	-45	-50	-55	-60	
允许拉应力 $[\sigma]$/MPa	3.92	4.12	4.32	4.71	5.10	5.30	5.49	5.98	6.57	
弹性模量 E/MPa	167.8	204.0	237.4	292.3	335.5	386.5	438.5	486.6	507.2	

6.3.1.3 Giroud 近似计算方法

Giroud研究了均布荷载作用下铺在窄长缝上膜的计算公式，基本假设是膜受力后的变形为圆弧。圆弧曲率半径为 r，最大挠度为 h，缝槽的宽度为 b，见图6.3-4。

$$T = \frac{1}{4}\left(\frac{2h}{b} + \frac{b}{2h}\right)pb \tag{6.3-6}$$

$$\varepsilon = \frac{1}{2}\left(\frac{2h}{b} + \frac{b}{2h}\right)\arcsin\frac{1}{\frac{1}{2}\left(\frac{2h}{b} + \frac{b}{2h}\right)} - 1 \tag{6.3-7}$$

式中：$\arcsin\dfrac{1}{\dfrac{1}{2}\left(\dfrac{2h}{b} + \dfrac{b}{2h}\right)}$ 以弧度计。

以若干个 $2h/b$ 代入式（6.3-6）计算若干个 T，用式（6.3-7）计算若干个 ε，绘制 $T—\varepsilon$ 图，在同一图中绘出选用土工膜的试验曲线，用曲线交会法计算膜厚。

6.3.1.4 美国 GSI 计算方法

假定土工膜法向应力 σ_n，局部发生沉降，并在一定范围内引起土工膜变形，土工膜受力示意图及受力分解简图见图6.3-5。

通过土工膜水平向受力平衡，以及土工膜抗拉强度与允许应力之间的关系，建立计算公式：

$$t = \frac{\sigma_n x(\tan\delta_U + \tan\delta_L)}{\sigma_a(\cos\beta - \sin\beta\tan\delta_L)} \tag{6.3-8}$$

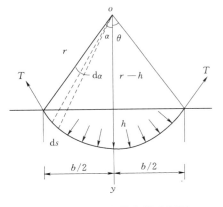

图6.3-4 假定挠曲线为圆弧受力示意图

式中：t 为土工膜的厚度，m；σ_a 为土工膜允许应力，kPa；σ_n 为水荷载（填埋物）产生的应力，kPa；δ_U 为土工膜和上部物质的剪切角度，(°)；δ_L 为土工膜和下部物质的剪切角度，(°)；β 为引起土工膜张力的沉降角度，(°)。

苏联经验公式直接与颗粒粒径相关，薄膜理论公式和Giroud近似计算方法所建议的计算公式均以颗粒间的孔隙直径加以表示。颗粒间的孔隙直径的选取直接影响着土工薄膜内所产生的张应力，Giroud建议孔隙直径 $a = 0.4d$（d 为支撑材料颗粒直径），即表示与

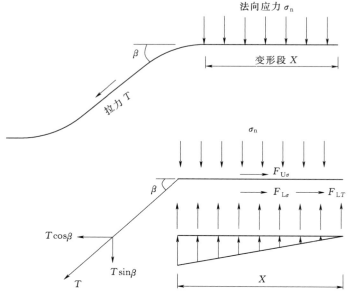

图 6.3-5 土工膜厚度计算模型

薄膜相接触的支撑材料为一颗粒最松散（正方形）排列时的圆孔直径，即 $(\sqrt{2}-1)d=0.4d$；顾淦臣建议 $a=\dfrac{1}{5}d$，表示与薄膜相接触的支撑材料为均一颗粒最紧密（菱形）排列时的孔隙直径，即 $\dfrac{2-\sqrt{3}}{\sqrt{3}}d=0.155d\approx0.2d$；南京水利科学研究院陶同康则建议取两者平均值。当然，土工膜下孔隙尺寸也可根据工程实际情况确定。

当支撑土工膜的结构物产生了显著的变形时，土工膜也可能被拉裂或撕裂而导致防渗失效。因此，对于较高的土石坝以及库底填渣结构，由于蓄水后会产生较大变形，尚宜采用以应力应变为基础的有限元数值分析法复核膜厚。即用有限元数值分析法得出土工膜的工作应变 ε_g，并从土工膜拉伸曲线上查得对应的工作拉力 T_g，分别与土工膜所能提供的最大应变 $\varepsilon_{\max}$、最大拉力 $T_{\max}$ 相比，可求得各自的安全系数 $F_S=\dfrac{T_{\max}}{T_g}$，$F_\varepsilon=\dfrac{\varepsilon_{\max}}{\varepsilon_g}$。该法也可应用于各种情况下土工膜厚度的计算。有限元计算土工膜膜厚已在一些工程中得到应用，总的来说，应用还不普遍，但将其与其他方法的计算成果进行对比，分析土工膜的应力应变情况，不失为一种好的途径。

在一般情况下，理论计算得到的厚度常常较薄，原因是理论计算是依据简化条件，公式中包含了很多假定，譬如膜下挠曲的大小与形状是带有任意性的假定；公式也并不能完全反映涉及膜安全的诸多因素，如施工影响、尖角颗粒刺穿、土工膜本身的渗漏特性、土工膜的不均匀性和缺陷；此外，土工膜聚合物中增塑剂的流失也与膜厚有关；膜的抗冲击能力也随膜厚度增加而提升，1.5mm 厚的膜比 1.0mm 的膜在耐久性和抗刺穿性能上有显著改善。所以理论公式计算的膜厚是最低要求，实际工程中，可先采用理论计算，并结合工程经验确定膜厚，对重要工程尚应采用设计的垫层料对选用的土工膜进行耐压模型试验。

6.3.2　土工膜防渗层渗漏量的计算

土工膜属于非孔隙介质，严格来说，达西定律是不适用的，对于水通过土工膜的输移机理至今有不同观点，但基本同意水可通过扩散方式通过土工膜，扩散动力既可以是膜两侧的水头差，也可以是两侧液体的温度差。

目前，实际应用中仍采用达西定律描述在水力梯度作用下液体通过土工膜的渗透规律。试验室测得的土工膜的渗透系数大多可达到 $1\times10^{-11}\sim1\times10^{-12}$ cm/s，土工膜的渗透系数不是一个固定值，随所承受的正压力而变化。有关试验研究成果表明：当压力较低时，渗透系数随压力的增加而加大；当压力较高时，渗透系数随压力的增加而减少，故中间存在一个特定压力对应于最大的渗透系数。关于渗透系数随压力的变化有以下解释。

随着压力增加，使渗透系数加大的因素有：①土工膜存在微细的通道，有些是在制造过程中产生，有些则是在一定压力下被冲破而产生的，故随着压力增加渗流通道有增多和扩大的趋势；②随着压力增加，土工膜的厚度逐渐变薄，水力梯度增加。同时，存在使渗透系数减小的因素有：①由于土工膜的压缩性，土工膜的微细通道有缩小以至封闭的趋势；②土工膜的厚度逐渐变薄，土工膜的压实导致液体在土工膜中的扩散更加困难。因此，随着压力增加，渗透系数同时存在两种相反的趋势，在持续加压过程中，开始前者占优，后来后者占优。

经土工膜渗漏主要有两种途径：①通过完整无损的土工膜的渗透；②经土工膜缺陷的渗流。缺陷包括针孔和孔洞。针孔指孔的直径明显小于膜厚的小孔，早期的产品有大量针孔，随着制造工艺的提高和聚合物合成技术的改进，现在产品的针孔已较少。孔洞指孔的直径约等于或大于土工膜的厚度。孔洞主要在施工中产生，包括：①土工膜接缝焊黏结不实，成为具有一定长度的窄缝；②施工搬运过程的损坏；③施工机械和工具的刺破；④基础不均匀沉降使土工膜撕裂；⑤水压将土工膜局部击穿。合理设计可保证基本不出现后两项缺陷，合理施工可减少前三项缺陷的产生，人力施工一般较机械施工缺陷少。施工缺陷出现的偶然性很大，且不易发现。

Giroud 根据国外六项工程渗漏量实测数据的统计分析得出，施工产生的缺陷，约 $4000m^2$ 出现一个。孔洞的大小与施工条件密切相关，接缝不实形成的缺陷尺寸的等效孔径一般为 $1\sim3$ mm；对于特殊部位（与附属建筑物的连接处）可达 5mm。其他一些偶然因素产生的土工膜缺陷的等效直径为 10mm。缺陷的等效直径为 2mm 的孔称为小孔，可代表接缝缺陷所引起的；直径为 10mm 的孔称为大孔，可代表一些偶然因素引起的。

土工膜上、下接触材料的渗透性直接影响缺陷部位的渗透特性。单层防渗的土工膜和土工膜组合防渗系统结构差异性较大，渗漏的边界有本质区别，渗漏量估算方法也不同。

6.3.2.1　单层土工膜防渗结构的缺陷渗漏量估算

土工膜的缺陷根据其与土工膜厚度的关系分为针孔和孔洞，针孔因其甚小，渗流量不大，一般可忽略不计，如果要估算，建议按管流考虑，用 Poiseuille 公式计算：

$$q = \pi \rho g h_{\mathrm{w}} d^4 / (128 \eta T_{\mathrm{g}}) \qquad (6.3-9)$$

式中：q 为经针孔的流量，$\mathrm{m^3/s}$；h_{w} 为土工膜上下水头差，m；T_{g} 为土工膜的厚度，m；d 为针孔直径，m；ρ 为水的密度，$\mathrm{kg/m^3}$；η 为动力黏滞系数，$\mathrm{kg/(m \cdot s)}$；g 为重力加速度，$\mathrm{m/s^2}$。

孔洞渗流量可根据土工膜上下接触材料的渗透性分别估算。Brown 等的试验结果表明，如果土工膜膜下土层的 $k_{\mathrm{s}} > 10^{-3} \mathrm{m/s}$（$10^{-1} \mathrm{cm/s}$），可以假设为无限透水，对通过土工膜上孔的渗漏量的影响不明显。此时可应用 Bernoulli 孔口自由出流公式估算：

$$Q = \mu \cdot A \sqrt{2gH_{\mathrm{w}}} \qquad (6.3-10)$$

式中：Q 为土工膜缺陷引起单层土工膜防渗层的缺陷渗漏量，$\mathrm{m^3/s}$；A 为土工膜缺陷孔的面积总和，$\mathrm{m^2}$；g 为重力加速度，$\mathrm{m/s^2}$；H_{w} 为土工膜上下水头差，m；μ 为流量系数，一般取 $0.6 \sim 0.7$。

应该指出，由于针孔和孔洞数目很难确定、孔口渗漏不完全是自由出流等原因，计算是比较粗略的，因此，计算时可根据实际情况适当留有余地，并应加强工程监测。

6.3.2.2 组合防渗结构的缺陷渗漏量估算

对于组合防渗系统，液体先通过土工膜孔洞，然后液体在膜与垫层之间的空间内侧向运动一定距离，最后流入低透水性土而从土中渗漏，故渗漏量的大小与膜和垫层间的接触条件有关，计算方法有精确的解析法和简化的 Giroud 近似法两种。

1. 解析法

（1）一般情况。假设土工膜与下层土之间存在厚度为 t 的均匀的间隙，缺陷渗漏量 Q 通过土工膜孔洞后形成垂直土层的渗流 Q_{s} 和沿接触面辐射出去的接触面流 Q_{r} 两部分。土工膜孔洞渗漏关系见图 6.3-6。

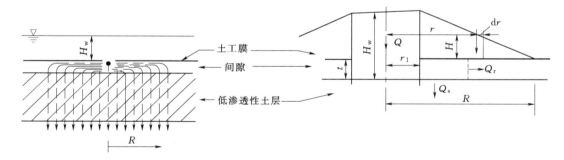

图 6.3-6　土工膜孔洞渗漏关系图

利用达西定律、水流连续条件等建立如下公式：

$$A = \frac{(H_{\mathrm{s}} + H_{\mathrm{w}}) K_0(\lambda R) - H_{\mathrm{s}} K_0(\lambda r_1)}{I_0(\lambda r_1) K_0(\lambda R) - I_0(\lambda R) K_0(\lambda r_1)}$$

$$B = \frac{(H_{\mathrm{s}} + H_{\mathrm{w}}) I_0(\lambda R) - H_{\mathrm{s}} I_0(\lambda r_1)}{K_0(\lambda r_1) I_0(\lambda R) - K_0(\lambda R) I_0(\lambda r_1)}$$

$$AI_1(\lambda R) - BK_1(\lambda R) = 0$$

式中：$I_1(\lambda R)$ 为阶第 I 类变形 Bessel 函数；$K_1(\lambda R)$ 为阶第 II 类变形 Bessel 函数。

通过上述三个公式进行试算，求得 R、A、B 值，然后求得渗漏量 Q：

$$Q = \pi r_1^2 k_s \left(1 + \frac{H_w}{H_s}\right) + 2\pi\theta\lambda r_1 \left[BK_1(\lambda r_1) - AI_1(\lambda r_1)\right] \qquad (6.3-11)$$

（2）土工膜下部土层厚度 H_s 较薄的情况。当 $H_s < 1.0\text{m}$ 时，H_s 的变化引起组合防渗层曲线渗漏量 Q 的变化范围较小。根据不同防渗土层渗透系数 k_s（一般由 $10^{-6} \sim 10^{-9}$ m/s）和不同膜上水头 H_w 和缺陷孔半径 r_1（mm），绘制四组曲线，见图 6.3 - 7，应用时根据已知的 k_s、H_w 和 r_1 进行插图估算。

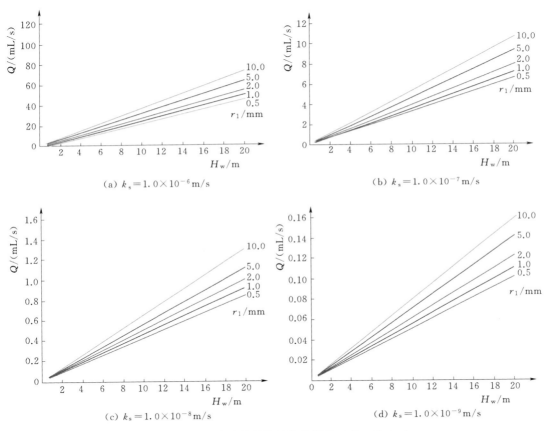

图 6.3 - 7　组合防渗结构缺陷渗漏量（$H_s < 1.0\text{m}$）

（3）土工膜下部土层厚度 H_s 远大于水头 H_w 的情况。当土工膜下部土层厚度 H_s 远大于水头 H_w 时，$i_s = \dfrac{H_w + H_s}{H_s}$ 近似为 1.0。据此可以推导出：

$$H_w = \frac{k_s}{4\theta}R^2 \left[2\ln\frac{R}{r_1} + \left(\frac{R}{r_1}\right)^2 - 1\right] \approx \frac{k_s}{2\theta}R^2\ln\frac{R}{r_1}$$

通过该式试算出 R 后代入式（6.3 - 12）计算组合防渗层的缺陷渗漏量 Q：

$$Q = \pi R^2 k_s \qquad (6.3-12)$$

解析法详细的推导过程可参见《土工合成材料工程应用手册》附录Ⅳ。由于解析法需要进行大量的试算，一般都采用计算机编程计算。虽然解析法在理论上相对较为严谨，但是受计算边界条件复杂性的制约，计算结果的精度并不高，因此在工程应用上比较习惯采用 Giroud 等的近似解法，计算过程比较简单，计算结果也满足目前工程应用的要求。

2. Giroud 近似法

(1) 一般情况。Giroud 通过理论分析和近似处理，导出了适合于防渗土层 $i_s = \dfrac{H_w + H_s}{H_s} > 1.0$ 一般情况组合下防渗系统缺陷渗漏量计算的经验公式。

接触良好：铺设好的土工膜皱折很少，低透水性垫层经过了压实，具有光滑表面：

$$Q = 0.21 i_{avg} a^{0.1} H_w^{0.9} k_s^{0.74} \qquad (6.3-13)$$

$$R = 0.26 a^{0.05} H_w^{0.45} k_s^{-0.13}$$

接触不良：土工膜有一定皱折，垫层未良好压实，土面不光滑：

$$Q = 1.15 i_{avg} a^{0.1} H_w^{0.9} k_s^{0.74} \qquad (6.3-14)$$

$$R = 0.61 a^{0.05} H_w^{0.45} k_s^{-0.13}$$

对于圆形孔缺陷：

$$i_{avg} = 1 + \frac{H}{2 H_s \ln(R/r_1)}$$

式中：i_{avg} 为平均水力坡降；R 为土工膜下面土内渗透区域的半径，m；a 为土工膜上孔的面积，m^2；r_1 为土工膜上圆形孔的半径，m；H_w 为土工膜上水头，m；k_s 为土工膜下面土层渗透系数，m/s；H_s 为土工膜下面低渗透性土层的厚度，m。

(2) 当 $H_w \ll H_s$ 时，$i_s \approx 1.0$，则

接触良好：

$$Q = 0.21 a^{0.1} H_w^{0.9} k_s^{0.74} \qquad (6.3-15)$$

接触不良：

$$Q = 1.15 a^{0.1} H_w^{0.9} k_s^{0.74} \qquad (6.3-16)$$

应注意：式 (6.3-11)～式 (6.3-16) 均为经验公式，两侧量纲不统一。

6.3.3　膜下透水能力计算

土工膜防渗系统应进行膜后排水能力的核算。核算针对膜下排水层材料导水能力进行，排水层导水率 θ_a 应满足的要求：

$$\theta_a \geqslant F_s \theta_r \qquad (6.3-17)$$

$$\theta_a = k_h \delta \qquad (6.3-18)$$

$$\theta_r = \frac{q_i}{J_g} \tag{6.3-19}$$

式中：θ_a 为排水层导水率，m^2/s；θ_r 为排水层所需导水率，m^2/s；δ 为排水层的厚度，m^2；k_h 为排水层平面渗透系数，m/s；q_i 为单宽流量，$m^3/(s \cdot m)$；J_g 为排水层两端的水力梯度；F_s 为排渗安全系数，一般可取 3～5，1、2 级防渗结构取 5。

　　排水层除了满足排水能力要求外，还需要级配良好，与下部结构层之间满足反滤关系。

6.3.4　土工膜防渗结构斜坡稳定计算

　　土工膜与土、砂、砂砾石之间的摩擦系数小于土石料的内摩擦系数，复合土工膜的外层土工织物与土石料之间的摩擦系数也比较小。此外，如果复合土工膜采用的是非热压或粘贴在一起的分离式组合方案，则膜与土工织物之间的摩擦系数更小。因此，对于采用土工膜防渗的工程，存在沿土工膜面滑动的风险。在设计时，需要进行有针对性的抗滑稳定分析。

　　根据土工膜防渗结构的布置方式，土工膜防渗结构的稳定计算可大致分为两类：第一类是防渗结构本身的稳定，这主要是针对铺设在斜坡表面的防渗结构；第二类是土工膜防渗层对其他相邻结构稳定的影响，这主要针对采用土工膜防渗的土工膜斜墙土石坝、土工膜心墙土石坝。第二类稳定分析就是将土工膜防渗层假定成坝体内一个软弱结构面进行沿特定软弱面的稳定分析，详细的分析方法、控制工况和控制标准等按照《碾压式土石坝设计规范》（DL/T 5395—2007）的有关规定进行。本节主要介绍第一类防渗结构本身的稳定，包括了土工膜与保护层、土工膜与支持层之间的滑动稳定计算。

6.3.4.1　计算工况

　　土工膜下部支持层的渗透性对土工膜防渗结构的稳定影响较大，因此根据下支持层的渗透性，土工膜防渗结构的稳定计算大致可分为两类：

　　（1）下支持层透水性较好，土工膜与支持层之间不存在积水的问题。由于防渗膜承受上游水压，使膜与膜后支持层之间产生较大的抗滑阻力，再加上膜与坝体的连接固定等措施，膜与膜后支持层之间稳定性一般好于土工膜与膜上保护层之间的稳定性。通常这种情况下只对土工膜与上保护层之间进行稳定性验算。

　　（2）下支持层透水性较差，或者下游存在较高的水位。此种条件下土工膜后的土层中水位较高，当上游水位较低的时候，有可能使得土工膜隆起，并会造成上游坡失稳。例如当下支持层透水性较差，上游水位骤降至膜后土体浸润线以下时，存在土体内水向上游反渗情况。在这种情况下稳定验算还包括土工膜与下支持层之间的稳定，需要计入膜下水压的作用。一般情况下，在进行防渗结构设计时，对这种情况需要设计相应的排水措施，避免出现反向顶托的情况。

　　土工膜和土的接触面之间控制稳定的有施工期（包括竣工时）、稳定渗流期、水位降落期和正常运用遇地震四种工况，应分别计算其抗滑稳定性。一般情况下，水位骤降是最危险工况。土工膜抗滑稳定最小安全系数按表 6.3-2 或表 6.3-3 控制。

表 6.3 - 2　　　　　　　　土工膜抗滑稳定最小安全系数（简化 Bishop 法）

运用条件	建 筑 物 级 别			
	1	2	3	4
正常运用条件	1.50	1.35	1.30	1.25
非常运用条件 I	1.30	1.25	1.20	1.15
非常运用条件 II	1.20	1.15	1.15	1.10

注　运行条件参考《碾压式土石坝设计规范》（DL/T 5395—2007）。

表 6.3 - 3　　　　　　　　土工膜抗滑稳定最小安全系数（瑞典圆弧法）

运用条件	建 筑 物 级 别			
	1	2	3	4
正常运用条件	1.30	1.25	1.20	1.15
非常运用条件 I	1.20	1.15	1.10	1.05
非常运用条件 II	1.10	1.05	1.05	1.05

注　运行条件参考《碾压式土石坝设计规范》（DL/T 5395—2007）。

6.3.4.2　计算方法

土工膜和土的接触面稳定分析方法有两类：一类是传统的刚体极限平衡法；另一类是有限元数值分析法。刚体极限平衡法较简单，有丰富的工程实践基础。有限元法在理论上更能反映出土工膜的工作状况及膜体对整个坝体的应力及变形的影响，对重要工程可采用这种方法验算。目前有限元数值分析法在制定抗滑安全系数标准等方面尚不成熟，同时由于土工膜的厚度很薄，在计算中模拟较困难，并且实际工作条件下土工膜的应力应变关系尤其是荷载长期作用下的应力应变关系也需进一步研究，因此有限元数值分析法应用经验不多，只能作为刚体极限平衡法的补充。刚体极限平衡法稳定计算方法按现行行业标准《碾压式土石坝设计规范》（DL/T 5395—2007）的有关规定执行。对于 3 级及以下的防渗结构，对于水位降落期工况上保护层的稳定计算可采用简化公式计算。

（1）等厚保护层：

保护层透水时
$$F_s = \frac{\tan\delta}{\tan\alpha} \tag{6.3 - 20}$$

保护层不透水时
$$F_s = \frac{\gamma'}{\gamma_{sat}} \cdot \frac{\tan\delta}{\tan\alpha} \tag{6.3 - 21}$$

式中：F_s 为安全系数；δ 为上垫层土料与土工膜之间的摩擦角，（°）；α 为土工膜铺放坡角，（°）；γ' 和 γ_{sat} 分别为保护层的浮容重和饱和容重，kN/m³。

（2）不等厚保护层。当保护层不等厚时，水位降至 D 点时（图 6.3 - 8），将属最危险情况。此时有

$$F_s = \frac{W_1 \cos^2\alpha \tan\phi_1 + W_2 \tan(\beta + \phi_2) + c_1 l_1 \cos\alpha + c_2 l_2 \cos\beta}{W_1 \sin\alpha \cos\alpha} \tag{6.3 - 22}$$

式中：W_1 和 W_2 分别为主动楔 ABCD 和被动楔 CDE 的单宽重量，kN/m，当保护层透水

性不良时，分子上的 W 应按单宽浮容重计算，分母上的 W 应按单宽饱和容重计算；c_1 和 ϕ_1 分别为沿 BC 面上垫层土料与土工膜之间的黏聚力（kN/m^2）和内摩擦角（°），保护层如为透水性材料，$c_1=0$；c_2、ϕ_2 为保护层土料的黏聚力（kN/m^2）和内摩擦角（°），保护层如为透水性材料，$c_2=0$；α、β 为坡角；l_1、l_2 为 BC 和 CE 的长度，m。

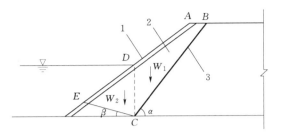

图 6.3-8　不等厚保护层滑动分析简图
1—防护层；2—上垫层；3—土工膜

6.3.4.3　计算参数

稳定分析时，土工膜与其他材料之间的摩擦特性是一个重要的设计控制指标。根据一些研究成果，土工膜的摩擦特性有以下 4 个特点：

（1）界面上的剪切力与位移之间为非线性关系，受所接触土料变形的影响，在峰值点以前的应力与位移关系基本上符合双曲线关系。

（2）界面上的峰值摩擦阻力与正应力呈直线关系（通过原点），其斜率为 $\tan\delta$，δ 为土工膜与该材料的摩擦角。

（3）摩擦角的大小与膜材料的界面特性有关，光面膜与土之间的摩擦系数最小。

（4）在一般情况下，水下摩擦角比干燥时小 $2°\sim5°$。

表 6.3-4～表 6.3-8 所列数据（引自《水利工程土工合成材料应用技术》），可供设计参考。

表 6.3-4　　　　　　　　　　土工膜与其他材料之间的摩擦角　　　　　　　　　　单位：（°）

土工膜	砂			土工织物				混凝土	
	I $\phi=30°$	II $\phi=28°$	III $\phi=26°$	针刺 C2600	热黏 Typer3401	丙纶纺织 Polyfil terx	丙纶编织 500s	室内试验	现场试验
PVC/粗	27		25	23	20	11	28		
PVC/光	25		21	21	18	10	24	16.7	13.5
氯磺化聚乙烯（CSPE）	25	21	23	15	21	9	13		
HDPE	18	18	17	8	11	6	10		

注　砂I和砂III为尖角砂，砂II为圆角砂。

表 6.3-5　聚乙烯膜、土工织物与土、砂、混凝土之间的摩擦系数（成都科技大学）

土工合成材料		黏土		砂壤土		细砂		粗砂		混凝土块		聚乙烯膜 0.05mm		聚乙烯膜 0.12mm	
		干	湿	干	湿	干	湿	干	湿	干	湿	干	湿	干	湿
聚乙烯膜	0.06mm	0.14	0.13	0.17	0.19	0.22	0.23	0.15	0.16	0.27	0.27	0.15	0.14	0.19	0.16
	0.12mm	0.14	0.12	0.22	0.24	0.34	0.37	0.28	0.30	0.27	0.27	0.15	0.14	0.13	0.13
土工织物	250g/m²	0.45	0.41	0.40	0.43	0.35	0.37	0.35	0.37	0.39	0.41	0.15	0.14	0.13	0.13
	300g/m²	0.48	0.45	0.47	0.46	0.54	0.55	0.44	0.43	0.40	0.41		0.10	0.15	0.14

表 6.3－6　土工膜、土工织物与土、砂的摩擦角 $\phi(°)$ 与黏聚力 $c(kPa)$（Williams）

材料	粉质黏土		黏质粉土		黏土		砂质黏土		山砂		河砂		土工织物	
	c	ϕ	c	ϕ	c	ϕ	c	ϕ	c	ϕ	c	ϕ	c	ϕ
土	9	38	12	34	20	23	2	21	0	40	0	36		
氯化聚乙烯（CPE）	8	38	3	24	13	17	10	19	0	10	0	27	0	23
HPPE	8	26	2	23	14	15	14	15	0	18	0	18	0	11
PVC	9	38	4	23	14	16	12	17	0	25	0	20	0	19
聚乙烯橡胶	8	22	9	24	10	17	9	17	0	25	0	21	0	16
土工织物	4	32		32	14	30	10	22	0	30	0	26	0	20

表 6.3－7　　　　　土工膜与土工织物、土工格栅之间的摩擦系数（Williams）

土工膜	摩擦系数			
	聚酯短纤维非针刺土工织物（Tremira2125）强度：25kN/m	经向聚丙烯、纬向聚酯织物（Geolon1500）强度：193kN/m（经向）、490kN/m（纬向）	中密度 PE 格栅（Tensar DN3W）强度：44kN/m	尼龙热黏褥垫排水（Enkadrain）强度：16kN/m（纵向）、9.5kN/m（横向）
HDPE	0.179	0.165	0.266	0.161
PVC	0.326	0.361	0.261	0.311
Hypalon	0.302	0.359	0.322	0.439

表 6.3－8　聚氯乙烯或合成橡胶、土工织物与粗砂、砾石、混凝土板之间的摩擦系数

材　料	摩擦系数				
	0.7mm 砂	3mm 砾石	5mm 砾石	10mm 砾石	混凝土板
聚氯乙烯或合成橡胶	0.532～0.700	0.554～0.754	0.625～0.810	0.649～0.839	0.213～0.240
土工织物	0.488～0.531	0.488～0.554	0.510～0.577	0.532～0.625	

6.3.5　坝顶锚固槽锚固力计算

锚固槽锚固力可按照图 6.3－9 进行分解。

锚固力求解公式如下：

$$T_{\text{allow}}\cos\beta = \sigma_n\tan\delta_u(L_{RO}) + \sigma_n\tan\delta_L(L_{RO}) + 0.5\left(\frac{2T_{\text{allow}}\sin\beta}{L_{RO}}\right)(L_{RO})\tan\delta_L - P_A + P_p$$

$$(6.3-23)$$

式中：σ_n 为覆盖土法向应力，lb/ft²；δ 为土工膜与上下界面相邻材料之间的抗剪角度，（°）；L_{RO} 为土工膜延伸平段长度，ft。

主动土压力和被动土压力值（P_A 和 P_p）是从侧向土压力理论导出的，这一点在大多数土力学教材中都有论述，见式（6.3－24）和式（6.3－25）：

$$P_A = (0.5\gamma_{AT}d_{AT} + \sigma_n)K_A d_{AT} \qquad (6.3-24)$$

$$P_p = (0.5\gamma_{AT}d_{AT} + \sigma_n)K_p d_{AT} \qquad (6.3-25)$$

式中：γ_{AT} 为锚沟土的单位重量，lb/ft³；d_{AT} 为锚沟深度，ft；σ_n 为覆盖土法向应力，lb/ft²；K_A 为主动土压力系数，大小等于 $\tan(45-\phi/2)$；K_p 为被动土压力系数，大小等于

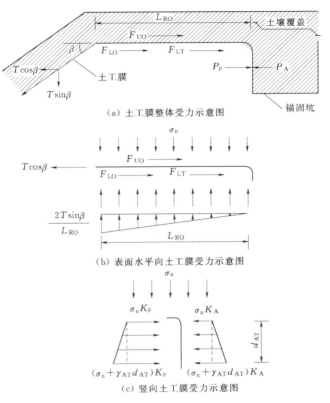

（a）土工膜整体受力示意图

（b）表面水平向土工膜受力示意图

（c）竖向土工膜受力示意图

图 6.3-9 锚固槽受力分解

$\tan(45+\phi/2)$；ϕ 为土内摩擦角，（°）。

6.3.6 库底土工膜防风设计验算

根据 Giroud 等的研究成果，库底设置土工膜时，抵消风的上浮力的盖重厚度，可按照公式（6.3-26）计算，在高程 Z 处有

$$D_{\text{rep}}=\frac{1}{\rho_{\text{p}}}\left[-\mu_{\text{GM}}+0.0659\lambda v^2 e^{-(1.252\times10^{-4})z}\right] \tag{6.3-26}$$

式中：D_{rep} 为保护层所需深度，m；ρ_{p} 为保护层材料的密度，kg/m^3；μ_{GM} 为单位面积土工膜的重量，kg/m^2；v 为风速，m/s；z 为高程，m；λ 为吸入系数。

关于吸入系数 λ，Giroud 等根据研究成果制作了简图供计算时查询（图 6.3-10）。

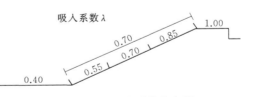

图 6.3-10 吸入系数分布图

6.4 细部构造及与其他建筑物连接

土工膜与周边结构锚固是土工膜防渗结构研究的关键技术问题之一，应根据周边建筑

物和地基条件的不同，采用不同的锚固型式。

6.4.1　嵌固（埋入）式

　　嵌固（埋入）式连接方式是应用最早的周边锚固结构，常用于土工膜与黏土地基、透水地基下岩基的连接。土工膜与黏土地基的相连可采取开挖槽型结构，将土工膜埋入其中，实现嵌固连接，槽的尺寸大小应根据土工膜承受的拉应力大小确定，且埋入长度不小于 100cm。土工膜与黏土地基的嵌固连接见图 6.4-1。当土工膜基础为透水地基（如透水的砂砾石地基），其下为岩基时，可采用埋入式连接，通过分期浇筑的混凝土基座嵌固土工膜，土工膜嵌入混凝土的长度不应小于 80cm。土工膜与透水地基下岩基的嵌固连接见图 6.4-2。

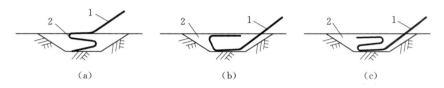

图 6.4-1　土工膜与黏土地基的嵌固连接
1—土工膜；2—回填黏土

6.4.2　土工膜与混凝土结构的机械锚固结构

　　土工膜与连接板、趾板等混凝土结构的连接均可采用螺栓锚固连接。土工膜机械锚固的典型结构如图 6.4-3 所示。

　　为了减少防渗结构止水与土工膜之间的封闭连接，混凝土条形结构宜不分或少

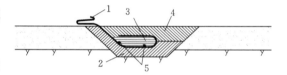

图 6.4-2　土工膜与透水地基下岩基的嵌固连接
1—土工膜；2—一期混凝土；3—二期混凝土；
4—三期混凝土；5—钢筋

分结构缝，并严格控制混凝土结构表面平整。为了防止不均匀沉陷导致土工膜割裂、撕破，在土工膜铺设区一侧对混凝土边角采用圆弧或者椭圆弧过渡处理。这种锚固结构位于水下时，水压对其表面有压力作用，可增加其防渗性能，但是在水压降低时角钢与混凝土之间设置的多层塑性填料和橡胶盖片会出现部分塑性变形无法恢复、锚固力松弛的情况，因此这种锚固结构需要足够的锚固力。在洪屏工程进行的不同型号角钢锚固试验发现，当采用∠50mm×5mm 角钢，锚固间距 30cm，锚固扭矩 120N·m 时，角钢变形严重，沿线呈波浪状，防渗效果较差，因此土工膜锚固所采用的角钢应具有一定的刚度，但是角钢刚度过大也会降低锚固部位适应变形的能力，对混凝土表面平整度要求更高。因此对于重要的防渗结构需要通过现场压水试验，以检验螺栓锚固连接的防渗效果，选择适宜的锚固力、角钢型号和锚固间距。

6.4.2.1　泰安工程锚固型式

　　泰安工程锚固型式主要包括土工膜与右岸面板的连接、与大坝面板的连接、与库底观测廊道的连接三种类型。

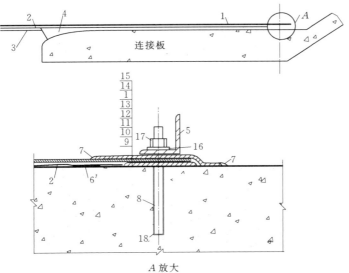

（a）土工膜与连接板连接

1—土工膜；2—土工布；3—土工席垫；4—粗砂；5—角钢；6—土工布与混凝土胶粘；
7—封边剂；8—螺杆；9，11，13，14—防渗底胶 2 道；10—塑性止水材料找平层；
12—防渗胶条；15—橡胶盖片；16—弹簧垫片；17—螺母；
18—锚固剂

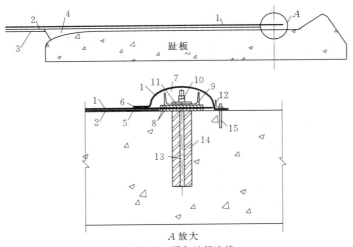

（b）土工膜与趾板连接

1—土工膜；2—土工布；3—土工席垫；4—粗砂；5—土工布与混凝土胶粘；6—焊接；
7—塑性填料；8—橡胶盖片（土工膜上下各一层）；9—槽钢；10—螺母；
11—垫板；12—角钢；13—螺杆；14—二期混凝土；15—螺栓

图 6.1-3　土工膜机械锚固的典型结构

大坝和右岸面板底部设置混凝土连接板与土工膜连接，右岸面板底部的连接板布置于基岩上，即相当于常规面板堆石坝的趾板，不设横缝。

大坝面板底部的连接板的基础条件与面板相当（下部为垫层料、过渡料、主堆石），所承受的水荷载均匀。根据有限元计算分析：基础最大沉降为 $34\sim45\mathrm{cm}$，且在施工期完成大部分沉降，填筑体上的连接板长约 400m，永久荷载作用后其最大挠度小于 1/800。为简化土工膜与连接板的连接型式，混凝土连接板不设结构缝，仅设钢筋穿缝的施工缝，施工缝分缝长度不超过 15m，分块浇筑，块与块之间设后浇带（宽 1m）。连接板与土工膜相连的混凝土结构边缘设计成椭圆弧面，避免应力集中。土工膜和连接板之间的止水连接，与混凝土面板周边缝止水结构分开布置，土工膜与连接板采用机械连接，连接方案见图 6.4-4。

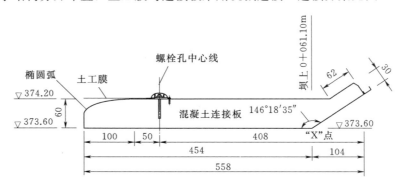

图 6.4-4　泰安工程土工膜与混凝土连接板连接方案
（单位：高程为 m，尺寸为 cm）

　　土工膜与库底观测廊道之间的连接是先将土工膜采用机械连接的方式锚固在廊道混凝土上，锚固后浇筑二期混凝土压覆形成封闭防渗体。为改善连接边界的受力状态，将一期混凝土的边角修圆，圆弧半径为 5cm。

　　土工膜与混凝土通过机械锚固压紧进行止水，由于现浇混凝土面的平整度一般达不到防渗止漏的水平，需要有柔性垫层找平，并提供压缩余量。柔性垫层找平材料也进行了 SR 柔性填料、氯丁橡胶垫板以及 PVC 橡胶垫片比选，组合了多种分层结构型式进行现场试验，通过现场压水抗渗试验进行优化改进，寻求最佳结构型式，最后确定的土工膜与混凝土的机械锚固连接方案为（自下而上，见图 6.4-5）：混凝土连接板→两道 SR 底胶→SR 柔性填料找平层→两道 SR 底胶→SR 防渗胶条→HDPE 土工膜→两道 SR 底胶→三元乙丙 SR 防渗盖片。防渗盖片一侧采用 SR 复合防渗胶带与土工膜黏结，另一侧通过弹性环氧（HK）封边剂黏结在混凝土上，作为土工膜锚固的辅助防渗措施。土工膜与混凝土的机械锚固施工图见图 6.4-6。

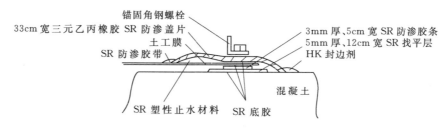

图 6.4-5　泰安工程土工膜与混凝土的机械锚固

　　土工膜与连接板、廊道混凝土的机械连接，采用先浇筑混凝土，后期在混凝土中钻设锚固孔，在孔内放置锚固剂固定螺栓的方案。使用一组包含不锈钢螺栓、弹簧垫片和不锈钢螺母的紧固组件，通过紧固螺栓、不锈钢角钢压覆实现土工膜与混凝土连接板的机械连接。针对土工膜的机械连接方案，现场进行了各种钻机、锚固剂和螺杆的选择试验研究，确定机械连接钻孔机械采用 DDEC-1 钻机，成孔孔径 18mm、孔深 130mm，锚固剂采用喜利得 RE500 化学锚固剂，螺栓规格为 M16mm×190mm，锚固深度为 125mm。

图 6.4-6　土工膜与混凝土的机械锚固施工图

泰安工程土工膜与周边混凝土的机械连接，通过现场大量的方案比选试验，采用以机械连接为主、化学黏结为辅的双重防渗结构型式，通过现场承载和防渗检测试验和大面积施工后的质量检测，经过了高水头和水位反复升降的考验，其防渗效果安全可靠，连接型式获得了国家发明专利。

6.4.2.2　日本今市工程锚固型式

日本今市工程 PVC 土工膜的周边采用混凝土锚固槽锚固，将土工膜铺于预先浇筑好的锚固槽内浇筑混凝土进行锚固。为使锚固更加可靠，在土工膜锚固端前 50cm 处在原土工膜上焊接一层土工膜，将其锚固于边坡混凝土面板上，细部详见图 6.4-7。

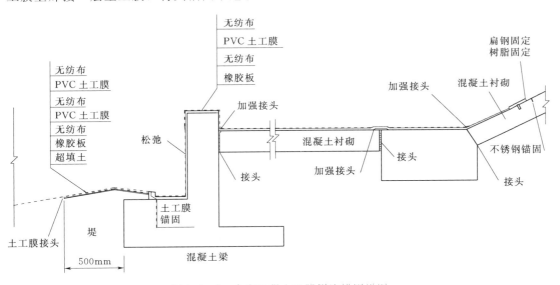

图 6.4-7　今市工程土工膜周边锚固详图

6.4.2.3　日本冲绳工程锚固型式

由于当地台风天气比较频繁，日本冲绳工程土工膜除顶部需要进行锚固外，库岸和库底斜坡面上的土工膜也需进行锚固，岸坡的坡度为 1：2.5，通过计算确定垂直坡向的 EPDM 土工膜的锚固间距为 8.5m，水库底面锚固间距为 17.0m×17.5m。锚固结构采用预制混凝土构件、中间留槽、锚入防渗层后再进行混凝土回填的方式进行锚固，在锚固槽上方再粘贴长条状的 EPDM 土工膜以封闭整个防渗系统。日本冲绳工程锚固结构详图如图 6.4-8 所示。

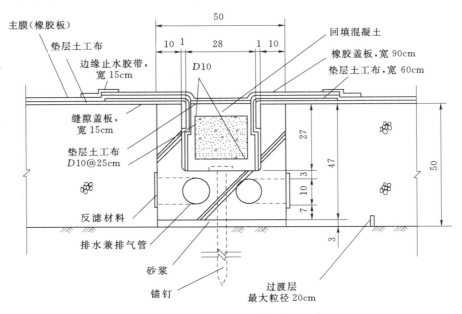

图 6.4-8　日本冲绳工程锚固结构详图（单位：cm）

6.4.3　土工膜与混凝土结构的预埋件焊接或黏结结构

土工膜与连接板、趾板、岩石上的混凝土基础可采用焊接或黏结的方法连接，其方法是在混凝土结构中沿连接方向预埋与膜材相同材料的基础埋件，通过热熔焊接或黏结的方法连接土工膜和土工合成材料预埋件，从而达到与周边防渗结构封闭锚固的要求。典型结构见图 6.4-9。采样预埋件焊接结构不存在腐蚀的问题，但是预埋件受出厂条件的限制而长度有限，预埋前需要对预埋件进行预连接，预埋件连接缝容易因温度应力而张裂，成为焊接连接的质量隐患。除了加强施工质量控制外，也可以采取双层焊接提高连接保证率。土工膜与混凝土预埋件之间也可以采用胶合黏结，胶合黏结对结合剂的耐久性要求较高，需要选择质量可靠的胶合剂。

6.4.4　土工膜与混凝土结构的压覆式连接结构

土工膜与混凝土廊道及混凝土防渗墙之间的连接，可利用其结构二期混凝土对连接处进行压覆。典型结构详见图 6.4-10。与土工膜相连接的廊道结构分缝止水材料宜与土工膜同材质，以便于廊道结构缝止水材料与土工膜之间进行焊接封闭，避免防渗结构在混凝土结构分缝部位出现薄弱环节。

压覆式连接结构的土工膜与下部混凝土之间采用机械锚固，因此与嵌固式或者机械连接结构相比，具有两重防渗线，防渗可靠性相对较高，而且锚固结构受混凝土保护，运行

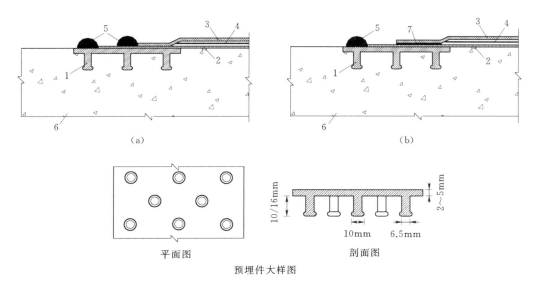

图 6.4-9 土工膜与混凝土的焊接或黏结结构
1—土工材料埋件；2—塑料垫片；3—土工膜；4—土工布；5—黏结；6—混凝土；7—热熔焊接

期间不易遭受外界的破坏。但是由于需要在铺设好的土工膜上部进行混凝土结构的浇筑，易对土工膜造成损伤，因此对施工工艺的要求较高，需要精心施工。另外，当锚固部位出现缺陷时修复也较为困难，因此采用这种结构也需要结合工程的特点权衡利弊后选择。

6.4.5 斜坡段土工膜抗滑锚固结构

6.4.5.1 分幅嵌固锚接

防渗级别高或防渗可靠性要求高、范围大的土工膜坡面防渗结构，可采取土工膜分幅嵌固锚接型式，以提高防渗层抗滑稳定性，方便运行期检查、维护。逐幅施工嵌固，幅宽可选择 9～12m。其方法是将幅与幅之间接头嵌固于一期混凝土槽内，连接处覆盖同材料土工膜，膜与膜之间进行焊接或黏结，设置土工膜结构分区。土工膜分幅锚固连接结构见图 6.4-11。

6.4.5.2 土质边坡沟槽压覆锚固

土质边坡因其开挖沟槽较为方便可以采用土工膜压覆在坡面内部的锚固型式。在适当的防风设计下，在斜坡面或者底部开挖条带沟槽，将土工膜压覆在坡面上作为锚固系统。沟槽内填筑压覆材料后，采用土工膜覆盖压覆条带，并与两侧土工膜焊接，其施工图见图 6.4-12。该锚固型式施工快速，同时能有效的节约投资。

6.4.5.3 预埋土工膜条带锚固

对于堆石坝，上游面采用土工膜进行防渗时，可结合上游挤压边墙施工，间隔预埋土工膜焊接条带，作为上游防渗土工膜的锚固件，其结构简图如图 6.4-13 所示。图 6.4-14 为施工现场照片。这种锚固结构成功应用于中国电建集团昆明勘测设计研究院有限公司设计的老挝南欧江六级水电站土工膜面板堆石坝中。

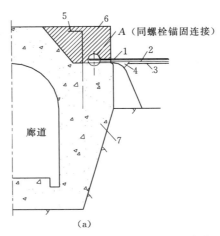

(a)

1—土工膜；2—土工布；3—土工席垫；4—粗砂；5—插筋；6—廊道二期混凝土；
7—廊道一期混凝土

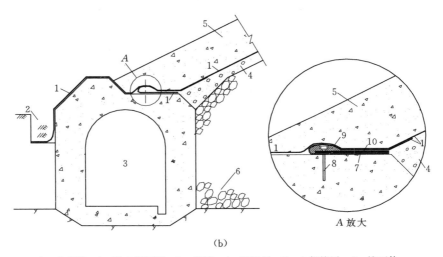

(b)

1—土工膜；2—黏土嵌固槽；3—廊道；4—过渡层；5—上保护层；6—堆石体；
7—橡胶片2层；8—锚栓锚固系统；9—柔性止水填料；10—加强土工膜

图 6.4-10　土工膜与混凝土的压覆连接结构

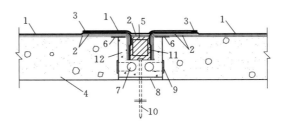

图 6.4-11　土工膜分幅锚固连接结构

1—土工膜；2—土工布；3—焊接或黏结；4—垫层；5—回填混凝土；6—缝面盖片；
7—排水管；8—砂浆垫层；9—滤网；10—锚栓；11—钢筋；12—混凝土预制件

图 6.4-12　坡面土工膜沟槽压覆锚固施工图

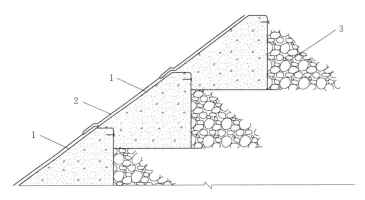

图 6.4-13　挤压边墙预埋土工膜条锚固结构简图

1—土工膜条；2—防渗土工膜；3—坝体填筑材料

图 6.4-14　挤压边墙预埋土工膜条、锚固条与土工膜焊接施工现场

6.4.5.4 预埋植筋锚固

这种锚固方式是通过在防渗基面上间隔设置一些锚固筋，土工膜穿过锚固筋后采用一种特制的螺帽锚固，最终将土工膜锚固在防渗基面上。螺帽一般用与土工膜同材质的高分子材料制成，螺帽与土工膜的接触面同时进行焊接。为了保证节点部位的防渗效果，一般还会在螺帽周边一定范围内加设一层圆形补丁。当防渗基面为土基时，需要采用混凝土设置成一个锚固坑的结构。如果为岩石基础，可以直接按照锚杆的方式施做锚固筋。其现场和典型结构见图 6.4-15。这种锚固结构更适合用于岩石基础面或者混凝土重力坝上游坝面的防渗，对于土质基础，需要考虑不均匀沉降带来的节点应力集中问题。

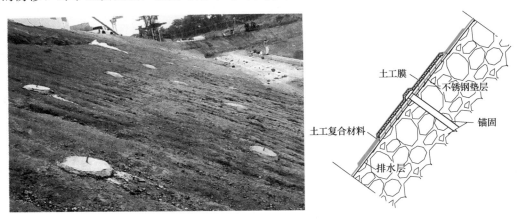

图 6.4-15 预埋植筋锚固现场和典型结构

6.4.6 坝顶连接结构

坝顶、堤顶等高出常水位部位的土工膜与周边结构的连接，可采取压覆、嵌固、锚固等方式。土工膜分幅锚固连接结构见图 6.4-16。

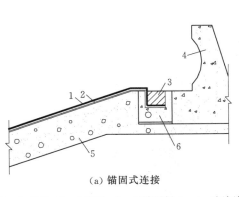

(a) 锚固式连接

1—土工膜；2—土工布；3—回填混凝土；4—防浪墙混凝土；5—垫层；6—混凝土预制件

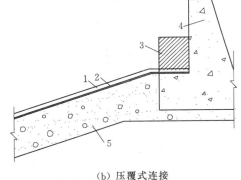

(b) 压覆式连接

1—土工膜；2—土工布；3—混凝土压覆；4—防浪墙混凝土；5—垫层

图 6.4-16 土工膜分幅锚固连接结构

另外，上述介绍的土工膜与混凝土的机械锚固、预埋件焊接或黏结等也适用于坝顶、堤顶部位的土工膜锚固连接。

由于土工膜锚固部位也是最易出现损伤的部位，因此在进行锚固方案设计时，应进行针对性的试验，优选锚固方案和参数。泰安工程针对机械锚固进行了锚固剂选型、锚固孔孔距布置、机械连接分层结构等众多对比试验。溧阳和洪屏抽水蓄能电站工程针对选定的锚固结构也进行了对比和验证性试验。应该说锚固结构的现场试验是一个比较重要的试验，不同的工程特点不同，工程条件也不同，锚固结构并不能完全套用。例如洪屏工程设计中，参考了泰安工程的锚固结构，但在锚固结构试验中发现，锚固部位在设计水头下作用一段时间卸载后，锚固力有松弛现象。这一现象对于抽水蓄能电站水位频繁变动而言是不利的，长期运行后可能导致锚固部位绕渗问题。针对这一问题，在施工阶段加强了对锚固施工的监管，并在蓄水前统一进行复检。

6.4.7　"夹具效应"及其处理

6.4.7.1　"夹具效应"的形成机制

土工膜具有优异的拉伸变形能力，但是在实际应用中也出现因土工膜局部变形过大导致破坏的现象。而通过破坏后的性状观察发现，变形区的绝对变形值未必很大，但是仅分布在变形区及其周边有限的范围内，从而导致局部范围内的土工膜拉伸应变超限破坏。在6.4.1～6.4.6 节中介绍的各种锚固结构可以看出，土工膜一般在混凝土结构一侧通过埋入或型钢等进行锚固，类似于拉伸试验中一端的夹具；锚固边缘外侧因水压力作用将土工膜与下部支持层压紧，并向水作用力方向延展。由于强大的水压作用，土工膜与下支持层之间产生摩擦力约束土工膜与下支撑层之间的错动位移，这种约束作用类似于拉伸试验中另一边的夹具，此时就如同量具及其微小（两夹具紧靠）的试验。这种由于锚固和摩擦对土工膜形成的变形约束现象即为"夹具效应"。

从目前土工膜防渗结构形式分析，无论是对于喷胶黏剂的颗粒垫层、无砂混凝土垫层还是聚合物透水混凝土垫层，只要水压力达到一定值，土工膜与垫层之间就必然会形成夹具的下层夹片。但是对于土工膜与上部防护层之间是否会形成夹具的上层夹片，则需要具体分析。根据河海大学束一鸣等的研究，归纳为以下几种情况：①裸露面膜（不设防护，如泰安抽水蓄能电站上水库库底土工膜），不形成上层夹片；②预制混凝土板块护坡（如溧阳抽水蓄能电站上水库库底土工膜），包括其下有颗粒垫层，虽与土工膜有接触，但因其透水，水压力直接作用在土工膜上，护坡只在土工膜上部增加了浮重，这种形式也不形成上层夹片；③现浇混凝土板护坡，虽然护坡进行了分缝或者设置了排水孔，但现浇混凝土的砂浆浸透复合膜织物纤维的空隙（或混凝土直接浇筑在非复合的面膜上），库水压力基本上通过护坡施加在面膜上，此时形成上层夹片。土工膜锚固部位的"夹具效应"影响下的受力变形示意图见图 6.4-17。

6.4.7.2　消除"夹具效应"的思路与设计方法

根据对形成"夹具效应"的机制认识可知，只要水深足够大就可产生满足形成"夹具效应"的必要条件，因此消除"夹具效应"的措施应从产生"夹具效应"的充分条件入手：①减小坝面位移量，使锚固边缘处面膜变形量小于产生破坏效应或负面效应的量值；

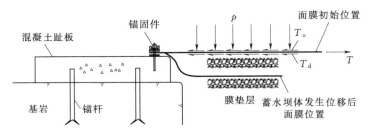

图 6.4-17 锚固区土工膜受力变形示意图

②增大两端"夹具"间的初始标距,即尽量增加土工膜变形的范围,避免夹具间的土工膜在毫米量级长度中发生;③预留变形空间,以土工膜的有效几何变形代替材料变形。

但是坝高、坝址地质地形、当地堆石料力学特性一定,能在原有基础上减小的坝面位移量幅度很小。因此,消除"夹具效应"的思路应该是设法在保证面膜免受损伤条件下增大"夹具"间的初始标距,以及在坝体位移过程中设法使"夹具"间的土工膜的有效几何变形取代材料变形。图 6.4-18 为束一鸣教授在其论文《高面膜堆石坝关键设计概念与设计方法》中介绍的几种消除"夹具效应"的典型锚固结构图。

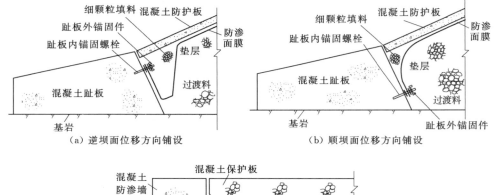

(a) 逆坝面位移方向铺设　　　　　　　(b) 顺坝面位移方向铺设

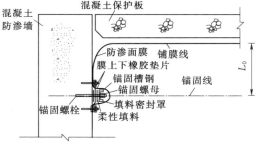

(c) 土工膜锚固在混凝土防渗墙下游侧

图 6.4-18　消除"夹具效应"的典型锚固结构

6.5　材料选择

6.5.1　土工膜种类

国际土工合成材料协会(International Geosynthetics Society)指出,土工膜是一种

片状、相对不透水的、聚合物（天然或合成）片材，在使用过程中直接与土壤/岩石和/或其他土工材料接触。

土工膜可分为沥青土工膜和聚合物（合成高聚物）土工膜两大类。沥青土工膜是以编织型或无纺型土工织物为胎基，浸渍沥青黏结剂复合制备而成，其强度较低，早期常用于渠道防渗、屋面防渗，现在一般只用于屋面防渗，不适合水利水电工程防渗要求。聚合物土工膜是以高分子聚合物材料为主体制备而成，为了适应工程应用中对不同强度、抵抗外界破坏能力的需要，也有与土工织物复合形成的一布一膜或两布一膜等结构的复合土工膜，是目前水利水电工程主要使用的防渗材料。

聚合物类土工膜根据主体材料的不同，分为热塑性塑料土工膜、热塑性弹性体土工膜和热固性橡胶土工膜。聚合物类土工膜类型见表 6.5-1。

表 6.5-1　　　　　　　　　　　聚合物类土工膜类型

类　型		缩写
热塑性塑料土工膜	氯化聚乙烯	CPE
	乙烯醋酸乙烯酯共聚物	EVA/C
	聚乙烯	PE
	聚丙烯	PP
	聚氯乙烯	PVC
热塑性弹性体土工膜	氯磺化聚乙烯	CSPE
	热塑性聚烯烃	TPO*
	乙烯-丙烯共聚物	E/P
热固性橡胶土工膜	聚异丁烯	PIB
	氯丁橡胶	CR
	三元乙丙橡胶	EPDM
	丁基橡胶	IIR
	丁腈橡胶	NBR

注　热塑性塑料是一类在一定温度下具有可塑性，冷却后固化且能重复这种过程的塑料。热固性橡胶是指具有加热后固化并且不可溶解、不融化特性的橡胶材料。热塑性弹性体是指兼具塑料和橡胶特性的高分子聚合物。

*　为新型土工膜。

（1）高密度聚乙烯（HDPE）土工膜。HDPE 土工膜是由热塑性结晶性聚合物构成，具有优异的耐酸、油及溶剂的腐蚀性能。大部分的 HDPE 土工膜中添加 $2\%\sim3\%$ 的炭黑以提高其耐 UV 性能。HDPE 土工膜在美国具有广泛应用，并且具有优异的耐撕裂和抗穿刺性能。HDPE 土工膜可以有多种尺寸、厚度以及颜色。

然而，由于 HDPE 土工膜是半结晶性聚合物，因而刚性强，尤其是寒冷天气下刚性更大，以至于在异形角落内施工较为困难。由于其较高的热膨胀系数，在温度变化时 HDPE 容易发生较明显收缩或者膨胀，这对其焊接搭接性能具有一定的影响，因此需要合理选择铺设的温度并根据施工环境、永久运行环境预留适当的变形空间。HDPE 在非暴露环境下性能较好，但是如果选用的树脂不合适，则极易发生开裂。HDPE 采用热熔焊接。

（2）线性低密度聚乙烯（LLDPE）土工膜。LLDPE 土工膜，有时也指非常柔韧的 PE 土工膜（VFPE），相比 HDPE 土工膜非常柔韧，并且在延伸中还具有较高的抗穿刺性能，但是强度较低，在一定程度上也具有耐环境降解性。LLDPE 土工膜具有优异的延伸性，这对于适应不同的基层不均匀变形非常关键。该材料在美国广泛应用，在北部气候区，经常选择 LLDPE 土工膜而不是 HDPE 土工膜，主要是 HDPE 土工膜在寒冷环境下弯折性较差，施工性能偏差。

尽管 LLDPE 土工膜比 HDPE 土工膜较为柔韧，但是仍比 PVC 土工膜、FPP 土工膜以及 EPDM 土工膜刚性大，因此 LLDPE 土工膜在更加小的环境内比 PVC 土工膜不易施工。

（3）聚氯乙烯（PVC）土工膜。PVC 土工膜大多为均质型，但是纤维布增强型 PVC 已经被应用。与欧洲不同，大多 PVC 土工膜在美国不暴露应用。PVC 土工膜中至少含有 40%的多种增塑剂以使其柔软。根据 PVC 的应用及耐久性要求，可以选用不同的增塑剂。增塑剂迁移损失是 PVC 降解最主要的原因。在高温下，增塑剂可能挥发而损失。随着对增塑剂认识的增加，人们选用高分子量的增塑剂制备高质量的 PVC。

（4）热塑性聚烯烃（TPO）土工膜。TPO 土工膜是以采用先进的聚合技术将乙丙橡胶与聚丙烯结合在一起的兼具橡胶和热塑性塑料特性的聚烯烃弹性体材料制作的土工膜。TPO 土工膜在常温下具有三元乙丙橡胶的高弹性，高温下又具有聚丙烯的塑化性，是近年来迅速发展的高分子聚合物。

6.5.2　土工膜的技术特性

土工膜的技术特性包括物理性能、力学性能、化学性能、热学性能和耐久性等。防渗工程应用主要是注重其抗渗透性、抗变形的能力及耐久性。土工膜具有：不透水性；很好的弹性和适应变形的能力，能承受不同的施工条件和工作应力；有良好的耐老化能力，处于水下、土中土工膜的耐久性尤为突出。《聚乙烯（PE）土工膜防渗工程技术规范》（SL/T 231—98）和《土工合成材料　聚氯乙烯土工膜》（GB/T 17688—1999）对土工膜的物理力学指标提出了要求，见表 6.5-2。

表 6.5-2　　　　　　　　　　土工膜的物理力学性能

序号	项　目	单位	聚乙烯土工膜（SL/T 231—98）	聚氯乙烯土工膜（GB/T 17688—1999）
1	密度	g/cm^3	＞0.9	1.25～1.35
2	拉伸强度	MPa	≥12	≥15/13（纵/横）
3	断裂伸长率	%	≥300	≥220/200（纵/横）
4	直角撕裂强度	N/mm	≥40	≥40
5	5℃时的弹性模量	MPa	≥70	
6	抗渗强度	MPa	1.05	1.00（膜厚 1mm）
7	渗透系数	cm/s	≤10^{-11}	≤10^{-11}

以不同的高分子聚合物制造而成的土工膜的特性随其类别、制作方法、产品类型的不同而呈现出各自不同特性，在工程中应用较多的几种主要土工膜材料性能比较见表6.5-3。

表 6.5-3　　　　　　　　　　几种主要土工膜材料性能比较

材　料	氯化聚乙烯 （CPE）	高密度聚乙烯 （HDPE）	聚氯乙烯 （PVC）	氯磺化聚乙烯 （CSPE）	耐油聚氯乙烯 （PVC-OR）
顶破强度	好	很好	很好	好	很好
撕裂强度	好	很好	很好	好	很好
延伸率	很好	很好	很好	很好	很好
耐磨性	好	很好	好	好	—
低温柔性	好	好	较差	很好	较差
尺寸稳定性	好	好	很好	差	很好
最低现场施工温度/℃	−12	−18	−10	5	5
渗透系数/（m/s）	10^{-14}	—	7×10^{-15}	3.6×10^{-14}	10^{-14}
极限铺设边坡	1∶2	垂直	1∶1	1∶1	1∶1
现场拼接	很好	好	很好	很好	很好
热力性能	差	—	差	好	好
黏结性	好	—	好	好	好
最低现场黏结温度/℃	−7	10	−7	−7	5
相对造价	中等	高	低	高	中等

在《土工合成材料　聚乙烯土工膜》（GB/T 17643—1999）中，聚乙烯土工膜分为六类，即低密度聚乙烯土工膜（GL-1）、环保用线形低密度聚乙烯土工膜（GL-2）、普通高密度聚乙烯土工膜（GH-1）、环保用光面高密度聚乙烯土工膜（GH-2S）、环保用单糙面高密度聚乙烯土工膜（GH-2T1）和环保用双糙面高密度聚乙烯土工膜（GH-2T2）。土工膜的物理力学性能要求列于表6.5-4。同时，《聚乙烯（PE）土工膜防渗工程技术规范》（SL/T 231—98）对防渗工程设计中 PE 土工膜材料的物理力学指标提出了要求，一并列入表中。该规范要求与苏联的规范要求相当。表6.5-4同时列出《土工合成材料　聚氯乙烯土工膜》（GB/T 17688—1999）要求的聚氯乙烯土工膜的物理力学性能。

表 6.5-4　　　　　　　　　　土工膜的物理力学性能要求

序号	项　　　目	聚乙烯土工膜				聚氯乙烯 土工膜
		GL	GH-1	GH-2	SL/T 231—98 中对聚乙烯土工膜的要求	
1	密度/（g/cm³）				≥0.9	1.25～1.35
2	拉伸强度/MPa	≥14	≥17	≥25	≥12	≥15/13（纵/横）
3	断裂伸长率/%	≥400	≥450	≥550	≥300	≥220/200（纵/横）
4	直角撕裂强度/（N/mm）	≥50	≥80	≥110	≥40	≥40

序号	项　目	聚乙烯土工膜				聚氯乙烯土工膜
		GL	GH-1	GH-2	SL/T 231—98中对聚乙烯土工膜的要求	
5	5℃时的弹性模量/MPa				≥70	
6	抗渗强度/MPa				1.05	1.00（膜厚 1mm）
7	渗透系数/（cm/s）				≤10^{-11}	≤10^{-11}
8	水蒸气渗透系数/[g·cm/(cm²·s·Pa)]	≤10^{-16}	≤10^{-16}	≤10^{-16}		

　　除了上述目前已经在水利水电工程中常用的土工膜外，热塑性聚烯烃（TPO）是近年迅速发展的土工膜材料，在地下工程中也比较常见，主要为厚度较薄的 TPO 材料（<1.5mm）。根据北京东方雨虹防水技术股份有限公司特种功能防水材料国家重点实验室对其性能的研究，该型号的土工膜在诸多方面的性能具有优越的表现，而且通过 TPO 配方的调整，可以在耐久性、耐水压、力学性能等方面进行性能优化，以适应不同的功能需要。

　　图 6.5-1～图 6.5-3 为 TPO 土工膜和 PVC 土工膜在 100％应变下经 115℃热处理

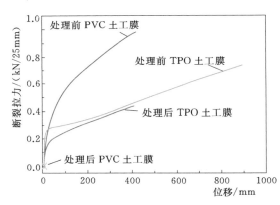

图 6.5-1　TPO 土工膜和 PVC 土工膜在
100％应变热老化后力学性能

7d 的变化。TPO 土工膜的断裂拉力为 438N/25mm，位移变形量为 408mm/50mm，膜材表面层光滑，而 PVC 在应力作用下发生断裂破坏，膜材表面粗糙且存在大量缺陷点（图 6.5-2 中黑斑），TPO 具有比 PVC 更优的抗应力热老化耐久性。究其原因，是由于 PVC 土工膜中含有大量（至少 25％以上）增塑剂，在高温作用下向制品表面迁移，制品变脆，由于应力作用而发生断裂破坏。

　　如图 6.5-4 所示，将 TPO 土工膜和 PVC 土工膜在 100％应变下放入 -32℃的低温箱冷冻 7d 后，PVC 膜冷冻前后的位移变形量降低了 71mm，而 TPO 土工膜在冷冻前后力学强度和延伸率基本一致，并有略微升高趋势。结果表明，在低温应变环境下，TPO 土工膜和 PVC 土工膜均具有较好的力学性能保持性，并且 TPO 土工膜要优于 PVC 土工膜。

　　如图 6.5-5 所示，PVC 土工膜在 100％应变经 70℃水煮 7d 后断裂拉力由 983N/25mm 降低至 756N/25mm（降低约 23％）、位移变形量由 417mm/50mm 降低至 162mm/50mm（降低约 61％），而 TPO 土工膜经水煮后断裂强力由 744N/25mm 降低至 582N/25mm（降低约 22％）、变形量由 894mm/50mm 降低至 475mm/50mm（降低约 47％），表明应变环境下 TPO 土工膜具有比 PVC 土工膜更好的耐高温水煮性能。

　　TPO 土工膜还具有优异的多向变形能力。如图 6.5-6 所示，按照美国标准，TPO 土工膜在持续增加的水压下，达到了试验仪器的极限位置处而没有发生破坏，而 HDPE

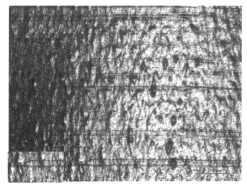

（a）PVC 土工膜

（b）TPO 土工膜

图 6.5-2　TPO 土工膜和 PVC 土工膜应变热老化后表面形貌

图 6.5-3　TPO 土工膜和 PVC 土工膜在
100%应变下经 115℃ 热老化后状态

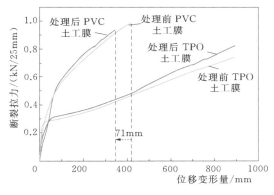

图 6.5-4　TPO 土工膜和 PVC 土工膜在
100%应变下-32℃ 冷冻后力学性能

在涨破过程中材料发生屈服细化现象，导致靠近制品顶端的材料厚度变薄，出现渗漏现象。

6.5.3　复合土工膜的主要技术特性

　　由于土工膜易遭受外界作用损伤以及日照条件下老化，因此在工程中单一的光膜使用并不多，较多的是与土工布联合使用，形成复合土工膜。复合土工膜是在薄膜的一侧或两侧经过烘箱远红外加热，把土工布和土工膜经导辊压到一起形成复合土工膜。随着生产工艺的提高，还有一种

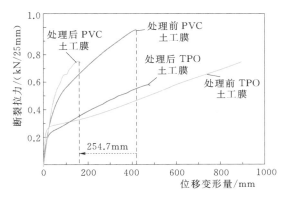

图 6.5-5　TPO 土工膜和 PVC 土工膜在
100%应变下 70℃ 水煮后力学性能

流延法做复合土工膜的工艺。其型式有一布一膜、两布一膜、一布两膜等，应用最广的是两布一膜。普通光膜土工膜和复合土工膜在性能方面各有优缺点。

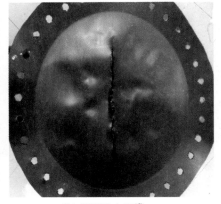

（a）TPO 土工膜　　　　　　　　（b）HDPE 土工膜

图 6.5-6　TPO 土工膜和 HDPE 土工膜多向涨破试验对比

1. 主要优点

与单一的土工膜相比，复合土工膜外表面的土工布作为土工膜保护层，使防渗层不易受损坏，减少了运输和施工过程中的损伤，对底部垫层的适应性更强；土工膜外侧的土工布减少了紫外线直接照射，增加了抗老化性能；土工布具有一定的加筋作用，尤其是长丝土工布，因此复合土工膜抗拉性能优于光膜，适用于可能存在拉应力的区域；土工布较粗糙，与结构面或者基础之间摩擦系数较光膜大，对于铺设在斜坡面土工膜防渗层抗滑稳定有利。

2. 主要缺点

土工膜和土工布复合过程容易对土工膜造成损伤，因此复合土工膜膜体性能的可靠性不如光膜，而且复合土工膜在焊接过程中受土工布的约束，焊接部位易出现褶皱，焊接性能一般不如光膜。另外，从施工铺设角度考虑，复合土工膜膜布同时铺设，相比膜布分离施工而言，施工难度较大。

对于膜布复合过程中的损伤问题，PE 类土工膜相对突出一些，主要是由于 PE 熔点和结晶度较低，土工膜与土工布复合过程容易对其造成损伤（尤其是 PE 的厚度较薄时）。对于 PVC 和 TPO，由于其熔点较高，膜布复合过程中损伤问题相对较小，特别是这两种土工膜柔韧性较好，可以选用相对较厚的膜材，进一步降低了膜布复合过程中的膜体损伤问题。

6.5.4　土工膜选型

土工膜选型主要包括膜材材质、膜厚、复合方式、幅宽和幅长等参数选择，需要综合考虑工程的使用年限、工作环境、施工条件等因素。

1. 材质选择

水电工程宜选择合成树脂类的聚乙烯（PE）土工膜、聚氯乙烯（PVC）土工膜，土工膜的生产工艺宜为吹塑法或者压延法，这两种工艺生产的土工膜品质比较均匀，渗透系数小。

（1）用于水库库底、坝（岸）坡等铺设与焊接条件较好的防渗材料，可选择聚乙烯（PE）、聚氯乙烯（PVC）、氯磺化聚乙烯（CSPE）等土工膜。

（2）用于垂直防渗或焊接施工条件较差时，宜选择聚氯乙烯（PVC）、氯化聚乙烯（CPE）、氯磺化聚乙烯（CSPE）和三元乙丙（乙烯/丙烯/二烯共聚物，EPDM）等易于黏结、嵌固连接的土工膜。

（3）根据目前掌握的材料性能资料来看，热塑性聚烯烃（TPO）适合用于库底、库岸及垂直面的永久防渗，但是由于目前缺乏相应的工程实践支撑，在选用该型号土工膜前进行必要的试验研究和工艺试验是必要的。

2. 复合方式选择

由于光膜抗外力作用能力相对较差，在工程中主要采用膜布组合而成的复合土工膜型式。复合土工膜的膜布复合方式分为复合式和分离式两种，根据土工膜的运行条件选择相应的复合方式。对于应用于库底的土工膜宜选择分离式土工膜和土工布，先期施工的土工布进一步改善土工膜铺设的工作面条件，焊接质量易于控制，有利于整体施工质量的控制。另外，采用分离式的复合方式土工膜和土工布独立施工，有利于选择幅宽更大、幅长更长的土工膜，从而减少焊缝。对于铺设在斜坡面上的土工膜，存在滑动、变形以及拉伸问题，宜选择复合式土工膜，以增强土工膜的抗滑能力和整体力学性能。

膜布复合方式选择时还要考虑不同土工膜对焊接质量的影响。对于膜厚超过 1mm 的聚乙烯土工膜，因复合加热时边道容易变形，不易控制焊接质量，在选择时需慎重。

一般抽水蓄能电站防渗要求较高，选择的膜厚多在 1mm 以上，采用膜布分离的方式有利于施工质量的控制。我国目前采用土工膜防渗的大型抽水蓄能电站工程（如泰安、溧阳、洪屏、句容等工程）均采用了膜布分离的方式。

3. 幅宽、幅长选择

幅宽一般越大越好，可以有效减小接缝数量，因此幅宽的选择主要受制于土工膜的生产工艺和运输条件。目前国内 HDPE 土工膜最大幅宽可以达到 8m。幅长的选择主要受制于施工能力，若单卷土工膜总重量过大，在施工过程中运输和铺设质量难以控制，因此幅长选择上可以在确定幅宽后根据施工水平选择幅长，选择较多的是 $50\sim100$m。如果有特殊需要，厂家可以根据客户要求增加或减小。泰安工程土工膜幅宽×幅长为 6m×100m（单位面积接缝长度 0.18m）；溧阳工程土工膜幅宽×幅长主要为 8m×100m（单位面积接缝长度 0.135m）；洪屏工程土工膜为 8m×50m（单位面积接缝长度 0.145m）。

土工膜材料品种丰富，近年来生产工艺发展水平发展较快。在进行土工膜选型时需要结合设计方案开展针对性的选型试验，一般包括土工膜物理力学试验、膜布复合方式选择、土工膜下支持层模拟等。土工膜物理力学试验的目的主要是测试土工膜母体本身的质量是否满足技术要求（主要是国标）、产品是否合格、性能是否稳定等。膜布复合方式选择、土工膜下支持层模拟试验主要是结合特定的设计方案研究，通过试验验证设计方案的合理性，并进行优化。泰安工程在土工膜选型阶段就进行了上述研究，并积累了丰富的经验。

6.6 关键施工技术要求

对于土工膜防渗体系，若在土工膜生产和施工过程中能够保证土工膜不产生破损，则土工膜本身的防渗性是非常可靠的，而土工膜之间的接缝是土工膜防渗体系中较为薄弱的部位，焊接质量是关系到土工膜防渗成败的关键。土工膜焊接人员的素质、设备、焊接工序、工艺和方法的不同都对接缝质量有很大的影响。

6.6.1 土工膜防渗结构施工技术要求

1. 气象条件

根据施工经验，土工膜最低在−18℃以上可焊接，但土工膜在低温环境焊接后若不及时对焊缝保温，温度骤降容易导致焊缝脆断。环境温度过高，土工膜受高温影响变形量大，施工难以操作。因此，建议土工膜室外焊接环境温度在5℃以上、35℃以下，风力4级以下并无雨、无雪的气候条件下进行。施工现场环境应能保证土工膜表面的清洁干燥并采取相应的防风、防尘措施，以防土工膜被阵风掀起或沙尘污染。若现场风力偶尔大于4级时，应采取挡风措施防止焊接温度波动，并加强对土工膜的防护和压覆。由于土工膜受温度影响尺寸变化较大，在铺设和焊接中需要综合考虑平均气温和温差的影响。

对于混凝土、岩石基础，须对凸起、凹坑、裂缝等部位应进行修平或填补处理，当凸起、凹坑体积较大，修平或填补困难时，可采用修圆处理。

2. 下支持层施工

土工膜需要置于较为密实和平整的基层上，从而达到对土工膜的有效支撑和保护，因此下支持层施工主要控制压实度、平整度。对于基层的平整度，规范要求采用2m靠尺进行检测，表面不平整度应不大于3cm。为了避免土工膜下部的残留植物根系等在运行期间发酵腐烂而产生腐蚀性液体以及产生气胀，天然土质地基内的植物根等杂物必须清除至其表面15cm以下，对于天然土质地基存在对土工膜有影响的特殊菌类时，应用土壤杀菌剂处理。

3. 防渗层施工

防渗层施工应在下支持层、排水排气（有此项结构时）施工完成并验收合格后进行。由于土工膜焊接、锚固等也是随着土工膜铺设一并进行的，因此在铺设前，相应的焊接、锚固工艺试验应完成，并确定相应的施工技术参数。

为了提高土工膜铺设效率、减少焊缝，在土工膜铺设前应进行土工膜铺设分区设计，确定铺设方向，一般沿纵向进行。膜块间的接缝应为T形，不得做成"十"字形。幅间接缝错开距离不小于50cm。

土工膜一般宜人工装卸配合卷扬机、专用运输小车等铺设，若采用机械吊装时，吊绳宜用尼龙编织带类的柔性绳带，不得使用钢丝绳类的绳索直接吊卸，绝对禁止野蛮吊卸。大捆的土工膜应选用合适的施工机械（经监理批准同意）进行铺设，小捆土工膜可采用人工铺设。铺设中需要按照当日天气预报的气温情况，预留适当的收缩变形空间。

摊铺时应检查土工膜的外观质量，用醒目的记号笔标记已发现的机械损伤和生产创伤、孔洞、折损等缺陷的位置，并做记录。土工膜铺设要尽量平顺、舒缓，不得绷拉过紧，并按产品说明书要求，预留出温度变化引起的伸缩变形量。摊铺完成后，对正搭齐，相邻两幅土工膜搭接 100mm。土工膜铺设完毕后在土工膜的边角处或接缝处每隔 2~5m 放置 1 个 20~30kg 的沙袋作为压重，一方面起到临时固定的作用，另一方面也可以防止风吹影响。

土工膜心墙坝的防渗土工膜垂直方向宜采用"之"字形布置施工，折皱高度应与两侧回填料厚度相同。混凝土表面垂直防渗土工膜应紧贴混凝土面布置，按照设计的锚固方式进行锚固。对于土工膜心墙坝的防渗土工膜，由于土工膜的铺设与两侧的垫层料是同时进行的，因此在施工中对土工膜的保护是最难控制的环节，需要引起施工人员的重点关注。

4. 土工膜焊接

土工膜一般采用热压硫化法、胶粘法、焊接法连接。土工膜热压硫化法一般适用于工厂内作业。土工膜在现场一般采用焊接法和胶粘法，施工中具体采用什么方法连接需要结合膜材的性质、防渗的要求确定，如采用 PE 膜则一般不宜采用胶粘法连接。目前在水电工程中一般采用焊接法。焊接法有热焊接法（热室气焊接法、热楔体焊接法、热合焊接、挤压焊接）和超声焊接法。

土工膜的焊接不仅要在施工前开展工艺试验确定参数，焊接施工中还要在现场选择长度不小于 1m 的小样条试验。通过试验，确定在当前环境条件下焊机的最佳行走速度、焊接压力、焊接温度。当环境条件特别是环境温度发生变化时，应重新进行小样条试验。总之焊接工艺是需要跟着外部的条件进行动态调整和控制的。低温时段焊接时，焊缝应及时保温覆盖。

由于土工膜焊缝是最容易出现渗透通道的部位，质量控制非常严格。建议每个焊接小组由 3 人组成，机手 2 人、辅助人员 1 人，焊接工作时 3 人沿焊缝成一条直线，第一个人拿干净纱布擦膜、调整搭接宽度、清除障碍；第二个人控制焊接，并根据外侧焊缝距膜边缘不少于 30mm 的要求随时调整焊机走向；第三个人牵引电缆线，对焊缝质量进行目测检查，对有怀疑的焊缝用颜色鲜明的记号笔做出标记，刚焊接完的焊缝不能进行撕裂检查。

5. 土工膜质量检测

土工膜质量检测主要包括外观、接缝、锚固质量三个方面，其中焊接质量检测是重点。土工膜连接后，要求对全部的接缝、接缝点和修补部位的接缝质量进行检测。一般检测工作随着焊接施工进度同步进行。土工膜接缝检测方法分有损检测（充气法、剪切、剥离）、无损检测（目测法、真空法、电火花法、超声波法、压力箱法）。为减少土工膜的破坏和修补，现场一般采用无损检测。所有接缝应采用目测法 100% 检查，并可选择充气法、真空法、抽样法和压力箱法抽样检测，也可采用电火花法或超声波法检测。土工膜与混凝土、基岩等结构锚固可采用压力箱法进行检测。

（1）目测法：检查接缝是否漏焊，拼接是否清晰、均匀，是否有烫损、褶皱、夹渣、气泡、漏点、熔点或焊缝跑边。接缝及检测出的质量缺陷或有怀疑的部位均应进行定位测绘和标记，并分别编号、详细记录。

（2）充气法：双道焊缝采用充气正压检测。充气压力根据膜厚宜控制在 0.10~

0.25MPa、保压 1～5min。压力无下降，表明焊缝检漏合格。

（3）真空法：T 形接头及缺陷修补部位采用真空法进行检测，抽真空至负压 0.02～0.03MPa，静观 30s，负压无明显下降，接缝部位密封液不起泡即为合格。

（4）电火花法：对单焊缝可采用电火花检测。焊缝检测时，以检测仪金属刷之间不发生火花为合格。

（5）超声波法：焊缝可采用超声波进行检测。检测时，以超声波发射仪荧光屏显示结果为判定标准。

（6）抽样法：抽样法进行室内拉伸试验。试验时，每 1000～2000m² 取一现场接缝试样进行拉伸试验，以接缝强度不小于母材强度的 85% 为合格。

（7）压力箱法：锚固结构采用压力箱进行渗漏检测。压力箱加水加压至设计水压，稳定压力达到设计要求时间，水压未降低则判定质量合格。

6．上保护层施工

对于采用土石料结构的上保护层，铺料应单边推进，依次进占摊铺，卸料高度不超过50cm。施工机械设备不得在土工膜上直接碾压；保护层材料搬运、摊铺、碾压设备型号应通过生产试验确定。与土工膜直接接触的土石料不得夹杂任何有损土工布的尖锐物、块石、预制棱体等。

上保护层施工的关键在于对已完成的土工膜的保护，避免出现损伤，因此目前很多工程对上保护层进行了简化，例如泰安工程仅设置一层土工膜辅以沙袋进行压覆，溧阳工程则采用预制混凝土块进行人工铺填。

6.6.2 泰安工程土工膜施工技术要求

泰安工程通过现场大量的比较试验研究，取得了较理想的针对 1.5mm 厚的 HDPE 土工膜的焊接、修补、检测的施工工艺和方法。土工膜幅宽 5.1m，膜幅之间采用双焊缝连接，采用 LEISTER Comet 电热楔式自动焊机，并配套采用 Triac-drive 手持式半自动爬行热合熔焊接机、MUNSCH 手持挤出式焊机对直焊缝和 T 形接头部位进行焊接施工和缺陷修补，并用真空检测法和充气检测法对土工膜焊接质量进行检测。简要介绍如下。

6.6.2.1 施工条件

1．气候及施工现场环境要求

土工膜铺设及焊接应在现场环境温度 5℃以上、35℃以下、风力 3 级以下并无雨、无雪的气候条件下进行。施工现场环境应能保证土工膜表面的清洁干燥并采取相应的防风、防尘措施，以防土工膜被阵风掀起或沙尘污染。若现场风力偶尔大于 3 级时，采取挡风措施防止焊接温度波动，并加强对土工膜的防护和压覆。

2．对现场人员的要求及规章制度

参加土工膜铺设、焊接、检查、验收的技术人员和操作工人应接受专项培训，直接操作人员须经考核合格后方可进行现场施工。进入施工现场的所有人员严禁抽烟，也不得将火种带入现场；所有人员进入土工膜施工现场时，必须穿软底鞋或棉袜。

已完成铺设的土工膜需要及时采用土工布沙袋压重，以防止阵风吹翻损伤土工膜。土工膜铺设后应及时采用临时覆盖措施，防止紫外线照射损伤。

3. 对下支持层的要求

土工席垫铺设施工前，施工单位应首先检查土工膜下支持垫层仓面，对超径块石及可能对土工膜产生顶破作用的其他杂物进行全面清理（图 6.6-1）。然后由施工、监理、设计人员对垫层仓面的施工质量进行全面验收，确保无超径块石及可疑杂物，并全面检查铺设表面是否坚实、平整。焊接时基底面的表面应尽量干燥，含水率宜在 15% 以下。

（a）铺设前　　　　　　　　　　　　　（b）铺设后

图 6.6-1　碾压后垫层与完成铺设的土工席垫

4. 土工膜质量检查

土工膜铺设前，对采购并运抵工地的土工膜应根据设计规定的指标要求进行抽样检查，经检验质量不合格或不符合设计要求的同批次土工膜，不得投入使用。运至施工现场的土工膜应在当日用完。

6.6.2.2　土工膜摊铺

同向平行布置的卷幅长度要求错开一个幅宽，以避免形成"十"字形焊缝，从而减少焊接难度，提高焊缝质量保证率。摊铺时应检查土工膜的外观质量，用醒目的记号笔标记已发现的机械损伤和生产创伤、孔洞、折损等缺陷的位置，并做记录。土工膜铺设要尽量平顺、舒缓，不得绷拉过紧，并按产品说明书要求，预留出温度变化引起的伸缩变形量。摊铺完成后，对正搭齐，相邻两幅土工膜搭接 100mm，根据设计图纸要求裁剪土工膜，并在土工膜的边角处或接缝处每隔 1.4～2.8m 放置 1 个 30kg 的沙袋作为临时压重。土工膜摊铺见图 6.6-2。

6.6.2.3　土工膜焊接

1. 焊接准备

土工膜的焊接设备采用 LEISTER Comet 电热楔式自动焊机，并配套采用 Triac-drive 手持式半自动爬行热合熔焊接机、MUNSCH 手持挤出式焊机进行施工，应保证焊接机能对所有焊缝进行施工，包括 T 形接头部位。自动焊机与手持式焊枪参见图 6.6-3。

每次焊接作业前，均应进行试焊以重新确定焊接工艺状态，试焊长度不小于 1m。试焊完成后，进行现场撕拉测试，母材先于焊缝被撕裂方可认为合格，试焊结果经监理工程师认可后方可正式开始焊接。

土工膜摊铺完成后，整平土工膜和下垫层的接触面，以利于焊接机的爬行焊接施工。

| (a) 摊铺中 | (b) 摊铺后 |

图 6.6-2　土工膜摊铺

| (a) LEISTER Comet 电热楔式自动焊机 | (b) MUNSCH 手持挤出式焊枪 |

图 6.6-3　自动焊机与手持式焊枪

两土工膜焊接边应有 100mm 搭接，在焊接前的焊缝表面应用干纱布擦干擦净，做到无水、无尘、无垢，在施工焊接过程中或施工间隔过程中均须进行防护。

2. 焊接施工

焊机沿搭接缝面自动爬行，电热楔将搭接的上层膜和下层膜加热熔化，滚筒随即进行挤压，将搭接的两片膜熔接成一体，双焊缝总宽为 5cm，单焊痕宽 1.4cm。电热楔式自动焊机工作原理见图 6.6-4。

每次开机焊接前，当现场实际施工温度与焊前试焊环境温度差别大于±5℃、风速变化超过 3m/s、空气湿度变化大时，应补做焊接试验及现场拉伸试验，重新确定焊接施工工艺参数。焊接过程中，应随时根据施工现场的气温、风速等施工条件调整焊接参数。

每个焊接小组 3 人，其中机手 2 人、辅助人员 1 人，焊接工作时 3 人沿焊缝成一条直线，第一个人拿干净纱布擦膜、调整搭接宽度、清除障碍；第二个人控制焊接，并根据外侧焊缝距膜边缘不少于 30mm 的要求随时调整焊机走向；第三个人牵引电缆线，对焊缝质量进行目测检查，对有怀疑的焊缝用颜色鲜明的记号笔作出标志，刚焊接完的焊缝不能进行撕裂检查。

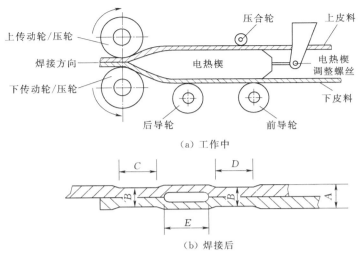

图 6.6 - 1 电热楔式自动焊机工作原理图

A—焊接前上膜材总厚度；B—焊接后焊道上膜材总厚度；

C—焊道 1 断面；D—焊道 2 断面；E—打压测试缝

已焊接完成尚未进行覆盖处理的土工膜范围四周应设立警示标志，严禁车辆和施工人员入内。土工膜焊接施工见图 6.6 - 5，完成的条形和 T 形焊缝见图 6.6 - 6。

6.6.2.4 土工膜焊缝检测

检测工作开始前，应制订检测规划，要求对所有的焊缝和铺设区域划分编号，并建立不同标记号与存在缺陷问题的对应关系，以便现场检查时一目了然。

现场施工过程中使用目测方式、真空检测仪、充气检测仪检测所有现场的焊缝，焊缝检测均应在焊缝完全冷却以后方可进行。

在现场检查过程中，先采用目测法检查土工膜焊接接缝。目测法分看、摸、撕三道

图 6.6 - 5 土工膜焊接施工

工序。看：先看有无熔点和明显漏焊之处，是否焊痕清晰、有明显的挤压痕迹、接缝是否烫损、有无褶皱、拼接是否均匀；摸：用手摸有无漏焊之处；撕：用力撕以检查焊缝焊接是否充分。

土工膜防渗层的所有 T 形接头、转折接头、破损和缺陷点修补、目测法有疑问处、漏焊和虚焊部位修补后以及长直焊缝的抽检均需用真空检测法检查质量。长直焊缝的常规抽检率为每 100m 抽检两段目测质量不佳处，每段长 1m。若均不合格，则该段长直焊缝需进行充气法检测。

真空检测程序如下：将肥皂液沾湿需测试的土工膜范围内的焊缝，将真空罩放置在潮湿区，并确认真空罩周边已被压严，启动真空泵，调节真空压力大于或等于 0.05MPa。

（a）条形

（b）T形

图 6.6-6　完成的条形和 T 形焊缝

保持30s后，由检查窗检查焊缝边缘的肥皂泡情况。所有出现肥皂泡的区域应做上明显标记并做好记录，根据缺陷修复要求进行处理。

充气检测为有损检测，主要检测目测法和真空检测法难以找到的焊缝缺陷部位，检验人员对这些焊缝存在较大疑虑的情况下采用。正常焊缝检测应严格控制使用充气检测，尽量少用或不用充气检测，需充气检测的部位必须经多方讨论同意和监理批准才能实施。

充气检测应遵循以下程序：测试缝的长度约 50m，测试前应封住测试缝的两端，将气针插入热融焊接后产生的双缝中间，将气泵加压至 0.15～0.2MPa，关闭进气阀门，5min 后检查压力下降情况，若压力下降值小于 0.02MPa，则表明此段焊缝为合格焊缝。若压力下降值大于或等于 0.02MPa 则表明此段焊缝为不合格焊缝，应根据缺陷及修复要求进行处理。检测完毕后，应立即对检测时所做的充气打压孔进行挤压焊接法封堵，并用真空检测法检测。长焊缝充气检测见图 6.6-7，T 形接头真空检测见图 6.6-8。

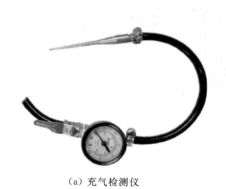
（a）充气检测仪

（b）检测中

图 6.6-7　长焊缝充气检测

6.6.2.5　土工膜缺陷修复

1. 缺陷的确认和修复设备

目测检查和撕裂检查发现的可疑缺陷位置均应用真空检测或充气检测方法进行试验，试验结果不合格的区域应做上标记并进行修复，修复所用材料性能应与铺设的土工膜相同。

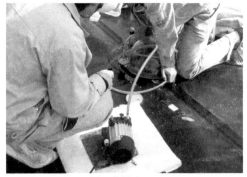

| (a) 真空检测仪 | (b) 检测中 |

图 6.6-8　T 形接头真空检测

对于经现场无损检测试验确认的土工膜焊缝或土工膜未焊区域存在的缺陷，采用 MUNSCH 手持挤出式塑料焊枪以及 Triac – drive 手持式半自动爬行热合熔焊接机进行缺陷修补。用于修补作业的设备、材料及修补方案应由监理工程师确认，任何缺陷的修补均需监理现场旁站。

2. 表面缺陷修补工艺

土工膜表面的凹坑深度小于土工膜设计厚度的 1/3，则将凹坑部位打毛后用挤出式塑料焊枪挤出 HDPE 焊料修补，修补直径为 30～50mm。

土工膜表面的凹坑深度大于等于土工膜设计厚度的 1/3，则按孔洞修补工艺执行。

3. 孔洞修补工艺

将破损部位的土工膜用角磨机适度打毛，打磨范围稍大于用于修补的 HDPE 土工膜，并把表面清理干净、保持干燥。将修补用的 HDPE 土工膜黏结面用角磨机打毛并清理干净。

用手持式半自动爬行热合熔焊接机将上下层土工膜热熔黏结。冷却 1～2min 后，用手持挤出式塑料焊枪沿黏结面周边将焊料挤出黏结固定，焊料要均匀连续，焊缝宽度不少于 20mm。土工膜孔洞修补效果见图 6.6-9。

4. 焊缝虚焊漏焊修补工艺

当虚焊漏焊长度不大于 50mm 时，则将漏焊部位前后 100mm 长范围的上层双焊缝搭接边裁剪至焊缝黏结处；将焊料黏结范围用角磨机打毛并清理干净，用手持挤出式塑料焊枪修补，焊缝宽度不少于 20mm。焊缝虚焊漏焊修补效果见图 6.6-10。

当虚焊漏焊长度超过 50mm 时，将漏焊部位前后 120mm 长范围的上层双焊缝搭接边裁剪至焊缝黏结处，然后采用孔洞修补工艺进行外贴 HDPE 土工膜修补。外贴 HDPE 膜

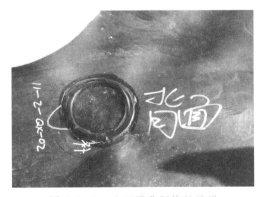

图 6.6-9　土工膜孔洞修补效果

片的尺寸大于漏焊部位前后各 100mm。

5. T 形接头缺陷修补工艺

将土工膜 T 形接头用角磨机适度打毛，打磨范围稍大于用于修补的 HDPE 土工膜，并把表面清理干净、保持干燥。将直径为 350mm 的 HDPE 土工膜黏结面用角磨机打毛并清理干净。用手持式半自动爬行热合熔焊接机将上下层土工膜热熔黏结。冷却 1～2min 后，用手持挤出式塑料焊枪沿黏结面周边将焊料挤出黏结固定，焊料要均匀连续，焊缝宽度不少于 20mm。T 形接头缺陷修补成果见图 6.6-11。

图 6.6-10　焊缝虚焊漏焊修补效果

图 6.6-11　T 形接头缺陷修补成果

6.6.2.6　土工膜防护

土工膜在紫外线的照射下易老化，因此不宜长时间暴露在阳光下，因此在施工中应边铺土工膜边压盖保护层，并保持无污损状态。

土工膜焊接完成部分应进行及时保护，防止损伤、位移等，保护层可以采用永久防护层 $500g/m^2$ 的涤纶针刺无纺土工布，并建议用棉被类物品压覆保温。土工膜铺表面保护及完工效果见图 6.6-12。

图 6.6-12　土工膜铺表面保护及完工效果

6.6.2.7　土工膜过冬技术要求

若土工膜在无深水（水深小于 1m）覆盖条件下过冬，必须在停止施工后采取有效措施，保证土工膜上下表面的温度不低于 0℃，并保证土工膜表面的干燥，不受雨雪影响，并避免扰动。

　　在冬季停止土工膜施工前，在现场原地布置土工膜片材样品、纵缝焊接样品以及 T 形焊接接头各不少于 6 片，其中土工膜片材样品尺寸为 300mm×300mm；纵缝焊接与 T 形焊接接头样品尺寸均为 500mm×500mm。等第二年气候及环境状况满足继续进行土工膜敷设和焊接施工条件时，先对这些样品进行拉伸强度和断裂拉伸值的检测，检测结果与《土工合成材料　聚乙烯土工膜》（GB/T 17643—1998）中 GH-2 规定的要求进行对比。

6.6.2.8　土工席垫铺设要求

　　土工席垫铺设必须采用对接拼接，不允许上下层搭接，由于周边不顺齐而无法拼接合缝时，应进行裁剪齐边，保证对接边最大间隙不大于 3mm。连接可采用塑料搭扣，塑料搭扣间距为 20cm，搭扣距土工席垫拼接边不少于 1.5cm，拼接应牢固，人力不能轻易拉开，塑料搭扣尾条应人工编织到土工席垫下层。

　　土工席垫边条若棱角明显且扎手，则需用合适的电热设备烫软使之圆润。土工席垫的铺设方向为平行于坝轴线方向，并应采取防风吹的压覆措施。土工席垫铺设见图 6.6-13。

（a）铺设中　　　　　　　　　　　　　　（b）铺设后

图 6.6-13　土工席垫铺设

6.6.2.9　土工布铺设和压覆要求

　　土工膜下卧土工布垫层和上覆土工布防护层均为涤纶针刺无纺土工布，规格为 500g/m²。考虑施工敷设方便，并能做到完成土工膜施工后能及时覆盖土工布防护，土工膜的上、下土工布铺设方向与土工膜铺设方向一致，均为平行于坝轴线方向。

　　土工膜下卧土工布铺设连接采用丁缝接法或蝶形缝法，即用手提缝纫机将两片土工布缝合，相邻两块布的搭接宽度为 25cm，采用不少于 2 道的高强纤维涤纶丝线进行缝合，缝合针距不大于 6mm。若下卧土工布的某些接缝条边与上土工膜的接缝重合，影响到上土工膜的接缝焊接，则该下卧土工布接缝采用搭接法，即将土工布的一边自由地压在相邻片的一边上，两块土工布搭接宽度为 50cm。

　　土工膜上覆土工布铺设连接均采用搭接法，即将土工布的一边自由地压在相邻片的一边上，两块土工布搭接宽度为 50cm。

　　土工布铺设要求表面平整、无明显起伏和褶皱，在铺设过程中应边铺边压覆 30kg 土工布沙袋，以防风吹土工布使之移位。下层土工布的临时压覆沙袋间距一般为 2.8～

4.2m，以保证土工布不发生移位为准。当完成土工膜铺设、焊接、检测、验收后，应立即铺设上层防护土工布，并及时用土工布沙袋压覆，其压覆密度为设计要求的间距 1.4m×1.4m，并必须保证沿每条相邻土工布搭接边中心线上均有土工布沙袋压覆。每个沙袋设计重量为 30kg，沙袋用布为 250g/m² 涤纶针刺无纺土工布，沙袋四周封口要求采用不少于两道的高强纤维涤纶丝线缝合，缝合针距不大于 6mm。

6.7 工程应用实例

6.7.1 日本今市抽水蓄能电站

1. 工程概述

日本今市抽水蓄能电站由东京电力股份有限公司（TEPCO）修建，电站总装机容量 1050MW。工程枢纽由上水库、引水发电系统和下水库组成，上下水库之间有效落差 524m。

上水库总库容 689 万 m³，库区面积 0.32km²，库盆由 1 座主坝和 4 座副坝连接山包而成，主坝为黏土心墙坝，最大坝高 97.5m，设自溢式溢洪道。

由于上水库周边山体地下水位低，透水性强，因此采用全库盆防渗。其中对最大水深达 40m、相对比较平坦的水库底部及边坡坡度缓于 1:3 的部位采用 PVC 土工膜防渗，防渗面积 19.5 万 m²；在两岸边坡采用混凝土面板防渗，面板厚度 10cm，坡度约为 1:1.5，防渗面积 8.6 万 m²；其余在堆渣区和边坡采用了喷沥青橡胶防渗，面积为 3.8 万 m²。几种防渗层的铺设情况见表 6.7-1。土工膜防渗面积达到整个防渗面积的 60%，土工膜承受 40m 以上的水压力。

表 6.7-1　　　　　　　　防渗层的铺设情况

防　渗　层	铺设面积/m²	备　　注
土工膜	195000	用于坡度缓于 1:3 的地方
混凝土	86000	用于坡度约为 1:1.5 的地方
橡胶-沥青	38000	用于采石场和结构破碎的边坡
总计	319000	

2. 土工膜防渗层的设计

（1）土工膜种类和厚度的选择。通过对塑料、合成橡胶或沥青等进行的分析比较，由于 PVC 土工膜拉伸性能好、接缝强度高且比较经济，因此选用 PVC 土工膜。线性的酞酸 PVC 增塑剂耐久性比非线性的好，因而选用线性的酞酸 PVC 增塑剂。

通过对土工膜耐久性的试验，0.85mm 的土工膜 10 年后增塑剂流失量为 24.7%，1.2mm 的土工膜 10 年后增塑剂流失量为 10.6%，而通常认为在土工膜的设计寿命内增塑剂流失量不应超过 30%。为改善耐久性能和提高抗穿刺性能，并使软膜的增塑剂流失量减少，因此选用 1.5mm 厚 PVC 土工膜，认为可以满足 50 年的设计寿命即内增塑剂损失不会超过 30%。根据运行后的实测数据，10 年后增塑剂损失仅 5.5%。

PVC 土工膜的质量控制要求见表 6.7-2。所有的试验结果均满足要求。

表 6.7-2   PVC 土工膜的质量控制要求

项 目		规 范	要 求
厚度	平均厚度	JIS B 7503	>1.5mm
	误差	JIS B 7503	±0.05mm
性能	硬度	JIS B 7503	65～90
	比重	JIS B 7503	1.20～1.35
	抗拉强度	JIS B 7503	>14MPa
	伸长率	JIS B 7503	>340%
	伸长 1 倍时的抗剪强度	JIS B 7503	>4MPa
	抗撕裂强度	JIS B 7503	>4.5MPa

（2）土工膜的连接方法。PVC 土工膜用热黏（焊接）的方法搭接，采用双线热黏结构。每条焊缝宽度 20mm，中间间隔 10mm。热黏后检查两个热黏线之间的气道的漏气和渗水情况。搭接处的细部结构见图 6.7-1。膜搭接的质量控制准则见表6.7-3。

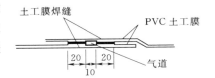

图 6.7-1 搭接处的细部结构图
（单位：mm）

（3）土工膜的锚固。PVC 土工膜的周边采用混凝土锚固槽锚固，将土工膜铺于预先浇筑好的锚固槽内浇筑混凝土锚固。为使锚固更加可靠，在土工膜锚固部位前 50cm 处在原土工膜上焊接一层土工膜，并将其锚固于边坡混凝土面板上。锚固结构详见图 6.4-7。

表 6.7-3   膜搭接的质量控制准则

项 目	试验方法	要 求
宽度	尺子量	>2.0cm
强度	JIS K 6301	>80N/cm
搭接性能	压缩空气	不渗漏
	真空	

（4）土工膜支持层和保护层。对土工膜支持层要求如下：

1）彻底挖除承载力低的地基土，基础要压实整平。

2）基础表面大于 10mm 的砾石要拣走，以防止膜被刺破。

3）去除支持层内的植物，防止其腐烂后产生气体，对土工膜产生顶托。

4）为防止垫层破坏土工膜，在土工膜铺设前，先铺一层 800g/m^2 无纺土工布。

为防止紫外线照射、冰作用以及动物、人为破坏，需要对水位变动区土工膜进行保护。在保护层设计时考虑了以下因素：

1）在保护层铺设过程中膜的安全问题。进行不同厚度的野外试验，采用不同的设备铺设，选择合适厚度和设备，以保证膜在保护层铺设过程中不受损伤。

2）抗滑稳定性。测出 PVC 土工膜与土工织物之间的摩擦系数，进行抗滑分析，进而分析保护层的稳定性。

3) 保护层受风浪作用时的稳定性。低水位以上的保护层，通过试验确定最佳的保护层结构，使之在风浪作用下稳定完好和防止细土粒的流失。

基于以上研究，在对土石材料、土工合成材料、混凝土预制块进行比较后，根据坡度以及保护层是否受到风浪作用，采用不同的保护层结构。其中斜坡保护层自下而上结构为先铺 $800g/m^2$ 的无纺土工布，再铺设一层 40cm 的砂砾石（0～8cm）和一层 40cm 的块石（8～30cm）。

3. 土工膜下的排水系统设计

土工膜下部设置排水管形成排水系统。为防止破损处的渗漏加剧，将排水管设在50cm 厚的填土之下。

设置花管以汇集渗水并导入膜下的五个水箱中，然后再抽到水库中，花管埋在开挖沟槽中，用碎石绕管回填。同时排水系统也用填土遮盖。

4. 工程运行情况

水库于 1990 年蓄水，在土工膜防渗层下和周围边坡上安装的孔压计没有监测到异常地下水位变化，地下水位稳定。

在软弱地基中埋设沉降标点，尽管已监测到 20～30cm 的沉降，但还没有找到一处土工膜破损的地方。

6.7.2 泰安抽水蓄能电站

1. 工程概况

泰安抽水蓄能电站位于山东省泰安市西郊的泰山西南麓，距泰安市 5km，距济南市约 70km，靠近山东省用电负荷中心，地理位置优越。电站装有四台单机容量 250MW 的单级立轴混流可逆式水泵水轮机组和发电电动机组，总装机容量 1000MW，电站为日调节纯抽水蓄能电站。工程规模为一等大（1）型工程，由上水库、输水系统、地下厂房及地面开关站、下水库等枢纽建筑物组成。上水库工程的总体布置见图 5.7-1。

上水库位于泰山南麓横岭北侧的樱桃园沟内，由大坝面板堆石坝、上水库进/出水口、库盆及其防渗措施等组成。坝址以上控制流域面积 1.432km²，年径流量 33.1 万 m³，总库容 1168.1 万 m³，正常蓄水位 410.00m，死水位 386.00m，水库工作深度 24m。上水库混凝土面板堆石坝最大坝高 99.8m，坝顶高程 413.80m，坝顶宽度 10m，上游面坝坡 1:1.5，下游平均坝坡为 1:1.63。

2. 库底土工膜防渗方案

（1）土工膜防渗体下部填渣区设计。为减少弃渣、降低环境影响，减少水库死库容以减小初期蓄水工作量，该工程利用上水库开挖弃渣料填于库底。弃渣料主要为全、强风化混合料，并混有一定量的大孤石和耕植土，弃料组成不均匀。填渣厚度 0～43m 不等，施工中库底仅清除腐殖土和部分覆盖层，填渣顶高程 372.40m。因库底总填筑厚度变化较大，为避免库底填渣区产生较大的不均匀沉降，结合现场碾压试验确定填筑控制参数：干容重不小于 20.0kN/m³、孔隙率不大于 23%，碾压后层厚 80cm，每层碾压 8 遍，洒水量为 10%。碾压后实测渗透系数为 $5×10^{-2}～1×10^{-3}$ cm/s。

（2）土工膜防渗体结构设计。泰安上水库土工膜防渗体结构由下部支持层、土工膜防渗层、上部保护层组成。

1）下部支持层：根据泰安工程上水库的运用条件，设置土工膜下部支持层自下而上依次为120cm厚过渡层、60cm厚垫层、6mm厚土工席垫。

过渡料采用上水库区弱、微风化的开挖爆破石料，要求级配良好，最大粒径30cm，设计干容重21.1kN/m³，孔隙率不大于20%，渗透系数为$8×10^{-3}～2×10^{-1}$cm/s。垫层料采用砂、小石、中石掺配而成，下部40cm厚最大粒径4cm，上部20cm厚最大粒径2cm，设计干容重22kN/m³，孔隙率不大于18%，渗透系数为$5×10^{-4}～5×10^{-2}$cm/s。土工席垫为在热熔状态下塑料丝条自行黏结成的三维网状材料，它具有平整的表面，较高的抗压强度和耐久性。在土工膜和碎石垫层间设置土工席垫，可以明显改善土工膜的受力情况，有效防止下垫层料中的尖角碎石或异物刺破损伤土工膜。

2）土工膜防渗层：通过对HDPE、LDPE、PVC、CSPE等多种土工膜在技术、经济、可靠性等方面的综合比较分析，研究认为：HDPE土工膜具有优异的物理力学性能、耐久性、可焊接性，产品幅宽大，工程经验多，能较好地适应泰安工程区的气候条件，设计选用压延法生产的HDPE土工膜作为泰安工程上水库防渗膜。采用膜布分离式的一布一膜，土工膜选用1.5mm厚的HDPE土工膜，膜下铺设500g/m²的涤纶针刺无纺土工布。

3）上部保护层：由于该工程土工膜位于不小于11.80m深水下，设计采用膜上铺设土工布（500g/m²）的方案，以加强施工期保护。土工布上用单重30kg/袋左右的土工布沙袋（间距1.4m×1.4m）进行压覆，避免土工膜及土工布在施工期被风掀动以及在运行期受水浮力的影响漂动。

（3）土工膜周边锚固设计。泰安工程上水库土工膜周边锚固主要包括土工膜与大坝面板的连接、与右岸面板的连接、与库底观测廊道的连接三种类型。

大坝和右岸面板底部设置混凝土连接板与土工膜连接。右岸面板底部的连接板布置于基岩上，即相当于常规面板堆石坝的趾板，不设横缝。大坝面板底部的连接板的基础条件与面板相当（下部为垫层料、过渡料、主堆石），所承受的水荷载均匀，为简化土工膜与连接板的连接型式，混凝土连接板不设结构缝，仅设钢筋穿缝的施工缝，施工缝分缝长度不超过15m，采用设置后浇带施工。土工膜和连接板之间采用机械连接结构，并与混凝土面板周边缝止水结构分开布置。

土工膜与库底观测廊道的连接，先将土工膜采用机械连接的方式锚固在廊道混凝土上，锚固后浇筑二期混凝土压覆形成封闭防渗体。

土工膜与连接板、廊道混凝土的机械连接，采用先浇筑混凝土，后期在混凝土中钻设锚固孔，在孔内放置锚固剂固定螺栓的设计方案。使用一组包含不锈钢螺栓、弹簧垫片和不锈钢螺母的紧固组件，通过紧固螺栓、不锈钢角钢压覆实现土工膜与混凝土连接板的机械连接。

（4）膜下排水排气设计。该工程土工膜下卧垫层、过渡层和填渣体（堆石体）的设计要求具有良好的渗透性，不再专设排水排气系统是可行的。但是由于实际施工过程中填筑料的渗透性不均一及该工程土工膜防渗层基本没有上覆压重的情况，因此为了进一步完善上水库土工膜防渗体系的排水排气措施，采取以下辅助措施（图6.7-2）：

1）在库底土工膜铺盖的周边增设一观测廊道，一端经左岸坝下通向坝后（出口高程

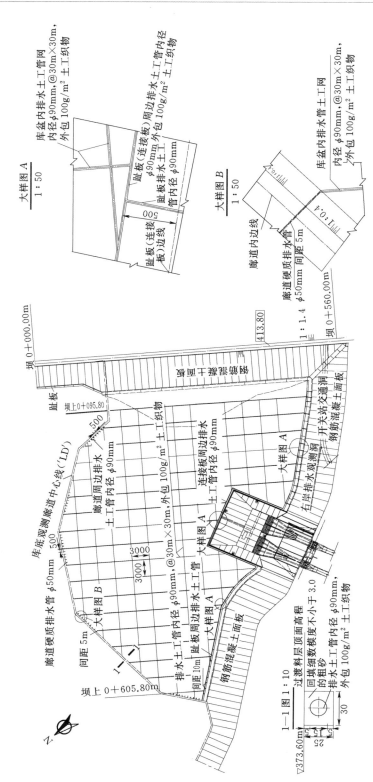

图 6.7－2　泰安抽水蓄能电站上水库库底排水系统布置图（单位：cm）

370.00m），另一端延伸至右岸环库公路（出口高程413.80m）。该廊道主要起锁边帷幕灌浆的齿墙作用，通过该廊道的连接，使库底土工膜和锁边帷幕形成统一的防渗体系。同时，通过库底观测廊道，可以观测上水库运行期间库底的渗压情况。廊道以0.2%～0.3%的坡度将渗水排往坝后。

2）为了更好地排出土工膜下渗漏水及气体，设计在15.7万 m^2 的土工膜下卧过渡层顶面高程373.60m设置30m×30m外包土工布的直径150mm土工排水盲沟网，并与库底周边观测廊道、右岸排水观测洞的排水孔沟通，编号记录，快速排出渗水和气体。

3. 防渗效果

上水库自2005年5月底开始蓄水，于9月28日达到死水位386.00m，蓄水量为237.25万 m^3，到2006年2月初水位达到391.00m，蓄水量达384.97万 m^3。在蓄水期间，水工运行人员加强了对水库及大坝的监测。目前，整个库盆部分（包括库周面板和库底土工膜）渗漏量为20～30L/s，在设计允许的范围之内。

6.7.3　溧阳抽水蓄能电站

1. 工程概况

溧阳抽水蓄能电站位于江苏省溧阳市，电站总装机容量1500MW，工程开发的任务是为江苏省电力系统提供调峰、填谷和紧急事故备用，同时可承担系统的调频、调相等任务。枢纽建筑物由上水库、输水系统、发电厂房及下水库等4部分组成。

上水库设计正常蓄水位291.00m，利用龙潭林场伍员山工区2条较平缓的冲沟（芝麻沟和青山沟）在东侧筑坝，将岸坡修挖后形成。上水库挡水建筑物包括1座主坝和2座副坝，坝型均为混凝土面板堆石坝，坝顶高程295.00m。主坝横跨两冲沟及两冲沟间的舌状小山脊，最大坝高161.00m；2座副坝分处水库南、北两岸垭口处，最大坝高分别为15.00m、25.00m。上水库总库容为1410.5万 m^3，其中发电有效库容为1195万 m^3。

上水库位于龙潭林场伍员山工区，该区地形整体趋势为西高东低。从整体上看，上水库库盆地形上具备在东侧筑坝成库条件，但库周山体尤其是南、北两岸较单薄，均需修建副坝挡水，正常蓄水位对应的北岸分水岭宽度为40～100m，南岸分水岭宽度为10～100m，西岸稍宽厚，大于100m。上水库岩性复杂，构造发育，岩体完整性差，基岩主要为志留系上统茅山组上段（S_3m^3）地层，并有安山斑岩岩脉侵入，第四系地层分布广泛。库坝区内断层十分发育，其破碎带宽度0.05～5m不等，一般未胶结，按走向大体上有NNE向、NNW向、NEE向和NW向4组。岩体中节理裂隙十分发育，且形成了较好的透水网络，同时，F_1、F_2、F_5、F_8等断层穿越分水岭，蓄水后是库水集中向库外渗漏的通道。库区岩体风化强烈，风化深度大。强风化带下限埋深一般为20～40m，弱风化带下限埋深一般大于150m。上水库库区地下水位埋藏深，埋深15～150m不等，部分库周地下水位低于正常蓄水位33～150m。以透水率不大于1Lu为标准的库周分水岭相对不透水层埋藏深低于正常蓄水位20～135m。在不加防护情况下，估算上水库总渗漏量大于2.5万 m^3/d，渗漏问题突出。

2. 上水库库盆防渗

上水库采用库周混凝土面板、库底土工膜防渗方案，其平面布置见图6.7-3。

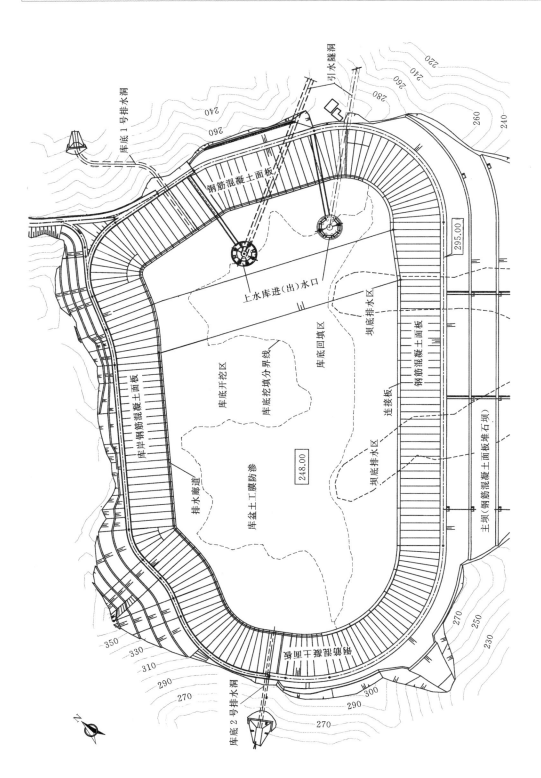

图6.7-3　溧阳抽水蓄能电站上水库平面布置图（单位：m）

（1）土工膜防渗体下部填渣区设计。库底回填最低高程约 170.00m，回填平台高程 248.00m。回填石渣采用上水库库盆开挖的强风化石英砂岩料、泥质粉砂岩及粉砂质泥岩。根据现场碾压试验成果，库底回填石渣设计要求最大控制粒径 800mm，分层碾压，碾压后设计干容重 21.5kN/m³，孔隙率不大于 20%，碾压压实层厚 80cm，25t 自行式振动碾碾压 8 遍，洒水量 4%～6%，渗透系数控制在 10^{-2}～10^{-1}cm/s。靠近大坝主堆石体 10m 范围内按主坝主堆石区标准填筑。在回填石渣前，应先清除库底腐殖土、覆盖层、全风化岩等，冲沟沟底部位先铺设一层 2.0m 厚的排水褥垫后再进行回填碾压。

为减少上水库库底回填区不均匀沉降对土工膜防渗系统的不利影响，根据蓄水期库底沉降等值线分布图，在库底石渣回填区采取预留沉降超高措施。以挖填分界线为起始点，将西侧库底廊道侧区域回填按 1% 预填缓坡过渡，将主坝连接板侧区域回填按 5% 预填缓坡过渡，最大超填厚度为 70cm（图 6.7 - 4）。这样既适当增加了土工膜的铺设长度，避免土工膜在蓄水期因沉降产生过大的拉伸变形，又改善库底沉降变形和应力条件，避免库底防渗体因不均匀沉降产生剪切破坏。

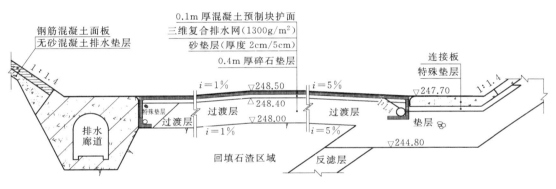

图 6.7 - 4　库底超填石渣预留沉降典型剖面图（单位：m）

（2）土工膜防渗体结构设计。库底采用土工膜防渗，防渗体顶部高程为 248.00m，防渗体由上至下依次为：10cm 厚混凝土预制块、500g/m² 土工布、1.5mm 厚 HDPE 土工膜、1300g/m² 三维复合排水网、5cm 厚砂垫层、40cm 厚碎石垫层、150cm 厚过渡层。

该工程防渗层面积大，参考国内外渠道防渗、海岸防护、土石坝等工程应用土工合成材料的经验，应尽量减少接缝，PE 土工膜生产幅宽可达 6m 以上，具有优异的温度适应性、可焊性、抗老化能力、耐化学腐蚀能力、耐环境应力开裂能力及抗戳穿能力，铺设施工便捷。根据国内外部分厂家提供的产品技术性能，高密度聚乙烯（HDPE）土工膜各项技术指标均好于普通 PE 膜及 PVC 膜，工程最终选用 1.5mm 厚的 HDPE 土工膜。设计要求 HDPE 土工膜物理力学性能指标见表 6.7 - 4。

表 6.7 - 4　　　　　　　　　　　HDPE 土工膜物理力学性能指标

项　　目	单　位	数　值
密度	g/cm³	0.9525
吸水率	%	0.02

项 目		单 位	数 值
炭黑含量		%	2.4
熔体流动速率		g/10min	0.13
拉伸屈服强度	横向	MPa	19.1
	纵向	MPa	19.2
拉伸屈服伸长率	横向	%	16
	纵向	%	16
拉伸断裂强度	横向	MPa	31.5
	纵向	MPa	32.1
拉伸断裂伸长率	横向	%	772
	纵向	%	764
直角撕裂强度	横向	N/mm	146
	纵向	N/mm	145
尺寸稳定性（100℃，15min）	横向	%	−0.45
	纵向	%	−0.33
抗戳穿力		N	648
200℃时氧化诱导时间		min	＞135
−70℃低温脆化冲击性能			通过
水蒸气渗透系数		g/(m·s·Pa)	4.86×10^{-13}
耐环境应力开裂			2000h 无破损

（3）土工膜周边锚固设计。根据该工程防渗布置，溧阳工程上水库土工膜周边锚固主要包括土工膜与面板（大坝和库岸）的连接、与库底观测廊道的连接以及与进/出水口的连接。其中土工膜与面板、库底观测廊道的连接均采取锚固沟连接，连接详图分别见图6.7−5～图6.7−7。

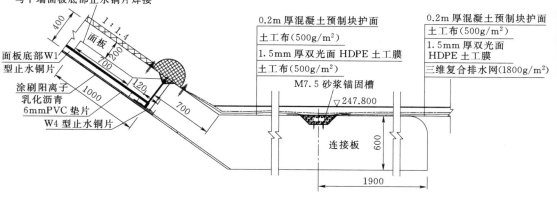

图 6.7−5　土工膜与连接板连接示意图（单位：高程为 m，尺寸为 mm）

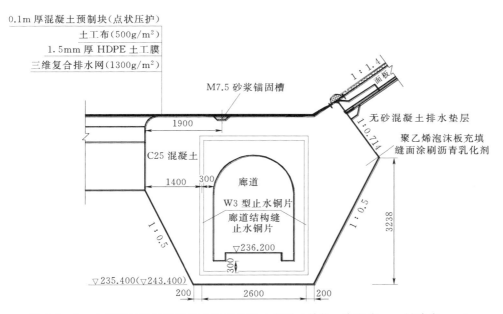

0.1m 厚混凝土预制块（点状压护）
土工布（500g/m²）
1.5mm 厚 HDPE 土工膜
三维复合排水网（1300g/m²）

M7.5 砂浆锚固槽

1:1.4
面板

无砂混凝土排水垫层

1:0.714

聚乙烯泡沫板充填
缝面涂刷沥青乳化剂

1900

C25 混凝土

1400　300

廊道

W3 型止水铜片
廊道结构缝
止水铜片

▽236.200

1:0.5

3238

1:0.5

300

▽235.400（▽243.400）

200　2600　200

图 6.7-6　土工膜与库底观测排水廊道连接示意图（单位：高程为 m，尺寸为 mm）

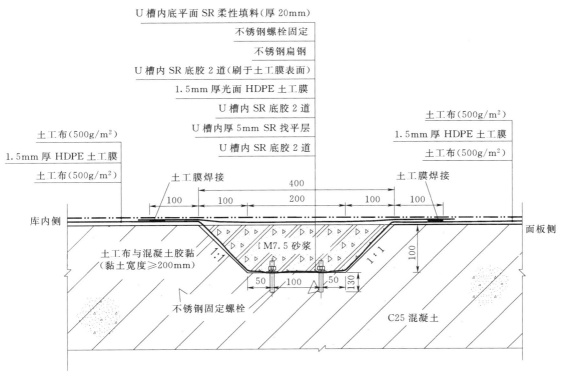

U 槽内底平面 SR 柔性填料（厚 20mm）
不锈钢螺栓固定
不锈钢扁钢
U 槽内 SR 底胶 2 道（刷于土工膜表面）
1.5mm 厚光面 HDPE 土工膜
U 槽内 SR 底胶 2 道
U 槽内厚 5mm SR 找平层
U 槽内 SR 底胶 2 道

土工布（500g/m²）
1.5mm 厚 HDPE 土工膜
土工布（500g/m²）

土工布（500g/m²）
1.5mm 厚 HDPE 土工膜
土工布（500g/m²）

土工膜焊接
土工膜焊接

400
100　100　200　100　100

库内侧

土工布与混凝土胶黏
（黏土宽度≥200mm）

1:1

M7.5 砂浆

1:1

100

面板侧

50　100　50

130

不锈钢固定螺栓

C25 混凝土

图 6.7-7　土工膜在锚固沟处连接详图（单位：mm）

土工膜端头与库岸面板周边缝连接型式同主坝一致，施工顺序为：周边缝打磨清理完成后，V 形槽内及上下面各 20cm 范围内涂刷 SR 底胶 2 道，在 V 形槽下缘面及下侧扁钢压条处各设 1 条宽 10cm、厚 5mm SR 找平层，之后再在找平层上刷 SR 底胶 2 道，随后将土工膜端头紧贴 V 形槽下缘面的 SR 找平层固定好在 V 形槽内，再进行周边缝表止水 SR 柔性填料充填，将填料全面包裹好土工膜端头部，最后按表面止水施工工艺做好固定与封闭。

土工膜在锚固沟处的连接型式为机械连接，施工顺序为：梯形 U 槽内打磨清理完成后，槽面涂刷 SR 底胶 2 道，在底面两条扁钢压条处各设 1 条宽 10cm、厚 5mm SR 找平层，将 1.5mm 厚土工膜伸入锚固槽内紧贴 SR 找平层固定，并用螺栓进行机械连接，之后再用 5mm 厚 SR 找平层全面包裹螺栓帽，槽内回填满 M7.5 砂浆，完成后再在锚固槽上方加设一宽 600mm、厚 1.5mm 的土工膜，两边各伸入 100mm，与下方的土工膜焊接，最后覆盖土工布（500g/m²）保护，使其形成完整的封闭系统。

土工膜与上水库进/出水口采用螺栓机械连接。施工顺序从下往上依次为：宽 200mm SR 底胶 2 道、宽 200mm 厚 5mm SR 找平层、宽 200mm SR 底胶 2 道、扁钢压条及螺栓机械连接固定好 1.5mm 厚双光面 HPDE 土工膜、宽 200mm SR 底胶 2 道，并用 C25 二期混凝土压实，三维复合排水网（1300g/m²）及土工布（500g/m²）均伸入二期混凝土内且不小于 200mm，使其形成一完整的封闭系统。

（4）膜下排水排气设计。库底土工膜防渗体设置一层三维复合排水网（规格 1300g/m²），用于收集透过膜后的渗漏水并及时通过库周排水廊道排走，其下设厚 0.4m 碎石下垫层（兼排水层作用），碎石下垫层下部设置厚 1.5m 排水过渡层。另外，在碾压后的碎石垫层表面再铺筑一层 5cm 厚砂垫层，以覆盖碎石棱角防止对土工膜造成顶刺破坏。

透过土工膜的渗漏水，先通过其下铺设的三维复合排水网进行收集，并通过埋设在紧挨库底排水廊道或连接板处的 $D250$ 塑料排水盲管汇集，由库底排水廊道边壁预留的 $D300$ 排水孔直接排入排水观测廊道。而穿过三维复合排水网继续下渗的渗漏水，在经过其下碎石垫层、过渡层、石渣回填体后，最终由大坝底部排水区汇集到坝脚外量水堰集水坑。

排水观测廊道沿库周底部布置，以便排走渗漏水和检测渗漏情况。在南、北两岸设出口，出口处设集水槽及量水堰。排水观测廊道为城门洞型，净空断面尺寸为 2.0m×2.5m（宽×高），为槽挖后混凝土现浇而成，混凝土标号要求为 C25W10F150。在每一个排水区都有排水管通至排水观测廊道。排水观测廊道还起到连接板的作用，通过廊道的连接，使库底土工膜防渗体和库岸钢筋混凝土面板形成统一的防渗体系。同时，通过库底排水观测廊道，可以观测上水库运行期间库岸及部分库底的渗流情况。

3. 防渗效果评价

可行性研究阶段，分别采用解析法和数值法对上水库防渗处理前后的渗漏量进行了计算，成果见表 6.7-5。

裸库时总渗漏量远远大于正常库（库底有土工膜、库周有钢筋混凝土面板防渗）时总的渗漏量，这说明了全面防渗措施的必要性。

表 6.7 - 5　　　　　　　　　不同情况下上水库渗漏量计算成果表

库下可能状态	全部非饱和				局部饱和	全饱和	
实际库状态	蓄水后初期				运行多年后	很难达到	
计算方法	试坑渗水法		达西定律法	有限元法	达西定律法	有限元法	
水库工况	裸库 /(万 m³/d)	裸库 (沿渗漏通道) /(万 m³/d)	正常库 /(m³/d)	正常库 /(m³/d)	正常库 /(m³/d)	裸库 /(m³/d)	正常库 /(m³/d)
库底渗漏量	5.11	9.12	68.54	41.56	68.54	5948.0	75.0
库周渗漏量	0.784	0.776	938.30	1539.10	938.30	7905.6	98.56
总渗漏量	5.894	9.896	1006.84	1580.65	1006.84	13853.6	173.56

该工程上水库于 2015 年 12 月 25 日正式蓄水。蓄水初期曾因不均匀沉降过大，造成进/出水口附近回填区土工膜撕裂破坏而渗漏，渗流峰值流量达到 1500L/s，后进行了放空处理。目前上水库的渗漏总量（包括库岸）在 8L/s 以内，防渗效果显著。

第 7 章

黏土铺盖

由于能充分利用当地材料，且较易适应各种不同的地形地质条件，随着碾压等设备和施工技术的发展，黏土料作为防渗体在碾压土石坝中得到了广泛采用。

在世界坝工建设中，土质防渗体土石坝是应用最广泛、发展最快的一种坝型。自20世纪80年代以来，我国已建成多座坝高超过100m的土质防渗体土石坝。近年来对筑坝材料的研究有了很大的进展，如防渗体土料由黏土、壤土等发展到高坝采用砾石土等粗粒土。随着大型土石方施工机械设备的普遍应用，土石方工程从开挖、运输到填筑施工都能实现机械化，即使填筑规模巨大，也能够在合理的工期内完成。

黏土防渗也是抽水蓄能电站水库库盆的防渗型式之一。利用高山或台地上风化、沉积的黏性土，采用挖、填方式形成水库，是适应此类地形地质条件的较好的防渗方案。

7.1 黏土铺盖防渗的特点、适用条件及工程应用

7.1.1 黏土铺盖防渗特点及适用条件

对于抽水蓄能电站，黏土铺盖防渗通常是在充分研究工程条件（防渗水头、土料、地质条件等）的基础上，经过经济、技术综合比较后确定的。

黏土铺盖防渗具有以下特点：

（1）具有一定的适应地基变形能力。

（2）就地取材。很多工程区合理运距范围内就有符合质量和储量要求的黏土料，防渗材料容易取得。

（3）渗漏量小。黏土经碾压压实后渗透系数可达 10^{-6} cm/s，在黏土质量及厚度得到保证的前提下，土质防渗体可满足对水库库盆渗漏量控制的要求。

（4）造价低。与沥青混凝土、钢筋混凝土面板相比，具有较明显的价格优势，节省工程投资。

（5）施工简便，具有成熟的施工经验和设备。

在以下条件下，黏土铺盖防渗方案不宜采用：

（1）防渗水头较高。

（2）工程区合理运距范围内缺少符合设计要求的土料，或者开挖黏土料会对环境造成较大不利影响。

（3）地基覆盖层具有高沉陷性、易管涌性、强流失性，或相对于铺盖具有强流失性，或属于少砂的卵石、漂砾层，或架空层。

（4）两岸透水性强，或黏土铺盖与库周岩壁不易连接。

7.1.2 黏土铺盖防渗技术的应用

由于能充分利用当地材料、较易适应各种不同的地形地质条件等原因，黏土料作为防渗体自古以来就在土石坝修筑中广泛应用。

由于黏土的强度指标低，且土体内的孔隙水压力消散缓慢，不能适应抽水蓄能电站水位大幅变动的工况，因此黏土防渗型式很少用于抽水蓄能电站库岸防渗，一般只在库底作为辅助防渗。

1974 年 1 月竣工的美国拉丁顿抽水蓄能电站上水库位于密歇根湖岸边山顶上，用土堤围成，见图 7.1-1。由于库盆和堤基均为砂土层，堤体土料也是取自库内的砂土，因此防渗是一个关键技术问题。土堤采用沥青混凝土防渗，库底采用黏土铺盖防渗，黏土厚度 2.44~3.05m。

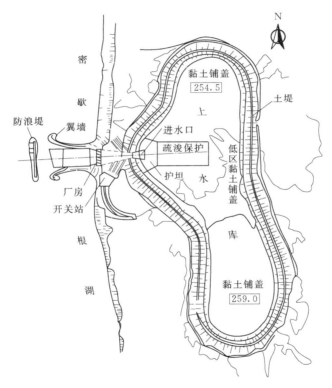

图 7.1-1 拉丁顿抽水蓄能电站上水库布置

美国落基山抽水蓄能电站上水库位于落基山顶浅盆形的台地上，用长 3900m 的环形黏土心墙堆石坝围成面积 0.89km² 的水库。上水库位于一个向斜的轴部，基岩主要为页岩、砂岩等。库盆大部分区域出露厚的岩石，然而越靠近边缘，页岩层厚度越薄甚至缺失。地下水位高程 396.20~403.90m，低于上水库死水位。由于微风化岩的渗透性很弱，上水库未做全库盆防渗，仅在页岩很薄及缺失的区域铺设 3m 厚的黏土作为防渗层。落基山抽水蓄能电站平面布置见图 7.1-2。

图 7.1-2　美国落基山抽水蓄能电站平面布置图

国内抽水蓄能电站水库采用黏土铺盖防渗方案早在 20 世纪 80 年代就已提出，直到 21 世纪初，才真正应用于实际施工。到目前为止，国内有部分已建和在建的抽水蓄能电站的上水库采用黏土铺盖防渗，如已建的河南宝泉、安徽琅琊山、江西洪屏上水库库底及在建的江苏句容下水库库底等。

河南宝泉抽水蓄能电站上水库（图 7.1-3）位于宝泉水库左岸峪河支流东沟内，控制流域面积 6km²，总库容 870 万 m³，由沥青混凝土面板堆石坝和库周山岭围成。上水库岩层多为寒武系灰岩地层，属中等透水岩层。库区存在 5 条张性断层，均切穿上水库库盆，存在较严重的渗漏问题，采用黏土铺盖护底＋沥青混凝土护坡相结合的综合防渗方式。

安徽琅琊山抽水蓄能电站上水库总库容 1804 万 m³，由主坝（钢筋混凝土面板堆石坝）、副坝（混凝土重力坝）和库周山岭围成。库区主要出露的地层为上寒武统琅琊山组及车水桶组灰岩，紧密褶皱和断裂构成了工程区的主要构造。工程区不同地层、不同构造部位喀斯特发育程度有很大差异性。根据上水库工程地质条件，库区防渗采用以垂直灌浆帷幕为主，库区、防渗线上溶洞掏挖回填混凝土、库区局部水平黏土铺盖为辅的综合处理措施。上水库自 2005 年 7 月 1 日开始试蓄水，2006 年 11 月底蓄至正常蓄水位，从工程区不同部位布置的测压管和量水堰监测分析表明工程运行正常。

江西洪屏抽水蓄能电站上水库总库容 2960 万 m³，由主坝（混凝土重力坝）、副坝（混凝土面板堆石坝）和库周山岭围成。库区水文地质条件复杂，水库蓄水后，多个地段

图 7.1-3 河南宝泉抽水蓄能电站上水库

存在渗漏问题。设计针对不同部位的渗漏特性，因地制宜采取了库岸混凝土面板及灌浆帷幕、库底黏土铺盖和土工膜的综合防渗型式。2017 年上水库已安全蓄水运行。

国内外部分抽水蓄能电站黏土铺盖防渗型式统计见表 7.1-1。

表 7.1-1　　　　　　　国内外部分抽水蓄能电站黏土铺盖防渗型式统计

序号	电站名称	阶段	坝　　型		坝高/m	水库防渗型式	黏土层厚度/m	库水位日变幅/m
1	河南宝泉	完建	主坝	沥青混凝土面板堆石坝	93.9	库岸沥青混凝土面板＋库底黏土铺盖防渗	4.5	31.6
			副坝	浆砌石重力坝	42.9			
2	安徽琅琊山	完建	主坝	钢筋混凝土面板堆石坝	64.5	垂直防渗为主，结合溶洞掏挖回填混凝土、水平黏土辅助防渗为辅	0.6~3.0	21.8
			副坝	混凝土重力坝	20.0			
3	江西洪屏	完建	主坝	混凝土重力坝	44.0	垂直防渗＋部分库岸钢筋混凝土面板＋部分库底黏土铺盖防渗	2.0	17
			副坝 1	钢筋混凝土面板堆石坝	57.7			
			副坝 2		37.4			
4	美国拉丁顿	完建	大坝	土堤	不详	库底黏土铺盖＋库周沥青混凝土面板	2.44~3.05	20.4
5	美国落基山	完建	大坝	黏土心墙堆石坝	24.4	黏土心墙＋库底黏土铺盖防渗	3.0	不详
6	江苏句容	在建	大坝	沥青混凝土面板堆石坝	37.10	库岸沥青混凝土面板＋库底黏土铺盖防渗	2.5	16

7.2 黏土铺盖结构设计

7.2.1 黏土铺盖的类别

黏土铺盖分为天然铺盖、组合铺盖、人工铺盖三种。

7.2.1.1 天然铺盖

建库常遇到有限深度透水性地基。这种第四纪的地层常常可以看作是相对均匀的，淤泥质夹层常常较薄或呈透镜体状，并不能把强透水层分隔开，即不影响其"单层透水性地基"的基本性质，见图 7.2-1。有时属于"双层结构透水性地基"，"双层结构"的上一层是弱透水层，渗透系数比下一层小几十倍到上千倍，建库后起到黏土铺盖的作用，即所谓"天然铺盖"，见图 7.2-2。

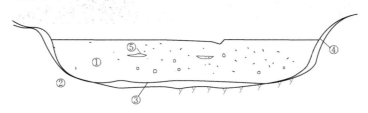

图 7.2-1 单层透水性地基剖面图
①—强透水层；②—基岩；③—风化岩；④—坡积层；⑤—淤泥质夹层

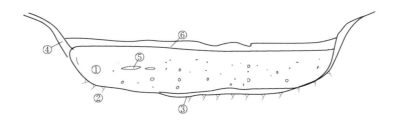

图 7.2-2 双层透水性地基剖面图
①—强透水层；②—基岩；③—风化岩；④—坡积层；⑤—淤泥质夹层；⑥—天然铺盖

天然铺盖与强透水层之间，常常存在一定厚度的过渡层。一般来说，这一过渡层是天然铺盖产生接触流失所生成，即上部弱透水层的颗粒由于重力和地面水的作用而混进强透水层内的结果，并非单独的一层，对天然铺盖不能起到保护作用。

水库防渗设计中应充分考虑天然铺盖的防渗作用。对于河床部位被切穿的天然铺盖应进行填平补齐，使两岸的上部弱透水层连续起来，减少渗流量。同时，对于水库大坝，应做好下游减压井或其他型式的坝基排水，以保证下游坝脚或坝坡的稳定性。

7.2.1.2 组合铺盖

黏土铺盖是为水库防渗而修筑的水工建筑物，同时也是对坝前库区地质条件的人为改善，当库区存在天然铺盖时，应加以利用。当经过填平补齐的天然铺盖不能满足防渗要求时，即库区渗漏量、天然铺盖渗透坡降等过大时，则可适当增加人工铺盖以构成组合铺盖。

对于组合铺盖中天然铺盖和人工铺盖的结合问题，只要去除草皮土，不一定翻松压密，不产生层间冲刷即可。

7.2.1.3　人工铺盖

在没有天然铺盖的情况下修筑的黏土铺盖即为人工铺盖。由于人工铺盖下面没有天然铺盖，而直接与强透水层接触，若强透水层顶部有一层比较均匀而细的砂，或下部是沉积土层，都将有利于铺盖的渗透稳定；若铺盖直接与较粗的强透水层接触，或者地基又不均匀，则常常需要加人工垫层、反滤层或加以土工织物垫层以保证铺盖的渗透稳定性。

7.2.2　黏土铺盖防渗的结构型式

抽水蓄能电站黏土铺盖设计与常规水电站黏土铺盖设计基本相同，但应结合水位骤升骤降的特点，在设计中注意解决以下问题：

（1）黏土防渗层应能满足防渗要求。

（2）黏土防渗层底部应设置自由排水反滤层，改善防渗层的反向压力，提高防渗土料的渗透稳定性。

（3）在黏土防渗层表面设置保护层，并注意反向渗压对防渗体的不良影响。

用于库底的黏土铺盖防渗结构主要由以下几部分组成：黏土保护层、黏土防渗层、反滤层、过渡层等，见图 7.2 - 3。

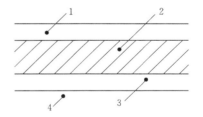

图 7.2 - 3　黏土铺盖防渗典型结构型式
1—黏土保护层；2—黏土防渗层；
3—反滤层；4—过渡层

7.2.2.1　黏土保护层

黏土保护层用于黏土防渗层的上覆保护，起到防冲、防冻、防干裂、施工期防损坏等作用，在运行期可作为黏土铺盖的反滤及压重，有利黏土铺盖适应库水位的频繁升降；材料一般为石渣料、预制块混凝土等，石渣料颗粒粒径不宜太大，厚度一般为 $0.5 \sim 1.5\text{m}$，预制块混凝土厚度一般 $6 \sim 10\text{cm}$。

设置黏土保护层的缺点是，一旦黏土层发生渗漏，需拆除覆于其上的保护层才能进行检查维修。

如果利用黏性土料做保护层则可以结合淤积物，并且可以用作裂缝的预置"淤合"材料。

7.2.2.2　黏土防渗层

防渗黏土铺盖厚度一般与其承受水头、透水层厚度、允许水力坡降、黏土下是否设置反滤层以及库盆渗漏量控制等因素有关。

一般黏土铺盖从断面型式上分作等厚铺盖、等渗透坡降铺盖、梯形断面铺盖、折线断面铺盖、三角形断面铺盖及上游加齿墙铺盖等。在抽水蓄能电站工程中，对于中、低坝，铺盖工程量小或在土料相对丰富的情况下通常采用等厚铺盖或梯形断面铺盖。

黏土铺盖厚度可按式（7.2 - 1）简化计算：

$$t \geqslant \frac{\Delta h}{i_n} \qquad (7.2-1)$$

式中：Δh 为铺盖任意点的水头差，m；i_n 为铺盖土料允许水力坡降。

考虑到铺盖的种类与土质情况，下卧层的土类与颗粒大小，土料分布的均匀状况，有无天然垫层、人工垫层或土工织物垫层，是否是特殊性的土以及施工情况等，i_n 建议取值见表 7.2-1。

表 7.2-1 i_n 建 议 取 值 表

铺盖下卧层土质	密实的人工铺盖		较好的天然铺盖		水中倒土沉实后或冻土块已融化、沉实
	轻壤土、壤土、黏土		轻壤土、壤土、黏土		
较为均匀良好的砂基	6～8		3～4		2
有良好的天然垫层或加了人工砂垫层的砂基	7～10		4～5		3
砂卵石层	3～5		2～3		1.5

注 1. 对组合铺盖的人工填筑部分，乘以修正系数 $\varepsilon_1 = 1.1 \sim 1.3$。
     2. 对加了经设计的土工织物滤层的，取 $\varepsilon_2 = 1.1 \sim 1.2$。
     3. 对少碾压土或土质均匀性、施工质量及厚度控制较差的，取 $\varepsilon_3 = 0.7 \sim 0.8$。
     4. 当铺盖土属黄土性土，或具有膨胀性、分散性时，另做研究。
     5. 当下卧层表面为卵石或漂砾层时，应铺设砂砾反滤或土工织物滤层，然后参考本表取值。
     6. 当地基易管涌或已形成裂缝塌坑，或又经愈合了的各种情况，另做研究。

对黏土进行渗透变形试验是必要的，设计采用的允许渗透坡降安全系数一般为 2.0～3.0。

黏土所承受的渗透坡降与黏土底部是否设置反滤层有着密切的关系。一般来说，黏土下设置反滤层，其允许渗透坡降会有较大提高。

宝泉抽水蓄能电站上水库正常蓄水位 789.60m，黏土顶高程 749.70m，黏土承受水头 39.90m。根据上水库黏土铺盖实际工作状态，设计选取黏土铺盖厚为 4.50m，压实度不小于 98%，渗透系数不大于 10^{-6} cm/s，全库盆黏土填筑量约为 65 万 m³。从黏土施工结束到下一年水库蓄水要经过一个冬季，同时为避免施工期运输机械对已铺筑黏土造成破坏，黏土铺盖上部设 0.3m 厚保护层，保护层材料为现场料场（含库区）等的开挖弃料。

琅琊山抽水蓄能电站上水库库底黏土防渗铺盖的最大作用水头约为 35m，可行性研究、招标及施工详图设计前期，黏土铺盖的厚度根据其所处部位的作用水头大小，按黏土允许水力坡降为 8～12 的要求确定；铺盖厚度采用 1～3m，高水头部位采用较大的铺盖厚度。施工期因多方面原因造成下水库出口明渠开挖黏土料严重不足。根据黏土料的实际储存量，对黏土铺填的要求做了适当调整：将位于岩基部位的辅助防渗铺盖黏土厚度由 1～3m 减薄至最小厚度为 60cm，但溶洞口部位的黏土厚度（含混凝土塞上填土）仍需满足水力坡降为 5～8 的要求。在黏土铺盖表面铺筑 50cm 的碎石保护层。

参照国内外工程经验，控制水库库盆日渗漏量不大于总库容的 0.2‰～0.5‰。此因素在铺盖厚度选择时应予以考虑。

7.2.2.3 反滤层

1. 反滤层作用

在黏土铺盖底部设置的反滤层具有以下几方面作用：

（1）可以提高防渗土料的允许渗透坡降。室内透水试验时，当没有透水板和反滤层时，在较小的水力坡降值下土样即发生管涌破坏；当土样置于透水板或反滤层上面，水力坡降常常达到土样允许水力坡降的数倍甚至数十倍而土样并不发生破坏。洪屏抽水蓄能电站可行性研究阶段土料渗透变形试验成果：在不设置反滤层条件下，上水库土料临界坡降为 17.1～28.3，破坏坡降大于 40，破坏型式为流土；在有反滤保护情况下，临界坡降可达 50.2，在坡降达到 232 时土料仍未发生破坏。

应当指出：室内试验的允许水力坡降破坏值一般较大，主要是因为试样较为均匀，是一种理想假定，不一定能代表实际情况。宜采用室外透水试验获取 i_n 值。

（2）对土料起到较好的保护作用，防止土料流失。

（3）反滤层也可作为黏土底部排水层，将库底及水库渗水及时排出。反滤料与土料之间应满足反滤准则要求。

2. 反滤层厚度

反滤层厚度一般为 0.5～1.5m。河南宝泉工程上水库库底防渗黏土下设置 2 层反滤层，每层厚度 0.5m。

7.2.2.4　过渡层

在库底填筑区和反滤层之间，需设置过渡层，过渡层有一定的级配要求，对反滤层起整平、支持作用，与反滤层之间满足反滤准则关系。对于库底开挖区，一般不设置此层，只铺设反滤层。过渡层厚度一般为 1.0～2.0m。宝泉工程上水库部分库底先回填石渣料，然后回填厚 1.0m 的过渡层。

7.2.3　黏土铺盖的附加措施

某些附加措施可使黏土铺盖更加稳妥可靠：
（1）用震冲加密法加密透水层，减小沉陷性。
（2）局部薄弱处加土工膜防渗。
（3）水库预留放空底孔，必要时放空水库对黏土铺盖进行检查、维修等。

7.3　黏土铺盖的细部构造及其与其他建筑物的连接

黏土铺盖多为水库库底防渗措施。一些抽水蓄能电站的水库防渗型式采用库岸混凝土面板和库底黏土铺盖的组合防渗。因此，库底黏土铺盖须与库岸防渗面板进行连接。为防止库水沿混凝土面板、黏土两种材料的接触面产生渗漏，面板与黏土之间需要足够的搭接长度。最小搭接长度计算公式：

$$L = H / [J] \tag{7.3-1}$$

式中：L 为搭接长度，m；H 为黏土承受水头，m；$[J]$ 为接触面允许渗透坡降，黏土铺盖与沥青混凝土、混凝土接触面允许渗透坡降一般不大于 5～6。

宝泉工程上水库整个防渗系统由沥青混凝土、混凝土、黏土三种材料组成，三种材料之间的搭接接头处理是防渗整体设计中的重要环节。沥青混凝土与黏土接头部位主要分布在库岸坡脚和主、副坝前库底部位。搭接长度应以满足渗透坡降要求为准。黏土与沥青混凝土面板接触长度 19.22～46.98m，两者以 1:1.7～1:5.0 坡比搭接。黏土与沥青混凝土面板接触段设 0.5m 厚的高塑性黏土，利用黏土的高塑性适应变形，防止黏土开裂渗水。针对沥青混凝土和黏土接头进行了接头试验，根据试验结果并参照类似工程经验，在和黏土搭接的部位沥青混凝土表面涂刷封闭层，使表面平整光滑；黏土采用高塑性黏土，含水量高于最优含水量 1%～3%，和沥青混凝土接触面不含有砾石。宝泉工程上水库库底黏土铺盖与沥青混凝土面板连接见图 7.3-1。

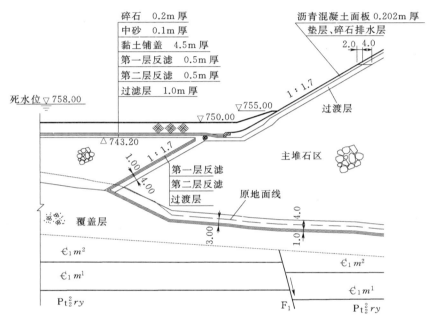

图 7.3-1　宝泉工程上水库库底黏土铺盖与沥青混凝土面板连接图（单位：m）

混凝土与黏土接头部位主要分布在进/出水口前池段。进/出水口前池段混凝土面板与黏土以 1:0.5 坡比搭接，搭接长度 7.49m。最大水头 40.57m，不考虑水平段渗透坡降 5.4，满足设计要求。混凝土与黏土接头也需要混凝土有光滑的表面，以确保结合紧密。

7.4　防渗土料的选择

7.4.1　防渗黏土

7.4.1.1　基本原则和料场规划要求

在选择防渗土料时，应遵循如下基本原则：

（1）选用的材料性能应能满足设计功能要求，在工程长期运用中，其基本性能不应有明显的不利变化，即应"具有长期稳定性"。

（2）应考虑土料渗透系数是否满足要求，其次还应研究其抗剪强度、压实特性、塑性、变形特性、抗渗强度以及抗冲蚀能力等各种物理力学特性。

（3）就地取材是选择防渗体的一项基本要求。料场选择应以水库为中心，尽量利用近处料场的材料；在选择料场时，还应尽量少占或不占农田。一般情况下，应优先考虑建筑物开挖料的利用及库区淹没范围内料场的材料。

（4）便于开采、运输和压实等要求。这样有利于提高施工质量，提高工作效率，加快施工进度，降低施工难度及成本。

（5）做好料场规划，统筹安排。做好枢纽建筑物开挖料利用和挖填平衡，尽量减少弃料，减小对环境的影响。

7.4.1.2　技术要求

防渗土料的渗透系数与黏粒含量、干密度、填筑含水率有关。黏粒含量是影响渗透系数的关键性因素，黏粒含量越高，渗透系数越小。土料干密度越大，渗透系数越小。

土料的最大干密度也与黏粒含量有关：当黏粒含量为 20% 左右时，最大干密度最高；随着黏粒含量的增加，最大干密度明显减小。黏土压实的最优含水率与塑限密切相关，一般来说，最优含水率与塑限大致相同。

防渗黏土为防渗结构的主体，经碾压后的黏土料渗透系数一般应小于 10^{-6} cm/s，并要求有较好的塑性和渗透稳定性。

《碾压式土石坝设计规范》（SL 274—2001）中对防渗土料提出以下要求：

（1）水溶盐含量不大于 3%；有较好的塑性和渗透稳定性；浸水和失水时体积变化小；塑性指数大于 20 和液限大于 40% 的冲积黏土、膨胀土、开挖及压实困难的干硬黏土、冻土、分散性黏土等不宜作为防渗土料；用于填筑防渗体的砾石土，粒径大于 5mm 的颗粒含量不宜超过 50%，最大粒径不宜大于 150mm 或铺土厚度的 2/3，0.075mm 以下的颗粒含量不应小于 15%。

（2）防渗土料的矿物成分对土料的性质起决定性作用。矿物成分主要有高岭石、伊利石和蒙脱石，其对土料的物理力学性质影响各有不同：

1）高岭石颗粒较粗，不易分散，与水相互作用不强烈，物理力学性质较稳定。

2）蒙脱石颗粒大部分为薄片状，与水相互作用强烈，吸附性、收缩性和膨胀性都很大，由蒙脱石颗粒为主组成的黏土透水性很小，压缩性较高，塑性大，物理力学性质不稳定。

3）伊利石介于蒙脱石与高岭石之间。因此防渗土料以蒙脱石为主时，液限一般大于50%；以高岭石为主时，液限小于 50%。膨润土的液限高达 400%。

（3）黏土、壤土、轻壤土、泥炭土等都可做铺盖的土料。泥炭土的分解度超过 50%时，适当加厚即可用于防渗铺盖。当次生黄土下卧层颗粒较细并封闭较好、可以防止细颗粒流失时，也可用于铺盖，但其渗透系数偏大（10^{-5} cm/s 左右）。粉质土的冻土块也常用于填筑黏土铺盖，融化、沉实后防渗效果与水中倒土相当。这种冻土料一般用于寒冷地区，但土料要经过试验。

（4）砾石土也可做防渗铺盖。一般而言，砾石含量小于 30%～40% 时，砾石之间的空隙完全被细料（粒径小于 5mm）所充填，在该砾石含量范围内，砾石土的渗透系数往往最小。随着砾石含量的增加，渗透系数加大，但仍可满足防渗要求。但砾石含量超过50%～60% 时，由于细料含量少，在砾石空隙中细料充填不密实，砾石形成架空结构，渗透系数迅速变大，不能用做防渗土料。20 世纪 60 年代后国内外许多高土石坝采用砾石土作为防渗体，国内的糯扎渡、瀑布沟、长河坝等高土石坝工程均成功采用了砾石土防渗。

（5）为保证具有较好的渗透稳定性，防渗土料应有反滤保护。有反滤保护时某些黏土的渗透坡降可达 100 以上。反滤层的颗粒级配与黏土的密度对黏土的渗透坡降有显著影响：级配合理、密度较大，则黏土的渗透坡降较高。

7.4.2 反滤料

库底黏土反滤是保证黏土铺盖不发生渗透破坏的重点，属于"关键性反滤"，也是施工质量控制重点，要求反滤层应满足以下条件：使被保护土不发生渗透变形；渗透性大于被保护土，能通畅地排出渗透水流；不至于被细粒土淤塞失效；在防渗体出现裂缝的情况下，土颗粒不应被带出反滤层，裂缝可自行愈合。

反滤料可利用天然砂砾石料，也可采用块石、砾石等石料加工，或者两者的掺合料，应符合下列要求：质地致密、抗水性和抗风化性能满足工程运用条件，母岩为饱和抗压强度大于 30MPa 的硬岩，软化系数高，以防施工碾压和运用中级配变化过大；具有设计要求的级配；不应含有较多的软弱颗粒；若采用加工料，则应选择弱、微风化或新鲜岩石轧制，同时严格控制针片状颗料含量；具有要求的透水性和排水性；反滤料中粒径小于 0.075mm 的颗粒含量应不超过 5%。

《碾压式土石坝设计规范》（SL 274—2001）中规定，当被保护土为无黏性土、且不均匀系数 $C_u \leqslant 5 \sim 8$ 时，其第一层反滤的级配宜按式（7.4-1）确定：

$$\left.\begin{array}{l} D_{15}/d_{85} \leqslant 4 \sim 5 \\ D_{15}/d_{15} \geqslant 5 \end{array}\right\} \tag{7.4-1}$$

式中：D_{15} 为反滤料的粒径，表示小于该粒径的土重占总土重的 15%；d_{15} 为被保护土的粒径，表示小于该粒径的土重占总土重的 15%；d_{85} 为被保护土的粒径，表示小于该粒径的土重占总土重的 85%。

对于不均匀系数 $C_u > 8$ 的被保护土，宜取 $C_u \leqslant 5 \sim 8$ 的细粒部分的 d_{85}、d_{15} 作为计算粒径。

当被保护土为黏性土时，其第一层反滤层的级配应考虑滤土要求、排水要求等确定。

1. 滤土要求

根据被保护土小于 0.075mm 颗粒含量不同而采用不同的方法。且当被保护土含有大于 5mm 颗粒时，应按小于 5mm 颗粒级配确定小于 0.075mm 颗粒含量，及按小于 5mm 颗粒级配的 d_{85} 作为计算粒径。

（1）对于小于 0.075mm 颗粒含量大于 85% 的土，其反滤层可按式（7.4-2）确定：

$$D_{15} \leqslant 9d_{85} \tag{7.4-2}$$

当 $9d_{85}$ 小于 0.2mm 时，取 D_{15} 等于 0.2mm。

（2）对于小于 0.075mm 颗粒含量为 40%～85% 的土，其反滤层可按式（7.4-3）确定：

$$D_{15} \leqslant 0.7\text{mm} \tag{7.4-3}$$

（3）对于小于 0.075mm 颗粒含量为 15%～39% 的土，其反滤层可按式（7.4-4）确定：

$$D_{15} \leqslant 0.7\text{mm} + (40 - A) \times (4d_{85} - 0.7\text{mm})/25 \qquad (7.4-4)$$

式中：A 为小于 0.075mm 颗粒含量，%。

若上式中 $4d_{85} \leqslant 0.7\text{mm}$，应取 0.7mm。

2. 排水要求

反滤料据排水应满足下式：

$$D_{15} \geqslant 4d_{15}$$

式中 d_{15} 应为全料的 d_{15}，当 $4d_{15}$ 小于 0.1mm 时，应取 D_{15} 不小于 0.1mm。

有时，土工织物也可用作反滤层。土工织物由工厂加工制造，厚度均匀，可靠性高；土工织物是连续体，有一定的抗拉强度和延伸率，且本身不会流失，不需要过渡层保护；土工织物的孔隙较均匀，其厚度、强度、渗透性可在一定范围内选择。

土工织物的有效孔径可按式（7.4-5）简化计算：

$$d_{15} < O_e < d_{85} \qquad (7.4-5)$$

式中：d_{15}、d_{85} 为被保护土的粒径，表示小于该粒径的土重占总重的 15% 和 85%，mm；O_e 为土工织物的有效孔径，mm。

$O_e > d_{15}$ 是畅流要求，可以使铺盖承担较大水力坡降；$O_e < d_{85}$ 是不流失要求。当铺盖偏薄并较易流失时，建议选择较小孔隙的土工织物；当铺盖较厚、较好时，可选稍大些孔隙的土工织物。当地基变形性较小时，可选一般强度和应变率的土工织物，当地基变形性较大时，则宜选择强度稍大和应变率大些的土工织物。其强度的选择还应考虑地基石块的刺穿及施工当中的拉伸、撕裂等。

7.4.3　黏土保护层

黏土保护层一般位于防渗体的上部，多采用如下几种材料和型式。

1. 石渣料

石渣料一般采用抗风化能力强的弱、微风化石料，颗粒粒径不宜太大，宜小于 30cm，小于 5mm 的颗粒含量宜小于 20%；厚度一般为 0.5~1.5m。

对于靠近进/出水口部位，水库运行期有一定的水流流速，黏土铺盖保护层不宜采用石渣料，主要是考虑石渣料中细颗粒启动流速小，在水库运行时，水流可能把细颗粒带走，造成水泵水轮机的磨损以及黏土保护层的破坏。

2. 土工布+干砌块石

土工布+干砌块石也是黏土保护层的一种型式。土工布一般采用 200~300g/m² 规格、短丝非织造纤维材料，干砌块石选用抗风化能力强的弱、微风化石料，颗粒粒径大于 30cm。

3. 预制块混凝土

预制块混凝土厚度一般 6~10cm，考虑搬运方便，尺寸不宜太大，长度 30~50cm，宽度 30~40cm。

在靠近进/出水口、水库运行期有一定水流流速的部位，采用预制块混凝土作为黏土保护层较为可靠。

设置黏土保护层的缺点是，一旦黏土层发生渗漏，需拆除覆于其上的保护层才能进行检查维修。如果利用黏性土料作保护层则可以结合淤积物，并且可以用作裂缝的预置"淤合"材料。

7.5 黏土铺盖关键施工技术要求

黏土铺盖的施工程序主要包括开采运输、填筑、仓面检查及验收等，施工程序详见图 7.5-1。

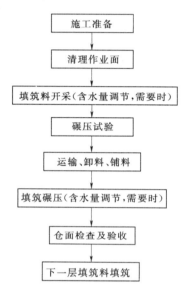

图 7.5-1 库底黏土铺盖
施工程序图

库盆底部采用黏土铺盖防渗，通常面积较大，适合大型机械化施工。但黏土施工碾压时，为方便施工及满足防渗要求，往往对黏土含水量要求较高，同时黏土施工受天气因素影响较大。对于库盆底部黏土铺盖防渗施工，根据具体的工程施工情况，一般采用从中心向四周的施工程序。

库底黏土填筑作业的特点是工作面广阔，施工时应统一管理、严密组织，保证工序衔接，分段流水作业。

7.5.1 开采运输

除在料场周围布置截水沟、防止外水浸入外，并应根据地形、取土面积及施工期间降雨强度在料场内布置完善的排水系统，及时宣泄径流。

当料场在土料天然含水率接近或小于控制含水率下限时宜采用立面开挖，以减少含水率损失；如天然含水率偏大，宜采用平面开挖，分层取土。

土料开采应自上而下分层开挖，分层时尽量减少对开采区的扰动，以防雨水干扰土料的天然含水量，使含水量波动变化范围增大，增加含水量控制难度。一般土料分层开挖高度取为 3～5m，反铲挖土配自卸汽车运输。

雨季施工时，应优先选用含水率较低的料场，或储备足够数量的合格土料。土料应加以覆盖保护，保证合格土料的及时供应。

当料场土料含水量不能满足设计要求时，需要进行土料含水量调整。应根据开采运输条件和天气等因素，经常观测料场含水率的变化，并做适当调整。料场含水率的控制数值与填筑含水量之间的差值应通过试验确定。

黏土料的主要运输方式宜采用自卸汽车直接上坝。

7.5.2 碾压试验

碾压试验是库底黏土填筑施工前期的一项重要工作。碾压试验的目的是：校核设计确定的有关技术指标，选择合适的施工机具，确定有关的施工方法和各种参数，提出有关质量控制的技术要求和检验方法，制定有关的施工技术措施。

黏土料碾压试验应确定铺土方式、铺土厚度、振动碾规格型号、碾压遍数、填筑含水量、压实土的干密度、压缩系数以及抗剪强度等参数。根据填筑料技术指标和选用的机械设备，以及针对不同区域的铺料方式、铺料厚度、振动碾规格型号、碾压遍数、行车速度、铺料过程中的加水量等，分别对填筑料进行碾压试验，并对碾压前后的压实厚度、干密度、加水量等进行试验、统计、分析，提出试验成果。宝泉电站通过碾压试验，其黏土最优含水率约为 18.8％，最优碾压厚度为 35cm。

7.5.3　填筑

7.5.3.1　基础处理

人工铺盖回填前，要求将其基底处理妥善。不宜有高低突变，局部不宜有陡坡。清除一切块石、碎石、树根及软质土。一般选用推土机或挖掘机清除库底表层的粉土、淤泥、腐殖土、草皮、树根、乱石等。如加砂垫层，需预先平整、碾压。

完成库底基础清理后，再根据黏土填筑区域范围，结合施工强度、施工机械配置及施工工序划分工段作业区。

7.5.3.2　填筑施工

（1）土料铺填。铺料分为卸料与平料两道工序。库底一般采用自卸汽车铺料，推土机平料。保持填土表面平整是保证铺料均匀、防止超厚的关键环节。同时在自卸汽车上坝时，为减少对已压实合格面的土质过度碾压，形成弹簧土，库底填筑时应在库内规划多条施工道路，以形成多点进料。

黏土料应采用进占法卸料，汽车不应在已压实的土料面上行驶。

（2）碾压。防渗体土料压实的施工机械主要有羊足碾、气胎碾、凸块振动碾等。国内黏土填筑碾压一般采用自行式凸块碾。振动碾工作重量宜大于 10t，振动频率 20～30Hz，行驶速度不应超过 4km/h。填筑过程中需要注意其厚度和密度的控制。库底碾压沿填筑方向按进退错距法进行碾压，碾压遍数、碾压速度经碾压试验后确定。

土料的碾压施工参数应通过碾压试验确定。一般黏土料的碾压厚度 20～30cm。填土后及时碾压，避免日晒形成干裂面；避免雨水浸泡，如浸泡则须清除，刨毛后重新填土碾压。如有保护层，应及时填筑。

（3）结合部位施工。库底黏土与库岸四周相结合，当库底黏土与库岸岩石直接结合时，应清扫岩面上的泥土、污物、松动岩石等，并做好岩面处理才能填土。当库底黏土与混凝土防渗体系相结合时，应对混凝土表面进行洒水湿润后才能填土。库底土料在与库周岸坡接合处，在 1.5～2.0m 范围内，应采用小型手推式夯实机碾压。

7.5.3.3　控制指标

含砾的和不含砾的黏性土的填筑标准应以压实度和最优含水率作为设计控制指标。作为防渗使用的黏土，压实度一般 98％～100％。黏性土的施工填筑含水率应根据土料性质、填筑部位、气候条件和施工机械等情况，控制在最优含水率的 −2％～3％偏差范围以内，以下以宝泉和琅琊山工程为例说明。

（1）宝泉上水库黏土铺盖施工。该工程平甸黏土料场位于上水库以北约 10km，有简易碎石公路可达。平甸料场以峪河为界，可分为左岸的打丝窑料场和右岸红土坡料场，打丝窑料场为主要料场，红土坡料场为备用料场。

由于打丝窑料场黏土存在较多的砾石。如果采用纯黏土，将会造成大量弃料，导致黏土严重缺乏，同时剔除砾石也十分困难；但如果黏土含有过多的砾石，将会导致黏土质量特别是渗透系数不能满足设计要求。根据料场的特性和黏土铺盖结构设计，结合对上水库黏土铺盖的原位渗透试验，将黏土铺盖（厚 4.5m）划分为三个区域：Ⅰ区为黏土与沥青混凝土面板接触带全断面厚 0.5m 高塑性黏土；Ⅱ区为 745.20m（进/出水口 741m）～748.20m（进/出水口 746.20m）高程黏土；Ⅲ区为 748.20m（进/出水口 746.20m）～749.70m（进/出水口 747.70m）高程黏土。

各区设计指标要求如下：

Ⅰ区：黏土含水量高于最优含水量宜为 1%～3%，压实度宜为 90%～95%；黏土不宜含砾，若含砾要求最大砾径小于 50mm，则 5～50mm 含量应小于 20%，要求现场施工时砾石不得集中，不得靠近沥青混凝土（混凝土）接触面；黏土与其他建筑物接触面填筑前应洒水湿润并涂刷泥浆。

Ⅱ区：压实度不小于 98%，最优含水率按 20.8% 控制，允许偏差 −2%～3%；黏土中最大砾径小于 50mm，5～50mm 含量小于 20%，同时控制黏土中砾石分布均匀，不得集中；不含砾石的黏土最大干密度按 1.66t/m³ 控制。现场碾压参数：凸块碾动压 8 遍，并根据满足设计指标的现场碾压试验结果确定的参数执行。

Ⅲ区：固定压实度，浮动干容重，碾压后压实度要求不小于 98%；黏土中最大砾石直径小于 150mm，5～150mm 含量小于 30%，要求砾石不得集中。

黏土Ⅰ区、Ⅱ区干密度 1.66～1.79t/m³，Ⅲ区干密度 1.66～1.87t/m³。

根据黏土铺盖设计和填筑控制标准，现场检测以压实度控制，补充含石量（含粒径）检测、渗透试验检测，渗透系数不大于 10^{-6} cm/s。

（2）琅琊山上水库黏土铺盖施工。黏土铺盖填筑分为 3 个区施工，具体为：Q1 区为高程 150m 以下部分，Q2 区为铺盖区左岸部分，Q3 区为铺盖区右岸部分。

黏土和石渣料填筑自下而上分层铺料、分层填筑。按两层黏土一层石渣平起作业，且按先黏土后石渣的顺序自下而上滚动施工。严格控制碾压层厚度。为保证设计断面内的黏土和石渣料压实，每层铺料时超出设计边坡线一定宽度，两层黏土逐层填筑施工完毕及时进行黏土坡面修整及坡面碾压，再开始一层石渣填筑，最后进行石渣坡面修整及坡面碾压。

黏土和石渣料采用 10t 自卸汽车运输，进占法卸料。要求运输车辆不在已压实的土料面上行驶。加强黏土的天然含水量检测控制，确保填土的含水量接近最优含水量时才填筑。若黏土的天然含水量偏大或偏小，则进行晾晒或洒水处理。铺料过程中，严格控制黏土料的质量、含水量和铺土厚度，对不合格的土料应予清除并运出填筑工作面。

黏土铺盖碾压采用进退错距法压实，分段碾压，相邻两段交接带碾迹应彼此搭接，顺碾压方向搭接长度应不小于 0.3～0.5m；垂直碾压方向搭接宽度为 1～1.5m。

土料铺料与碾压工序连续进行。铺料前如果气候干燥或填土间隔时间过长，表面土含水量损失大于允许范围；压实表土经常洒水润湿，保持土料含水量在控制范围以内。如黏土压实表面形成光面时，铺土前洒水湿润并将光面刨毛。

黏土铺盖的填筑面略向沟内倾斜，以利排除积水。做好雨情预报，提前做好防雨准备，把握好复工时机。雨后复工时，首先人工排除黏土表层局部积水，并视未压实表土含水率情况分别采用翻松、晾晒或清除处理。

对于黏土铺盖边缘、建筑结构周围特殊部位的黏土铺盖施工，减薄碾压层厚度，黏土料碾压层厚度减至 $10\sim15cm$，石渣料碾压层厚度减至 $25\sim30cm$，采取人工铺料、小型振动碾或振动冲击夯压实。对岸坡不平顺、振动碾碾压不到的部位采用手扶振动碾压实；副坝坝脚部位填槽时用手扶振动碾顺副坝坝轴线方向压实，个别场面狭窄部位采用打夯机夯实；排气管、断层处理和无纺布四周 50cm 范围内以及溶洞、落水洞洞口混凝土顶面以上50cm 范围内黏土料采用打夯机夯实；其余的溶洞、落水洞洞口和断层槽内黏土填筑工作面大时采用手扶振动碾压实，边角部位采用打夯机夯实。

施工过程中，黏土的填筑质量以压实度和最优含水率作为控制指标，要求含水率控制在 $20\%\pm3\%$，压实度不小于 98%；石渣料的填筑质量以孔隙率和干密度控制，要求压实后的孔隙率不大于 28%，干密度不小于 $1.95g/cm^3$。

7.5.4　冬季、雨季施工措施

冬季影响黏土填筑的因素主要为下雪及冻土。

7.5.4.1　负温下的填筑施工措施

（1）在负温下施工，应特别加强气温、土温、风速的测量，以及气象预报及质量控制工作。

（2）负温下填筑要求黏性土含水率不应大于塑限的 90%。

（3）负温下填筑，应做好压实土层的防冻保温工作，避免土层冻结。土层一旦冻结，必须将冻结部分挖除。

（4）负温下停止填筑时，黏土填筑表面应加以保护。

（5）填土中严禁夹有冰雪，不得含有冻块。如因下雪停工，复工前应清理填筑面积雪，检查合格后方能施工。

7.5.4.2　雨季施工措施

（1）分析当地水文气象资料，确定雨季施工天数，合理选择施工机械设备的数量，以满足铺盖填筑强度的要求。

（2）加强雨季水文气象预报，提前做好防雨准备，把握好雨后复工时机。

（3）在雨季填筑时，应适当缩短流水作业段长度，土料应及时平整、压实。

（4）降雨来临之前，应将已平整尚未碾压的松土用振动平碾快速碾压形成光面。

（5）机械设备雨前应撤离填筑面。

（6）做好填筑面的保护工作，下雨至复工前，严禁施工机械和人员穿越填筑面。

（7）雨后复工处理要彻底，首先人工排除黏土表层的局部积水，并视未压实表土含水率情况，分别采用翻松、晾晒或清除处理。严禁在有积水、泥泞和运输车辆走过的填筑面上填土。

（8）为保持土料正常的填筑含水量，日降雨量大于 5mm 时，应停止填筑。

（9）填筑施工作业面做成中央凸起向两侧微斜，呈拱状，以利于排水。

宝泉电站上水库库底黏土铺盖填筑为非关键线路，且电站属于北方地区，施工期间根据天气情况进行调控，冬季暂停施工，夏季遇到较大的降雨时也暂停施工。工程从 2006 年 11 月 4 日开始库底黏土填筑，至 2007 年 11 月 20 日完成，黏土填筑平均强度约 5 万 m³/月，最大高峰填筑强度为 18 万 m³/月。

7.5.5 黏土铺盖的防裂措施及裂缝处理

黏土铺盖是大片状土壳结构，当采用碾压法填筑施工时，容易变形和产生裂缝。变形和裂缝的成因有多种，如黏性土因冻、晒、干缩及坡上土坍塌等。铺盖裂缝的产生常常因为铺盖的竖向不均匀变形，包括铺盖自身沉陷与下卧地层沉陷的叠加。

铺盖在工作中承受渗透固结力。忽略掉透水层微小的渗透力，工作中该层属一般荷载固结，假定地层性能类同，则越靠近大坝，铺盖与透水层内垂直固结力越大，铺盖的固结沉陷也就越大、越快。在抽水蓄能电站中，黏土铺盖在库水位频繁涨落中工作，即处于不稳定渗流作用下。水位突涨后铺盖下面靠坝区的压力滞后数时至数日才上扬，这期间近坝区定有更大的固结力与沉陷会加剧铺盖的不均匀变形与裂缝破坏。此外，上下各层黏性土层的固结沉陷时间较长，造成了裂缝持续发生并在较长时段发展。

下卧透水层的沉陷因素较多，主要有以下几个方面：

（1）铺盖下表层土的沉实或向下层流失，天然铺盖下过渡层的流失。

（2）透水地基中的薄夹层。透镜体夹层在静荷载作用下及少部分渗透荷载作用下的固结变形。

（3）透水层内夹层的层间流失。厚层淤泥土体的受挤流动等。

较小的不均匀沉陷并不一定导致铺盖裂缝，因为黏土铺盖总有一定的柔性和蠕变。较小的裂缝因为可以淤合也不一定影响安全。

黏土铺盖还可能造成渗坑破坏，一般出现在先期运用中。产生渗坑破坏的原因很多，主要有以下几个方面：

（1）施工质量与土料不均一，局部留下薄弱处。

（2）无黏性土地基的管涌特性造成塌坑。

（3）旧钻孔、旧灌浆孔封闭不善，旧菜窖、旧水井回填不实等。

在国内外已完建的抽水蓄能工程中，美国拉丁顿抽水蓄能电站和河南宝泉工程上水库库底的黏土铺盖在水库蓄水后均出现了一定范围的凹陷、局部坍塌及裂缝。

根据对宝泉工程上水库库底铺盖裂缝情况的现场查看，初步分析主要存在以下三点原因：

（1）基础不均匀沉陷产生的剪切、拉伸破坏。从裂缝的分布来看，裂缝主要集中在变形较大的库底回填区和容易产生不均匀沉降的挖填分界部位。在库岸黏土铺盖和沥青混凝土面板交接部位也由于黏土沿剖面蠕变而产生拉裂缝。

（2）局部施工缺陷。在对裂缝处理过程中发现，一些裂缝挖开后发现土料松散，主要是碾压不够密实导致。

（3）蓄水速率过快。上水库没有天然径流补给，需要从下水库抽水。自 8 月 29 日 1 号机组启动开始向上水库充水，至 9 月 7 日，库水位从高程 750.16m 上升到高程 765.05m，平均每天上升 1.65m，但是短时间内上升速率达到 0.68～1.92m/h，充水当天，水位上升多数超过 3m。这样的加荷速率加速了黏土铺盖的不均匀沉降。

当黏土铺盖出现裂缝和塌坑时，如果渗漏量比较稳定，裂缝没有继续扩大或者扩大速度比较缓慢的情况下，人工抛土常可促成裂缝、塌坑的淤合并大大加速其淤合进程；对裂缝而言，河流的淤积对铺盖裂缝很有意义，铺盖的有效性是随着时间和淤积物的增多而增加的，在有淤积物的情况下，有些铺盖的裂缝在较长时间的运用过程中自然淤合了，有些淤合的裂缝虽然继续开裂，但经过继续自然淤合最终可达到稳定。

但是，渗漏量持续增大，且水一直较浑时，说明反滤料已经遭到破坏，需要尽快放空水库进行维修。铺盖修补的方法有充填式灌浆、开挖回填、土工膜覆盖等。

7.5.5.1　美国拉丁顿抽水蓄能电站

拉丁顿抽水蓄能电站上水库于 1972 年 12 月 5 日开始蓄水。在首次蓄水的 35d 内，库水位明显下降，水库漏水量达 680L/s。数月后地下水位抬升，致使下游坝趾几处出现渗流。1973 年 5 月降低库水位，并对 265.2m 高程处沥青混凝土面板上的黏土铺盖进行检查。在铺盖上发现一条直线塌陷，一直延伸至水下 4.6m。此次检查还发现了另一处沟槽凹陷。随后两年，在黏土铺盖上又发现了几处塌陷，并进行了修补。1979 年在水库以北的野外露营地发现一处出水点，起始出水量为 6.3L/s。对水库北端进行水下检查又发现一处塌陷，通过染料试验，确认野营地的出水与该处塌陷有关。由此又对水库黏土铺盖和库北端下游坝趾进行了检查，检查发现了几处沟槽凹陷。1988 年潜水员又在水库南坡发现了沟槽凹陷，随后在 1989—1990 年的检查中发现，水库南半部遍布多处沟槽凹陷。

1989 年对黏土铺盖中的沟槽凹陷进行回填灌浆，灌浆浆液为水泥、膨润土、砂和水拌制而成，灌浆量约为 4740m³。1989 年秋季，潜水员发现回填灌浆部位出现几处裂缝和沉陷。1990 年的潜水检查结果表明，对沟槽凹陷的回填灌浆并不成功，无法减小铺盖沟槽和裂缝的渗漏。由此业主对沟槽凹陷重新提出修补方案。

1992—1997 年每年对沟槽凹陷以及前期的灌浆裂缝缺陷进行修补。选择的修补材料为一种磨细的硅土砂岩岩粉（PMI Silica），要求有一定的颗粒级配。这种岩粉与水合成浆液，通过直径 5～10cm 的软管在水下灌筑。浆液塑性，可在沟槽凹陷处形成透水性很小的岩塞，浇筑后可以不断流动充填各种空隙和缝隙，效果很好。由于水下能见度很低，水下浇筑在 DGPS 和 USBL 系统遥控导向定位下进行，由此降低修补造价，节省了工期。以后每过几年就用石英细砂进行灌填修补。

2006 年以后沥青混凝土面板渗漏量为 0.6L/s 左右，250 台抽水泵中仅有 1 台经常工作，需每隔 10～14d 抽水一次。水泵在设定水位下可以自动启动，因此观察各水泵的工作时间就可以了解该部位的渗漏情况。上水库库底黏土覆盖的渗漏量从 1972 年的 673L/s 逐年减小至 2006 年的 147L/s。

7.5.5.2　宝泉抽水蓄能电站

宝泉抽水蓄能电站在上水库初期蓄水过程中，2008 年 9 月初发现库盆左岸排水廊道的渗漏量突然增大，随后放空水库对库盆进行了一次全面普查，共发现大小不等的裂缝 79 条，其中最长裂缝 103.76m。裂缝主要分布在岸坡黏土铺盖与沥青混凝土面板搭接边缘、库底排水观测廊道沿线、库底回填区和挖填分界部位。

如图 7.5-2 所示，库底黏土裂缝主要分布在岸坡黏土铺盖搭接边缘，库底排水廊道沿线及挖填分界部位。这些部位都是基础变形差异较大，施工不便的部位。由此可见，基础不均匀沉降，施工缺陷、碾压不够密实是黏土铺盖产生裂缝的重要原因。另外，初期蓄水速率过快，加速了黏土铺盖的不均匀沉降。

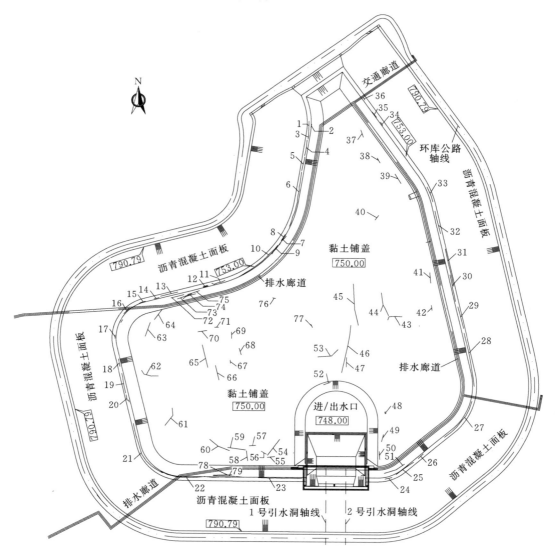

图 7.5-2　宝泉工程上水库库底裂缝分布图

注：数字 1～77 为统计裂缝编号。

对黏土铺盖缺陷处理的原则是尽量利用土工膜防渗，以减少开挖及回填量。根据裂缝的大小采取不同的处理方案。

对库底黏土的深槽、坑，先局部开挖检查，若基础反滤料未破坏，则沿深槽两侧开小槽，然后按设计要求重新回填黏土并超过原设计库底高程 0.5m，然后上面铺设土工膜＋

土工布各一层。土工膜四周锚固在黏土槽内，上部回填 0.5m 厚保护层。

如检查发现基础反滤料已经破坏，沿深槽两侧全部挖至反滤料，在反滤料上面铺设两层反滤土工布，重新回填黏土，做土工膜及压重（图 7.5-3）。

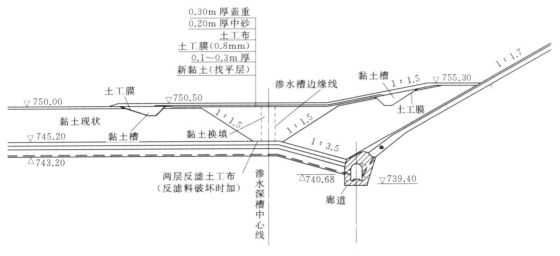

图 7.5-3　渗水深槽、坑处理方案（单位：m）

对贯穿裂缝及深层裂缝，采用铺设土工膜和灌浆处理。沿裂缝（孔洞）位置开槽，开槽处理范围沿裂缝两侧各 1.0m，两端各 2.0m 范围进行开挖，开挖深度 1.0m 然后回填黏土；回填黏土前应先将底部未开挖裂缝采用充填式灌浆处理，回填完毕后表面加铺土工膜（图 7.5-4）。

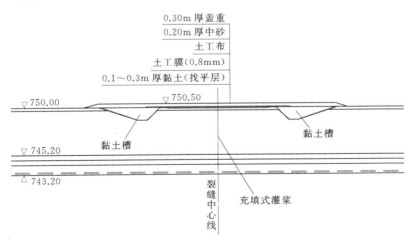

图 7.5-4　库底贯穿裂缝（深层裂缝）处理典型图（单位：m）

对表层裂缝，先进行灌浆，然后按原设计要求重新碾压 6～8 遍。

当库底局部下沉深度超过原设计高程 0.5m 时，应对原黏土铺盖表面重新回填碾压；库底黏土铺盖与沥青混凝土或混凝土出现滑移时，重新回填，并碾压密实。

在上水库库底廊道和主坝坝后设置了量水堰进行渗漏量观测。面板及黏土铺盖修复后，上水库库盆运行稳定，2010 年以后可观测到的渗漏量年均值少于 3L/s。

7.5.5.3 黏土铺盖的防裂措施

为保证黏土铺盖正常发挥水库防渗功能，应从以下几方面考虑采取防裂措施：

（1）做好结构设计和施工组织安排，以尽量消除黏土料可能产生的不均匀沉降。黏土铺盖一般在开挖区、填筑区以及施工时的先填区和后填区的交界面处，基础地质条件差异较大处等部位均存在一定的沉降梯度。因此，做好细部结构设计和施工组织安排非常重要。

（2）精心施工，保证黏土铺盖的填筑质量。黏土铺盖的填筑要求较高，如要求薄层碾压、含水量应控制在最优含水量附近等。因此对不同天气、各部位、含水量差异的黏土均需严格控制含水量，按照设计参数施工，以保证填筑质量。

（3）控制水库初期蓄水速率不宜过快。工程经验表明，水库初期蓄水速率过快是黏土铺盖产生裂缝的主要原因之一。水库初期蓄水时，特别是蓄至高水位时，宜慢速蓄水。

7.6 工程应用实例

7.6.1 宝泉抽水蓄能电站

1. 工程概况

宝泉抽水蓄能电站位于河南省辉县市，为一等大（1）型工程，装机容量 1200MW，属日调节纯抽水蓄能电站。电站由上水库、输水系统、地下厂房、下水库、地面开关站等建筑物组成。上水库位于峪河左岸东沟内，坝址以上控制流域面积 6.0km²，总库容795.2 万 m³，有效库容 656.2 万 m³，正常蓄水位 789.60m，死水位 758.00m，水库工作深度 31.60m。上水库平面布置见图 7.6-1。

东沟的总体走向从库尾由北向南至东沟村转为由东向西，沟长约 2.5km，平均坡降10%。库内小冲沟发育，地形较破碎，组成库岸的岩层为寒武系灰岩地层，属中等透水岩层。库区断层发育，存在透水渗漏问题。上水库的防渗型式为黏土铺盖护底、沥青混凝土护岸与大坝沥青混凝土面板坝相结合的全库盆防渗。

2. 库盆防渗方案

（1）防渗体结构设计及填筑控制指标。上水库库岸边坡、坝坡沥青混凝土面板为简式结构，厚 20.2cm，由 0.2cm 厚封闭层、10cm 厚防渗层、10cm 厚整平胶结层组成，下卧层为碎石排水垫层。库底黏土防渗层厚 4.5m，顶高程 749.70m，上部设 0.3m 厚土夹石保护层。基础设 0.5m 厚反滤料（粒径范围 0.1～20mm）、0.5m 厚反滤料（粒径范围 5～60mm）、1.0m 厚过渡料。黏土填筑控制指标见 7.5 节。宝泉上水库库底黏土铺盖结构见图 7.6-2。

（2）与周边建筑物连接及细部设计。沥青混凝土与黏土接头型式根据结构布置有直插式和圆弧式。沥青混凝土与常规混凝土之间采用滑移连接接头，库岸为直插滑移式接头，

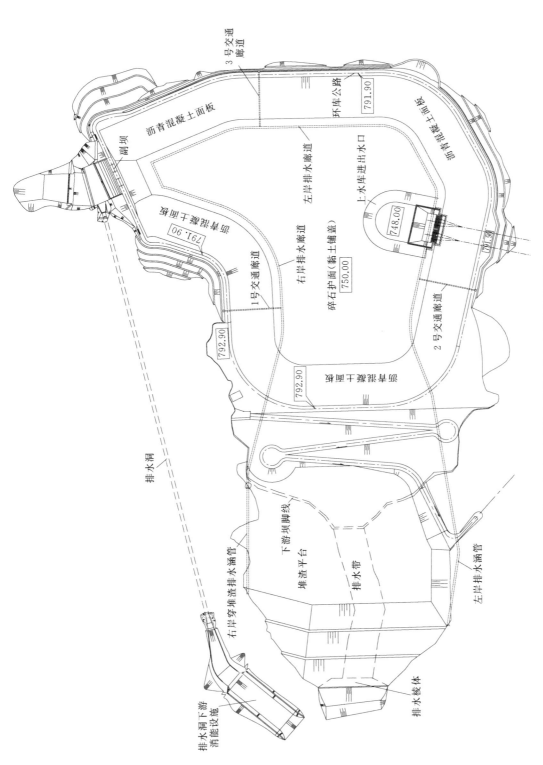

图7.6-1　张河湾抽水蓄能电站上水库平面布置图

265

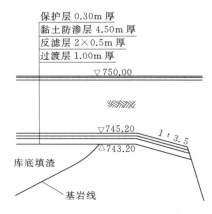

图 7.6-2 宝泉上水库库底黏土
铺盖结构简图（单位：m）

滑动式接头长 1.5m（不包含楔形体长度），以便于沥青混凝土变形滑动，在沥青混凝土及排水廊道接合部都被黏土覆盖。库岸沥青混凝土与黏土以 1:1.7 坡比搭接，搭接长度 19.22m。

在主坝段，沥青混凝土坝脚和库底黏土连接采用反弧插入黏土铺盖下面。反弧半径 30m，坝前库底以 1:1.7 斜坡、圆弧段和水平段搭接，搭接长度 46.98m。

混凝土与黏土接头部位主要分布在进/出水口前池段。进/出水口前池段混凝土面板与黏土以 1:0.5 坡比搭接，搭接长度 7.49m，最大水头 40.57m，渗透坡降 5.4。宝泉上水库黏土铺盖与库岸沥青混凝土面板接头详图见图 7.6-3。

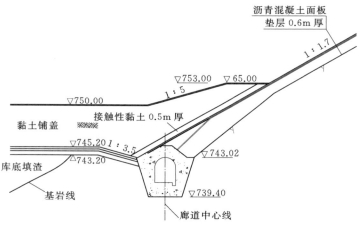

图 7.6-3 宝泉上水库黏土铺盖与库岸沥青混凝土
面板接头详图（单位：m）

（3）排水系统。上水库的排水系统由以下几部分组成：坝坡、库岸的碎石排水垫层（即沥青混凝土下卧层）及库岸碎石层下部埋设的 PVC 管；库底过渡层及过渡层内塑料盲管、PVC 排水管；库底排水廊道；坝基（含坝后堆渣场）排水带；坝后堆渣坡脚排水棱体。

上水库渗漏水一部分沿库底埋设的 ϕ100mm PVC 排水管排入排水廊道，沿库底过渡层、坝基排水层，经排水棱体排至坝后东沟。

3. 运行效果

宝泉抽水蓄能电站上水库防渗要求较高，地形地质条件复杂。通过采用库底黏土铺盖、库盆沥青混凝土面板的柔性结构对库盆全面防渗等措施，能较好地满足工程要求。

2008 年 9 月，库底黏土铺盖出现裂缝。通过对裂缝产生原因进行分析及裂缝修补，积累了一定的设计、施工经验。2010 年以后上水库运行正常，总渗漏量约为 3L/s。

7.6.2 江苏句容抽水蓄能电站（下水库）

1. 工程概况

江苏句容抽水蓄能电站总装机容量 1350MW，属于一等大（1）型工程，电站枢纽由上水库、下水库、输水系统、地下厂房、地面开关站等建筑物组成。下水库坝址以上集水面积 7.75km²，主要水工建筑物有大坝、溢洪道、放水管、南库岸及进/出水口、库岸公路等（图 7.6-4）。

下水库库（坝）区出露的地层较为齐全，岩性复杂多变，从震旦系上统灯影组（Z_2dn）到白垩系上党组（K_1s^2）地层均有出露。白云岩、灰岩为可溶性岩组，岩溶中等发育，泥岩砂岩，粉砂岩，属非可溶岩组。下水库侵入岩为闪长玢岩 $[\delta\mu_5^{3(1)}]$，普遍蚀变，以岩基、岩脉的型式产出，岩脉呈北西～近东西向，宽窄不一。下水库构造发育，库区主要出露的断层有 19 条。

下水库（坝）位于仑山水库库尾，正常蓄水位以下库容 1693.12 万 m³，其中调节库容 1588 万 m³。下水库正常蓄水位 81.00m，死水位 65.00m。下水库大坝坝型为沥青混凝土面板堆石坝，坝顶高程 87.00m，最大坝高 38.00m，坝顶长度 670.00m。

根据水文地质条件及防渗范围分析，进水口及其下游侧南库岸岩溶较为发育，大坝坝基底部及坝前库区、东库岸及坝前基岩为可溶岩，存在渗漏问题，采取"库岸沥青混凝土面板＋库底黏土"铺盖表面防渗。

2. 库盆防渗方案

（1）防渗体结构设计及填筑控制指标。下水库东库岸、南库岸至进/出水口采取沥青混凝土面板防渗，与大坝面板连成一体，库底黏土铺盖范围按照岩溶边线外延大约 30m 控制，老虎坝沟处外延至拦渣坝处。黏土铺盖上部设预制混凝土保护层，库底黏土铺盖层厚 2.50m，南库岸前黏土铺盖上面加设土工布保护后再加 0.5m 厚碎石保护层。

坝前约 500m 及南库岸前约 250m 范围内，库底高程为 64m，其开挖高程为 61.00m，其余库底开挖高程为 65.00m。库尾表面覆盖有 2～8m 黏土天然铺盖，除部分有人工填渣底高程低于正常蓄水位 1～2m，需要人工挖除置换黏土铺盖外，其余库尾不存在渗漏问题，此部分不再进行开挖。

下水库库底黏土顶高程 63.50m，黏土铺盖上部设 0.5m 厚碎石保护层，库底黏土铺盖层厚 2.50m。坝前铺盖底部设置 40cm 厚的反滤料，其他部位铺盖底部设置一层土工布（300g/m²）。南库岸及坝前库底黏土防渗平面面积约为 35 万 m²。

铺盖中防渗土料采用下水库库盆土料场土料，剔除超径料，其级配要求如下：最大粒径不大于 50mm，大于 5mm 颗粒含量小于 20%，大于 0.074mm 颗粒含量大于 15%，黏粒含量大于 8%。控制压实度不小于 0.98，渗透系数不大于 $1×10^{-5}$ cm/s。

（2）与周边建筑物连接及细部设计。库岸沥青混凝土面板与库底黏土铺盖采用高塑性黏土连接，混凝土面板表面刷 5mm 厚水泥浆形成光滑表面，以确保结合紧密；高塑性黏土厚度为 0.5m，与混凝土面板接触的最短长度为 5m。高塑性黏土要求：黏土含水量高于最优含水量 1%～3%，土不宜含砾；若含砾，要求最大砾石直径小于 50mm，5～50mm 直径的砾石含量小于 20%，要求现场施工时砾石不得集中，不得靠近混凝土接

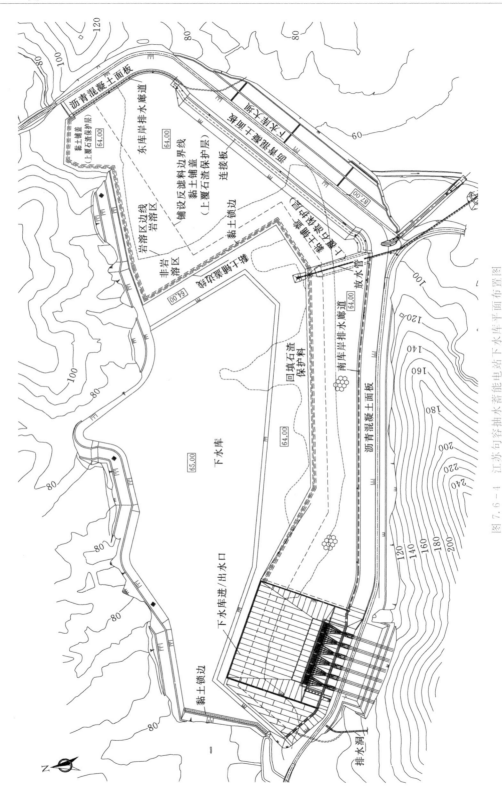

图7.6-4 江苏句容抽水蓄能电站下水库平面布置图

触面。

黏土铺盖区与周边设置黏土齿墙。黏土齿墙坐落于强风化表层，为了减小齿墙绕渗，沿齿墙设置双排固结灌浆，非断层部位灌浆深 5m，断层部位灌浆深 8m。固结灌浆排距 1.5m，孔距 2.0m，加固段压水试验标准为透水率不大于 5Lu。

（3）排水系统。下水库的排水系统由以下几部分组成：坝坡、库岸的碎石排水垫层（即沥青混凝土下卧层）；库底黏土铺盖反滤层；库底排水廊道；坝基排水带。

下水库渗漏水一部分沿库岸的碎石排水垫层、库底黏土铺盖反滤层排入排水廊道，一部分沿坝基排水层排至坝后河沟。

第 8 章

综合防渗

8.1 综合防渗的适用条件及工程应用

对部分抽水蓄能电站水库而言，不同部位防渗结构的工程地质条件、水文地质条件或者工作条件等差异很大。当单一的防渗处理措施难以达到处理要求或者需要付出较大的投资代价时，需要根据工程地质和水文地质条件、渗透特性、渗透危害以及工作条件等采用两种或两种以上的防渗措施进行处理，这种防渗处理措施即为综合防渗。综合防渗中各防渗措施的选择更具有针对性，因此可以在技术合理可行的基础上取得更好的经济效果。综合防渗方案一般适用于以下工程：

（1）水文地质条件复杂，水平渗漏和垂直渗漏问题均比较突出，且不同的渗透问题具有相对明显的分区，渗透通道相比整个库盆而言，属于局部渗透，采用分区综合防渗的方案能够满足渗漏控制要求。

江西洪屏抽水蓄能电站上水库采用了分区综合防渗方案，取得了良好的防渗效果。

江西洪屏抽水蓄能电站上水库位于洪屏自然村，为四面环山的天然高山盆地。库区内岩层褶皱、断裂和挤压破碎带较发育，并形成一系列劈理带，局部受牵引扭曲严重，上水库共揭露31条断层。根据可行性研究阶段地质勘查成果，上水库南库岸断层与地下洞室群断层之间存在贯通的渗透网络，在西南副坝～西副坝之间以及西北库岸也存在渗透通道。虽然上水库水文地质条件较为复杂，但相比 $1.6km^2$ 的水库库盆面积，渗透范围较小，库盆整体天然防渗能力较好。

综合对建筑物运行影响分析，按照不同部位渗透影响差异对防渗功能进行定位：大坝、进/出水口、库岸等涉及建筑物安全、库岸稳定的部位，其防渗功能应以保证其安全为主，作为主要防渗部位；库底断层防渗以控制渗漏量为主，作为辅助防渗部位。在功能定位的基础上确定渗控的目标，并结合不同区域渗透特性分别采取不同的防渗措施。

1）主防渗体系：以满足建筑物运行安全、控制渗漏量为主要防渗目标。该防渗体系由主坝坝体、南库岸混凝土面板及趾板、西南副坝面板及趾板、西副坝面板及趾板的建筑物结构防渗和基础下部的灌浆帷幕以及西南副坝～西副坝库岸灌浆帷幕、西北库岸灌浆帷幕组成，其中主坝至西副坝沿线建筑物和帷幕为一整体，西北库岸灌浆帷幕为一整体，二者之间由于库岸山体天然地下水位和相对隔水层顶板高于正常蓄水位而未采取防渗措施。

2）辅助防渗体系：以控制渗漏量为主要防渗目标。该防渗体系由 A1 区库底铺盖和 A2 区库底铺盖组成。A1 区防渗铺盖的主要作用在于截断该区断层垂直渗透通道，减小渗漏对地下厂房的不利影响，降低断层渗透破坏的风险。A2 区断层为水平渗透，通过西副坝趾板帷幕进行防渗，但是考虑到库底断层发育，采用库盆开挖料进行回填，可以进一步减小断层渗漏量，对西副坝的安全运行也具有积极意义。

（2）虽然采用全库盆防渗方案，但是由于不同部位的地质条件和防渗结构的工作条件差异较大，需要采用不同的防渗材料和防渗结构以适应相应要求。

以江苏句容抽水蓄能电站上水库综合防渗方案为例，项目采用沥青混凝土面板＋土工膜联合防渗，较好地适应了工程地质条件的差异。

句容抽水蓄能电站上水库仓山主峰西南侧沟谷中，北、东、西三面由高程 290.8～400.4m 的山脊、垭口组成，东南侧为大哨冲沟的沟口，沟底高程 90～115m。上水库地质构造复杂，岩体为白云岩类，岩溶发育弱～中等强度，存在通向库外的岩溶管道，尤其是断层带、岩脉接触带及层面岩溶发育，连通性好，透水性强，库坝区地下水和岩体相对隔水层顶板埋深大，岩溶发育深，存在沿断层的集中渗漏通道，需要采取全库盆表面防渗方案。

该工程由于上、下水库之间自然高差小，仅 50～60m，为了抬高发电水头，减小死库容，结合施工弃渣进行库底回填，最大回填厚度达到 120m。根据计算分析成果，库底回填区蓄水后最大沉降达到 208cm，因此防渗结构的选择需要考虑对岸坡、坝体、库底填渣区等不同部位的变形适应性。综合经济、技术方面比选，最终选择沥青混凝土面板＋土工膜的联合防渗方案，在变形相对较小的岸坡和坝面采用沥青混凝土面板防渗，在变形较大的库底区域采用变形适应能力强的土工膜防渗。

受抽水蓄能电站特殊的水库布置方式、复杂的水文地质条件和工程运行工况等因素制约，单一结构的防渗方案往往难以满足工程渗流控制要求，采用综合防渗型式比较普遍。

8.2 细部构造及与其他建筑物的连接

8.2.1 连接结构型式

综合防渗方案的关键问题之一是不同防渗结构之间的连接。由于不同的防渗结构所采用的材料、结构型式以及运行条件的差异，所以，采用的连接结构也需要适应上述差异，能够满足结构受力、变形等方面的要求，且要安全可靠。因此，一般不同防渗结构连接部位也是最容易出现失效风险的薄弱部位。根据防渗结构的不同组合情况，连接结构型式主要有以下几种。

（1）表面防渗结构与垂直防渗连接。主要有钢筋混凝土面板-灌浆帷幕、钢筋混凝土面板-混凝土防渗墙、沥青混凝土面板-灌浆帷幕、沥青混凝土面板-混凝土防渗墙、土工膜-灌浆帷幕、土工膜-混凝土防渗墙、黏土铺盖-灌浆帷幕、黏土铺盖-混凝土防渗墙等。

（2）不同型式的表面防渗结构之间的连接。主要有钢筋混凝土面板-土工膜、钢筋混凝土面板-黏土铺盖、沥青混凝土面板-土工膜、沥青混凝土面板-黏土铺盖、钢筋混凝土面板-沥青混凝土面板、黏土铺盖-土工膜等。

无论是表面防渗结构与垂直防渗结构之间的连接，还是不同型式的表面防渗结构之间的连接，归纳起来连接方式就是两类，即直接连接和间接连接。

（1）直接连接，主要为搭接。搭接主要通过延长搭接长度，降低沿搭接面的渗透坡降，解决搭接部位渗漏问题。这类结构要求搭接面本身具有一定的防渗性能，例如宝泉抽水蓄能电站库底黏土铺盖与库岸沥青混凝土面板之间的连接以及沥青混凝土面板与库底排水廊道之间的连接，均采用了搭接的结构。除此之外土工膜与钢筋混凝土或者沥青混凝土防渗结构也可以通过黏结的方式进行搭接，例如通过 KS 胶或者热熔的沥青等，但相比土工膜的机械锚固，目前土工膜的搭接防渗效果不够可靠，在重要的防渗结构中不建议采用。

（2）间接连接，是通过连接构件进行连接。连接结构通过两侧分别采用不同的连接方式与相应的防渗结构进行连接，达到简化结构、适应变形或者减少接缝的目的。间接连接目前应用的比较多，最常见的混凝土面板与坝基灌浆帷幕之间通过趾板进行连接，当基础设置防渗墙时，为了协调防渗墙与趾板之间的变形，多数工程在趾板与防渗墙之间增加一个连接板。

目前，综合防渗中不同防渗结构应用间接连接较多：泰安抽水蓄能电站上水库库岸面板与库底土工膜之间采用连接板（部分区域为廊道）进行连接；洪屏抽水蓄能电站上水库库岸钢筋混凝土面板与库底土工膜之间通过混凝土趾板连接，库底土工膜与周边锁边灌浆通过混凝土齿墙连接；宝泉抽水蓄能电站上水库进/出水口部位沥青混凝土面板与钢筋混凝土面板之间通过排水廊道连接。目前间接连接所采用的中间连接构件以混凝土构件为主，主要是利用混凝土结构可靠、适应能力强的优点。

表 8.2-1 为我国部分抽水蓄能电站综合防渗结构间的连接结构型式。

表 8.2-1　　　　　　我国部分抽水蓄能电站综合防渗结构间的连接结构型式

电　站	库盆防渗型式	连接部位	连接结构型式
泰安抽水蓄能电站上水库	库岸钢筋混凝土面板、库底土工膜	钢筋混凝土面板-土工膜连接	连接板、库底廊道
宝泉抽水蓄能电站上水库	库岸沥青混凝土面板、库底黏土铺盖	沥青混凝土面板-黏土铺盖	直接搭接
洪屏抽水蓄能电站上水库	库岸钢筋混凝土面板、库底土工膜、库底黏土铺盖、基础灌浆	钢筋混凝土面板-土工膜	趾板
		黏土铺盖-土工膜	齿墙
		土工膜-基础灌浆	齿墙
溧阳抽水蓄能电站上水库	库岸钢筋混凝土面板、库底土工膜	钢筋混凝土面板-土工膜	连接板
句容抽水蓄能电站上水库	库岸沥青混凝土面板、库底土工膜	沥青混凝土面板-土工膜	连接板、库底廊道
句容抽水蓄能电站下水库	库岸沥青混凝土面板、库底黏土铺盖	沥青混凝土面板-黏土铺盖	直接搭接

8.2.2　典型连接结构

8.2.2.1　搭接连接

采用搭接连接的典型工程为宝泉抽水蓄能电站上水库库底黏土铺盖与库周沥青混凝土面板。根据沥青混凝土面板下部支持层的不同，分为大坝和库岸两种典型结构，分别见图 8.2-1 和图 8.2-2 所示。搭接的宽度根据黏土铺盖接触面允许渗透坡降确定。

该种结构型式关键是要处理好沉降变形对防渗结构以及连接部位的不利影响，以及搭接部位黏土铺盖施工对下部沥青混凝土面板可能造成的破坏，需要严格控制填筑区的碾压施工质量，靠近沥青混凝土的铺盖区域禁止碾压机械直接碾压，改由平板振动夯板压实。对于库岸部位连接区域往往也是软硬过渡区，施工质量控制尤为重要。宝泉抽水蓄能电站上水库初期蓄水后，在部分库岸段连接部位的黏土铺盖出现裂缝，导致渗水。根据放空后检查情况分

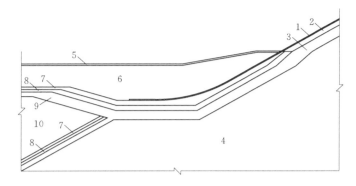

图 8.2-1 黏土铺盖与大坝沥青混凝土面板搭接构造

1—沥青混凝土面板；2—垫层；3—过渡层；4—坝体填筑料；5—黏土铺盖保护层；
6—黏土铺盖；7—反滤层 1；8—反滤层 2；9—过渡层；10—库底填渣

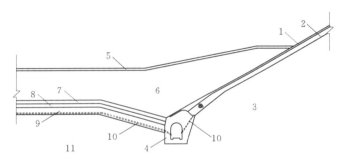

图 8.2-2 黏土铺盖与库岸沥青混凝土面板搭接构造

1—沥青混凝土面板；2—垫层；3—库岸山体；4—库底廊道；5—黏土铺盖保护层；6—黏土铺盖；
7—反滤层 1；8—反滤层 2；9—过渡层；10—排水管；11—库底基础

析，主要原因在于受制于廊道混凝土进度，库底铺盖先期填筑，在廊道部位留出 V 形深槽，后期进行填筑搭接（图 8.2-3），蓄水后因连接部位土体出现不均匀沉降而开裂。

8.2.2.2 连接板（趾板）连接结构

混凝土面板-灌浆帷幕（混凝土防渗墙）之间的连接较为多见，最常见的是混凝土面板堆石坝通过趾板与灌浆帷幕连接。对库岸面板也可以采用廊道连接，例如泰安抽水蓄能电站上水库右岸靠近库尾部位的库岸防渗面板与灌浆帷幕之间采用库底排水廊道进行连接，廊道为面板的支撑体、不同防渗结构之间的连接体，同时也是面板渗水的排水结构。库岸面板与廊道之间的止水结构、廊道底部的灌浆帷幕等与混凝土面板堆石坝相应结构基本一致。混凝土面板与灌浆帷幕之间的连接结构的尺寸除了考虑施工要求外，还需要考虑基础允许水力梯度的要求，混凝土

图 8.2-3 宝泉工程上水库廊道周边填筑搭接

趾板按照表 8.2-2 控制，当采用廊道时，廊道底宽应参考该标准。

表 8.2-2 趾板下基岩的允许水力梯度

风化程度	新鲜、微风化	弱风化	强风化	全风化
允许水力梯度	≥20	10~20	5~10	3~5

泰安工程、洪屏工程、溧阳工程的上水库库底土工膜与库岸钢筋混凝土面板之间均采用连接板（趾板）结构进行连接。此外，句容工程上水库库底土工膜与大坝沥青混凝土面板之间也拟采用连接板连接。图 8.2-4 为典型的库岸钢筋混凝土面板与库底土工膜之间的连接板连接结构。

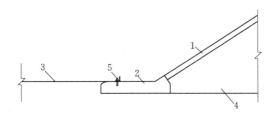

图 8.2-4 库岸钢筋混凝土面板与库底土工膜之间的连接板连接结构

1—混凝土面板；2—连接板；3—土工膜；
4—面板下游填筑体；5—土工膜锚固件

连接板与普通的混凝土趾板结构相似，主要差别在于土工膜与混凝土结构连接部位需要考虑土工膜区域和趾板（廊道）结构边角对土工膜的不利影响，对连接一侧的混凝土结构边角采用椭圆或者圆弧倒角处理。连接板的尺寸以构造要求和锚固施工要求确定，基本不受基础条件的限制。

采用连接板连接沥青混凝土面板时，由于沥青混凝土面板与连接板依靠搭接进行连接，因此连接板靠近沥青混凝土面板一侧结构有较大的差异。图 8.2-5 为句容工程采用的连接构造。沥青混凝土面板通过 50m 的圆弧过渡至水平连接板部位，靠近连接板区，面板采用局部加厚、铺设加强网格等措施进行加强处理，并在靠近连接板部位浇筑细粒料的沥青混凝土楔形体来改善与连接板的连接，协调变形。

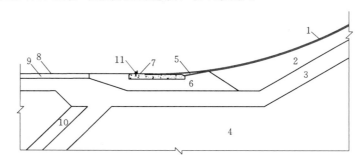

图 8.2-5 沥青混凝土面板与土工膜的连接板连接方式

1—沥青混凝土面板；2—垫层；3—过渡层；4—面板下游填筑体；5—细粒料的沥青混凝土楔形体；
6—特殊垫层料；7—连接板；8—土工膜；9—垫层；10—反滤层；11—土工膜锚固件

8.2.2.3 廊道连接结构

当连接部位位于库岸时，很多工程采用排水廊道做连接结构。例如泰安抽水蓄能电站上水库一部分库岸面板与灌浆帷幕、泰安工程上水库库底土工膜与灌浆帷幕、宝泉工程上水库进/出水口部位沥青混凝土面板与钢筋混凝土面板之间采用了排水廊道连接。

图 8.2-6 所示为泰安工程上水库库岸钢筋混凝土面板与灌浆帷幕的廊道连接结构，廊道同时作为灌浆和排水观测通道。

图 8.2-7 为泰安工程上水库库底土工膜与灌浆帷幕的廊道连接结构。

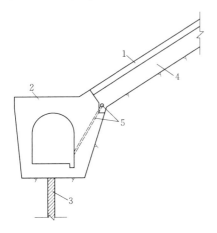

图 8.2-6　库岸面板与灌浆帷幕的廊道连接结构
1—混凝土面板；2—廊道；3—灌浆帷幕；
4—库岸排水垫层；5—排水管

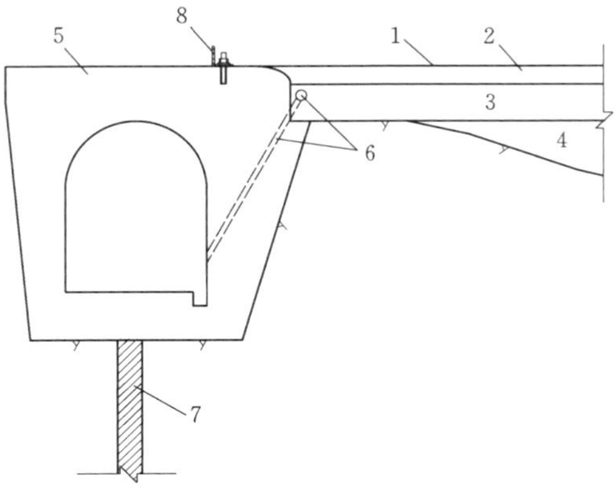

图 8.2-7　土工膜与灌浆帷幕的廊道连接结构
1—土工膜防渗层；2—垫层；3—过渡层；4—库底填渣；
5—廊道；6—排水管；7—灌浆帷幕；8—土工膜锚固件

图 8.2-8 为宝泉工程上水库进/出水口部位沥青混凝土面板与钢筋混凝土面板之间的廊道连接结构。

8.2.2.4　齿墙连接结构

齿墙连接结构与连接板或廊道连接结构相似，适用于需要嵌入岩体、没有观测要求的周边锚固和连接。洪屏工程上水库库底土工膜顶面高程为 706.0m，周边岩体质量相对较差，为了提高固结灌浆锁边防渗的效果，土工膜周边连接结构采用了嵌入岩体的齿墙。图 8.2-9 为洪屏工程所采用的连接齿墙结构。

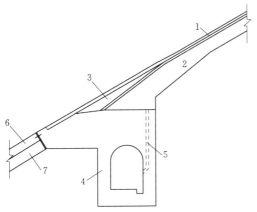

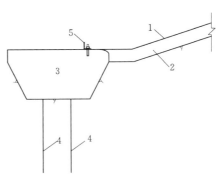

图 8.2-8　沥青混凝土面板与钢筋
混凝土面板的廊道连接结构
1—沥青混凝土面板；2—垫层；3—细粒料的沥青混凝土楔形体；
4—廊道；5—排水管；6—钢筋混凝土面板；7—垫层

图 8.2-9　土工膜与固结灌浆体的齿墙
连接结构
1—土工膜防渗层；2—粉质黏土层；3—齿墙；
4—水泥灌浆；5—土工膜锚固件

8.3 综合防渗的关键施工技术要求

综合防渗的关键有两点。一是不同防渗结构的适应条件不同，在进行防渗结构型式设计时更多考虑的是防渗要求和防渗条件，例如比较典型的琅琊山、洪屏两个工程，都是在对上水库水文地质条件详细分析的基础上，综合考虑不同区域的渗透特点、防渗要求来选择对应的防渗结构。二是不同的防渗结构之间的连接一般都是薄弱环节，在进行连接处结构设计时需要考虑到这种结构性的差异，在施工过程中更要加强这些部位的施工质量控制。目前在工程中出现防渗系统失效、破坏的多数都是在不同防渗结构的连接部位，例如宝泉、溧阳抽水蓄能电站上水库蓄水后出现的渗漏，主要的渗漏区域分别为库岸廊道区域和进/出水口周边，均为不同防渗结构连接部位。因此，对于综合防渗施工控制的关键就是根据连接部位的特性处理好连接部位的施工关系，并采取适当的措施提高施工质量。

（1）对于存在填筑体型差异的连接部位，如库岸廊道周边，重点控制不同填筑体型之间的变形差，主要以加强碾压质量控制为主，对于大型碾压机械无法碾压的边角部位，要采取减小填料最大粒径（主要针对回填料为堆石料的情况）、减小碾压层厚、采用液压夯板等压实工具代替压路机等措施。

（2）对于搭接连接部位，重点是做好搭接区下部防渗层的保护，尤其是上部防渗层为黏土铺盖时，需要防止上部防渗层碾压可能对下部防渗层的不利影响。可以先采用液压夯板等压实工具进行薄层碾压，待填筑一定厚度后采取大功率的压路机碾压。靠近库岸的碾压施工区域需要与面板隔开一定的安全距离，在搭接长度设计时需要考虑实际可碾压区的影响。

（3）对于采用易损材料（主要是土工膜类）作为防渗结构的连接部位，应重点做好已施工防渗结构的保护。在连接部位施工前一般将两侧除连接工作之外的防渗结构施工完毕，再对连接进行单独施工。

8.4 工程应用实例

8.4.1 洪屏抽水蓄能电站上水库

8.4.1.1 工程概况

洪屏抽水蓄能电站上水库位于江西省靖安县三爪仑乡洪屏村，以一直径约1800m的近圆形四面环山的沟源天然盆地为基础，修筑一座主坝和两座副坝围成。水库正常蓄水位733.0m，死水位716.0m，总库容为2960万 m³。主坝位于狮子口冲沟，采用混凝土重力坝，最大坝高42.5m；西南副坝位于库盆西北垭口上游，采用混凝土面板堆石坝，最大坝高37.4m；西副坝位于库盆西侧冲沟，采用混凝土面板堆石坝，最大坝高57.7m。

上水库渗透通道主要分布在西北垭口库岸段、西库岸段（西副坝与西南副坝之间库岸），南库岸段（主坝与西南副坝之间库岸）以及南库底。其中，西北垭口库岸段、西库岸段渗透特性主要为岩体（包括个别断层）的水平渗透问题，南库岸和南库底主要受断层影响，与地下厂房洞室群之间存在渗透通道，具体表现为地下厂房长探洞开挖后，在南库岸形成地下水位漏斗。除库岸和库底渗透外，西副坝坝基由于位于洪屏向斜的核部，断层发育，断层的集中渗透问题也较突出。

8.4.1.2　防渗结构设计

该工程上水库大坝、进/出水口、库岸等涉及建筑物安全、库岸稳定的部位，其防渗功能应以保证建筑物安全为主，作为主要防渗部位；库底断层防渗以控制渗漏量为主，作为辅助防渗部位。上水库防渗方案总体布置见图 2.3-6。

1. 南库岸防渗设计

南库岸防渗结构包括混凝土面板、趾板、排水垫层、排水廊道及排水洞。防渗面板采用 35cm 等厚 C25 钢筋混凝土面板，抗渗等级 W8，抗冻等级 F100。面板标准段每 12m 设置一道结构缝，结构缝设两道止水封闭。面板下部设置 30～80cm 厚的 C10 无砂混凝土排水垫层。为减小无砂混凝土与防渗面板之间的约束，在无砂混凝土表面喷涂厚度不小于 2mm 的乳化沥青＋砂。防渗面板底部设置宽 5m 的 C25 钢筋混凝土趾板，抗渗等级 W8，抗冻等级 F100；通过趾板将表面防渗与基础防渗连接起来。面板、趾板分别于主坝、进/出水口、西南副坝通过结构缝连接，形成封闭的防渗体系。

为了排除面板渗水以及降雨期间山体反向渗水，在趾板下游侧设置排水廊道，并通过南库岸排水兼交通洞将汇水排入主坝下游。

2. 灌浆帷幕的设计

主坝、南库岸、西南副坝地础以及西南副坝～西副坝库岸、西北库岸均设置灌浆帷幕防渗，防渗标准为 1.0Lu。一般条件下采用单排帷幕，孔距 2.0m，孔深至相对隔水层顶板（$q \leqslant 1.0Lu$）下部 5m。特殊部位设计方案如下：

（1）南库岸岩石风化程度以弱风化为主，但断层发育，该区域灌浆帷幕的深度以截断主要断层水平渗透通道为主，兼顾垂直防渗的目的，防渗深度为 50m。

（2）西副坝中下部断层集中发育，在断层集中发育的区域（约 705.0m 高程以下）设置双排帷幕，主帷幕深度 50m，副帷幕深度 30m。

3. 南库底防渗铺盖设计

A1 区库底水平铺盖区域总面积约为 9.7 万 m^2，由于上库土料质量较差，储量也不能完全满足黏土铺盖防渗的要求，研究决定采用土工膜和黏土分区进行防渗，其中土工膜区域面积为 7 万 m^2，黏土铺盖区域为 2.7 万 m^2。

土工膜防渗铺盖自下而上依次为开挖后的库底、50～100cm 厚的黏土支持层、土工布、土工膜、土工布、沙袋压覆。土工膜周边设置 C20 混凝土齿墙，考虑到齿墙基础开挖后表层受爆破震动影响较大，且表层的透水性较强，为减小绕渗，采用固结灌浆处理。基础面布置双排固结灌浆，深度 8.0m，孔距 2.0m。断层部位加深至 12.0m。土工膜铺盖下部不设置排水系统。

黏土铺盖防渗自下而上依次为开挖后的库底、300cm 厚的黏土铺盖、100cm 厚的石渣保护层。

4. 西库底铺盖

西库底相对平坦的区域铺设 200～300cm 厚的土石混合料。其主要目的是通过土石混合料中的细颗粒对断层渗透通道进行淤堵，提高断层的抗渗性能。铺盖本身也具有一定的防渗能力，可以达到增加渗径、减小断层渗透压力、防止渗透破坏的效果。

8.4.1.3 防渗效果评价

据估算，经防渗处理后的库盆渗漏总量为 5681.6m³/d，与防渗处理前渗漏比较，处理后减少渗漏量 20810m³/d，减少了 79% 的渗漏量，防渗效果显著。日渗漏总量约占总库容（2960 万 m³）的 0.019%。达到全库盆防渗所要求的日渗漏量不超过总库容的 0.5‰ 这一渗漏控制标准。

上水库自 2015 年 12 月开始正式蓄水，2016 年 12 月四台机组全部实现投产运营。蓄水以来渗漏监测数据显示，上水库库盆总渗漏量在 30L/s 以内，各项监测数据正常，水库防渗系统运行可靠，满足电站正常运行的要求。

8.4.2 句容抽水蓄能电站上水库

8.4.2.1 工程概况

江苏句容抽水蓄能电站装机容量 1350MW。电站枢纽由上水库、下水库、输水系统、地下厂房及开关站等建筑物组成。上水库主坝面板堆石坝最大坝高 182.30m，总库容 1743.57 万 m³；下水库大坝面板堆石坝最大坝高 37.20m，总库容 2034.87 万 m³。电站主要永久建筑物包括上、下水库大坝，下水库泄洪建筑物（包括溢洪道、放水管），以及输水发电建筑物等。

上水库位于仑山主峰西南侧一坳沟内，北、东、西三面由高程 290.8～400.4m 的山脊、垭口组成，东南侧为大哨冲沟的沟口，沟底高程为 90～115m。库周东侧为最高峰仑山，高程为 395.8～400.4m，其余山峰高程分别为 300.0m、327.0m、376.1m 及 359.8m，山峰间垭口高程为 288.3m、294.0m、306.5m 及 313.6m。库周北侧山脊高差起伏不大，坡度平缓（5°～15°），库周西侧、东侧（仑山）山脊坡度稍陡（20°～30°），局部 35°～40°。库内边坡整体上陡下缓，高程 200～260m 以上坡度为 25°～35°，局部 40°，东侧仑山坡度稍陡；高程 200～260m 以下坡度以 10°～15° 为主，局部为 20°～30°。库周中上部基岩呈断续状大范围出露，西南侧及东北侧冲沟多为崩坡积的块石堆积；沟谷走向为 S52°E，谷底高程为 100.0～150.0m，为滚石及坡积物等所覆盖，厚 2.0～17.6m，总体上游薄下游厚。库区外侧地形凌乱，库外东侧仑山为一狭长的北东向延伸山脊，坡度较为平缓。库外北侧则为句容林场采石场，开采深度高达 100m 左右，宽 220～285m，开采底板高程为 172～177m，开采边界距北侧山脊中线最近距离约为 35m；西北侧由一条浅缓、窄的冲沟组成，库外西侧则为韭菜园冲沟沟源，存在高逾 30m 的陡崖地形。

上水库岩体为白云岩类，岩溶发育弱～中等强度，地表岩溶形态以顺层发育的溶蚀裂隙、溶孔、溶沟为主，平洞内均揭露溶洞或宽缝型溶蚀裂隙。连通试验表明，上水库存在通向库外的岩溶管道，尤其是断层带、岩脉接触带及层面岩溶发育，连通性好，透水性强，库坝区地下水和岩体相对隔水层顶板埋深大，岩溶发育深，可能存在沿断层的集中渗漏通道，不宜采用垂直帷幕防渗，需采取全库盆表面防渗。

8.4.2.2 防渗结构设计

上水库采用库周沥青混凝土面板-库底土工膜铺盖的综合防渗方案，其平面布置见图 8.4-1。

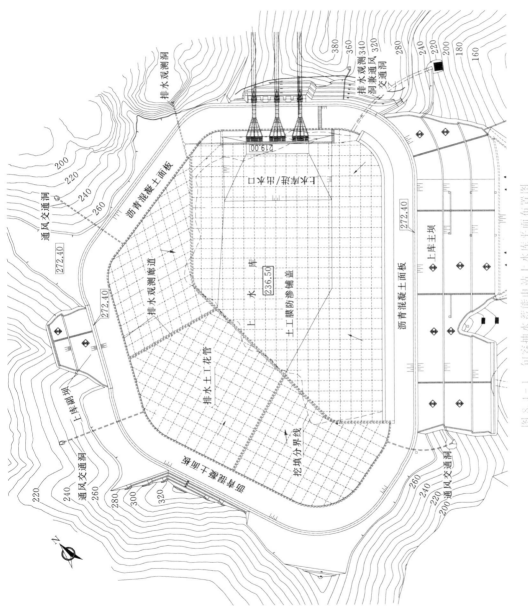

图 8.1-1　句容抽水蓄能电站上水库平面布置图

1. 库岸防渗结构设计

上水库库岸防渗采用沥青混凝土面板，与大坝面板相同。库岸沥青混凝土面板承受的最大水头约 30m，采用简式结构，表面封闭层厚度 2mm，防渗层厚度 10cm，整平胶结层厚度 10cm。

整平胶结层下铺 0.8m 厚的碎石垫层，碎石垫层的作用之一是支撑面板并将其上面的荷载传递至基岩；其次是及时排走面板的渗漏水，要求采用上水库开挖的新鲜或弱、微风化白云岩。根据规范要求，并参考类似工程，拟定排水垫层料主要设计参数为：干容重不小于 23.4kN/m³，孔隙率不大于 18%，渗透系数为 $1×10^{-2}～1×10^{-3}$ cm/s，最大粒径 80mm，小于 5mm 的颗粒含量为 25%～40%，小于 0.075mm 的颗粒含量不大于 5%；连续级配，分层碾压，层厚 40cm。

上水库库区出露岩脉以闪长玢岩脉为主，部分方解石脉及石英脉，岩脉暴露于地表后易风化、崩解。为防止或减少出露岩脉的风化、崩解，上水库在库岸开挖后的岩脉边坡上及时喷素混凝土（10cm 厚）覆盖。

2. 库底防渗结构设计

上水库库底土工膜防渗结构自下而上依次为下部支持层、土工膜防渗层、上部保护层。下部的支持层自下而上依次为：150cm 厚过渡层、60cm 厚垫层、6mm 厚土工席垫。过渡料采用上库区弱、微风化的开挖爆破料，要求级配良好，最大粒径 30cm，设计干容重 23.4kN/m³，设计孔隙率 18%，渗透系数为 $8×10^{-2}～2×10^{-1}$ cm/s。垫层料采用砂、小石、中石掺配而成，下部 40cm 厚（最大粒径 4cm），上部 20cm 厚（最大粒径 2cm），设计干容重 22kN/m³；设计孔隙率 18%，渗透系数为 $5×10^{-4}～5×10^{-2}$ cm/s。土工膜防渗层采用 1.5mm 的 HDPE 光膜，初定幅宽 7.0m。土工膜上下各设置一层分离式的土工布，规格为 500g/m²。土工膜防渗层上不设粗砂及填渣类防护层，而仅用土工布覆盖，土工布上用单只重约 30kg 的土工布沙袋（间距 1.5m×1.5m）进行压覆，避免土工布及土工膜在施工期被风掀动以及在运行期受水的浮力作用而漂动。

3. 库盆排水及反滤设计

在岩坡与沥青混凝土之间铺设 0.8m 厚的碎石排水垫层，以便排走混凝土面板的渗水。库底土工膜防渗体设置一层厚 0.6m 的碎石垫层（兼做排水层），碎石垫层下设置 1.5m 厚的排水过渡层。为加强土工膜下排水，在土工膜支持垫层内布设土工排水管网，排水土工管网间距 25m×25m，排水土工管直径 90mm，外包 100g/m² 的土工布，排水沟内的水汇入库底排水廊道内。

排水观测廊道沿库周底部布置，以便排走渗漏水和检测渗漏情况。在北、西库岸设出口，出口处设集水井，集水井处设泵站，用泵将渗漏水抽回库内。排水观测廊道为城门洞型，断面尺寸为 2.0m×2.5m（宽×高）。排水廊道还起到连接板的作用，通过廊道的连接，使库底土工膜防渗体和库岸沥青混凝土面板形成统一的防渗体系。同时，通过库底排水观测廊道，可以观测上水库运行期间库岸及部分库底的渗压情况。

8.4.2.3 防渗效果评价

该工程于 2017 年 3 月开工建设，根据可行性研究阶段的计算成果，采用库岸沥青混凝土面板＋库底土工膜全库盆表面防渗方案后，渗漏量为 18.7～19.7L/s，日渗漏量约占总库容的 0.1‰，防渗效果显著。

第 9 章

国外典型工程案例

9.1 国外抽水蓄能电站发展概述

抽水蓄能电站发展至今已有一百多年的历史，世界上最早的抽水蓄能电站为 1882 年瑞士的苏黎世特拉抽水蓄能电站，装机 515kW，水头 153m。早期建设的抽水蓄能电站多以蓄水为目的，大部分都达到了季调节能力，主要用于调节常规水电站出力的季节性不均衡，一般是汛期蓄水，枯水期发电。抽水蓄能电站技术最早是在 20 世纪发展起来的，但抽水蓄能电站项目的规划和建设在第二次世界大战结束后才真正开始，战后人口大幅增长和经济快速发展，使抽水蓄能电站的多用途性变得越来越有吸引力。20 世纪上半叶抽水蓄能电站发展缓慢，到 1950 年，西欧各国抽水蓄能电站建设发展较快，抽水蓄能电站装机容量一直占全球总装机容量的 35%～40%。在 20 世纪 60—80 年代的 30 年间，是全球抽水蓄能电站建设蓬勃发展的时期，主要由能源安全问题和 70 年代石油危机发展所驱动，其后，美国抽水蓄能电站装机容量跃居世界第一。一百多年来世界主要国家和地区新增总装机容量见图 9.1-1。

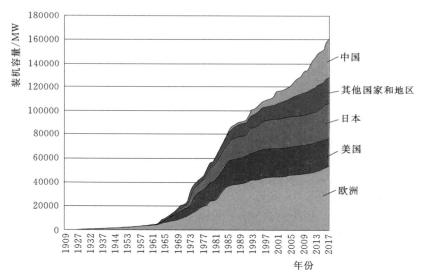

图 9.1-1　一百多年来世界主要国家和地区新增总装机容量

注：按国家和地区划分的 20 世纪初至 2017 年新增装机容量。来源：IHA 的水电数据库。

从 20 世纪 80 年代开始，由于西方各国经济发展进入平缓区，而亚洲地区的经济则高速增长，电力负荷不断增加，对调峰填谷的要求也不断提高，抽水蓄能电站建设的重点开始慢慢转向亚洲，亚洲各国开始大规模修建抽水蓄能电站。进入 90 年代后，日本后来居上，超过美国成为抽水蓄能电站装机容量最大的国家。中国台湾在 1985 年和 1992 年分别建成明湖（1000MW）和明潭（1600MW）两个大型抽水蓄能电站。韩国在 1979 年和 1985 年分别建成清平（Cheongpyeong，400MW）和三浪津（Samnangjin，700MW）抽水蓄能电站。泰国也在 1995 年建成普密蓬（Bhumibol，175MW）和斯林纳盖特（Srinagate，360MW）两个混合式抽水蓄能电站。

美欧等国家抽水蓄能电站建设的另一重点就是对老电站的更新改造和扩建增容。由于环境保护要求不断提高，电力市场化改革带来的风险增加等原因，经济发达国家新建抽水蓄能电站越来越困难。另外，由于设计和制造加工技术的发展，抽水蓄能电站通过更新改造可提高发电效率、快速响应能力和可靠性，适应电力系统对供电质量和可靠性提出的更高要求，有利于增强抽水蓄能电站在电力市场中的竞争力。于是，美欧等国家抽水蓄能电站建设重点已从新建电站转变为对老电站的更新改造和扩建增容。

美国抽水蓄能电站更新改造的规模最大。进入 20 世纪 90 年代后，新建的抽水蓄能电站仅巴德溪和落基山电站两座，绝大多数为老电站的更新改造。萨利纳（Salina）抽水蓄能电站是最先进行更新改造的工程，1990 年完成。据不完全统计，美国 8 座装机容量大于 1000MW 的大型抽水蓄能电站中已有一半多进行了更新改造，包括最大的巴斯康蒂抽水蓄能电站。改建后的新机组出力通常可比老的机组出力提高 10%～20%。

为短期内满足电力负荷迅速增长的需要，将现有的抽水蓄能电站扩建增容往往是最优甚至是唯一可行的方案。日本奥清津（Okukiyotsu）和奥多多良木（Okutataragi）抽水蓄能电站都进行了扩建增容，装机容量分别从 1000MW 和 1212MW 增加至 1600MW 和 1932MW。

进入 21 世纪以来，亚洲地区的经济仍保持高速增长态势，电力负荷不断增加，抽水蓄能电站建设方兴未艾，中国从 2000 年到 2015 年抽水蓄能电站装机容量增加了 17190MW，年均增幅 10% 左右。同时，随着可再生能源的发展及受节能减排的要求影响，欧洲部分国家开始重燃对抽水蓄能电站的兴趣，如西班牙、德国等国家开始陆续规划并建设部分抽水蓄能电站。世界抽水蓄能电站历年装机容量变化见图 9.1-2。

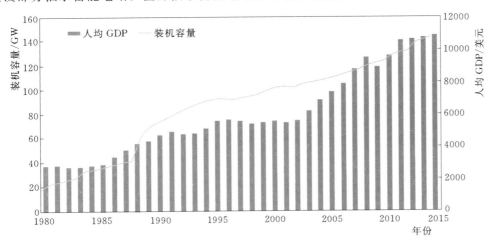

图 9.1-2 世界抽水蓄能电站历年装机容量变化

截至 2016 年年底，全球抽水蓄能电站总装机容量为 161GW，其中装机容量超过 1GW 的有 60 余座。发电水头最大的抽水蓄能电站为日本的葛野川项目（Kajzunogawa），额定水头 714m；装机容量最大的抽水蓄能电站为美国的巴斯康蒂，装机容量 3003MW；抽水蓄能电站总装机规模最大的国家是中国，到 2017 年年底已达到 28490MW。世界主要国家抽水蓄能电站装机容量见图 9.1-3，世界部分已建大型抽水蓄能电站见表 9.1-1。

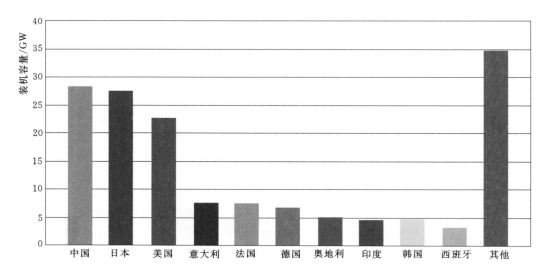

图 9.1-3　世界主要国家抽水蓄能电站装机容量（2017 年年底数据）

表 9.1-1　　　　　　　　世界部分已建大型抽水蓄能电站

序号	国家	电站名称	首台机组投产年份	机组台数	装机容量/MW	最大水头/m	调节周期
1		今市（Imaichi）	1988	3	1080	539.5	日
2		葛野川（Kazunogawa）	1999	4	1648	712.4	日
3		俣野川（Matanogawa）	1986	4	1234	529.1	周
4		大河内（Ohkawachi）	1992	4	1320		日
5		奥清津（Okukiyotsu）	1978	4	1040	490	日
6	日本	奥美农（Okumino）	1994	4	1036		日
7		奥多多良木（Okutataragi）	1974	4	1240	406	日
8		奥吉野（Okuyoshino）	1978	6	1242	505	日
9		下乡（Shimogo）	1988	4	1040	421	日
10		新高瀬川（Nishikawa）	1979	4	1344	271.7	日
11		新丰根（Shintoyone）	1972	5	1150	203	日
12		玉原（Tamahaya）	1982	4	1340	524.3	日
13		巴德溪（Bad Creek）	1991	4	1000	324	
14	美国	巴斯康蒂（Bath County）	1984	6	2100	330	
15		吉尔博（Gilbert）	1973	4	1200	339	

续表

序号	国家	电　站　名　称	首台机组投产年份	机组台数	装机容量/MW	最大水头/m	调节周期
16	美国	卡斯泰克（Castaic）	1973	6	1566	328	
17		赫尔姆斯（Helms）	1984	3	1195	531	
18		拉丁顿（Ludington）	1973	6	1410	107	
19		诺斯菲尔德山（Northfield Mountain）	1972	4	1000	226	
20		腊孔山（Racoon Mountain）	1975	4	1900	310	
21	俄罗斯	特尼斯特尔（Tenister）	1993	7	2268	155.4	日
22		凯夏多尔（Kaishador）	1990	8	1600	111.5	日
23		卡一涅夫（Kayanev）	1993	16	3600	114	周
24		列宁格勒（Leningrad）	1995	8	1560	93.3	日
25		塔什累克（Tashrek）	1992	10	1820	83.5	日
26		扎戈尔斯克（Zagor）	1998	6	1200	113	季
27	意大利	埃多洛（Edolo）	1983	8	1021	1195	日
28		奇奥塔斯（Chiotas）	1982	8	1184	1048	日
29		普列森扎诺（Presenzana）	1988	4	1000	489	日
30		布康瓦尔格兰德（Roncovalgrande）	1971	9	1040	753	日
31	德国	戈尔戴斯撒尔（Gordessar）	2002	4	1060	325	日
32		马克斯巴赫（Markersbach）	1979	6	1050	288	日
33	法国	格兰德迈松（Grand Mayson）	1986	12	1800	906	季
34	中国	广州	1993	8	2400	536	日/周
35		天荒坪	1998	6	1800	567	
36		黑麋峰	2010	4	1200	331.5	日
37		宝泉	2011	4	1200	568.6	日
38		桐柏	2006	4	1200	285.7	日
39		宜兴	2009	4	1000	410.8	日
40		泰安	2007	4	1000	253.0	日
41		张河湾	2008	4	1000	346.0	日
42		白莲河	2009	4	1200	212.8	日
43		惠州	2009	8	2400	554.3	日
44		蒲石河	2010	4	1200	327.5	日
45		响水涧	2011	4	1000	218.2	日
46		仙游	2013	4	1200	459.0	周
47		呼和浩特	2013	4	1200	585.0（毛）	日
48		清远	2013	4	1280	502	
49		溧阳	2015	4	1500	290	日

序号	国家	电 站 名 称	首台机组投产年份	机组台数	装机容量/MW	最大水头/m	调节周期
50	中国	洪屏	2015	4	1200（规划2400）	566	周
51		仙居	2015	4	1500	492.0	日
52		台湾明湖	1985	4	1000	316.5	日
53		台湾明潭	1994	6	1600	401	日
54	英国	迪诺威克（Dinorwic）	1982	6	1890	513	日
55	伊朗	夏赫比谢（Shah Bishek）	1996	4	1140	505	日
56	卢森堡	菲安登（Vianden）	1963		1096	276	日
57	菲律宾	卡拉亚纳（Karayana）	1982	2	300（规划1800）		日

9.2 以色列 Kokhav Hayarden 抽水蓄能电站

9.2.1 工程概况

Kokhav Hayarden 抽水蓄能电站位于以色列北部，靠近约旦河下游，进场条件较好，与最近的城市 Beth-Sh'ean（贝特谢安）和 Tiberias（提比里亚）的距离分别为 10km 和 25km。

该工程主要由上水库、下水库、输水系统、地下厂房和开关站等建筑物组成（图 9.2-1）。电站共安装 2 台机组，总装机容量 344MW。

上、下水库库盆均采用全库盆土工膜防渗型式。上水库采用单层土工膜＋复合土工排水席垫防渗结构，下水库采用双层土工膜＋复合土工排水席垫。

输水系统总长 3163.28m，其中引水系统 1508m，尾水隧洞 1655.28m。厂房尺寸为 82.2m×18.0m×42.0m（长×宽×高）；主变洞尺寸 76.0m×15.5m×18.5m（长×宽×高）；进厂交通洞长度 1043m；紧急电缆洞长度 927m。

9.2.2 防渗结构设计

9.2.2.1 水库防渗结构

该工程地处中东，考虑到水资源较为珍贵，为尽量减少渗流量，同时适应土质基础变形，水库采用全库盆土工膜防渗。上水库由于地下水较深，考虑设置一层土工膜防渗。下水库地下水位较高，为了分离地下水与库内渗水，考虑采用两层土工膜防渗。

该工程土工膜为外露式设计，上部不设置保护层，土工膜下部的支持层为土工席垫（土工网格＋土工布混合纺织），土工席垫兼具支持层和排水层作用。

上水库库盆南部为开挖岸坡，其他部位为填筑土坝。正常蓄水位 207.8m，相应库容 310 万 m³，死水位 185.6m，死库容 10 万 m³。大坝填筑料采用库盆开挖土料，库盆防渗

图 9.2-1　以色列 Kokhav Hayarden 抽水蓄能电站枢纽三维立视图

方式为全库盆单层 HDPE 土工膜防渗，上游坝坡坡比为 1：3.5，下游为 1：3.0，最大坝高约 30m。上水库库盆填筑及开挖段典型剖面见图 9.2-2 和图 9.2-3。

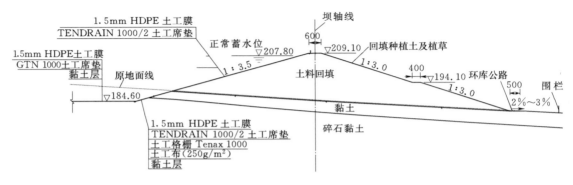

图 9.2-2　Kokhav Hayarden 上水库库盆填筑段典型剖面图（单位：高程为 m，尺寸为 cm）

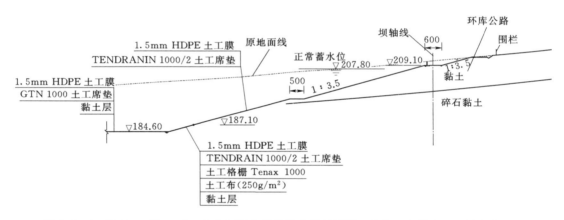

图 9.2-3　Kokhav Hayarden 上水库库盆开挖段典型剖面图（单位：高程为 m，尺寸为 cm）

下水库北侧采用土坝封闭，其余部位的库盆由开挖形成，并采用复合土石坝沿库周加高到坝顶。底部采用土坝，上部采用堆石坝。正常蓄水位−215.10m，相应库容 310 万 m³，死水位−235.75m，死库容 10 万 m³。大坝上部采用堆石料，下部采用库盆开挖土料，库盆防渗方式为全库盆双层 HDPE 土工膜防渗，上游坝坡坡比为 1：4.0，下游为 1：2.5。下水库部分开挖、填筑典型剖面见图 9.2-4。

9.2.2.2　防渗材料

上、下水库均采用 1.5mm 厚的 HDPE 土工膜防渗，HDPE 膜有如下特点：抗化学性能好（耐酸、碱、油脂、盐等）；耐老化性能强（使用寿命可达 80～100 年），加入热稳定剂提供抗热老化性；极低的渗透性能（渗透系数不大于 10^{-13} cm/s）；良好的抗紫外线辐射性能；耐环境应力开裂不小于 300h；温度适用范围大（−70～80℃）；在常温下没有溶剂可以溶解高密度聚乙烯土工膜；抗穿刺能力强；耐生物（如白蚁、鼠类等）破坏；无毒，不危害环境及人体健康。1.5mm 厚 HDPE 土工膜性能指标详见表 9.2-1。

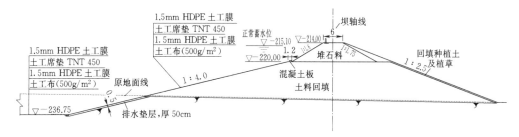

（a）下水库北侧填筑段

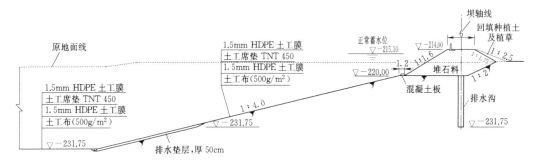

（b）下水库西侧开挖段

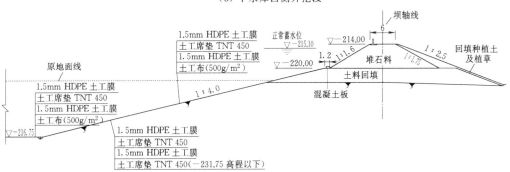

（c）下水库东侧开挖段

图 9.2-4　Kokhav Hayarden 下水库部分开挖、填筑典型剖面图（单位：m）

表 9.2-1　　　　　　　　　　1.5mm 厚 HDPE 土工膜性能指标

序号	性能指标	光面指标值	双糙面指标值
1	密度/（g/cm³）	≥0.94	≥0.94
2	毛糙高度/mm		≥0.25
3	屈服强度/（N/mm）	≥23	≥23
4	断裂强度/（N/mm）	≥43	≥37
5	屈服伸长率/%	≥13	≥13
6	断裂伸长率/%	≥700	≥600
7	直角撕裂强度/N	≥187	≥187
8	穿刺强度/N	≥530	≥530

序号	性 能 指 标	光面指标值	双糙面指标值
9	耐环境应力开裂/h	≥300	≥300
10	炭黑含量/%	2.0～3.0	2.0～3.0
11	氧化诱导时间/min	≥100	≥100
12	−70℃低温冲击脆化性能	通过	通过
13	水蒸气渗透系数/[g·cm/(cm²·s·Pa)]	≤1.0×10⁻¹³	≤1.0×10⁻¹³
14	尺寸稳定性/%	±2	±2
15	生产工艺	平挤工艺	
16	幅宽/m	≥7.0	≥7.0

不同类型土工膜应力—应变曲线有较为明显的区别，HDPE 及 LLDPE 土工膜存在明显的应力屈服段，而 PVC 土工膜不存在明显的应力屈服段。以色列 Kokhav Hayarden 抽水蓄能电站业主对水库防渗要求高，基于 HDPE 土工膜的上述特点，同时为增加土工膜在阳光辐射下的耐久性和抗老化能力，选择了白色光面的 HDPE 土工膜。

9.2.2.3 面板锚固设计

该工程采用全库盆土工膜防渗型式，土工膜的锚固主要有以下几个部位：

（1）坝顶土工膜的锚固。

（2）库底土工膜与混凝土结构的锚固。

坝顶土工膜的锚固国内外相关工程已经有较多的实例可供参考使用，其常见的方式为锚固槽锚固、机械锚固及重力压覆锚固等。本项目为结合坝顶防浪墙使用了锚固槽＋机械锚固的方式。为避免在施工和运行过程中出现土工膜滑移现象，采用坝顶挖槽浇筑混凝土块的锚固方式（图 9.2-5）。

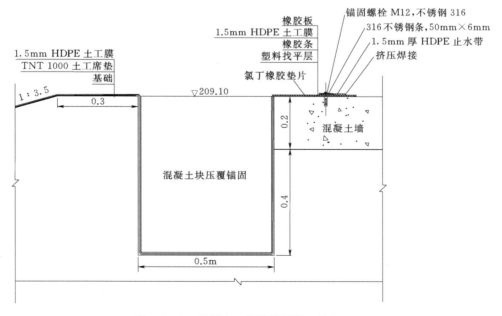

图 9.2-5 坝顶土工膜锚固详图（单位：m）

库底 HDPE 土工膜与混凝土结构链接采用了机械锚固型式。与国内传统采用 SR 等柔性材料填充有所不同，锚固螺栓上采用聚氨酯泡沫和 PVC 半圆管作为螺栓保护材料；另对锚固区域采用了 HDPE 土工膜半包焊接封闭，阻止库内水体对机械锚固的侵蚀（图9.2-6）。

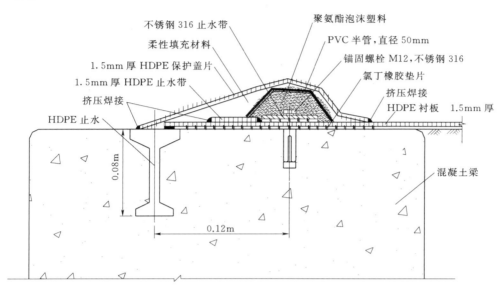

图 9.2-6　库底土工膜与混凝土的机械锚固详图

9.2.3　小结

采用全库盆土工膜防渗型式在国外水库防渗中使用较多，土工膜多为外露不覆盖保护层型式，土工膜作为防渗体能够缩短施工工期，节约投资成本，同时方便维修。考虑到土工膜的抗辐射能力、抗老化能力以及土工膜褶皱等问题，该项目正在研究使用 PVC 复合土工膜替代 HDPE 土工膜。

9.3　日本冲绳（Okinawa）海水抽水蓄能电站

9.3.1　工程概况

冲绳海水抽水蓄能电站位于日本冲绳岛北部，该工程由日本电源开发公司（EPDC）建设。上水库与海平面（下水库）的水位差为 136m，流量为 26m³/s，最大出力 3 万kW，为首次采用海水的抽水蓄能电站，因此在上库防渗设计中使用了较多新技术，上水库的航摄照片见图 9.3-1。

上水库位于海拔 150m 的山丘上，距离海岸线约 600m，上水库的库容是将高地中心部分开挖成水池，并围绕修建一圈堤坝形成。库盆呈八角形，库深 25m，对角线长252m，有效库容为 56 万 m³，工作水深为 20m，斜坡面防渗面积为 41700m²，底面防渗面积为 9400m²。工程布置原则是使总开挖量最小，并使得挖填方平衡。上水库的进/出水

293

图 9.3-1　日本冲绳海水抽水蓄能电站上水库航摄照片

口为喇叭口型，压力管道上部分为直管段，其材料为玻璃纤维增强塑料管，弯管段为钢衬并有电极保护。厂房位于地表以下约 150m 的山体内，厂房尺寸为 41m×17m×32m（长×宽×高）。尾水隧洞为混凝土衬砌结构。

　　上库的基岩为国头组明户构造带的千枚岩和绿岩，地表出露的有千枚岩风化后形成的普通千枚岩、砂屑千枚岩和千枚岩与砂石的混合物，这些底层的分布缺少连贯性，且已形成了混合结构，建设场地地表侵蚀严重。片理状和层状基岩的主要走向是东北-西南，偏西 20°～40°，但是岩层倾向和倾角完全是杂乱无序的。在有些断层中存在断裂带，较大的断层呈网格状分布，间隔几十米到几百米不等。

9.3.2　防渗结构设计

9.3.2.1　水库防渗型式

　　堤坝采用均质土坝坝型，为了加速固结沉降，在坝体中设置了水平排水层和垂直排水层。上水库库岸坡比为 1∶2.5，为全库盆防渗型式。防渗结构从下至上由过渡料、垫层和防渗层组成。

　　水库防渗采用 EPDM 土工膜厚 2mm，下铺一层无纺布，其下设 50cm 厚排水层。排水层由小于 20mm 的未筛选的透水性较强的砾石构成，相应 95% 最大干容重时的渗透系数为 0.48cm/s。在排水层中埋入塑料管，一方面是排放蓄水过程中防渗层下的气体，还可以避免土工膜背面受地下水的水压力；另一方面是在防渗层破坏的情况下，渗漏海水可以通过塑料管快速进入检测廊道，不至于渗漏到地下对周边环境造成影响。在检测廊道中设置一台抽水泵，将渗入检测廊道的水抽入上水库。过渡层采用 50cm 厚的机制砂砾，颗粒粒径不大于 20mm。

9.3.2.2　防渗材料

上库底面及斜坡面防渗工程中，主要考虑海水中的盐分浸透对防渗体防渗性能的影响；另外考虑当地气候为亚热带气候，温差大，台风天气比较频繁等因素。在土工膜的选择中分别对 PVC 膜和 EPDM 膜进行了比较，经暴露试验及耐久性能、抗海水腐蚀性能、海生物附着性能、耐热性能测试，并经水压反复、伸缩反复试验等检测，EPDM 膜的耐热性能和粘贴性能优于 PVC 膜，因此选择具有较柔软和较强耐久性的 EPDM 膜作为上水库防渗层的防渗材料，EPDM 膜厚 2mm。工程完成后，经历了瞬间最大风速约 60m/s 的台风，没有发现破损和漏水。上水库土工膜施工现场见图 9.3－2。

图 9.3－2　日本冲绳海水抽水蓄能电站上水库土工膜施工现场

EPDM 膜的力学性能见表 9.3－1，综合性能试验结果见表 9.3－2。

表 9.3－1　　　　　　　　　　　　　EPDM 膜的力学性能

项　　目		指　　标	备　　注
拉力试验	抗拉强度/MPa	未处理	≥7.5	试验温度 20℃
			≥20℃时未处理试件试验值的 30%	试验温度 60℃
		处理后	≥20℃时未处理试件试验值的 80%	试验温度 20℃
	断裂伸长率/%	未处理	≥450	试验温度 20℃
		处理后	≥20℃时未处理试件试验值的 70%	试验温度 20℃
	撕裂强度/MPa	未处理	≥2.5	试验温度 2℃
	处理后的膨胀与收缩量/mm		膨胀≤2	
			收缩≤4	

表 9.3－2　　　　　　　　　　　　　土工膜综合性能试验结果

项目	试　验　条　件	评　价　指　标
基本特征	JIS 标准 K6301/A6008	在－20～80℃条件下 EPDM 膜的性能是稳定的
抗紫外线能力	30±2 兰勒/h，4000h	EPDM 膜的撕裂伸长率≥85%

项　目	试　验　条　件	评　价　指　标
抗臭氧能力	0.1‰，40℃，伸长率40%，60d以上	所有试件均稳定
高温稳定性	JIS标准 K6301/A6008	PVC强度在高温时具有高灵敏性
抗菌性	埋在土中7个月	所有试件的性能不降低
抗海水性能	20℃和80℃，分期放入饮用水和海水中	所有试件是稳定的，高温时的PVC除外
海水生物的黏附	放入冲绳海水中7个月	藤壶附着的EPDM膜强度不降低
周期性水压力	$0\sim0.3$MPa，$t_0=10$s，15000次循环	"未筛选砾石（粒径≤20mm）+聚酯纤维"层是稳定的
徐变	20℃和80℃，伸长率为150%	EPDM膜的永久变形很小
周期性伸长	JIS标准 K6301demature试验，30000次循环	EPDM膜的永久变形很小

9.3.2.3　土工膜锚固设计

斜坡上选用宽9m、长50m以上的压制土工膜，池底使用20m×20m的土工膜。护面膜承受水压力、膜的自重和无水时遇强风引起的上托力等荷载。混凝土锚固应能有效抵抗无水时遇强风引起的上托力。库岸边坡坡比为1:2.5，通过计算确定垂直坡向的EPDM膜的锚固宽度为8.5m，底面锚固宽度为17.0m×17.5m。采用预制混凝土构件，中间留槽，锚入防渗层后再进行混凝土回填的方式进行锚固。

9.3.3　工程运行情况

电站自1999年3月投入运行以来，除检修外几乎每天都在运行，运行期间上水库检查廊道中的渗漏水监测系统中未发现渗漏。

在日常的检查和水库排水检查时，收集样品进行测试，没有发现因臭氧、紫外线和海水产生的影响，土工膜物理性质未出现实质性变化。通过检测周围空气、雨水、河流、池塘和土壤中的含盐量来监测海水的扩散，没有发现明显变化。

冲绳岛位于台风经过的地带，每年平均出现8次台风。1999年经历了两次大的台风，最大风速达45m/s。台风引起的风浪对电站的运行几乎没有影响，没有发现严重的设备故障。台风期间，发电工况下尾水位的波动引起机组有效水头的变化仅50cm，仍可保证稳定发电。

9.3.4　小结

冲绳海水抽水蓄能电站的土工膜防渗体运行条件较为恶劣，存在海水中的盐分对土工膜的侵蚀，亚热带气候、温差大，台风天气比较频繁等多种不利因素的影响。但是该电站自建成后运行至今，土工膜的防渗效果很好。可见只要设计合理、选材得当，土工膜不仅可以用于普通环境下的永久工程的防渗，也可以作为特殊环境下的防渗结构。

在该工程土工膜施工中注意每一道施工工艺的精细，保证工程质量，也是防渗结构安全运行的主要因素之一。

9.4　拉丁顿（Ludington）抽水蓄能电站

9.4.1　工程概况

拉丁顿抽水蓄能电站位于美国密歇根州、密歇根湖东岸，距拉丁顿市约 9.4km，装机容量 187.2 万 kW，年发电量 25.47 亿 kW·h，年抽水用电量 35.6 亿 kW·h，电站效率 71.5%，用 345kV 输电线路接入密歇根系统。工程于 1969 年 4 月开工，1973 年 1 月第一台机组发电，1974 年 1 月竣工。电站由上水库、输水系统、地下厂房、下水库、地面开关站等建筑物组成。上水库实景见图 9.4 - 1。

图 9.4 - 1　拉丁顿抽水蓄能电站上水库实景

上水库位于密歇根湖岸边山顶上，水库面积 3.4km²，最高蓄水位 287.2m，最低蓄水位 266.8m，水位变幅 20.4m，总库容 1.02 亿 m³，调节库容 6440 万 m³。进水口为钢筋混凝土建筑物，有 6 孔进水闸，设有 8.8m×8.8m 的定轮闸门，设计流量 358.5m³/s，闸前设有护坦。6 条压力钢管，每条长 396m，其中 150m 穿过堤体，246m 埋在沙内，外包混凝土，管径在顶部为 8.5m，至坡脚缩小至 7.3m，管壁厚度由 13mm 增至 37mm。引水道长度与水头之比为 3.6。

厂房位于密歇根湖湖畔，为半露天式，长 175.5m，宽 51.8m，高 32.3m。每个机组段长 25.9m，安装间长 18.0m，主变压器设在厂房后面，开关站位于厂房左侧。

利用密歇根湖作为下水库，平均湖水位 176.7m，面积 5.8 万 km²，上、下水库的平均净水头 111.0m，上水库蓄能 0.172 亿 kW·h。

9.4.2　防渗结构设计

由于上水库库盆和堤基均为沙土层，堤体土料也是取自库内的沙土，因此防渗是一个关键技术问题。考虑到库区附近有丰富的黏土，因此上水库采用了库底黏土铺盖＋库周沥青混凝土面板相结合的全库盆防渗型式（图 9.4 - 2）。

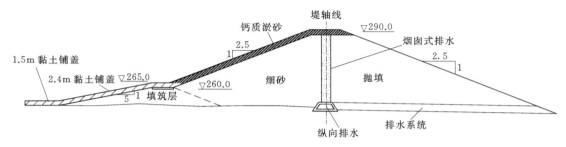

图 9.4 - 2 拉丁顿抽水蓄能电站上水库库底及库周防渗型式（单位：m）

库坡、坝坡沥青混凝土面板为复式结构，自上而下分别是：两层 6.35cm 厚沥青混凝土防渗层；6.35cm 厚沥青混凝土整平胶结层；45.7cm 厚石灰石碎石排水层；底部 7.62cm 厚沥青混凝土防渗底层。其中：沥青混凝土表面涂有沥青玛琋脂；排水层内按一定间距共设 250 台套排水系统和水泵，用于将沥青混凝土面板的渗水抽入水库。沥青混凝土护面的总面积达 72 万 m^2。坝体上下游坡比均为 1∶2.5。

库底用黏土铺盖防渗，厚 0.9～1.5m，按 1∶5 的坡比向库岸延伸，黏土铺盖断面增至 2.44m，在高程 260m 马道处厚度为 3.05m。

9.4.3 工程运行情况

拉丁顿水库于 1972 年 12 月 5 日开始蓄水。在首次蓄水的 35 天内，库水位明显下降，水库漏水量达 0.68m^3/s。数月后地下水位抬升，致使几处下游坝脚出现渗流。1973 年 5 月降低库水位，并对 265.2m 高程处沥青混凝土衬砌上的黏土铺盖进行检查。在铺盖上发现一条直线塌陷，一直延伸至水下 4.6m 深处，随后的两年中，在黏土铺盖上又发现了基础塌陷，并进行了修补。1979 年在水库以北的野营地发现一处出水点，起始出水量为 6.3L/s。对水库黏土铺盖和库北端下游坝脚进行检查，发现了几处沟槽凹陷，通过染料试验确认野营地的出水与该处凹陷有关。1988 年潜水员又在水库南坡发现了沟槽凹陷，随后在 1989—1990 年的检查中发现水库南半部遍布多处沟槽凹陷。

1989 年对黏土铺盖中的沟槽凹陷进行回填灌浆，灌浆浆液为水泥、膨润土、砂和水拌制而成，灌浆量约为 4740m^3。1989 年秋季，潜水员发现回填灌浆部位出现几处裂缝和沉陷。检查结果表明，原来的回填灌浆效果不明显。1992—1997 年，连续 5 年对沟槽凹陷以及前期的灌浆裂缝缺陷进行修补，选择的修补材料为一种磨细至要求颗粒级配的硅土砂岩岩粉（PMI Silica），在陶瓷工业中称其为"岩石面粉"（rock flour），其级配曲线见图 9.4 - 3。这种岩粉与水合成浆液，通过直径 5～10cm 的软管在水下浇筑。灌浆液无塑性，可在沟槽凹陷处形成透水性很小的岩塞，浇筑后可以不断流动，充填各种孔隙和缝隙，效果很好。由于水下能见度很低，水下浇筑在 DGPS 和 USBL 系统遥控导向定位下进行，由此降低了修补造价，节省了工期。以后每隔几年采用石英细砂进行灌浆修补。

至 2007 年 8 月中旬，沥青混凝土面板渗漏量为 0.6L/s，250 台抽水泵中仅有一台经

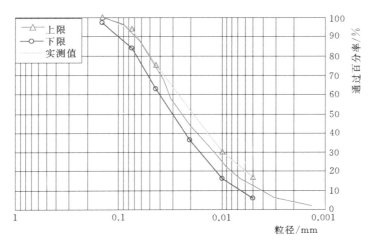

图 9.4-3　2004 年 PMI Silica 级配曲线

常工作，每隔 10~14 天抽水一次。上水库库底黏土铺盖的渗漏量从 1972 年的 673L/s 逐年降至 2006 年的 147L/s。在坝体下游侧设有集水竖井，用水泵将渗水送回水库或邻近的其他水池。

每隔几年就要进行一次水库黏土铺盖的渗漏量测试试验。试验一般持续 3 天左右，期间电站停止运行。试验首先通过库水位下降数值观测得出水量损失总量，扣除预测的空气蒸发损失、降雨量、沥青混凝土面板渗漏量以及其他设施（包括水泵、水轮机导叶等）的渗漏量后，再对结果进行水温和库水位的修正，即可得出黏土铺盖的渗漏量。水库大坝下游面再未发现有渗水出水点。

水库自运行以来，除进水口局部以外，从未对沥青混凝土面板进行过修补。

9.4.4　小结

拉丁顿抽水蓄能电站黏土铺盖从初次蓄水至今多次出现塌陷和裂缝，渗漏严重。经过不断处理后库底黏土铺盖的渗漏量从 1972 年的 673L/s 逐年降至 2006 年的 147L/s。从拉丁顿抽水蓄能电站黏土铺盖运行中暴露的问题来看，黏土铺盖虽然在造价方面有很强的经济优越性，但是也存在性能不可靠问题。考虑到运行维护等费用，其经济优越性也受到很大影响。

9.5　日本沼原抽水蓄能电站

9.5.1　工程概况

沼原抽水蓄能电站位于日本东京北面那须山西侧，那珂河上游，距离东京约 140km。该电站为纯抽水蓄能电站，发电水头约 500m，装有 3 台 225MW 可逆式蓄能机组，总装机 675MW，于 1973 年投产。

沼原抽水蓄能电站上水库是一个大型半挖半填人工水池，周围筑有沥青面板堆石坝。

水库最高蓄水位 1238m，最低运行水位 1198m，工作水深 40m，有效库容 422 万 m³，坝高 38m，坝顶高程 1240.5m，坝顶长 1597m。坝坡沥青护面面积 14 万 m²，库底 5.7 万 m²。上水库北侧设有泄洪洞，设计泄洪能力为 18.8m³/s，下水库利用已有水库，有效库容 2090 万 m³。电站枢纽平面布置见图 9.5-1。

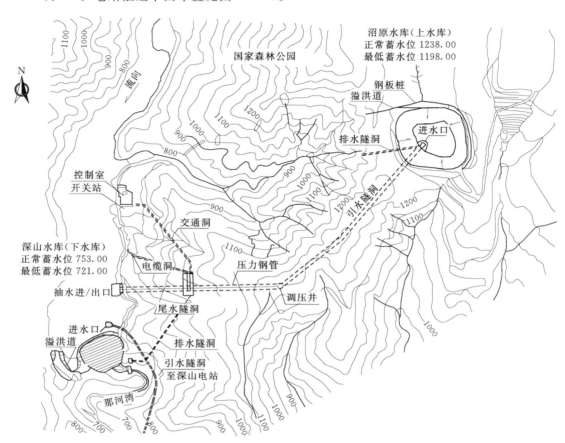

图 9.5-1　日本沼原抽水蓄能电站枢纽平面布置图（单位：m）

9.5.2　防渗结构设计

坝坡沥青混凝土面板厚度为 30cm，由沥青胶脂保护层，上、中、下三层沥青混凝土防渗层，以及沥青混凝土整平层和碎石层组成。库底沥青混凝土面板厚 25cm，由保护层、上层、中层、下层和找平层组成。库底设置排水检查廊道，宽 1.5m，高 1.8m。上水库大坝各层沥青混凝土骨料组成及骨料级配见表 9.5-1。

9.5.3　工程运行情况

9.5.3.1　初次蓄水要求

纯抽水蓄能电站的水库，一般库容不大，水位升、降的速率较大，坝体、岸坡受水压作用，防渗面板和地基联合受力并产生变形。为了使这种变形在初期蓄水时逐渐缓慢地完

表 9.5-1　　　　　　　沥青混凝土骨料组成及骨料级配

各层分类	沥青用量（总材）/%	最大骨料尺寸/mm	骨料级配/%							石粉量/%	熟石灰量（全骨料）/%	石棉量/%
			30～15mm	15～10mm	10～5mm	5～2.5mm	2.5～0.074mm	<0.074mm	合计			
上层、下层	8.5	15		11.5	15	11	48.8	13.7	100	8～10	2～3	1
中层	4	30	46	24	7	7	12.2	3.8	100	约3	约1	
整平层	5.5	15		23	23	14	34.1	5.9	100	约4	约1	
碎石层	3.5	30	55	30	10		4.7	0.3	100			

注　表中百分数都为质量百分数。

成，需要限制水位上升速度，并使水位在一定时间内保持不变，进行监控测量。国内外对该种水库的初次蓄水均做出相应的限制规定。

沼原抽水蓄能电站上水库，初期蓄水时水位上升要求：死水位以下每天 2m，水位 1198～1222m（有水调试水位）每天 1m，1222～1226m 每 2 天 1m，1198～1238m（满水位）每 4 天 1m。

9.5.3.2　水库蓄水后存在的问题及处理措施

防渗面板经过约 20 年的运行，虽然没有漏水，但它的表面保护层产生了各种显著的老化现象。1993 年，对损伤较大的高高程坝面部位约 78000m² 的表面保护层实施了修补。此次修补采用了新开发的沥青胶脂喷洒机喷涂沥青胶脂，形成新的表面保护层。

磨损和龟裂被认为是沥青胶脂保护层老化的原因。磨损是由紫外线引起的老化以及坝坡上附着的冰雪的滑落、移动产生的摩擦作用造成的。龟裂是由老化时的沥青胶脂收缩产生的。另外，起泡是沥青结构物的特有现象，可能的原因是：通过外部某种途径进入胶脂的水分在面板层内的细微空隙中结露，同时沥青中挥发成分的蓄积等也是造成起泡的原因。

修补方法是先将起泡处周围部分切除（必要时间接加热），清扫，干燥，加热后填充沥青混合料，然后对新旧材料进行充分的碾压，使其成为一体。对喷涂范围以外发现的所有起泡处都进行了修补。过度的加热会破坏防渗面板的本体，因此将加热温度控制在 130℃ 以内。

表面洗净工作由表面清洗机完成。这一机器通过使硬刷以 100r/min 的速度旋转，同时喷洒清水来达到清洗目的。清洗用过的水，在过滤后，通过库底的排水阀排出。

沥青胶脂施工温度采用 210℃。沥青胶脂喷洒机装上搅拌车供给的 210℃ 沥青胶脂后，按以下顺序施工：下降到坝坡施工的起始点；调整坝顶的绞车；喷嘴测试；喷涂开始，喷涂机提升；一边目测喷涂面，一边调整速度以避免材料流淌和喷涂不均，监视泵压，调整机械方向；在喷嘴被堵塞时，使喷嘴反转清扫，然后再继续喷涂施工。

施工期宜选择在少雨季节，对施工有利，但是库区的大风会吹散胶脂材料，对喷涂作业产生影响。

9.5.4 小结

上水库大坝为堆石坝，防渗型式为全库盆沥青混凝土面板，防渗结构型式较复杂，运行情况良好。

由于电站上水库位于国家森林公园范围内，环境保护要求高，在设计阶段就对环境可能产生的影响做了仔细的论证，将电站在施工和运行期对环境的破坏降到最小。

第 10 章

水库防渗计算与分析

10.1　抽水蓄能电站渗流分析概述

大部分抽水蓄能电站的上水库或多或少会存在一些库盆渗漏问题，因此需要采取一定的工程措施进行防渗处理。目前普遍采用的防渗型式为垂直防渗型式和表面防渗型式，或者两种防渗型式的组合。

目前，抽水蓄能电站库盆渗漏计算方法主要有解析法和有限单元法。解析法是对渗流条件做某些简化假定基础上的一种方法，计算比较简单，能用于计算各种实际渗流问题。有限单元法适用于工程结构与边界条件复杂的情况，具有适用性强、应用广泛、计算快速的优点。

本章分别介绍解析法和有限单元法在抽水蓄能电站水库渗流计算中的应用，并给出了有限单元法进行洪屏抽水蓄能电站渗流计算分析的实例。

10.2　解析法计算水库渗流量

10.2.1　黏土铺盖渗流计算

库盆表面防渗常采用全库盆黏土铺盖防渗，黏土铺盖的渗流量可用式（10.2-1）进行计算：

$$Q = k\frac{h}{t}A \tag{10.2-1}$$

式中：Q 为黏土铺盖的渗漏量，m^3/s；k 为黏土铺盖的渗透系数，m/s，经碾压后黏土铺盖的渗透系数可达 $1×10^{-8}$ m/s；h 为库盆水位，m；t 为黏土铺盖的厚度，m；A 为黏土铺盖层的表面积，m^2。

10.2.2　复合土工膜渗流计算

复合土工膜防渗渗漏分为土工膜渗漏和缺陷渗漏两部分。土工膜渗漏量按达西定律计算。施工缺陷出现的偶然性较大，且不易发现。Giroud 根据国外六项工程统计分析得出，施工中产生的缺陷，约 $4000m^2$ 出现一个。接缝不实形成的缺陷，等效孔径一般为 1～3mm；偶然因素产生的缺陷，等效孔径一般为 10mm。考虑到国内材料及施工技术水平，通常取每 $4000m^2$ 出现一个孔径为 10mm 的孔进行缺陷渗漏量计算。

10.2.2.1　土工膜渗漏量

该部分渗漏量计算公式为

$$Q_s = k_s\frac{h}{T_s}A \tag{10.2-2}$$

式中：Q_s 为通过土工膜的渗漏量，m^3/s；k_s 为土工膜渗透系数，m/s，水利工程中常用的土工膜渗透系数可达 $1 \times 10^{-13} \sim 1 \times 10^{-14}\, m/s$；$h$ 为库盆水位高度，m；T_s 为土工膜的厚度，m；A 为土工膜的面积，m^2。

10.2.2.2　缺陷渗漏量

1. 支持层为透水层

Giroud 等通过经验公式推得当支持层的渗透系数 k_s 满足式（10.2-3）时，可视其对土工膜缺陷渗流无阻碍作用：

$$k_s > (10^4 \sim 10^5)a \tag{10.2-3}$$

式中：k_s 为支持层的渗透系数，m/s；a 为土工膜缺陷孔眼面积，m^2。

此时，可采用孔口自由出流的 Bernoulli 方程计算土工膜的缺陷渗流量：

$$Q_d = \mu A \sqrt{2gh_w} \tag{10.2-4}$$

式中：Q_d 为土工膜上所有缺陷产生的渗漏量，m^3/s；A 为土工膜缺陷孔的面积总和，m^2；g 为重力加速度，m/s^2；h_w 为土工膜上下水头差，m；μ 为流量系数，一般为 $0.60 \sim 0.70$。

2. 支持层为黏性土

若支持层为黏性土料，则其与土工膜一起形成复合防渗层。土工膜的局部缺陷在复合防渗层形成的渗流是比较复杂的，在水压作用下，渗流一方面沿着土工膜与黏性土支持层的孔隙流动，另一方面又向黏性土支持层内渗透。当土工膜与下层土接触良好时，通常两种情况统一考虑，Giroud 等提出以下简单的经验公式计算渗漏量：

$$Q_d = 0.21a^{0.1}h^{0.9}k_s^{0.74} \tag{10.2-5}$$

式中：Q_d 为通过某个土工膜孔眼的渗流量，m^3/s；a 为土工膜孔眼总面积，m^2；h 为防渗水头，m；k_s 为黏性土渗透系数，m/s。

10.2.3　混凝土面板渗水量估算

抽水蓄能电站水库采用混凝土面板防渗时，库底通常采用等厚混凝土面板，其渗漏量可按式（10.2-6）进行估算：

$$Q = k\frac{H}{\delta}A \tag{10.2-6}$$

式中：Q 为通过混凝土面板的渗漏量，m^3/s；k 为混凝土面板的综合渗透系数，m/s；H 为面板坝上作用的水头，m；δ 为混凝土面板厚度，m；A 为库底混凝土面板防渗面积，m^2。

若库（坝）坡采用变厚度面板，面板厚度一般可用公式 $\delta = \delta_0 + \alpha h$ 表示，则沿库（坝）坡单宽 m 的混凝土面板渗水量可用式（10.2-7）计算：

$$q = \frac{k}{\sin\beta}\int_0^H \frac{h-z}{\delta_0 + \alpha h}\mathrm{d}h \tag{10.2-7}$$

式中：q 为通过库（坝）坡单宽混凝土面板的渗漏量，m^2/s；k 为混凝土面板的综合渗透系数，m/s；H 为库（坝）坡上作用的最大水头，m；δ_0 为库水位处的混凝土面板厚度，m；h 为计算高程与面板顶部高程之差，m；z 为面板顶部高程与水库水位之差，m；α 为面板变厚比例系数；β 为库（坝）坡坡角，（°）。

当采用等厚混凝土面板时，式（10.2-7）可简化为

$$q = k\frac{H^2}{2\delta\sin\beta} \tag{10.2-8}$$

对于完好的混凝土试块，其渗透系数可达 $10^{-9}\sim10^{-10}$ cm/s 量级。工程经验表明，由于混凝土面板都不同程度地存在细小的裂缝，接缝止水也有渗漏，面板的实际综合渗透系数比混凝土本身的渗透系数大得多，建议混凝土面板的综合渗透系数取 $1\times10^{-6}\sim1\times10^{-7}$ cm/s。

如果混凝土面板底部接垂直防渗墙（图10.2-1），则通过防渗墙与面板的渗流量为

$$q = k\frac{H^2}{2\delta\sin\beta} + k_1\frac{H}{\delta_1}T \tag{10.2-9}$$

式中：q 为通过防渗墙与面板的单宽渗漏量，m^2/s；k 为混凝土面板的综合渗透系数，m/s；k_1 为防渗墙的综合渗透系数，m/s；H 为面板坝上作用的水头，m；δ 为混凝土面板厚度，m；δ_1 为防渗墙的厚度，m；T 为防渗墙的长度，m；β 为面板与水平面的夹角，（°）。

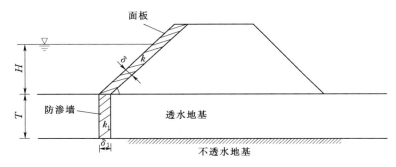

图 10.2-1　带防渗墙的面板坝防渗示意图

10.3　有限元法计算水库渗流量

抽水蓄能电站的水库、库底基础、坝体两岸岩体以及地下厂房洞室群部位，在工程建成后形成一个整体三维渗流场，相互之间的地下水分布存在相互影响关系，工程设计中有必要采用有限元法进行整体三维渗流场的计算分析。

10.3.1　渗流分析的有限元法

抽水蓄能电站工程整体三维渗流场有限元计算分析中，将裂隙岩体等渗透介质按等效连续各向异性介质处理，假定地下水运动服从不可压缩流体的达西渗流规律。下面给出等效连续各向异性介质模型的有限元计算方法。

（1）达西定律。认为岩体中水流运动为层流，仍服从达西定律：

$$v_i = -k_{ij}J_j = -k_{ij}h_j \quad (i,j=1,2,3) \tag{10.3-1}$$

式中：v_i 为流速分量；k_{ij} 为渗透系数张量；J_j 为水力坡降；h 为水头。

（2）稳定渗流基本微分方程。将上式代入渗流的连续性方程 $v_{i,i}$ 可得

$$(k_{ij}h_{,j})_{,i}=w \quad (i,j=1,2,3) \tag{10.3-2}$$

式中：w 为恒定降雨入渗量或蒸发量。

（3）微分方程的定解条件。

1）第一类边界条件（Dirchlet 条件），又称定水头边界条件：

$$H(x,y,z)=\varphi(x,y,z)|_{(x,y,z)\in \Gamma_1} \tag{10.3-3}$$

式中：Γ_1 为具有给定水头的边界段。

2）第二类边界条件（Neuman 边界）：

$$k_n \frac{\partial h(x,y,z)}{\partial n}=q(x,y,z)|_{(x,y,z)\in \Gamma_2} \tag{10.3-4}$$

式中：Γ_2 为具有给定流入流出流量的边界段；n 为 Γ_2 的外法线方向。

3）混合边界条件，即水头差与过流量之间保持一定的线性关系：

$$h(x,y,z)+\alpha \frac{\partial h(x,y,z)}{\partial n}=\beta \quad (x,y,z)\in \Gamma_3 \tag{10.3-5}$$

式中：α、β 为常数；Γ_3 为混合边界段。

（4）渗流有限元分析的基本方程。已知固定边界条件值，利用变分原理可得三维渗流有限元计算的基本方程。根据变分原理，求解非稳定渗流方程采用下式的泛函极值方法：

$$I(h)=\iiint\limits_{\Omega}\left\{\frac{1}{2}\left[\frac{\partial}{\partial x}\left(k_x \frac{\partial h}{\partial x}\right)+\frac{\partial}{\partial y}\left(k_y \frac{\partial h}{\partial y}\right)+\frac{\partial}{\partial z}\left(k_z \frac{\partial h}{\partial z}\right)\right]+S_s h \frac{\partial h}{\partial t}\right\}\mathrm{d}x\mathrm{d}y\mathrm{d}z+\iint\limits_{\Gamma_2}qh\mathrm{d}\Gamma$$

$$\tag{10.3-6}$$

式中：S_s 为储水率。

将渗流区域 Ω 离散成若干个有限单元体 Ω^e 的组合体，选取恰当的形函数，用以表征水头单元体内的分布规律，即通过单元节点的水头值来描述单元内任一点的水头。设单元共有 n 个节点，第 i 个节点的水头为 h_i，则单元内任一点的水头 h 可以表示为

$$h=\sum_{i=1}^{n}N_i h_i \tag{10.3-7}$$

式中：N_i 为单元的形函数。

将式（10.3-7）代入式（10.3-6）中，并以 $I^e(h)$ 表示单元体 Ω^e 的泛函，则有

$$I^e(h)=\iiint\limits_{\Omega^e}\left\{\frac{1}{2}\left[\frac{\partial}{\partial x}\left(k_x \frac{\partial h}{\partial x}\right)+\frac{\partial}{\partial y}\left(k_y \frac{\partial h}{\partial y}\right)+\frac{\partial}{\partial z}\left(k_z \frac{\partial h}{\partial z}\right)\right]+S_s h \frac{\partial h}{\partial t}\right\}\mathrm{d}x\mathrm{d}y\mathrm{d}z+\iint\limits_{\Gamma_2}qh\mathrm{d}S$$

$$=\sum_e I^e(h) \tag{10.3-8}$$

依次对式（10.3-8）取极小值的条件为

$$\frac{\partial I(h)}{\partial h_i}=\sum_e \frac{\partial I^e(h)}{\partial h_i}=0 \tag{10.3-9}$$

这样，对于任一单元 e 都有

$$\left\{\frac{\partial I}{\partial h}\right\}^e=[K]^e\{h\}^e+[S]^e\left\{\frac{\partial h}{\partial t}\right\}^e+[P]^e\left\{\frac{\partial h}{\partial t}\right\}^e+\{F\}^e \tag{10.3-10}$$

将所有单元的泛函求微分并叠加，使其等于零（求极小值）就得到泛函对节点水头进行微分的方程组：

$$\frac{\partial[I(h)]}{\partial h} = \sum_{j=1}^{N_i^r} \frac{\partial I^e(h)}{\partial h_i} \qquad (10.3-11)$$

式中：N_i^r 为以 i 为公共节点的单元数。

通过计算式（10.3-11），并将常数项移到等式右端，可得 n 个未知节点的线性代数方程组，其矩阵形式的表达式为

$$[K]\{h\} + [S]\left\{\frac{\partial h}{\partial t}\right\} + [P]\left\{\frac{\partial h}{\partial t}\right\} = \{F\} \qquad (10.3-12)$$

式中：$[K]$ 为整体渗透矩阵，由单元渗透矩阵集合而成；$\{F\}$ 为流量矩阵；$\{h\}$ 为未知节点水头矩阵；$[S]$ 为储水矩阵；$[P]$ 为流量补给矩阵。

当为稳定渗流时，矩阵 $[S]$、$[P]$ 都等于零，式（10.3-12）则变为

$$[K]\{h\} = \{F\} \qquad (10.3-13)$$

求解上述方程组，即可得渗流场中各节点处的水头值，进而可计算渗透坡降、渗流速度等渗流要素。

10.3.2 渗流分析的有限元数值计算方法

10.3.2.1 渗流无压自由面的确定

抽水蓄能电站中土石坝和厂区围岩的渗流场都属于无压渗流场，即有自由面的渗流场。自由面包括潜水面和溢出面等，在地下水流分析中，渗流自由面位置的确定至关重要。由于自由面和逸出点的位置是事先未知的，故此类问题属于典型的非线性边界条件问题，需要通过迭代计算才能求解。目前渗流自由面的模拟方法常用的有变动网格法和固定网格法。

变动网格法中渗流自由面和可能逸出点可随着迭代过程而逐步稳定是其最突出的优势，但是不可避免地存在一些不足：

（1）计算过程中，初始自由面需根据经验确定。当初始估计的渗流自由面与最终得到的自由面存在较大差别时，计算网格容易畸形，出现交替和重叠，使解失真。

（2）对于同时存在多种介质的渗流计算区域，程序处理困难。

（3）对需要考虑应力场影响的工程，不能使用同一网格进行应力计算分析，使得应力分析的工作量大大增加，尤其体现在水-力耦合分析中。

鉴于变动网格法存在的问题，目前固定网格法成为渗流场自由面研究的核心。自从 Neumann 在 1973 年提出求解有自由面的 Galerkin 法以来，国内外学者不断对固定网格法进行改进与完善。下面对固定网格法中较为成熟的节点虚流量法和改进的节点虚流量法进行进一步的比较分析。

1. 节点虚流量法

饱和稳定渗流有限元方程为

$$\left.\begin{array}{l} [K]\{h\}=\{F\} \\[2mm] [K]=\displaystyle\sum_{e=1}^{NE}\left[\iiint_{\Omega^e}\sum_{i=1}^{3}\sum_{j=1}^{3}k_{ij}\frac{\partial N_n}{\partial x_i}\frac{\partial N_m}{\partial x_j}\mathrm{d}\Omega\right] \\[4mm] \{F\}=-\displaystyle\sum_{e=1}^{NE}\left[\iiint_{\Omega^e}N_nQ\mathrm{d}\Omega+\oiint_{\Gamma_2^e}q_nN_n\mathrm{d}S\right] \end{array}\right\} \qquad (10.3-14)$$

式中：$[K]$ 为整体渗透矩阵；$\{h\}$ 为未知节点水头矩阵；$\{F\}$ 为流量矩阵；NE 为离散后区域单元总数；N_n 为单元的形函数；k_{ij} 为渗透系数张量。

如图 10.3-1 所示，无压渗流场通常由自由面以下的渗流实域 Ω_1 和自由面以上的渗流虚域 Ω_2 组成，相应位于 Ω_1 和 Ω_2 中的单元和节点分别被称为实单元与虚单元以及实节点与虚节点。在固定网格求解时，定义中间被自由面穿过的单元为过渡单元，所有过渡单元所构成的区域为过渡域。在渗流自由面 BE，也就是区域 Ω_1 和 Ω_2 的分界面上测压管水头与其位置水头相等（$h=z$），实域中点的测压管水头大于位置水头（$h>z$），虚域中点的测压管水头小于位置水头（$h<z$），实域和虚域之间无流量交换。

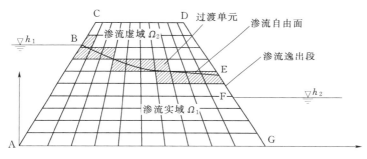

图 10.3-1　节点虚流量法示意图

不同渗流区域的相应有限元求解平衡方程为

$$\left.\begin{array}{l} [K]\{h\}=[Q] \\[2mm] [K_1]\{h\}=[Q_1] \\[2mm] [K_2]\{h\}=[Q_2] \end{array}\right\} \qquad (10.3-15)$$

式中：$[K]$、$[K_1]$、$[K_2]$ 分别为引入边界条件后的全域、实域、虚域分别贡献的整体渗透矩阵；$\{Q\}$、$\{Q_1\}$、$\{Q_2\}$ 分别为已知水头节点、内部源汇项和流量边界对全域、实域、虚域贡献的节点等效流量列阵；$\{h\}$ 为未知水头节点列阵。

由于渗流全域是由渗流实域和渗流虚域组成，故可得到

$$\left.\begin{array}{l} [K_1]=[K]-[K_2] \\[2mm] [Q_1]=[Q]-[Q_2] \end{array}\right\} \qquad (10.3-16)$$

联合式（10.3-15）和式（10.3-16）可得节点虚流量法有限元求解的支配方程：

$$([K]-[K_2])\{h\}=([Q]-[Q_2]) \qquad (10.3-17)$$

式（10.3-17）左边部分的物理意义是从计算全域中消除虚区对全域渗透矩阵的贡献，右边部分的物理意义为从全域的等效节点流量列阵中消除虚域的贡献。

式（10.3-17）即为饱和渗流场求解的平衡方程。节点虚流量法在迭代计算过程中，

不进行单元网格的重新调整，极大地提高了无压渗流问题的求解效率和精度。但是该方法还不够完善，主要体现在以下三个方面：

（1）忽略了已知节点水头对相应过渡单元虚域部分的作用，对关注溢出点精确位置的工程处理欠佳，使得计算结果不够精确。针对这个问题提出了改进的节点虚流量法，考虑Q_2项对总体流量的贡献，从而得到更加准确的结果。

（2）节点虚流量法对于自由面的搜索存在两方面的问题。一方面，在自由面的迭代过程中，通过修正过渡单元内积分点的权重来实现严格扣除过渡单元内非饱和区域的贡献。在图 10.3-2 所示的过渡单元中，自由面位于节点 1 和积分点 Ⅰ 之间时，积分点 Ⅰ 处于非饱和区中，需要扣除其流量贡献，这样就产生了图中"少计入的部分"；当自由面位于节点 3 和积分点 Ⅲ 之间时，积分点 Ⅲ 处于饱和区中，需要考虑其流量贡献，产生了图中"多计入的部分"。因此，节点虚流量法中由于积分点的非连续性，造成自由面的搜索不够准确。

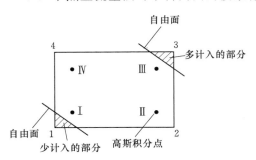

图 10.3-2　节点虚流量法对于非饱和区节点的非饱和作用处理示意图

另一方面，节点虚流量法在对过渡单元的处理过程中，通过采用加密高斯点的方法来提高自由面的计算精度，人为控制因素影响较大，同时，对于水位变幅大、自由面跌落迅速且网格单元不够精细的情况，加密高斯点的方法使得自由面容易在积分点附近来回跳跃而不收敛。

针对这些问题在节点虚流量法中引入具有连续 Heaviside 罚函数的截止负压法，使得自由面的搜索更加稳定。

（3）节点虚流量法的收敛准则为

$$|h^{i+1}-h^i|<\varepsilon$$

式中：h^i 为第 i 次迭代的水头值；ε 为精度。对于自由面结果来回波动的情况，为了加速其收敛，通常是在迭代过程中逐步增大 ε 的值，这样容易造成自由面结果不够准确。针对这个问题，引入一个非饱和区放大系数，从而加速自由面的收敛。

2. 改进的节点虚流量法

针对节点虚流量法不够完善的地方，改进的节点虚流量法将严格扣除过渡区中虚流量的贡献，从而更加精确地计算渗流逸出点的位置。

对节点虚流量法有限元求解的支配方程，即式（10.3-17）进行整理得到

$$[K]\{h\}=\{Q\}-\{Q_2\}+\{\Delta Q\} \qquad (10.3-18)$$

式中：$\{Q_2\}$ 为渗流虚域的节点等效流量列阵；$\{\Delta Q\}=[K_2]\{h\}$ 为渗流虚域中虚单元和过渡单元所贡献的节点虚流量列阵，其物理意义是用 ΔQ 扣除上式左端项中各节点上相应的虚域流量贡献。

式（10.3-18）即为改进的节点虚流量法有限元求解的支配方程。

在节点虚流量法中，引入改进的截止负压法中的 Heaviside 罚函数，其示意图见图 10.3-3，计算公式为

$$H_\epsilon(p) = \begin{cases} 1, & p \geqslant \varepsilon_2 \\ \dfrac{p - \varepsilon_1}{\varepsilon_2 - \varepsilon_1}, & \varepsilon_1 \leqslant p < \varepsilon_2 \\ 0, & p < \varepsilon_1 \end{cases} \qquad (10.3-19)$$

式中：p 为节点的压力水头；ε_1、ε_2 为罚参数，其中 ε_1 为负值，大小等于当自由面正好穿过单元节点 1 时，积分点 I 到自由面的距离在垂直方向投影的最大值换算成的渗透压力，ε_2 大小等于当自由面正好穿过单元节点 3 时，积分点 III 到自由面的距离在垂直方向投影的最大值换算成的渗透压力。

由此可见，引入罚函数后，当自由面位于节点 1 和积分点 I 之间时，积分点 I 处的节点压力满足（$\varepsilon_1 \leqslant p < \varepsilon_2$），考虑了自由面上非饱和区积分点的流量贡献；当自由面位于节点 3 和积分点 III 之间时，积分点 III 的压力同样满足（$\varepsilon_1 \leqslant p < \varepsilon_2$），去除掉多计入的部分。因此，节点虚流量法更加准确地考虑了过渡单元的饱和及非饱和作用。

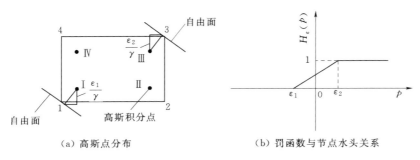

（a）高斯点分布　　　　（b）罚函数与节点水头关系

图 10.3-3　改进的截止负压法 Heaviside 罚函数示意图

抽水蓄能电站整体有限元网格模型中，由于兼顾的主要建筑物较多，难免出现网格单元畸形的情况。此时罚函数的定义过于严格，在自由面迭代过程中使得仅有自由面附近极少数的积分点获得权重，造成潜在渗流逸出面上的出渗点在迭代过程中来回跳跃，从而造成渗流自由面迭代的不收敛。针对此问题，改进的节点虚流量法中引入非饱和区放大系数 η，通过逐步放大自由面附近非饱和区域的范围，来加速自由面迭代的收敛。

包含放大系数的罚函数公式为

$$F_\eta(h) = \begin{cases} 1, & h \geqslant \eta\varepsilon_2 \\ \dfrac{h - \eta\varepsilon_1}{\eta(\varepsilon_2 - \varepsilon_1)}, & \eta\varepsilon_1 \leqslant h < \eta\varepsilon_2 \\ 0, & h < \eta\varepsilon_1 \end{cases} \qquad (10.3-20)$$

式中：h 为节点压力水头；为了与 h 相适应，ε_1、ε_2 转换为相应的水头；η 为自由面附近非饱和区的放大系数，与单元形态有关。

在计算过程中可设 η 初始值为 1.0，也就是不对非饱和区进行修正，当经过一定的迭代步数计算难以收敛时，根据网格的尺寸和不规则程度等实际情况，以一定的增量（如 0.5）逐步增大 η 的值。通常来说，所研究的渗流问题非线性越强、有限元网格越不精细、收敛准则越严格，则 η 的取值越大才能有效保证自由面迭代的收敛。

引入包含放大系数的罚函数后，改进的节点虚流量法有限元迭代格式如下：

$$\left.\begin{aligned}
& [K]\{h\} = \{P\} - \{P_2\} + \{\Delta P\} \\
& [K] = \sum_{e=1}^{NE} \left[\iiint_{\Omega^e} \sum_{i=1}^{3} \sum_{j=1}^{3} F_\eta(h) k_{ij} \frac{\partial N_n}{\partial x_i} \frac{\partial N_m}{\partial x_j} \mathrm{d}\Omega \right] \\
& \{P\} = -\sum_{e=1}^{NE} \left[\iiint_{\Omega^e} F_\eta(h) N_n Q \mathrm{d}\Omega + \oiint_{\Gamma_2^e} F_\eta(h) q_n N_n \mathrm{d}S \right] \\
& \{P_2\} = -\sum_{e=1}^{NE} \left\{ \iiint_{\Omega^e} [1 - F_\eta(h)] N_n Q \mathrm{d}\Omega + \oiint_{\Gamma_2^e} [1 - F_\eta(h)] q_n N_n \mathrm{d}S \right\} \\
& \{\Delta P\} = [K_2]\{h\} \\
& [K_2] = \sum_{e=1}^{NE} \left\{ \iiint_{\Omega^e} \sum_{i=1}^{3} \sum_{j=1}^{3} [1 - F_\eta(h)] k_{ij} \frac{\partial N_n}{\partial x_i} \frac{\partial N_m}{\partial x_j} \mathrm{d}\Omega \right\}
\end{aligned}\right\} \qquad (10.3-21)$$

式中：$\{h\}$ 为节点的压力水头列阵；$F_\eta(h)$ 为上述的包含放大系数的罚函数；Ω^e 为渗流研究的全域；$[K]$、$\{P\}$ 为渗流全域的渗流矩阵；$[K_2]$、$\{P_2\}$ 为渗流虚域的传导矩阵流量列阵。

关于改进的节点虚流量法的两点说明：

（1）计算过程中的虚域包括纯虚域单元和过渡单元中的虚域部分。迭代过程中，随着自由面位置的变化，通过对 K_2 项进行修正，渗流虚域内的虚流量将被扣除。与节点虚流量法在迭代过程中将虚单元抛弃相比，改进的节点虚流量法在每次的全域迭代过程中不断将过渡单元和纯虚单元标识出来，这样既可以有效避免由于抛弃单元造成的网格规模改变，又能够适应非稳定渗流分析和多场耦合问题，因此该算法适用范围更广。

（2）点 B 处的单元为与边界相交的过渡单元。在自由面迭代过程中，已知水头边界对该类单元也有流量贡献（即 Q_2 项），由于理论上可以证明 Q_2 中非零元素项很少且其值较小，因此在一般节点虚流量法中都将其忽略，也就是忽略了已知节点水头对相应过渡单元虚区部分的作用。该做法对整体渗流场而言影响大不，但是给关键溢出点的计算造成了人为误差。改进的节点虚流量法正是考虑了这部分流量的作用，使渗流逸出点位置的搜索更加精确。

10.3.2.2 可能渗流溢出面的处理

由于事先不知道渗流逸出点和逸出面的具体位置，因此实际解题时，对可能渗流逸出面的处理方法有两种：

（1）将整个可能渗流逸出面视为不透水边界条件，算出逸出面上各个节点的总水头值 h，并判断其与节点位置高程 z 的大小关系：如果 $h \geq z$，在下一步的迭代求解中事先将它们划为总水头为位置水头的节点，反复迭代，直到不再出现 $h \geq z$ 的节点。

（2）在迭代计算前先将整个可能渗流逸出面视为已知水头的第一类边界条件，即认为渗流可能逸出边界上的节点都满足 $h = z$。计算逸出边界上的节点的流量值，将流量满足 $-k \left. \dfrac{\partial h}{\partial n} \right|_{\Gamma_3} \geq 0$ 的节点在下一步的迭代过程中仍视为已知节点水头，反复迭代，直到不再出现 $-k \left. \dfrac{\partial h}{\partial n} \right|_{\Gamma_3} \leq 0$ 的节点。

需要指出的是，在理论上两种处理方法均是很严密的，不存在人为的近似处理，完全满足边界条件要求，是确保取得渗流场正确解的关键步骤之一。

10.3.2.3　结构面的模拟方法

在库盆及山体构成的整体渗流场中，由于基础岩体内部普遍存在不同类型的结构面，将完整的岩体分隔开，它既是岩体中的软弱结构面，又是岩体渗流的主要通道。对于结构面的模拟，常用的方法有两种：一种是直接模拟的方法，即在有限元模型中直接用单元模拟出结构面的空间位置、走向、产状等，这种方法简单直接，思路清晰，但是不适合存在多个交叉结构面的情形；另一种是复合单元法，即在有限元模型中一个单元中可以包含多种渗透介质，

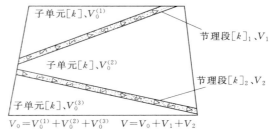

图 10.3-4　复合单元示意图

在计算单元的渗透矩阵的时候，根据流量守恒的条件推导出复合单元的等效渗透矩阵，这种方法适用于有多个结构面的情形。图 10.3-4 所示的是一个被 2 条节理段分割成 3 个子单元的复合单元，其等效渗透矩阵为

$$[k]_d = \frac{[k]V_0 + [k]_1 V_1 + [k]_2 V_2}{V} \tag{10.3-22}$$

式中：$[k]_d$ 为复合单元的等效渗透矩阵；$[k]$ 为节理段分割的子单元的渗透矩阵；$[k]_1$、$[k]_2$ 分别为节理段渗透矩阵；V_0 为子单元的体积；V_1、V_2 分别为节理段体积；V 为复合单元总体积。

10.3.2.4　抽水蓄能电站库盆整体渗漏量计算

为了提高渗流量的计算精度，采用达西渗流量计算的"等效节点流量法"来计算渗流量，从理论上而言，该算法的计算精度与渗流场水头解的计算精度相同：

$$Q_S = -\sum_{i=1}^{n} \sum_{e} \sum_{j=1}^{m} k_{ij}^e h_j^e \tag{10.3-23}$$

式中：n 为过水断面 S 上的总节点数；$\sum\limits_{e}$ 为对计算域中位于过水断面 S 一侧的那些环绕节点 i 的所有单元求和；m 为单元节点数；k_{ij}^e 为单元 e 的传导矩阵 $[k^e]$ 中第 i 行第 j 列交叉点位置上的传导系数；h_j^e 为单元 e 上第 j 个节点的总水头值。

该法避开了对渗流场水头函数的微分运算，而是把渗过某一过流断面 S 的渗流量 Q_S 直接表达成相关单元节点水头与单元传导矩阵传导系数的乘积的代数和，进而大大提高了渗流量的计算精度，解决了长期以来困扰有限单元法渗流场分析时渗流量计算精度不高的问题。

10.3.3　计算实例——洪屏抽水蓄能电站渗流计算分析

10.3.3.1　工程概况

洪屏抽水蓄能电站位于江西省靖安县境内，一期装机容量 1200MW，终期装机规模为 2400MW。其枢纽建筑物由上水库、下水库、输水系统、地下厂房洞室群、地面开关站和地面中控楼等组成。上水库位于三爪仑乡塘里村的洪屏自然村，库区为一高山盆地，

盆地四周环山，山体雄厚，四周山岭最低处山脊高程720m左右，盆底高程700m左右，地势平坦开阔。盆地西侧、南侧及西南侧各有一垭口。南垭口为盆地水流主要出口，此处筑坝形成上库主坝；西垭口峡谷底高程688.5m，此处筑坝形成上水库西副坝；西南侧有一U形垭口，地面高程707～708m，此处筑坝形成西南副坝。主坝坝型为混凝土重力坝，坝顶高程737.50m，坝顶宽度7m，坝顶长度107m，最大坝高44.0m；西副坝、西南副坝为混凝土面板堆石坝，坝顶高程均为738.90m，坝顶宽度7m，上游设防浪墙，墙顶高程为740.10m，坝顶长度分别为360m、275m，最大坝高分别为57.7m、37.4m。库盆分布有F_{14}、F_{43}、F_{44}、F_{53}、F_{132}、F_{134}、F_{136}等主要断层。上水库库盆枢纽建筑物布置见图10.3-5。上水库正常蓄水位733.00m，死水位716.00m，设计洪水位734.78m，校核洪水位735.45m。

上水库采用主辅结合的防渗体系，其中主坝—南侧库岸—西南副坝—西侧库岸—西南副坝及西北库岸的面板、帷幕组成的封闭体系为主防渗体，A1区、A2区库底铺盖为辅助防渗体。上水库平面布置见图10.3-5。

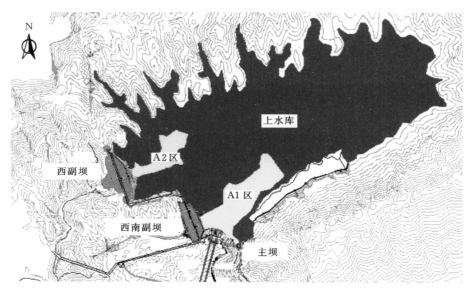

图10.3-5　洪屏抽水蓄能电站上水库平面布置图

10.3.3.2　计算模型及参数

洪屏上水库库盆三维渗流场模拟计算区域包括主坝（混凝土重力坝）、西副坝（混凝土面板堆石坝）、西南副坝（混凝土面板堆石坝）、与之相连的山体库岸与库盆、基础防渗帷幕等。图10.3-6为洪屏上水库库盆三维计算模型。模型中，库盆的底面高程为450m（相对隔水层以下230～235m），西侧从西副坝轴线外延440m，其他三面基本沿山体分水岭截取，总共有124149个六面体8节点等参单元（局部五面体6节点过渡单元）和111684个节点；对库盆区域较大的7条断层（F_{14}、F_{43}、F_{44}、F_{53}、F_{132}、F_{134}、F_{136}）采用了复合单元法进行较为细致的模拟。

计算模型中的边界条件分别为：计算域的底边界视为隔水边界、四周边界取为第一类

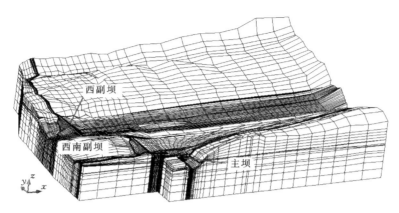

图 10.3-6　洪屏上水库库盆三维计算模型

边界条件，即已知水头边界条件，根据天然地下水位而得；对于库内侧的地表边界，低于库水位的地方为已知水头边界（上游正常蓄水位为 733.00m，校核洪水位为 735.45m），高于库水位的地方为渗流可能逸出面；主坝、西副坝、西南副坝坝轴线下游侧视为可能渗流出逸边界面。

　　本次计算中所涉及的各种材料的渗透系数根据水文地质资料并参照类似工程确定，见表 10.3-1。

表 10.3-1　　　　　　　　　　洪屏抽水蓄能电站各种材料渗透系数

材料名称	渗透系数/(cm/s)	材料名称	渗透系数/(cm/s)
全风化层	5.00×10^{-4}	黏土	3.60×10^{-6}
变质泥质粉砂岩	2.00×10^{-5}	干砌石护坡	1.00×10^{-1}
弱风化层	4.00×10^{-5}	混凝土材料	1.00×10^{-7}
强风化层	1.00×10^{-4}	粉土	1.50×10^{-6}
灌浆帷幕	1.00×10^{-6}	变质中细砂岩	2.00×10^{-5}
（堆石）过渡料	1.00×10^{-2}	变质中粗砂岩	2.50×10^{-5}
主、次堆石区	1.00×10^{-1}	特殊垫层料	1.00×10^{-1}
土石混合料	1.00×10^{-3}	草皮护坡	1.00×10^{-3}
相对隔水层	1.00×10^{-5}	反滤料	5.00×10^{-3}

10.3.3.3　计算结果及分析

　　图 10.3-7 为计算得到的正常蓄水位 733.00m 时上水库库盆渗流自由面等值线高程分布。可以看出，南、北库岸山体中的渗流自由面高程向库内逐渐降低，表明地下水流入库盆内，无向库外渗流的趋势；主坝、西副坝及西南副坝区域渗流自由面等值线分布相当密集，也表明这几个坝体区域的渗透坡降很大，说明这几个坝体的防渗效果明显。但从图 10.3-7 可以看出西北垭口处渗流自由面等值线高程比库盆外的要大，说明有向库盆外渗流的趋势，其原因可能是该部位轴线方向上长度 488m 的灌浆帷幕没有和西副坝灌浆帷幕连成一个整体，导致库水从西北垭口帷幕两端绕渗。

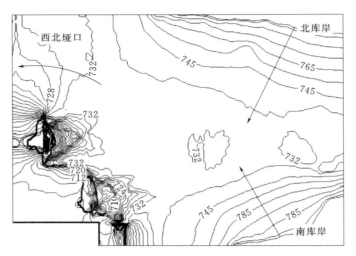

图 10.3 - 7　正常蓄水位 733.00m 时库盆渗流自由面等值线高程分布（单位：m）

为了进一步了解上水库主坝、西副坝与西南副坝防渗体的防渗效果，图 10.3 - 8 分别给出了各个坝体典型剖面的水头等值线分布的局部放大图。从图 10.3 - 8 中可以看出，主坝中水头等值线在排水孔处骤降，且通过排水廊道后有进一步的下降，说明主坝中设置的排水孔和排水廊道起到了很大的排水降压作用；坝体基础中水头等值线主要集中在帷幕内并绕过帷幕后的排水孔幕，说明此处灌浆帷幕的防渗效果以及排水孔幕的排水降压作用明显；西副坝坝区的水头等值线分布与西南副坝坝区相似，坝体中的等水头线主要集中在渗透系数相对较小的混凝土面板与趾板组成的防渗系统内，自由面在面板中急剧下降，面板表现出良好的抗渗能力，有效地降低和控制了坝体自由面的位置；在坝体基础中，水头等值线主要集中在帷幕中，水头通过帷幕后有进一步的下降，说明此处帷幕防渗效果明显。

通过上述的分析可以看出：上水库库盆内布置的帷幕、混凝土坝体、面板堆石坝的防渗效果较为显著，可以很好地限制库水的外渗。

计算采用复合单元法对库盆区域较大的 7 条断层（F_{14}、F_{43}、F_{44}、F_{53}、F_{132}、F_{134}、F_{136}）进行了较为细致的模拟，并对断层进行灌浆处理，处理深度为 50m。根据已有的水文地质资料和可行性研究报告，取处理后断层的渗透系数为 $1×10^{-5}$ cm/s。在正常蓄水位下的稳定渗流期，整个库区向库外的渗流量计算值为 5887.6m³/d，其中经过主坝的渗流量为 580.1m³/d，经过西副坝的渗流量为 1575.2m³/d，经过西南副坝的渗流量为 1090.3m³/d；两岸的地下水补给量为 1586.2m³/d。因此经过库盆向外的净渗漏量为 4301.4m³/s。

若断层不进行灌浆处理，根据已有的水文地质资料和可行性研究报告，取断层的渗透系数为 $1×10^{-4}$ cm/s。经过计算，在正常运行工况下的稳定渗流期，通过整个库区向库外的渗流量计算值为 6547.5m³/s，其中经过主坝的渗流量为 830.1m³/d，经过西副坝的渗流量为 1840.0m³/d，经过西南副坝的渗流量为 1420.4m³/d；两岸的地下水补给量为 1685.2m³/d。因此经过库盆向外的净渗漏量为 4862.3m³/d。

可见，如果库盆内断层未经处理，会增加库水的外渗，从而形成较大的库水渗漏，因

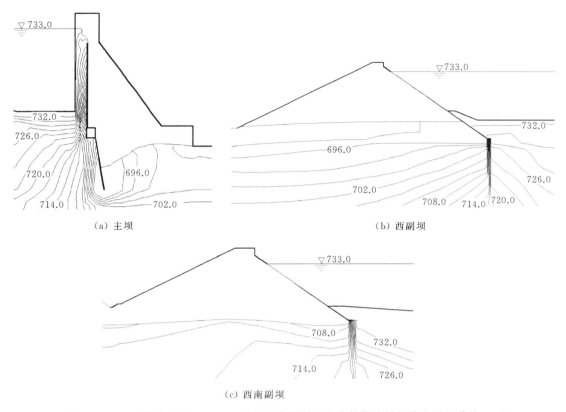

图 10.3-8　正常蓄水位 733.00m 时各坝典型剖面水头等值线局部放大图（单位：m）

此对库盆内的断层进行灌浆处理很有必要。计算表明：断层经过灌浆处理后，经过库盆向库外的渗流量可以减少 12%。

通过以上分析可知：对于洪屏抽水蓄能电站上水库库盆，在西北垭口及两副坝之间的库岸采用垂直帷幕防渗、南库岸采用表面防渗、主坝至西南副坝间库盆底部采用黏土铺盖防渗，有效降低了库盆区地下水头，达到了预期的渗流控制效果。

第 11 章

总结与展望

11.1 抽水蓄能电站防渗技术总结

进入 21 世纪以来，世界抽水蓄能电站重点发展区域由欧美向亚洲转移。近年来中国掀起了第二轮抽水蓄能建设高潮，抽水蓄能电站总装机规模跃居世界第一，并在工程建设和实践过程中积累了大量十分宝贵的经验和教训。天荒坪、宜兴、泰安、桐柏、宝泉等一大批抽水蓄能电站的成功建设，解决了抽水蓄能防渗关键技术难题，推动我国抽水蓄能建设事业的进一步发展。

本书整理分析了国内外抽水蓄能电站先进的库盆防渗技术，并在此基础上进行了提炼和总结。提出抽水蓄能电站选用库盆防渗型式时应考虑的主要因素和选择方法；分析钢筋混凝土面板、沥青混凝土面板、土工膜、黏土铺盖和垂直防渗等各种防渗型式的特点和适应条件；总结各种防渗型式的关键技术；系统阐述各种防渗方案的布置、结构型式、材料参数、连接方式和施工工艺等。

（1）钢筋混凝土面板防渗作为表面防渗型式之一，由于面板自身具有足够的强度和耐久性，在设计合理和保证施工质量的前提下，其防渗性能是可靠的，较常应用于库盆地质条件较差、断层、构造带发育，全库盆存在较严重渗漏问题的水库。混凝土面板用于库岸防渗时，可以有效解决抽水蓄能电站库水位升降引起的边坡稳定问题，同时发挥防护和防渗双重作用，效果较垂直防渗更安全可靠，投资上较沥青混凝土面板节省，因此对于库岸山体单薄的水库而言，选择钢筋混凝土面板防渗是比较合适且相对经济的防渗方案。但是，钢筋混凝土面板刚度大，适应温度及地基变形能力较差，较适用于变形较小的岩质库岸边坡和碾压密实的堆石体上，不适用于土质库岸边坡。混凝土面板应采用综合防裂技术，如添加聚丙烯腈纤维防裂和混凝土面板垫层采用弱约束性等，可以有效控制裂缝的产生。

（2）沥青混凝土面板有良好的防渗性能，渗透系数小于 10^{-8} cm/s，且有很强的适应基础变形和温度变形的能力，能够适应较差的地基地质条件和较大的水位变幅，即使在严寒的气候下，沥青混凝土仍具有一定的变形能力。并且，沥青混凝土面板缺陷能快速修补，修补完成 24h 后即可蓄水。因此近年来沥青混凝土面板在抽水蓄能电站上水库防渗中得到广泛应用。

天荒坪工程上水库在国内第一次大规模采用沥青混凝土面板防渗技术，其总防渗面积达到 28.5 万 m²。该工程的成功实践，使之成为国内沥青混凝土防渗技术应用的标杆，促进了我国抽水蓄能电站水库防渗技术的发展。依托天荒坪工程，研究并系统地提出沥青、聚酯网格和沥青混凝土技术指标，特别是在沥青混凝土中设置柔性加筋材料——聚酯网格，极大地提高了沥青混凝土面板的适应变形能力；沥青混凝土面板防渗层 10cm 厚一次施工，施工冷缝后处理方式在国内工程中第一次使用并取得成功，在施工工艺和方法上实现飞跃。

由于沥青混凝土对所用的骨料和沥青材料要求较高，虽然随着沥青混凝土面板技术的发展，沥青混凝土面板的结构趋于简化，但与钢筋混凝土面板相比，沥青混凝土面板生产工艺复杂，对天气等施工条件也较为敏感，施工管理较复杂，施工难度和造价都比较高。在选用沥青混凝土面板作为防渗结构时，需要进行充分的技术经济比较。近年来，随着国产沥青品质的飞速提高以及施工技术和设备的进步，沥青混凝土面板防渗工程建设进入一个新的发展阶段。

（3）土工膜目前已成功应用于抽水蓄能电站的库底防渗。因有一定的水深保护，土工膜的老化时间可大大延缓，其防渗可靠性能够满足大型永久工程的要求。泰安抽水蓄能电站上水库库盆选用了土工膜表面防渗与垂直防渗相结合的防渗型式，对库盆防渗进行分区设计，防渗方案合理，在保证正常工程运行的前提下，取得了良好的经济效益，也创造了在国内一等大（1）型工程中率先使用土工膜进行库盆防渗的先例。

结合泰安工程实践，对土工膜防渗材料的材料性能、接头、施工、耐久性、试验检测以及其下卧排水垫层设计等多方面内容进行了多课题专题研究，积累了大量的理论和实际工程经验，为以后的土工膜防渗设计和施工提供了宝贵的研究分析资料。溧阳、洪屏等抽水蓄能电站土工膜防渗工程的成功实践，在土工膜防渗体结构型式和技术参数、周边锚固技术、焊接设备和方法、修补、保护、检测方法和施工工艺等方面取得了更加丰富的成果。

土工膜材料的渗透性很小，但由于易于破损和接头质量不易保证等原因，对施工中各环节的严格质量控制是保证防渗效果中极其重要的一环。施工技术措施要严密、细致，施工检测人员要认真负责，是施工管理的重中之重。土工膜防渗型式在大型永久性水电工程中的应用在我国还处于起步阶段，国外的工程实践也不多。由于其优越的经济性，土工膜在我国将具有广阔的发展前景，在以后的工程实践中还需要不断摸索，不断创新，进一步优化防渗结构设计。

（4）黏土铺盖防渗具有就地取材、造价低廉等优点，但单纯以黏土铺盖作为库盆主要防渗体的工程较少。美国拉丁顿和我国宝泉抽水蓄能电站库盆采用的黏土铺盖均遭受了一定程度的破坏，因此，以黏土铺盖作为库盆主要防渗型式，其可靠性值得商榷。

黏土属于散粒体，具有很强的塑性，能在一定程度上适应基础变形，一般只在抽水蓄能电站水库库底作为辅助防渗。一些工程区附近有符合储量和质量要求的黏土料，可就地取材。与其他防渗型式相比，采用黏土铺盖防渗具有较明显的价格优势，从而节省工程投资。当黏土料用量大时，对黏土料的开采将对周边环境造成不容忽视的破坏，因此，一般情况下，黏土料应力求库内解决。

宝泉抽水蓄能电站上水库地形地质条件复杂，通过采用库底黏土铺盖＋库岸沥青混凝土面板的结构型式对库盆进行全面防渗，较好地满足了工程要求，在抽水蓄能电站库盆综合防渗方面做了积极有益的实践和尝试。从多个工程黏土铺盖运用的情况来看，铺盖被破坏的地方主要是在挖填分界处、与周围建筑物搭接处，这些部位都是不均匀沉降较大且黏土铺盖施工质量较难保证的地方。黏土铺盖作为库盆防渗方案，一旦采用，从设计、施工到运行都必须严格要求，并加强监测。

（5）垂直防渗是一种较为经济、常用的库盆防渗型式，对不同地质条件的适应性较好。垂直防渗有着施工简便、防渗范围深、投资较省等优点，尤其是具有帷幕受损后易修补的特点，对水库正常运行的影响较小，可以使电站发电效益损失降低到最小。另外，对于已有防渗体系的改建工程，采用垂直防渗对原有防渗体系进行补强，可以充分利用已有防渗体，节省工程投资。

由于垂直防渗体上游山体长期处于饱和状态，边坡工作条件较差，抽水蓄能电站的运行条件导致这一问题更为突出。因此，在工程区地质条件优良、水库仅存在局部渗漏问题、无严重的库岸稳定问题、或水库水源补给条件良好的工程，应优先考虑采用垂直防渗型式。

（6）由于地形地质等建设条件的差异以及不同防渗结构适应性和经济性的差异，一般单一的防渗型式难以满足库盆防渗的要求，因此抽水蓄能电站上水库库盆一般根据不同部位水文地质条件经过经济技术比选，采用两种或两种以上的综合防渗结构型式，以充分利用不同防渗结构的优点。综合防渗系统的关键在于不同防渗结构之间的连接型式，连接型式要安全、可靠，以形成封闭的防渗体系。

琅琊山抽水蓄能电站上水库是我国第一座建于岩溶地区的抽水蓄能电站上水库，上水库的渗漏型式为岩溶管道型渗漏，防渗要求高，防渗处理难度大。借鉴国内岩溶地区水库防渗工程的经验，结合上水库岩溶发育特征，库区防渗采用以垂直灌浆帷幕防渗为主、水平黏土铺盖为辅、结合防渗线上溶洞掏挖并回填混凝土的综合防渗方案。

琅琊山抽水蓄能电站上水库在岩溶处理方面提供了许多有益的经验。对于岩溶发育的库盆处理方案，要在充分了解岩溶成因和分布的基础上慎重抉择。

11.2 抽水蓄能电站防渗技术展望

（1）防渗设计理念的更新，使得防渗方案选择将更注重可持续发展需要。作为可持续发展战略的一部分，抽水蓄能电站建设对环境保护应更加重视。抽水蓄能发电是清洁的可再生能源，总体上对环境保护是有利的；但不能因此而忽略水电站建设对当地局部生态系统的不利影响，尤其是选择防渗方案时，要因地制宜，尽量减少对环境的破坏。

上、下水库开挖与填筑应尽量做到挖填平衡，为利用较差的库盆开挖料，可放缓坝坡。若采用黏土铺盖防渗，选用土料场对环境影响较大，可考虑另外选择防渗方案。

（2）国产防渗材料的发展，对防渗方案选择产生越来越大的影响。在天荒坪工程建设时，上水库全库盆沥青混凝土面板的沥青材料系沙特阿拉伯进口，价格高。20世纪90年代以来，国内外碾压式沥青混凝土面板防渗工程建设进入一个新的发展阶段。这期间，沥青品质有了实质性的飞跃。从经济性方面分析，目前采用沥青混凝土面板防渗仅比混凝土面板投资高出15%左右，其竞争性大大提高。同时，沥青混凝土面板防渗工程已从南方温暖地区扩展至北方寒冷地区。呼和浩特抽水蓄能电站上水库地处严寒地区，全库采用沥青混凝土面板防渗，其低温抗冻断温度达到−45.0℃，为当前世界上已建及在建抽水蓄能水库沥青混凝土面板工程低温之最。

2006年7月，泰安抽水蓄能电站1号机组投入商业运行。上水库库底采用HDPE土工膜防渗，系压延法生产的土工膜，当时国内吹塑法生产的土工膜质量还不够稳定。近年来，土工膜材料的生产、焊接水平有了较大提升。较多的土工膜生产厂家从国外进口先进的生产设备，江苏溧阳、江西洪屏抽水蓄能电站库底防渗采用的土工膜均为吹塑法生产，质量稳定。

以色列 Kokhav Hayarden 抽水蓄能电站上、下水库采用全库盆裸露的 PVC 土工膜防渗。土工膜施工由 CARPI 公司负责，库岸设置锚固槽、锚固带以保证土工膜的坡面稳定性及抗风能力。在材料性能可靠的前提下，采用全库盆土工膜防渗也是一种经济合理的库盆防渗型式。

随着国产防渗材料的技术发展和不断进步，其对防渗方案选择将会产生越来越大的影响。

（3）计算分析方法的进步，将带动抽水蓄能电站防渗等设计理论的发展。随着数值分析技术的发展，土石坝、水库库盆、沥青（钢筋）混凝土面板、黏土铺盖、土工膜等的设计逐渐从定性分析为主的经验设计法向定量分析为主的设计方法演变。枢纽渗流场与应力应变的耦合分析，有限元分析、数值分析和极限设计方法都已得到越来越广泛的应用。

将来，计算分析方法将更加多样化，并将带动设计理论的不断完善和发展。

（4）施工设备和技术的进步，为防渗结构设计提供了进一步优化的可能。随着重型施工设备和施工技术的发展，均质土坝和以黏土铺盖等作为防渗结构的填筑体，在压实度标准及压实质量方面逐步提高，对保证防渗结构的性能起到了关键作用。此外，沥青混凝土面板采用简式结构和厚层碾压的趋势，也是得益于摊铺和碾压设备的发展。

信息化技术正向各个领域渗透，近年来在土木工程中也逐渐得到应用。目前，国内部分抽水蓄能电站已采用工程信息化施工系统。

施工技术的不断进步，使防渗结构的安全可靠性、保证性大大提高，同时，也为防渗结构设计的进一步优化提供了可能。

（5）海水抽水蓄能电站的良好前景，为防渗技术发展提供了新的研究方向。我国有很长的海岸线，具有建设海水抽水蓄能电站的条件。海水抽水蓄能电站技术的发展使抽水蓄能电站选址的范围扩大，有较为广阔的应用前景。

日本冲绳海水抽水蓄能电站的建设和验证运行已初步证明海水抽水蓄能在技术上是可行的；当然，运行时间尚短，海水腐蚀、对环境的影响等还需要进一步开展研究。

海水抽水蓄能电站的水库防渗技术，需要研究常规防渗材料的抗腐蚀性和耐久性，同时还要控制造价。随着研究的继续，海水抽水蓄能电站防渗技术有望取得一定进展。

（6）矿坑抽水蓄能电站的研究，为水库防渗技术提出了新的挑战。开采地下矿产资源将在地面或地下形成巨大矿坑或采空区，随着矿产资源开采完毕，矿坑或矿井被废弃，美国最早开展了利用废弃矿坑或矿井建设抽水蓄能电站的研究。

我国具有十分丰富的矿产资源，矿坑、矿井分布广泛。积极开展矿坑抽水蓄能电站的研究，不仅可以大大改善周边环境，也充分利用了废弃资源。利用废弃矿坑或矿井建设抽水蓄能电站，存在的制约性问题包括工程技术问题和投资与效益问题。考虑到废弃矿坑、矿井的特点，研究的关键技术问题包括矿坑、矿井（矿洞）稳定性评价及处理措施，矿井（矿洞）及电站地下洞室有害气体、放射性评价及处理措施，电站输水发电系统布置及衬砌结构，以及施工方案等。

参 考 文 献

保华富，张永全，谢正明，等，2005. 面板坝周边缝开裂自愈防渗特性研究 [J]. 云南水力发电，21（2）：31-34.

曹克明，汪易森，徐建军，等，2008. 混凝土面板堆石坝 [M]. 北京：中国水利水电出版社.

崔皓东，朱岳明，2009. 有自由面渗流分析的改进节点虚流量全域迭代法 [J]. 武汉理工大学学报（交通科学与工程版），33（2）：238-241.

傅志安，凤家骥，1993. 混凝土面板堆石坝 [M]. 武汉：华中理工大学出版社：137-152.

郝巨涛，鲁一晖，贾金生，等，2009. 高混凝土面板堆石坝接缝止水系统变形适应性研究 [C] // 第一届堆石坝国际研讨会. 成都：191-197.

何世海，吴毅瑾，李洪林，2009. 土工膜防渗技术在泰安抽水蓄能电站上水库的应用 [J]. 水利水电科技进展，29（6）：78-82.

姜忠见，王樱畯，等，2015. 江苏句容抽水蓄能电站可行性研究报告 [R]. 中国电建集团华东勘测设计研究院有限公司.

蒋胜银，李连侠，廖华胜，等，2011. 渗流自由面数值模拟方法比较 [J]. 长江科学院院报，28（7）：37-42.

刘布谷，刘东，2012. 世界上首座海水抽水蓄能电站上库的设计与施工 [J]. 水利水电快报，33（11）：15-17.

刘斯宏，姜忠见，等，2014. 江苏句容抽水蓄能电站库盆及地下厂房三维渗流场分析报告 [R]. 河海大学，中国电建集团华东勘测设计研究院有限公司.

花加凤，束一鸣，张贵科，等，2007. 土石坝坝面防渗膜中的夹具效应 [J]. 水利水电科技进展，27（2）：66-68.

任德林，张志军，2001. 水工建筑物 [M]. 南京：河海大学出版社.

石含鑫，胡旺兴，王小平，等，2015. 江苏溧阳抽水蓄能电站上水库蓄水验收设计自检报告 [R]. 中国电建集团中南勘测设计研究院有限公司.

束一鸣，2019. 高面膜堆石坝关键设计概念与设计方法 [J]. 水利水电科技进展，39（1）：46-53.

束一鸣，吴海民，姜晓桢，等，2015. 高面膜堆石坝周边的夹具效应机制与消除设计方法——高面膜堆石坝关键技术（二）[J]. 水利水电科技进展，35（1）：10-15.

水电水利规划设计总院，等，2011—2017. 土石坝技术 [M]. 北京：中国电力出版社.

速宝玉，朱岳明，1991. 不变网格确定渗流自由面的节点虚流量法 [J]. 河海大学学报：自然科学版，19（5）：113-116.

孙钊，2004. 大坝基岩灌浆 [M]. 北京：中国水利水电出版社.

土工合成材料工程应用手册编委员会，2000. 土工合成材料工程应用手册 [M]. 北京：中国建筑工业出版社.

王爱林，王樱畯，雷显阳，2016. 某抽水蓄能电站上水库库底土工膜防渗设计 [J]. 岩土工程学报（增1）：10-14.

王镭，刘中，张有天，1992. 有排水孔幕的渗流场分析 [J]. 水利学报（4）：15-20.

王立民，1992. 水工建筑物检测与维修 [M]. 北京：水利电力出版社.

王樱畯，等，2011. 抽水蓄能电站库盆防渗技术调研报告 [R]. 中国水电顾问集团华东勘测设计研究院.

王樱畯，等，2011. 抽水蓄能电站库盆防渗技术研究报告 [R]. 中国水电顾问集团华东勘测设计研究院.

吴海民，束一鸣，滕兆明，等，2016. 高堆石坝面防渗土工膜锚固区夹具效应破坏模型试验 [J]. 岩土工程学报，38（增1）：30-36.

吴明，吴兰，2009. 某水库圆弧渐变段混凝土面板滑模施工技术 [J]. 施工技术，37（12）：75-78.

熊泽斌，黄良锐，李晓鄂，等，2007. 水布垭大坝止水系统设计与试验研究 [J]. 人民长江，38（7）：33-35.

徐又建，李希宁，孟祥文，等，2000. 水利工程土工合成材料应用技术 [M]. 郑州：黄河水利出版社.

杨启贵，刘宁，孙役，等，2010. 水布垭面板堆石坝筑坝技术 [M]. 北京：中国水利水电出版社.

杨泽艳，周建平，王富强，等，2016. 中国混凝土面板堆石坝30年 [M]. 北京：中国水利水电出版社.

张春生，姜忠见，等，2012. 抽水蓄能电站设计 [M]. 北京：中国电力出版社.

张德旺，1981. 美国勒丁顿抽水蓄能电站介绍 [J]. 水力发电（4）：51-55.

张乾飞，吴中如，2005. 有自由面非稳定渗流分析的改进截止负压法 [J]. 岩土工程学报，27（1）：48-54.

赵旭润，李伟，李威，等，2015. 喀斯特地区抽水蓄能电站上水库防渗标准浅析 [J]. 人民长江，46（8）：71-73，78.

周斌，2017. 抽水蓄能电站复杂渗流场数值模拟及相关渗透特性参数试验研究 [D]. 南京：河海大学.

周斌，刘斯宏，姜忠见，等，2015. 洪屏抽水蓄能电站渗控效果数值模拟与评价 [J]. 水力发电学报，34（5）：131-139.

周庆玉，2011. 混凝土面板堆石坝无轨滑模技术 [J]. 东北水利水电（6）：17-18.

周志芳，唐红侠，王锦国，等，2006. 江西洪屏抽水蓄能电站水文地质条件及渗流场研究 [R]. 南京：河海大学.

朱安龙，冯仕能，李郁春，2016. 洪屏抽水蓄能电站上水库库盆防渗设计 [J]. 水力发电，42（8）：30-33.

朱安龙，李郁春，林健，2017. 复杂水文地质条件的库盆防渗方案研究 [J]. 水利水电技术，48（5）：148-154.

朱安龙，张军，张胤，2017. 洪屏电站上水库库底土工膜防渗结构设计 [J]. 人民黄河，39（3）：95-97.

朱亦兵，郝荣国，2000. 十三陵抽水蓄能电站上池防渗结构设计 [C] //CFRD混凝土面板堆石坝国际研讨会.

朱岳明，刘望亭，1991. 土石坝的复杂渗流反分析研究 [J]. 河海大学学报：自然科学版，19（6）：49-56.

NOSKO V，ANDREZAL T，GREGOR T，et al，1995. Sensor damage detection system（DDS）：the unique geomembrane testing method [R]. Rotterdam：Proceedings of Geosynthetics：applications，design and construction.

NOSKO V，TOUZE-FOLTZ N，2000. Geomembrane liner failure：modeling of its influence on contaminant transfer [R]. Bologna Eurogeo Geosynthetics.

NEUMANN S P. Saturated-unsaturated seepage by finite elements [J]. Journal of the Hydraulics Division ASCE，1973，99（12）：2233-2250.

U. S. Department of the interior bureau of reclamation，2014. Design standards No. 13 Embankment Dams [S].

索　引

《中国水电关键技术丛书》
编辑出版人员名单

总责任编辑：营幼峰

副总责任编辑：黄会明　王志媛　王照瑜

项目负责人：刘向杰　吴　娟

项目执行人：李忠良　冯红春　宋　晓

项目组成员：王海琴　刘　巍　任书杰　张　晓　邹　静
　　　　　　　李丽辉　夏　爽　郝　英　范冬阳

《抽水蓄能电站水库防渗技术》

责任编辑：冯红春　任书杰

文字编辑：冯红春　任书杰　王海琴

审稿编辑：方　平　黄会明

索引制作：冯红春　任书杰

封面设计：芦　博

版式设计：芦　博

责任校对：黄　梅　梁晓静

责任印制：崔志强　焦　岩　冯　强

排　　版：吴建军　孙　静　郭会东　丁英玲　聂彦环

Contents

of China.

As same as most developing countries in the world, China is faced with the challenges of the population growth and the unbalanced and inadequate economic and social development on the way of pursuing a better life. The influence of global climate change and extreme weather will further aggravate water shortage, natural disasters and the demand & supply gap. Under such circumstances, the dam and reservoir construction and hydropower development are necessary for both China and the world. It is an indispensable step for economic and social sustainable development.

The hydropower engineering technology is a treasure to both China and the world. I believe the publication of the *Series* will open a door to the experts and professionals of both China and the world to navigate deeper into the hydropower engineering technology of China. With the technology and management achievements shared in the *Series*, emerging countries can learn from the experience, avoid mistakes, and therefore accelerate hydropower development process with fewer risks and realize strategic advancement. The *Series*, hence, provides valuable reference not only to the current and future hydropower development in China but also world developing countries in their exploration of rivers.

As one of the participants in the cause of hydropower development in China, I have witnessed the vigorous development of hydropower industry and the remarkable progress of hydropower technology, and therefore I am truly delighted to see the publication of the *Series*. I hope that the *Series* will play an active role in the international exchanges and cooperation of hydropower engineering technology and contribute to the infrastructure construction of B&R countries. I hope the *Series* will further promote the progress of hydropower engineering and management technology. I would also like to express my sincere gratitude to the professionals dedicated to the development of Chinese hydropower technological development and the writers, reviewers and editors of the *Series*.

Ma Hongqi
Academician of Chinese Academy of Engineering
October, 2019

river cascades and water resources and hydropower potential. 3) To develop complete hydropower investment and construction management system with the aim of speeding up project development. 4) To persist in achieving technological breakthroughs and resolutions to construction challenges and project risks. 5) To involve and listen to the voices of different parties and balance their benefits by adequate resettlement and ecological protection.

With the support of H. E. Mr. Wang Shucheng and H. E. Mr. Zhang Jiyao, the former leaders of the Ministry of Water Resources, China Society for Hydropower Engineering, Chinese National Committee on Large Dams, China Renewable Energy Engineering Institute, and China Water & Power Press in 2016 jointly initiated preparation and publication of *China Hydropower Engineering Technology Series* (hereinafter referred to as "the *Series*"). This work was warmly supported by hundreds of experienced hydropower practitioners, discipline leaders, and directors in charge of technologies, dedicated their precious research and practice experience and completed the mission with great passion and unrelenting efforts. With meticulous topic selection, elaborate compilation, and careful reviews, the volumes of the *Series* was finally published one after another.

Entering 21st century, China continues to lead in world hydropower development. The hydropower engineering technology with Chinese characteristics will hold an outstanding position in the world. This is the reason for the preparation of the *Series*. The *Series* illustrates the achievements of hydropower development in China in the past 30 years and a large number of R&D results and projects practices, covering the latest technological progress. The *Series* has following characteristics. 1) It makes a complete and systematic summary of the technologies, providing not only historical comparisons but also international analysis. 2) It is concrete and practical, incorporating diverse disciplines and rich content from the theories, methods, and technical roadmaps and engineering measures. 3) It focuses on innovations, elaborating the key technological difficulties in an in-depth manner based on the specific project conditions and background and distinguishing the optimal technical options. 4) It lists out a number of hydropower project cases in China and relevant technical parameters, providing a remarkable reference. 5) It has distinctive Chinese characteristics, implementing scientific development outlook and offering most recent up-to-date development concepts and practices of hydropower technology

China has witnessed remarkable development and world-known achievements in hydropower development over the past 70 years, especially the 4 decades after Reform and Opening-up. There were a number of high dams and large reservoirs put into operation, showcasing the new breakthroughs and progress of hydropower engineering technology. Many nations worldwide played important roles in the development of hydropower engineering technology, while China, emerging after Europe, America, and other developed western countries, has risen to become the leader of world hydropower engineering technology in the 21st century.

By the end of 2018, there were about 98,000 reservoirs in China, with a total storage volume of 900 billion m^3 and a total installed hydropower capacity of 350GW. China has the largest number of dams and also of high dams in the world. There are nearly 1000 dams with the height above 60m, 223 high dams above 100m, and 23 ultra high dams above 200m. There are also 4 mega-scale hydropower stations with an individual installed capacity above 10GW, such as Three Gorges Hydropower Station, which has an installed capacity of 22.5 GW, the largest in the world. Hydropower development in China has been endeavoring to support national economic development and social demand. It is guided by strategic planning and technological innovation and aims to promote project construction with the application of R&D achievements. A number of tough challenges have been conquered in project construction and management, realizing safe and green development. Hydropower projects in China have played an irreplaceable role in the governance of major rivers and flood control. They have brought tremendous social benefits and played an important role in energy security and eco-environmental protection.

Referring to the successful hydropower development experience of China, I think the following aspects are particularly worth mentioning 1) To constantly coordinate the demand and the market with the view to serve the national and regional economic and social development. 2) To make sound planning of the

Informative Abstract

Based on a large number of domestic and foreign engineering construction projects, this book comprehensively expounds the frontier technology of reservoir anti-seepage for pumped storage power station, systematically summarizes the experience of reservoir basin anti-seepage design, construction and management, deeply analyses the causes and lessons of reservoir seepage problems, studies and puts forward the main factors and selection methods that should be considered when selecting reservoir basin anti-seepage type for pumped storage power station. In addition, the characteristics and adaptive conditions of various types of anti-seepage, such as surface anti-seepage and vertical anti-seepage, as well as the key technologies of various types of anti-seepage, are deeply studied. The layout, structure type, material parameters, connection mode and construction technology of various types of anti-seepage schemes are systematically expounded. The calculation and analysis method of reservoir seepage control is put forward, and the development trend of reservoir anti-seepage technology is forecasted and prospected.

This book can be used for reference by engineers and technicians who are engaged in the planning, design, construction and management of pumped storage power stations as well as teachers and students of relevant colleges and universities.

China Hydropower Engineering Technology Series

Reservoir Anti-Seepage Technology For Pumped Storage Power Station

Wu Guanye   Huang Wei   Wang Yingjun et al.

中国水利水电出版社

China Water & Power Press

· BeiJing ·